大学物理学

要义与释疑（第2版）

崔砚生　邓新元　李列明　编著

上册

清华大学出版社
北 京

内容简介

本书是学习大学物理学的课外应备教材，分为上、下两册。全书在简要地概括总结大学物理学的基本概念、基本规律和主要方法的基础上，分析解释了学习中常见的疑难问题和容易混淆之处，并精选了超过150道典型例题及近200个有代表性的专题性问题予以分析解答，以帮助读者掌握大学物理学的基础知识，培养分析和解决问题的能力。

本册共10章，内容为力学和热学。力学部分包括质点和刚体的运动学及动力学、振动与波动以及狭义相对论，热学部分包括分子动理论和热力学。

本书适用于非物理类专业的理工科大学生及对物理学感兴趣的广大自学者使用，也可供物理类专业的大学生及从事中学和大学物理教学的教师参考。

图书在版编目(CIP)数据

大学物理学要义与释疑. 上册/崔砚生，邓新元，李列明编著. —2版. —北京：清华大学出版社，2019(2022.1重印)

ISBN 978-7-302-52605-6

Ⅰ. ①大… Ⅱ. ①崔… ②邓… ③李… Ⅲ. ①物理学—高等学校—教学参考资料 Ⅳ. ①O4

中国版本图书馆CIP数据核字(2019)第044587号

责任编辑：朱红莲
封面设计：傅瑞学
责任校对：赵丽敏
责任印制：沈 露

出版发行：清华大学出版社
网 址：http://www.tup.com.cn，http://www.wqbook.com
地 址：北京清华大学学研大厦A座 **邮 编**：100084
社 总 机：010-62770175 **邮 购**：010-62786544
投稿与读者服务：010-62776969，c-service@tup.tsinghua.edu.cn
质量反馈：010-62772015，zhiliang@tup.tsinghua.edu.cn
印 装 者：三河市龙大印装有限公司
经 销：全国新华书店
开 本：185mm×260mm **印 张**：19.75 **字 数**：474千字
版 次：1987年4月第1版 2019年4月第2版 **印 次**：2022年1月第3次印刷
定 价：55.00元

产品编号：066168-02

序

对于理工科专业大学生，“大学物理学”这门课对于培养学生的科学精神、提高创新能力，其重要性怎样强调都不为过。清华大学物理系的创建者、被称为“培养大师的大师”叶企孙先生，其教学的一个中心思想是“只授学生以基本知识”，即授课采用的教材、所讲授的内容都比较基本，而推荐学有余力的学生自修比较高深的教材。这样既可以使多数学生掌握基本教学要求，从而保持较强的自信心，又可以使学习优秀的学生有较大的空间自主学习，从而获得进一步的提高。

本书是一套大学物理学的辅助教材。主教材和辅助教材是教材建设的两个方面，二者相辅相成。本书的主教材是清华大学张三慧教授(1929—2012)所编著的《大学物理学》。这本培育了几代非物理专业理工科大学生的经典教材，着重于普通物理学的基本知识和架构，推导和所采用例题都比较简明、基本，不追求解题的技巧，而穿插于书中的许多科普内容使读者进一步体会到物理学的有趣和有用。一个好的辅助教材应该与主教材相得益彰，展现出课堂内外教学的完美配合，真正起到辅助教学的作用。本书前身是多次获奖的《普通物理学辅导与答疑》，从出版至今已有三十余载，风格与主教材十分契合。本书作者多年来在清华大学从事大学物理教学，物理基础扎实，教学经验丰富，对课程研究十分深入。在历届学生和教师钻研的基础上，本书第 2 版做了大幅度的更新、补充和提高，更名为《大学物理学要义与释疑》。

与一般的辅导教材相比，本书的一个显著特色在于分为“基本内容”和“专题讨论”两部分，两者相结合，兼顾了“基础知识的辅导”及“知识能力的提高”两个层面，得以使不同水平、不同层次的读者各得其所、皆获教益。

本书基本内容部分，侧重于物理概念、物理规律和物理方法的阐述和归纳，提纲挈领、要而不烦。基本部分阐述基本物理概念准确，概述物理学发展的脉络清晰，分析物理概念、物理定律和物理方法严谨，所精选的例题具有典型性，使得读者(不管是初次学习大学物理的学生，还是已经学过、需重温基本内容的读者)能够比较快速而又正确地掌握大学物理学的基本内容，基本理解物理思维，确立物理图像，掌握分析物理问题的方法。

本书的专题讨论部分，针对学生学习中常遇到的疑难问题和似是而非的模糊问题开展了进一步的深入讨论，并对课堂上没有展开讲的一部分知识进行了延伸和扩展，使读者能够比较深入地理解大学物理各个分支领域更广泛的内容，提高物理认知水平，增强物理判别能力。这对于非物理专业的理工科学生提高物理素养和思辨能力、培养创新能力大有裨益，即使对于物理学专业的本科生、研究生，乃至大学教师，也有释疑解惑、温故知新的作用。

因此，完全可以认定，《大学物理学要义与释疑》继承了老清华物理系和院系调整后清华大学物理教研组的优良传统，总结了改革开放40余年来几代师生潜心教学的经验和体会，分析解答了学生们在教学中遇到的难点和问题，真正实现了辅助大学物理教学的功能，充分体现了清华大学物理教师群体对物理教材建设的重视和执着，完全称得上是一部优秀的物理教学辅助教材。

国外许多著名教材都是与时俱进，不断修订，不断创新，不断丰富自己的特色。随着大学物理教学的改革和发展，希望此套大学物理辅助教材与主教材一起，精益求精，成为我国大学物理乃至世界大学物理教学领域人人皆知的不可或缺的一名优秀成员。

朱邦芬

中国科学院院士

2020年11月于蓝旗营

第2版说明

本套书是《普通物理学辅导与答疑》的第2版，修订后更名为《大学物理学要义与释疑》（第2版）。

原书（第1版）共分三册，分别是“力学与热学”“电磁学”“振动、波动、波动光学与量子物理”。作为清华大学“大学物理课程”的课外辅助教材，原书在多年的使用中受到了广大师生的好评。从原书出版齐全至今已有二十余年（最先出版的“力学与热学”册出版已逾三十年），为适应教学形势的发展变化、改进原书在使用中发现的某些不足，有必要对其进行适当地修订。

我们的修订原则是仍坚持原书的编写宗旨[见第1版“编写说明”（节选）]，并保持原书的结构和风格不变，每一章仍是分为基本内容和专题讨论两大部分。修订主要在三个方面：一是对原书中不必要的与课内使用教材重复的内容进行删减，二是根据近年来的教学实践补充某些基本内容和专题讨论，三是对已发现的原书内容中某些不妥之处进行修正。

第2版全书每章的基本内容主要是起到提纲挈领的总结整理作用，其中包括基本概念、基本规律、基本方法和典型例题。该部分内容主要参照的课内教材是张三慧教授编著、清华大学出版社出版的《大学物理学》（第三版），书中所用的符号也大多与张三慧教授编著的书一致。对于在张三慧教授编著的书中已有的物理规律的推导以及所举过的例题，除非采用另外的方法，原则上不再在本套书中重复。

本套书每章的专题讨论部分主要是针对教学中学生常见的问题做进一步的阐述，其中有些专题则具有扩展和提高的性质，对于这些问题的阐述也较为深入，并且不受教学基本要求的局限，以此让有余力的学生和有更多兴趣的读者能比较深入地学习一些提高性的知识，满足他们更高的求知需要。

总之，本套书既全面而简要地总结了基本教学内容，又深入地讨论了某些提高性的专题，希望这样的安排能使得不同水平的读者各得其所、皆获教益。

为适应当前大学物理课程教学多为两个学期授课的安排，修订后的本套书将由原来的三册改为上、下两册，并针对不同高校大学物理课程授课内容按学期分配的不同，计划编写两册内容分配也相应不同的版本。本版本的内容分配与清华大学的大学物理课程内容按学期的安排一致，上册内容为力学（包括狭义相对论、振动与波动）和热学；下册内容为电磁学、波动光学和量子物理。

该册为本套书的上册，由崔砚生教授和邓新元教授主编，第1、2、3、4、5章和第8章的全部内容均由崔砚生教授修订（其中李桂琴副教授对第1、2章的部分内容做了初期的修订），

第9、10章的全部内容由李列明副教授修订，崔砚生教授对以上这些章的全部内容进行了审核、统稿；第6、7章的全部内容由邓新元教授修订和统稿。

本套书的编写和修订，反映了清华大学物理系从事大学物理教学的教师们的不少教学经验、成果和体会，这对于充实书的内容、保证书的质量至关重要。清华大学物理系对该书的修订工作给予了充分的保证和支持，阮东教授从组建修订组到确定修订方针、制定修订计划以及协调工作进度等方方面面，都起到了重要的促进作用。此外，任乃敬为本书做了大量的电脑录入工作。对于上述所有对本书修订工作给予的支持和帮助，我们一并表示衷心的感谢。

高炳坤教授、陈惟蓉教授和蒋大权副教授都是第1版的主要作者，遗憾的是他们均已辞世，不能再参与此项修订工作了。我们对于他们在第1版编写中所做出的贡献给予高度评价，并对他们表示崇高的敬意。此外，参加了第1版编写而未参加本次修订工作的老师还有：华基美教授、沈慧君教授、黄天麟副教授、臧庚媛副教授、史田兰副教授、王虎珠副教授、杨秀珍副教授等[他们的编写工作详见第1版各个分册的“编写说明”（节选）]。在此修订版中，有些段落和专题继续沿用了上述各位老师所写的一些内容。对于上述各位老师基于第1版编写而对本书修订工作的贡献，我们给予充分的肯定，并对他们表示诚挚的谢意。

由于我们水平所限，书中难免存在不妥和错误，恳请物理教学的同行们和广大读者批评指正。

全体编者

2018年9月于清华园

第 1 版“编写说明”(节选)

对于理工科大学生(包括职工大学和电视大学学员)来说,学习普通物理学的主要目的,在于掌握物理学的基本概念、基本规律和基本方法,培养运用物理学的基础知识分析和解决问题的能力。为此,我们参照我国通用的高等学校工科类与非物理专业理科类普通物理学的教学大纲,结合多年来的教学工作经验和心得体会,编写了这一套《普通物理学辅导与答疑》。希望能够帮助理工科大学生对物理学的基本内容理解得更深一些,运用得更活一些;并希望有助于广大自学者和已经学完普通物理学的读者,在原有知识的基础上总结提高,启发他们深入钻研问题的积极性,回答他们曾经提出和思考过的某些疑难问题。

本书力图把物理学的基本概念、定律和方法准确地阐述清楚,力求在概括和总结的基础上分清主次,突出重点,解释重点中的难点和容易混淆的地方。为了使本书有较大的适用性,书中的每一章都大致可分为前后两部分,前面的部分属于基本内容,反映的是基本的教学要求;后面的部分则是略高于教学要求的内容和专题性的深入讨论与说明。我们希望这样的安排能够做到使不同水平的读者各得其所,使本书起到课外的辅导与答疑的作用。

本书的编写参考了若干现有的教材,在许多方面得到启发与教益,这里难于一一指明,在此一并致谢。

由于我们水平有限,加之编写时间仓促,书中难免有缺点和错误,恳请广大读者批评指正。

清华大学现代应用物理系
基础物理教研组

力学、热学分册“编写说明”(节选)

本册共有两篇,第一篇是力学,主要包括质点运动学、质点动力学、刚体力学和狭义相对论基础;第二篇是热学,主要包括气体分子运动论和热力学基础。崔砚生同志承担了第一册的主编工作,并编写了某些段落和若干疑难问题;陈惟蓉同志编写了第一篇的前四章;高炳坤同志编写了第一篇的后两章和第二篇;杨秀珍同志编写了若干疑难问题。

在编写本书的过程中,得到了张三慧教授热情的帮助和具体的指导,他审阅了本册的全部内容,并提出了宝贵的意见。本书第六章有若干问题还直接取自他编写的讲义,我们对此表示衷心的感谢。

1984 年 11 月

振动、波动、波动光学与量子物理分册“编写说明”（节选）

本册涉及振动、波动、波动光学（光的干涉、衍射、偏振）以及量子光学和原子物理的有关内容。邓新元同志承担了本册的主编工作，并编写了本册前五章的基本内容部分；吴美娟、史田兰两位同志编写了前五章的大部分疑难问题；邓新元、黄天麟同志编写了前五章的部分疑难问题，后两章的基本内容及疑难问题是由蒋大权同志编写的。

在编写本书的过程中，得到了张三慧教授热情的帮助和具体的指导，他审阅了本册的全部内容，并提出了宝贵的意见。我们对此表示衷心的感谢。

1991 年 2 月

电磁学分册“编写说明”（节选）

本书是《普通物理学辅导与答疑》这套书的电磁学分册。高炳坤教授执笔主编了本书；沈惠君副教授提供了大量的素材，在“典型例题”这部分中编写了若干例题；臧庚媛副教授提供了大量的素材，在“对若干问题的分析”这部分中编写了若干问题；王虎珠副教授提供了大量的素材；华基美副教授仔细审阅了本书的全部初稿，提出了不少宝贵的修改意见，已融合在本书之中。以上五位都是本书的编者。此外，陈惟蓉教授审阅了本书第一章、第三章和第四章的初稿，并就一些疑难问题与高炳坤教授反复进行了磋商，为本书做出了有益的贡献；牟绪程教授、邓新元教授审阅了本书第一章的初稿，并提出了自己的见解。以上三位的工作为本书的编写起了很好的参考作用。崔砚生教授是《普通物理学辅导与答疑》这套书总体结构的设计者，他仔细审阅了本书的全部书稿，提出了不少宝贵的修改意见，使本书得到了最后的润色。

1995 年 8 月

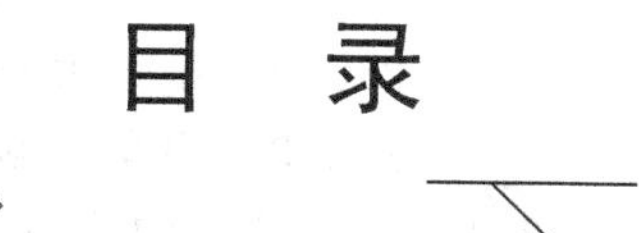

目　录

第1篇　力　　学

第2篇 热 学

第1篇　力　学

前　言

力学的研究对象是机械运动，所谓机械运动就是物体的空间位置随时间的变化，这是物质的各种运动形态中最简单、最基本、最普遍的一种运动形态。在大学物理学的力学中，主要包括运动学和动力学两个方面的内容。运动学只研究物体运动的规律，不涉及运动和运动变化的原因；动力学则研究物体的运动和运动变化与物体间相互作用的关系。

本篇的内容包括经典力学和狭义相对论的力学。经典力学研究的是宏观物体在弱引力场（非广义相对论情形）中作低速（远小于光速）运动时的规律，狭义相对论力学研究的是没有引力场作用下的物体作高速（与光速相比拟）运动时的规律。

力学（特别是经典力学）的概念和规律是许多科技领域的基础，对于学习理工科专业的读者来说，掌握力学知识有着十分重要的实际意义。而在理论学习方面，力学又可以说是整个物理学的基础，从这个意义上说，掌握好力学的基本概念、基本规律和研究方法，对于整个物理学的学习都是至关重要的。

运　动　学

1.1　位移、速度和加速度

1.1.1　参考系、坐标系

参考物　物体的位置和运动是相对的，位置和运动总是相对于另一选定作为参考的物体或彼此间无相对运动的物体组而言的，这个被选作参考的物体或物体组称为参考物。参考物必须是由实物粒子构成的物理实体，它不能是场物质，例如不能把光子选作参考物。

坐标系　坐标系是固结在参考物上的一组有刻度的射线、曲线或角度，以用来确定一个质点(研究对象)的空间位置。坐标系实质上是由实物构成的参考物的数学抽象。

常用的坐标系有直角坐标系(x,y,z)、球极坐标系(r,θ,φ)、柱坐标系(ρ,φ,z)、自然坐标系等。

参考系　参考物和固结在其上的坐标系以及一套固结于参考物所在空间各处的同步时钟构成一个参考系。

同一个参考物所固结的坐标系还可以有不同的选取，但对描述物体的同一运动来说，其运动形式(如轨迹、速度、加速度等)还都是相同的，不同的只是对运动形式的数学描述。鉴于参考物决定了参考系的属性，所以习惯上我们就把参考物简称为参考系，并通常以参考物来命名参考系。同一个参考物，不管固结在其上的坐标系如何选取，都属于同一个参考系。

常用的参考系有太阳参考系(太阳-恒星参考系)，地心参考系(地球-恒星参考系)，地面参考系或实验室参考系，质心参考系等。在不同的参考系中，物体的运动形式可以不同。

1.1.2　位移、速度、加速度的定义

位移 $\Delta \boldsymbol{r}$　如图1.1.1所示，设质点t时刻在P_1点，$t+\Delta t$时刻运动到P_2点，若分别用$\boldsymbol{r}_1$、$\boldsymbol{r}_2$表示质点在P_1、P_2两位置时相对于坐标原点O的位置矢量(简称位矢)，则由P_1点引

向 P_2 点的矢量为

$$\Delta \boldsymbol{r} = \boldsymbol{r}_2 - \boldsymbol{r}_1$$

$\Delta \boldsymbol{r}$ 叫作质点在 t 到 $t+\Delta t$ 这段时间内的位移，它描述的是质点空间位置的改变。位移是矢量，它既有大小，又有方向。

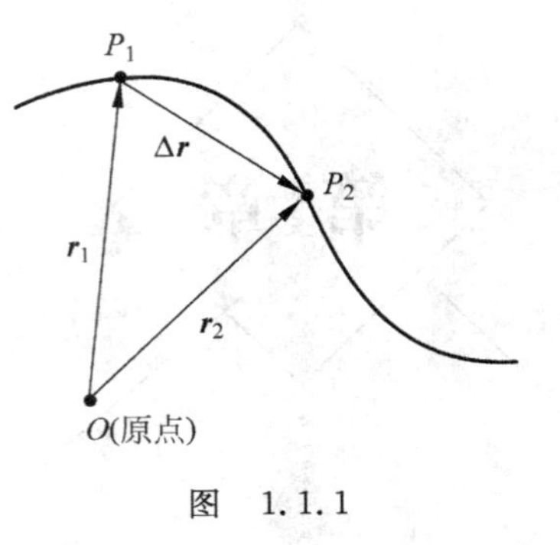

图 1.1.1

速度 $\boldsymbol{v}$ 设 t 时刻到 $t+\Delta t$ 时刻质点的位移为 $\Delta \boldsymbol{r}$，当 Δt 趋于零时，量 $\frac{\Delta \boldsymbol{r}}{\Delta t}$ 的极限叫作质点在 t 时刻的速度，即

$$\boldsymbol{v} = \lim_{\Delta t \to 0} \frac{\Delta \boldsymbol{r}}{\Delta t} = \frac{\mathrm{d}\boldsymbol{r}}{\mathrm{d}t} \tag{1.1.1}$$

或者说，质点的速度是质点的位置矢量随时间的变化率，它描述质点运动的快慢和方向。

速率 v 速度的大小称为速率，由式(1.1.1)有

$$|\ \boldsymbol{v}\ | = v = \left|\frac{\mathrm{d}\boldsymbol{r}}{\mathrm{d}t}\right| = \frac{\mathrm{d}s}{\mathrm{d}t} \tag{1.1.2}$$

其中 $\mathrm{d}s$ 是质点在 $\mathrm{d}t$ 时间间隔内通过的路程。

加速度 $\boldsymbol{a}$ 设 t 时刻质点速度为 $\boldsymbol{v}_1$，$t+\Delta t$ 时刻速度为 $\boldsymbol{v}_2$，Δt 时间间隔内的速度增量为

$$\Delta \boldsymbol{v} = \boldsymbol{v}_2 - \boldsymbol{v}_1$$

当 Δt 趋于零时，量 $\frac{\Delta \boldsymbol{v}}{\Delta t}$ 的极限叫作质点在 t 时刻的加速度，即

$$\boldsymbol{a} = \lim_{\Delta t \to 0} \frac{\Delta \boldsymbol{v}}{\Delta t} = \frac{\mathrm{d}\boldsymbol{v}}{\mathrm{d}t} = \frac{\mathrm{d}^2\boldsymbol{r}}{\mathrm{d}t^2} \tag{1.1.3}$$

或者说，加速度是速度随时间的变化率，它描述速度变化的大小和方向。

1.1.3 速度 $\boldsymbol{v}$ 和加速度 $\boldsymbol{a}$ 的基本性质

矢量性 速度 $\boldsymbol{v}$ 和加速度 $\boldsymbol{a}$ 都是矢量，它们具有一切矢量所具有的共性。

第一，这些量本身既有大小，又有方向。

对于速度、加速度等不仅要给出大小，还应注明方向。

两个速度(或两个加速度)只有在大小相等、方向相同时才能称为相等。由此可以判定，作等速运动的质点的轨迹必然是直线；同理，所谓等加速运动是指加速度大小、方向都恒定的运动。

第二，它们都可以在选定的坐标系中以其分量的解析式表示。

大学物理课程中最常用的坐标系是直角坐标系。对于图 1.1.2 所示的空间直角坐标系，质点的位置矢量可表示为

$$\boldsymbol{r} = x\boldsymbol{i} + y\boldsymbol{j} + z\boldsymbol{k} \tag{1.1.4}$$

速度 $\boldsymbol{v}$ 可以表示为

$$\boldsymbol{v} = v_x\boldsymbol{i} + v_y\boldsymbol{j} + v_z\boldsymbol{k} = \frac{\mathrm{d}x}{\mathrm{d}t}\boldsymbol{i} + \frac{\mathrm{d}y}{\mathrm{d}t}\boldsymbol{j} + \frac{\mathrm{d}z}{\mathrm{d}t}\boldsymbol{k} \tag{1.1.5a}$$

其中，v_x、v_y、v_z 是速度 $\boldsymbol{v}$ 分别沿三个坐标轴的投影，又称沿三个坐标轴的分量，相应有

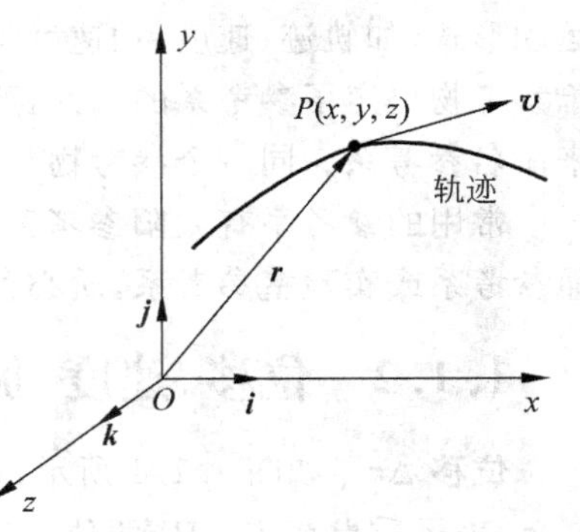

图 1.1.2

$$v_x = \frac{dx}{dt}, \quad v_y = \frac{dy}{dt}, \quad v_z = \frac{dz}{dt} \tag{1.1.5b}$$

速度$\boldsymbol{v}$和它的三个分量的关系如下：
速度$\boldsymbol{v}$的大小为

$$v = \sqrt{v_x^2 + v_y^2 + v_z^2} \tag{1.1.6a}$$

速度$\boldsymbol{v}$的三个方向余弦为

$$\cos\alpha = \frac{v_x}{v}, \quad \cos\beta = \frac{v_y}{v}, \quad \cos\gamma = \frac{v_z}{v} \tag{1.1.6b}$$

其中，α、β、γ分别是速度矢量$\boldsymbol{v}$与x、y、z轴的夹角。

加速度$\boldsymbol{a}$可表示为

$$\boldsymbol{a} = a_x\boldsymbol{i} + a_y\boldsymbol{j} + a_z\boldsymbol{k} = \frac{dv_x}{dt}\boldsymbol{i} + \frac{dv_y}{dt}\boldsymbol{j} + \frac{dv_z}{dt}\boldsymbol{k} \tag{1.1.7a}$$

其中

$$\begin{cases} a_x = \dfrac{dv_x}{dt} = \dfrac{d^2 x}{dt^2} \\ a_y = \dfrac{dv_y}{dt} = \dfrac{d^2 y}{dt^2} \\ a_z = \dfrac{dv_z}{dt} = \dfrac{d^2 z}{dt^2} \end{cases} \tag{1.1.7b}$$

为加速度$\boldsymbol{a}$沿x、y、z三个轴的分量。

$\boldsymbol{a}$和它的三个分量a_x、a_y、a_z之间的关系式与$\boldsymbol{v}$和v_x、v_y、v_z间的关系式的形式相同。

已知任一时刻质点的速度$\boldsymbol{v}$和加速度$\boldsymbol{a}$，可以确定相应时刻的分量v_x、v_y、v_z及a_x、a_y、a_z；反之，已知速度及加速度沿三个坐标轴的分量，亦可确定相应的$\boldsymbol{v}$和$\boldsymbol{a}$的大小及方向。

式(1.1.5)及式(1.1.7)表明，任何一个运动都可以分解为几个正交方向上的运动，例如，物体的斜抛(没有侧风的影响)可以分解为水平方向与竖直方向两个运动来研究，这就是通常所说的运动的分解。反之，就是运动的合成。因此，运动的合成与分解是描述运动的物理量——位矢$\boldsymbol{r}$和速度$\boldsymbol{v}$及加速度$\boldsymbol{a}$等量的矢量性质的应用。

第三，速度的矢量性还进一步反映在它和加速度$\boldsymbol{a}$的关系上。

首先，速度的大小或方向只要有一项随时间发生变化，就相应地存在有加速度。例如，当质点沿曲线轨道运动，由于运动方向不断改变，无论其速率是否改变，我们都可以肯定质点一定具有加速度。

其次，从加速度$\boldsymbol{a}$与速度$\boldsymbol{v}$这两个矢量之间的夹角φ的大小，可以定性分析速度$\boldsymbol{v}$的变化情况。例如：当$\varphi=0$(即$\boldsymbol{a}$，$\boldsymbol{v}$同方向)时，速度$\boldsymbol{v}$只有大小的改变，而无方向的变化。

当$\varphi=\frac{\pi}{2}$(即$\boldsymbol{a}$与$\boldsymbol{v}$垂直)时，速度$\boldsymbol{v}$只有方向的改变，而无大小的变化。

当φ为锐角或钝角时，速度$\boldsymbol{v}$的大小、方向均有变化。其中，当φ为锐角时，速率随着时间的推移而增大；而当φ为钝角时，速率随着时间的推移而减小。

相对性　只有相对于选定的参考系来讨论研究对象的位置及其位置的变动才有意义。参考系不同，同一质点的位移、速度、加速度也不相同，这就是位移、速度、加速度等物理量的相对性。因此，使用位移、速度、加速度时必须明确所选的参考系。

需要注意，从运动学角度看，参考系可以任意选择，以讨论问题方便为宜；但是，若从动力学角度讨论问题，考虑到运动定律的运用，就不能任意选择参考系了。

瞬时性 一般情况下，运动过程中不同时刻质点的速度是不同的，速度的变化情况也不相同。某时刻的速度只反映该时刻质点的运动快慢和方向，而某时刻的加速度则只给出该时刻速度的变化率。平面曲线运动中，某时刻的法向加速度公式 $a_n=\frac{v^2}{\rho}$中的 v 应是该时刻质点的速率，而 ρ 则是该时刻质点所在处轨道的曲率半径（见 1.2.2 小节的平面曲线运动）。

1.2 质点运动学的常用公式

1.2.1 匀加速直线运动

设质点运动轨迹为一直线，取此直线与 x 轴重合，则描述质点运动的各物理量的定义式为

$$\boldsymbol{r}=x\boldsymbol{i}$$

$$\boldsymbol{v}=v_x\boldsymbol{i}=\frac{\mathrm{d}x}{\mathrm{d}t}\boldsymbol{i}$$

$$\boldsymbol{a}=a_x\boldsymbol{i}=\frac{\mathrm{d}v_x}{\mathrm{d}t}\boldsymbol{i}=\frac{\mathrm{d}^2x}{\mathrm{d}t^2}\boldsymbol{i}$$

利用匀加速运动中 $\boldsymbol{a}$=常量这一特点，由上述定义，可导出三个常用公式（其中带角标 0 的量表示初始值）

$$v_x=v_{0x}+a_xt \tag{1.2.1}$$

$$x-x_0=v_{0x}t+\frac{1}{2}a_xt^2 \tag{1.2.2}$$

$$v_x^2-v_{0x}^2=2a_x(x-x_0) \tag{1.2.3}$$

在使用以上公式时，应当注意下述两个方面：

第一，v_x、v_{0x}、a_x 均表示相应物理量沿 x 轴的投影，是代数量（多数物理书中常略去角标 x，但是它们代表的意义仍是如此）。这样，公式中速度、加速度的正负符号反映的就是相应的 $\boldsymbol{v}$、$\boldsymbol{a}$ 的方向与选定的 x 轴正向是相同还是相反。因此，离开了坐标轴的正方向来谈直线运动中速度、加速度（投影）的正负是没有意义的。

第二，质点运动的速率是增大还是减小不是由加速度的正负符号决定，而是由加速度与速度两者的符号相同还是相反决定。

当 a_x 与 v_x 同号时，质点速率增大；反之，若 a_x 与 v_x 异号，质点的速率减小。例如，对于一个竖直上抛物体，其加速度 $\boldsymbol{a}=\boldsymbol{g}$=常量。若选择向上为 x 轴正向，则 $a_x=-g<0$，上升时，$v_x>0$，a_x 和 v_x 异号，物体速率减小；下降时，$v_x<0$，a_x 和 v_x 同号，物体速率增大。同理，若选择向下为 x 正方向，读者可以仿照上述分析对物体速率的变化得出相同的结论。

1.2.2 圆周运动和平面曲线运动

圆周运动 圆周运动中，质点速度方向不断改变，因而必然存在加速度。设轨道圆半径为 R，分别从速度的大小、方向两个因素的改变考虑，可以得出加速度的两个分量：法向（向心）加速度 $\boldsymbol{a}_n$ 和切向加速度 $\boldsymbol{a}_t$，且有

$$\boldsymbol{a}_{\mathrm{n}}=\frac{v^2}{R}\boldsymbol{e}_{\mathrm{n}} \tag{1.2.4}$$

$$\boldsymbol{a}_{\mathrm{t}}=\frac{\mathrm{d}v}{\mathrm{d}t}\boldsymbol{e}_{\mathrm{t}} \tag{1.2.5}$$

其中，$\boldsymbol{e}_{\mathrm{n}}$ 表示沿半径指向圆心的单位矢量，$\boldsymbol{e}_{\mathrm{t}}$ 表示速度方向(圆周切向)的单位矢量。

法向加速度 $\boldsymbol{a}_{\mathrm{n}}$ 代表与速度方向的变化所对应的速度变化率；切向加速度 $\boldsymbol{a}_{\mathrm{t}}$ 表示与速度大小的变化所对应的速度变化率。

$\boldsymbol{a}$ 与 $\boldsymbol{a}_{\mathrm{t}}$、$\boldsymbol{a}_{\mathrm{n}}$ 的关系如图 1.2.1 所示，加速度 $\boldsymbol{a}$ 的大小为

$$a=\sqrt{a_{\mathrm{t}}^2+a_{\mathrm{n}}^2} \tag{1.2.6a}$$

$\boldsymbol{a}$ 与 $\boldsymbol{v}$ 间夹角为

$$\varphi=\arctan\frac{a_{\mathrm{n}}}{a_{\mathrm{t}}} \tag{1.2.6b}$$

由角 φ 的值能够给出速率随时间变化的情况：

当 $0\leqslant\varphi<\frac{\pi}{2}$ 时，质点速率随时间增大；

当 $\varphi=\frac{\pi}{2}$ 时，质点速率不变；

当 $\frac{\pi}{2}<\varphi\leqslant\pi$ 时，质点速率随时间减小。

平面曲线运动　平面曲线运动的轨迹可以看作是由无限多个无穷小的曲线段连接而成，每个无穷小的曲线段都能与某个称为曲率圆的圆周相“密切”。这样，一个任意的平面曲线运动，就可以视为由一系列无穷小段圆周运动所组成。如图 1.2.2 所示。

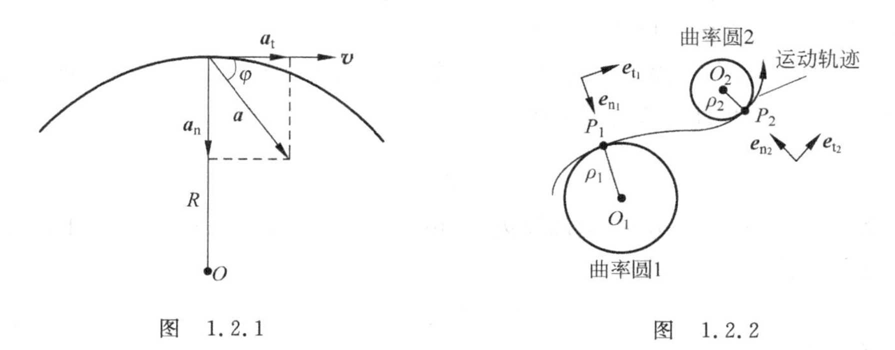

图　1.2.1　　　　图　1.2.2

曲线在某点 P 的曲率圆(也称密切圆)半径 ρ 称为曲线在该点的曲率半径。相应的，质点在某点 P 的加速度为

$$\boldsymbol{a}=\frac{\mathrm{d}v}{\mathrm{d}t}\boldsymbol{e}_{\mathrm{t}}+\frac{v^2}{\rho}\boldsymbol{e}_{\mathrm{n}} \tag{1.2.7}$$

自然坐标系　在平面曲线运动物体的运动轨迹曲线上的各点(如图 1.2.2 中的 P_1 和 P_2)固结一系列由当地的切线 $\mathbf{t}$ 和法线 $\mathbf{n}$ 所组成的坐标轴，这样组成的坐标系称自然坐标系。自然坐标系是固结在所选定的参考物(参考系)上的，它并不随质点运动，质点运动到哪里，就采用轨道曲线当地的切线和法线来确定坐标轴方向。这里必须强调，自然坐标系并不是随物体一起运动的坐标系，否则物体将对其保持静止，这又何谈用其描写物体的运动呢？

1.2.3 角量与线量的关系

质点沿圆形轨道运动时，由于圆周已确定，质点位置的变化，可以用质点对圆心的位置矢量和参考方向（如 x 方向）的夹角 θ 的变化表示。质点的速度 $\boldsymbol{v}$ 和加速度 $\boldsymbol{a}_t$、$\boldsymbol{a}_n$ 也都可由 θ 的变化（图 1.2.3）表示出来。与角度 θ 的变化相联系的各量，如角位移 $\Delta\theta$、角速度 $\omega=\frac{\mathrm{d}\theta}{\mathrm{d}t}$ 和角加速度 $\alpha=\frac{\mathrm{d}\omega}{\mathrm{d}t}$ 等统称为角量。

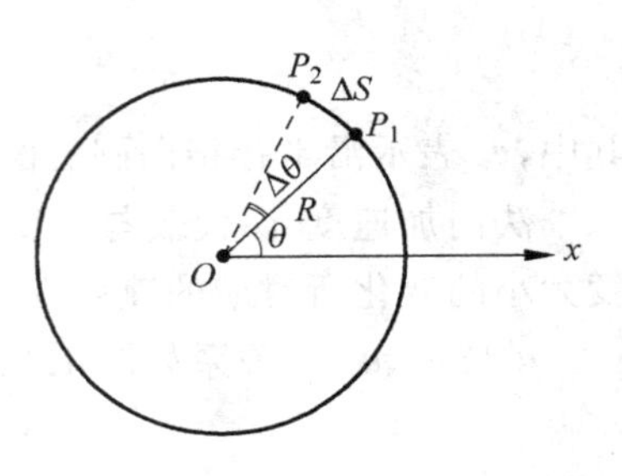

图 1.2.3

v、a_n、a_t 统称为线量，它们和相应的角量的关系如下：

在 t 到 $t+\Delta t$ 时间间隔内，质点经过的弧长 $\Delta s=R\Delta\theta$，则 t 时刻质点的

速率
$$v=\lim_{\Delta t\to 0}\frac{\Delta s}{\Delta t}=\frac{\mathrm{d}s}{\mathrm{d}t}=R\frac{\mathrm{d}\theta}{\mathrm{d}t}=R\omega \tag{1.2.8}$$

法向加速度
$$a_n=R\omega^2 \tag{1.2.9}$$

切向加速度
$$a_t=R\frac{\mathrm{d}\omega}{\mathrm{d}t}=R\alpha \tag{1.2.10}$$

1.3 相对运动，速度相加原理及其适用范围

1.3.1 相对运动与速度相加原理

同一运动质点在不同的参考系中具有不同的速度。从相对运动的关系中，可以求出同一质点对于不同参考系的速度之间的关系。

如图 1.3.1 所示，在一辆相对地面平动的车中，物体在 t 到 $t+\Delta t$ 这段时间内由 A 运动到 B，有位移 $\Delta\boldsymbol{r}_{物对车}$，以车为参考系，物体速度为

$$\boldsymbol{v}_{物对车}=\lim_{\Delta t\to 0}\frac{\Delta\boldsymbol{r}_{物对车}}{\Delta t}$$

从地面参考系看，在 t 到 $t+\Delta t$ 时间间隔内，车由 C 到 C'，有位移 $\Delta\boldsymbol{r}_{车对地}$。因此，物体对地是由 A 到达 B'，位移是 $\Delta\boldsymbol{r}_{物对地}$，且

$$\Delta\boldsymbol{r}_{物对地}=\Delta\boldsymbol{r}_{物对车}+\Delta\boldsymbol{r}_{车对地}$$

因此，物体的速度

$$\boldsymbol{v}_{物对地}=\lim_{\Delta t\to 0}\frac{\Delta\boldsymbol{r}_{物对地}}{\Delta t}=\lim_{\Delta t\to 0}\frac{\Delta\boldsymbol{r}_{物对车}}{\Delta t}+\lim_{\Delta t\to 0}\frac{\Delta\boldsymbol{r}_{车对地}}{\Delta t}=\boldsymbol{v}_{物对车}+\boldsymbol{v}_{车对地}$$

将这个结论推广到一般情况。设以 B、C 代表两个平动参考系，A 代表运动质点，则有

$$\boldsymbol{v}_{A对C}=\boldsymbol{v}_{A对B}+\boldsymbol{v}_{B对C} \tag{1.3.1}$$

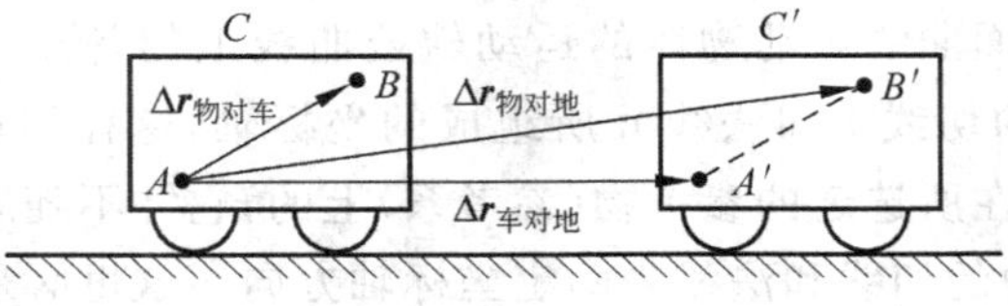

图 1.3.1

即一个质点对一平动参考系 C 的速度等于这个质点相对于另一平动参考系 B 的速度与此参考系 B 相对于参考系 C 的速度的矢量和，这一关系称为伽利略的速度相加原理。例如，已知天车吊运货物的速度（以天车为参考系）及天车运行速度（以地面为参考系），求货物相对地面的速度，则可利用式(1.3.1)求解。

从速度相加原理，不难根据质点相对于两个平动参考系的速度，求得两个参考系的相对速度，即

$$\boldsymbol{v}_{B对C} = \boldsymbol{v}_{A对C} - \boldsymbol{v}_{A对B} \tag{1.3.2}$$

例如，已知汽车静止时观察到的雨滴的运动及汽车开动后在车中观察到的雨滴的运动，求车速的问题，就可看成是分别已知雨滴在地面参考系和车厢参考系的速度，求汽车参考系相对地面参考系的速度，运用式(1.3.2)即可求解(参看1.4节例3)。

顺便提一下，通常把我们认定为静止的参考系（如地面）称为静止参考系，把物体相对于静止参考系的速度称为"绝对速度"；把物体相对于运动参考系（如运动着的车厢）的速度称为"相对速度"；把运动参考系相对于静止参考系的速度称为"牵连速度"。如果我们认定式(1.3.1)中的 C 为静止参考系，那么由此也可以将式(1.3.1)的意义说成是：物体的绝对速度等于物体的相对速度与牵连速度之和。

1.3.2 古典力学的时空观与速度相加原理的适用范围

在由相对运动得出速度相加原理的过程中，实际上用到了两个在一般人看来是"不言而喻"的结论：一是从车厢参考系测得的物体运动的时间间隔与地面参考系测得的物体运动的时间间隔是一样的，即时间的测量与参考系无关；二是从车厢参考系测得的长度（如图1.3.1中的 $\overline{AB}$ 段）与从地面参考系测得的长度是相同的，即长度的测量也与参考系无关。

时间、长度的测量与参考系无关，是牛顿力学或古典力学的绝对时空观。关于这一点，牛顿本人曾有这样的叙述："绝对空间，就其本性而言，与外界任何事物无关，而永远是相同的和不动的"，"绝对的、真正的和数学的时间自己流逝着，并由于它的本性而均匀地与任一外界对象无关地流逝着。"

20世纪初狭义相对论的建立，打破了牛顿的绝对时空观，证明无论时间、空间的测量都依赖于参考系。因此，基于绝对时空观的伽利略速度相加原理就不再成立了。但是，在物体运动速度远远小于光速的情况下，相对论给出的结果和牛顿力学的结果相同，因而伽利略速度相加原理只适用于低速（与光速相比）运动的情况。

1.4 解题的基本要求（不限于运动学）

为了熟练掌握、灵活应用基本物理概念和原理，提高分析问题的能力，需要完成一定数量的习题。同时，坚持认真地做好每一道典型习题，还有助于培养严谨的科学作风和训练严密、清晰的论证表达能力。为此，解物理题应符合下列要求：

(1) 明确题意 明确并简要写出该题的已知条件和所求物理量。

(2) 画示意图 认真地用作图工具画出必要的示意图，如力学中应画出示力图、坐标轴（原点、正方向）、速度和加速度等。

(3) 讲清道理 解题时要根据物理概念和原理做必要的分析，论证要清楚，引用定律和

原理要说明条件，列基本方程要说明依据。

(4) 求文字解 即使要求的仅是数字结果，也必须先用文字运算，得出所求物理量的文字解答，并对结果的合理性进行判断。判断的方法主要是：

查量纲 看看结果的量纲（或单位）是否正确。

看变化 看看结果的变化趋势是否合理。通常使文字结果中的某个参量变大或变小，看看给出结果的变化趋势是否与我们根据物理知识预计的变化趋势一致。

用特殊情况检验 过渡到已知结果的特殊情况。如果题目中的某个参量选取特殊值，结果通常是已知的。将文字解答中某参量的特殊值代入，看看所得结果和我们已知的结果是否一致（文字结果判断的举例，读者可参考1.5节例4和4.4节例5）。

在判断文字结果是合理的之后，再代入数据算出数字结果。数字结果一般取三位有效数字即可（某些特殊问题及原子物理中的许多情况除外）。

(5) 讨论结果 一个物理习题的文字结果，往往就是某一类具体的物理问题的公式，对所得结果作必要的讨论，常常可以加深对这一类物理问题的理解。

1.5 典型例题（共4例）

运动学的问题有两类，一类是已知位矢作为时间的函数（即运动函数）$\boldsymbol{r}(t)$，求速度$\boldsymbol{v}$和加速度$\boldsymbol{a}$；另一类是已知加速度$\boldsymbol{a}(t)$及初始位置$\boldsymbol{r}_0$、初速度$\boldsymbol{v}_0$，求任一时刻的速度$\boldsymbol{v}$及位矢$\boldsymbol{r}$。前一类问题直接用$\boldsymbol{v}$、$\boldsymbol{a}$的定义，由微分可求得；后一类问题则需要用积分的方法求解。

例1 由定义求$\boldsymbol{v}$、$\boldsymbol{a}$。

如图1.5.1(a)所示，在离水面高为h的岸边，有人用绳子拉船靠岸，人以不变的速率v_0收绳，求当船在离岸的水平距离为x时的速度、加速度。

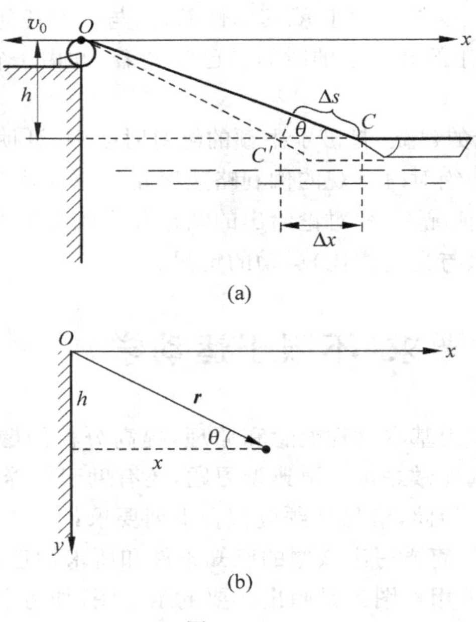

图 1.5.1

已知　收绳速率 v_0 = 常量，岸高 h。

求　船距岸 x 时，$\boldsymbol{v}$=？ $\boldsymbol{a}$=？

分析　对此例，一般容易出现的错误是不从速度的定义分析，而是凭图像上的直觉，认为 v_0 就是船头的速率，且运动方向沿着绳，而船沿水面行进的速度正是这一速度的水平投影。设绳与水平夹角为 θ，则船速 $v=v_0\cos\theta<v_0$。

上述结论是错误的！对此可作如下定性分析。设 t 时刻船在 C 位置，经过 Δt 后到达 C' 位置。Δt 时间内船行进 Δx，而绳缩短 Δs，由图 1.5.1(a)可见 $|\Delta x|>\Delta s$，因而船速 $v>v_0$，而不是上述的 $v<v_0$！具体解法如下。

解　选如图 1.5.1(b)所示的坐标系，原点在滑轮处，忽略船头和水面的距离以及滑轮半径，则船的位矢

$$\boldsymbol{r}=x\boldsymbol{i}+h\boldsymbol{j}$$

由速度定义

$$\boldsymbol{v}=\frac{\mathrm{d}\boldsymbol{r}}{\mathrm{d}t}=\frac{\mathrm{d}x}{\mathrm{d}t}\boldsymbol{i}+\frac{\mathrm{d}h}{\mathrm{d}t}\boldsymbol{j}=\frac{\mathrm{d}x}{\mathrm{d}t}\boldsymbol{i}=v_x\boldsymbol{i}$$

$$\left(\text{因为}\frac{\mathrm{d}h}{\mathrm{d}t}=0\text{，所以 }v_y=0\right)$$

由图 1.5.1(b)，$x=\sqrt{r^2-h^2}$，故

$$v_x=\frac{\mathrm{d}x}{\mathrm{d}t}=\frac{\mathrm{d}}{\mathrm{d}t}\sqrt{r^2-h^2}=\frac{r}{\sqrt{r^2-h^2}}\cdot\frac{\mathrm{d}r}{\mathrm{d}t}$$

按题意，$v_0=\lim\limits_{\Delta t\to 0}\frac{\Delta s}{\Delta t}=-\lim\limits_{\Delta t\to 0}\frac{\Delta r}{\Delta t}=-\frac{\mathrm{d}r}{\mathrm{d}t}$，代入上式得

$$v_x=-\frac{r}{\sqrt{r^2-h^2}}v_0=-\frac{\sqrt{x^2+h^2}}{x}v_0$$

故

$$\boldsymbol{v}=v_x\boldsymbol{i}=-\frac{\sqrt{x^2+h^2}}{x}v_0\boldsymbol{i}$$

$\boldsymbol{v}$ 的方向与图中 x 正方向相反。

由此解答可见，船的速率

$$v=|v_x|=\frac{v_0}{\dfrac{x}{\sqrt{x^2+h^2}}}=\frac{v_0}{\cos\theta}>v_0$$

这里我们看到，前面指出的错误原因就在于把绳子缩短的速率 $\left|\frac{\mathrm{d}r}{\mathrm{d}t}\right|$ 当成了绳的 C 端运动的速率 $\left|\frac{\mathrm{d}\boldsymbol{r}}{\mathrm{d}t}\right|$，混淆了 $|\mathrm{d}\boldsymbol{r}|$ 与 $|\mathrm{d}r|$ 的区别，同时还误认为 C 端就是沿绳的方向运动的。

由加速度定义

$$a_x=\frac{\mathrm{d}v_x}{\mathrm{d}t}=-v_0\frac{\mathrm{d}}{\mathrm{d}t}\left(\frac{\sqrt{x^2+h^2}}{x}\right)=v_0\frac{h^2}{x^2\sqrt{x^2+h^2}}\cdot\frac{\mathrm{d}x}{\mathrm{d}t}=\frac{-v_0^2h^2}{x^3}$$

$$a_y = \frac{\mathrm{d}v_y}{\mathrm{d}t} = 0$$

故

$$\boldsymbol{a} = -\frac{v_0^2 h^2}{x^3}\boldsymbol{i}$$

船的加速度 $\boldsymbol{a}$ 与图 1.5.1 中 x 的正方向相反。由于 $\boldsymbol{a}$ 与 $\boldsymbol{v}$ 方向相同，若均匀收缩缆绳时（v_0＝常量），船应加速靠岸！

例 2 由加速度 $\boldsymbol{a}$ 求解运动规律。

已知一质点沿直线运动。其加速度 $\boldsymbol{a}=-k\boldsymbol{v}$，其中 k 为正的常量。$t=0$ 时，质点速度为 $\boldsymbol{v}_0$，求任意 t 时刻质点的速度和位置。

解 沿质点运动的直线选 x 轴，其正方向与 $\boldsymbol{v}_0$ 相同，原点就是 $t=0$ 时质点的位置，如图 1.5.2(a)所示。由加速度定义，有

$$\frac{\mathrm{d}v_x}{\mathrm{d}t} = a_x = -kv_x$$

令 $v_x=v$，故有

$$\frac{\mathrm{d}v}{\mathrm{d}t} = -kv$$

分离变量，得

$$\frac{\mathrm{d}v}{v} = -k\mathrm{d}t$$

对上式等号两边积分

$$\int_{v_0}^{v}\frac{\mathrm{d}v}{v} = -k\int_0^t \mathrm{d}t$$

得

$$\ln\frac{v}{v_0} = -kt$$

故

$$v = v_0\mathrm{e}^{-kt}$$

v-t 曲线如图 1.5.2(b)所示。

又由定义 $\frac{\mathrm{d}x}{\mathrm{d}t}=v_x=v=v_0\mathrm{e}^{-kt}$，有

$$\mathrm{d}x = v_0\mathrm{e}^{-kt}\mathrm{d}t$$

对上式等号两边积分

$$\int_0^x \mathrm{d}x = \int_0^t v_0\mathrm{e}^{-kt}\mathrm{d}t$$

得到

$$x = \frac{v_0}{k}(1-\mathrm{e}^{-kt})$$

x-t 曲线如图 1.5.2(c)所示。

结果讨论 质点速率随时间呈指数衰减。当 $t\to\infty$ 时，$v\to 0$，$x\to\frac{v_0}{k}$，这一结果表明，质

点运动持续的时间是无限的，而运动的空间却仅限于 x 轴上 $0\leqslant x<\frac{v_0}{k}$ 的范围。

例 3 相对运动。

车篷高 2 m，停车时，由于有风，雨滴落至车篷后沿内 1 m 处，如图 1.5.3(a)所示。已知雨滴对地速度为 9.3 m/s，求当车以多大的时速行驶时，雨滴恰好不落入车内。

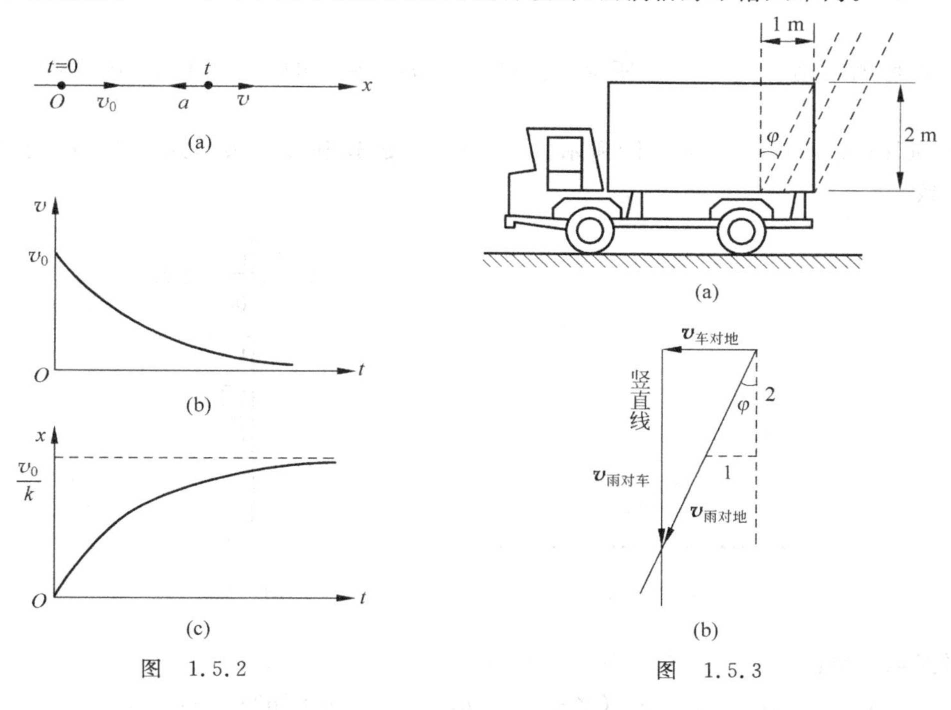

图 1.5.2

图 1.5.3

解 由相对速度关系式(1.3.2)，有

$$\boldsymbol{v}_{车对地}=\boldsymbol{v}_{雨对地}-\boldsymbol{v}_{雨对车}$$

按题意，$\boldsymbol{v}_{车对地}$ 的方向水平向前，$\boldsymbol{v}_{雨对车}$ 的方向沿竖直线向下，设 $\boldsymbol{v}_{雨对地}$ 的方向与竖直线夹角为 φ，则以上的速度矢量关系如图 1.5.3(b)所示。由该图可知，雨滴恰好不落入车内时 $\boldsymbol{v}_{车对地}$ 的大小为

$$v_{车对地}=v_{雨对地}\sin\varphi$$

根据车篷高 2 m、雨滴落至车篷后沿内 1 m 处的题设，由图 1.5.3(a)应有

$$\sin\varphi=\frac{1}{\sqrt{2^2+1}}=\frac{1}{\sqrt{5}}$$

于是有

$$v_{车对地}=v_{雨对地}\sin\varphi=9.3\ \mathrm{m/s}\cdot\frac{1}{\sqrt{5}}\approx 4.16\ \mathrm{m/s}\approx 15\ \mathrm{km/h}$$

例 4 如图 1.5.4 所示，在光滑的水平地面上，放一质量为 M、斜边光滑、底角为 θ 的楔块。一质量为 $m(m<M)$ 的物块从斜面上滑下，物块相对于楔块和地面的加速度分别为 a' 和 a。有人求得结果为 $a'=\frac{(M+m)\sin\theta}{M+m\sin^2\theta}g$，$a=\frac{\sin\theta\sqrt{M^2+m(2M+m)\sin^2\theta}}{M+m^2\sin^2\theta}g$。试分析此两结果的合理性。

分析　对于结果 $a'=\dfrac{(M+m)\sin\theta}{M+m\sin^2\theta}g$：

检查量纲(单位)：等号双方都是加速度的量纲，正确。

过渡到已知结果的特殊情况：

$M\gg m$ 时，M 应几乎不动，故应有 $a'=g\sin\theta$，这和 a' 的表示式在 $M\gg m$ 时给出的结果一致。

$\theta=0$ 时，情况如图 1.5.5(a)所示，应该有 $a'=0$，这和 a' 的表示式在 $\theta=0$ 时给出的结果一致。

$\theta=90°$时，情况如图 1.5.5(b)所示，应该有 $a'=g$，这和 a' 的表示式在 $\theta=90°$时给出的结果一致。

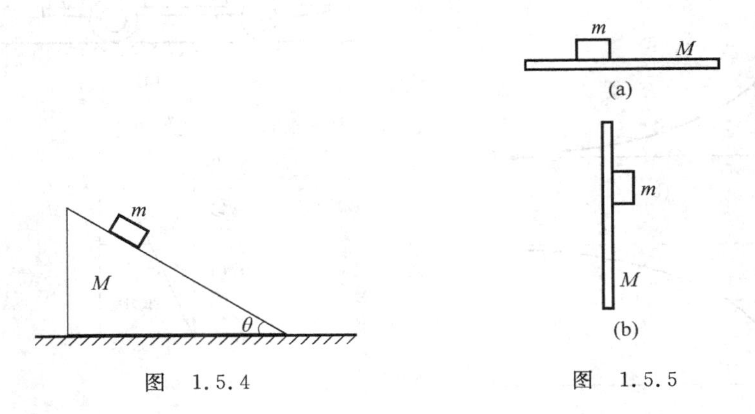

图 1.5.4　　图 1.5.5

看变化趋势：令 θ 增加，对 a' 的表示式有

$$\frac{\mathrm{d}a'}{\mathrm{d}\theta}=\frac{(M+m)\cos\theta\cdot(M+m\sin^2\theta)-(M+m)\sin\theta\cdot 2m\sin\theta\cos\theta}{(M+m\sin^2\theta)^2}g$$

$$=\frac{(M+m)\cos\theta\cdot(M-m\sin^2\theta)g}{(M+m\sin^2\theta)^2}g>0\quad(\text{因为 } M>m)$$

所以在 θ 增加时，由 a' 的表示式给出的结果是 a' 也增加，这和我们的理解也是一致的。

综上所述，a' 的结果应该是合理的。

对于结果 $a=\dfrac{\sin\theta\sqrt{M^2+m(2M+m)\sin^2\theta}}{M+m^2\sin^2\theta}g$：

检查量纲：分母上 M 和 $m^2\sin^2\theta$ 量纲不同，不能相加，所以上面 a 的表示式是错误的。

我们可以针对以上错误尝试着对结果进行修正。用量纲分析的方法可将 a 的结果式分母中的 $m^2\sin^2\theta$ 修改为 $m\sin^2\theta$(读者可以想想，为何不将分母中的 M 修改为 M^2 呢?)。通过检验(略)表明，这样修正后的结果是合理的。

以上分析表明，检验一个计算的文字式结果是否合理、是否有误，不一定要从头至尾再验算一遍。通过直接对结果的合理性进行分析，一般也能做出正确的判断。从这一侧面我们也能看出得到文字结果的重要性，即使是最后需要给出数字结果，我们也不要在运算过程中先行代入数据，最好是先给出最后的文字结果，经检验合理后再代入数据，这样做比较稳妥。

1.6　对某些问题的进一步说明与讨论

1.6.1　要注意区分$|\Delta\boldsymbol{r}|$与$|\Delta r|$以及$|\Delta\boldsymbol{v}|$与$|\Delta v|$

在运用速度和加速度的定义式(1.1.1)及式(1.1.3)进行计算时，初学者往往容易发生下述错误，即把速度的大小$v=\left|\frac{\mathrm{d}\boldsymbol{r}}{\mathrm{d}t}\right|$误认为是$v=\left|\frac{\mathrm{d}r}{\mathrm{d}t}\right|$，把加速度的大小$a=\left|\frac{\mathrm{d}\boldsymbol{v}}{\mathrm{d}t}\right|$误认为是$\left|\frac{\mathrm{d}v}{\mathrm{d}t}\right|$。要消除上述错误，关键在于区分$|\Delta\boldsymbol{r}|$和$|\Delta r|$，$|\Delta\boldsymbol{v}|$和$|\Delta v|$。

$\Delta\boldsymbol{r}$表示质点在t到$t+\Delta t$时间内的位移，即由t时刻到$t+\Delta t$时刻质点的位矢的增量。$|\Delta\boldsymbol{r}|$表示这段位移的大小，即$|\Delta\boldsymbol{r}|=|\boldsymbol{r}(t+\Delta t)-\boldsymbol{r}(t)|$，它是两个矢量(位矢)的差之模。

而Δr表示由t时刻到$t+\Delta t$时刻质点位矢的模的增量，$|\Delta r|=|r(t+\Delta t)-r(t)|$，它是两个位矢的模之差的绝对值。

一般地说，$|\Delta\boldsymbol{r}|\neq|\Delta r|$。如图1.6.1所示，$|\Delta\boldsymbol{r}|$等于线段$\overline{P_1P_2}$的长。在$\overline{OP_2}$上截取$\overline{ON}$，使$\overline{ON}=\overline{OP_1}$，则$\Delta r$等于线段$\overline{NP_2}$，一般情况下$\overline{P_1P_2}\neq\overline{NP_2}$。最明显的例子是当质点作圆周运动时，以圆心为坐标原点，质点的位矢就沿圆的半径，在任一时间间隔Δt内，位矢的模的增量$\Delta r\equiv0$，而位移的大小是连接始、末位置的弦长，一般并不为零。

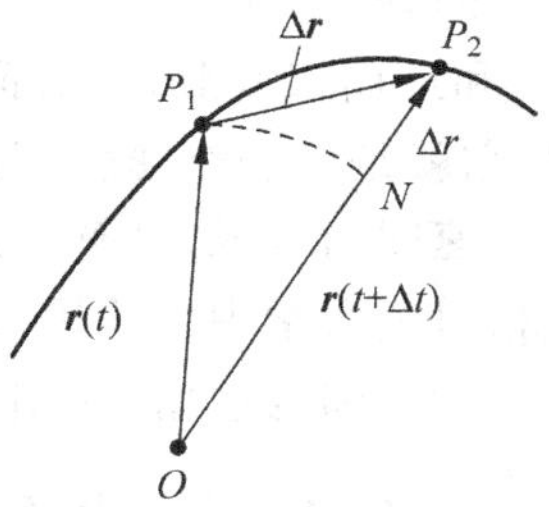

图　1.6.1

同理，$\Delta\boldsymbol{v}$表示时间t到$t+\Delta t$内速度的增量，$|\Delta\boldsymbol{v}|$表示这一增量的大小。$|\Delta\boldsymbol{v}|=|\boldsymbol{v}(t+\Delta t)-\boldsymbol{v}(t)|$是两个速度矢量的差之模。而$\Delta v$表示由时间$t$到$t+\Delta t$内速度的大小的增量，$|\Delta v|=|v(t+\Delta t)-v(t)|$是两个速度矢量的模之差的绝对值。一般地说，$|\Delta\boldsymbol{v}|\neq|\Delta v|$。

由于$|\Delta\boldsymbol{r}|$与$|\Delta r|$、$|\Delta\boldsymbol{v}|$与$|\Delta v|$意义不同，因而通常可以说

$$\lim_{\Delta t\to0}\left|\frac{\Delta\boldsymbol{r}}{\Delta t}\right|\neq\lim_{\Delta t\to0}\left|\frac{\Delta r}{\Delta t}\right|,\quad 即\quad v=\left|\frac{\mathrm{d}\boldsymbol{r}}{\mathrm{d}t}\right|\neq\left|\frac{\mathrm{d}r}{\mathrm{d}t}\right|$$

$$\lim_{\Delta t\to0}\left|\frac{\Delta\boldsymbol{v}}{\Delta t}\right|\neq\lim_{\Delta t\to0}\left|\frac{\Delta v}{\Delta t}\right|,\quad 即\quad a=\left|\frac{\mathrm{d}\boldsymbol{v}}{\mathrm{d}t}\right|\neq\left|\frac{\mathrm{d}v}{\mathrm{d}t}\right|$$

只有当质点沿直线轨道向同一个方向运动，且位矢原点选在直线轨道上时，才会在任一时间间隔内都有$|\Delta\boldsymbol{r}|=|\Delta r|$，因而才可以通过$\left|\frac{\mathrm{d}r}{\mathrm{d}t}\right|$来计算速度的大小，当然也可以通过$\left|\frac{\mathrm{d}v}{\mathrm{d}t}\right|$来计算加速度的大小(单就此来说，并不要求位矢原点选在直线轨道上，只要质点作直线运动即可)。

这里还要顺便说明一下，虽然一般地说来$\left|\frac{\mathrm{d}r}{\mathrm{d}t}\right|\neq v$，但这并不表明$\frac{\mathrm{d}r}{\mathrm{d}t}$没有实际意义。事实上$\frac{\mathrm{d}r}{\mathrm{d}t}$表示的是质点运动中矢径大小的时间变化率，也就是质点速度沿矢径的分量，称之为径向速度v_r，即$\frac{\mathrm{d}r}{\mathrm{d}t}=v_r$，当然也应有$\left|\frac{\mathrm{d}r}{\mathrm{d}t}\right|=|v_r|$。

1.6.2 速度的合成、分解与伽利略速度变换关系

当研究抛射体运动时，人们通常把运动分为水平方向和竖直方向两个运动来研究。任一时刻，质点的速度$\boldsymbol{v}$和它的水平分量及竖直分量的关系是

$$\boldsymbol{v}=\boldsymbol{v}_{水平}+\boldsymbol{v}_{竖直}$$

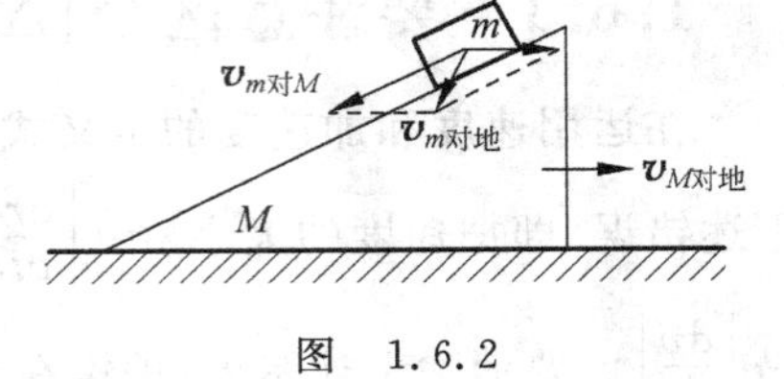

图 1.6.2

而当研究一个小物体在楔形滑块上的滑动(见图1.6.2)时，按照相对运动，则有

$$\boldsymbol{v}_{m对地}=\boldsymbol{v}_{m对M}+\boldsymbol{v}_{M对地}$$

以上两个例子中的两个式子，形式上都是一个速度矢量等于另两个速度矢量相加，但含义迥然不同，适用的范围也不同。

以上的两个式子代表两种类型的速度相加。前一个式子是根据速度的矢量性，把一个矢量分解为两个矢量，等式两端是同一物体相对于同一参考系而写出的，称为速度的合成或速度的分解；而后一个式子是相对运动的关系，是同一物体(m)的速度在两个不同参考系(M和地面)的测量值之间的变换关系，等式两端各量是不同物体相对于不同参考系而写出的，它就是伽利略速度相加原理，也称为伽利略速度变换关系。

速度的合成、分解是速度的矢量性质的必然结果，与速率大小无关，无论在古典力学还是相对论力学中均适用，具有普遍性；而伽利略速度变换关系只适用于低速情况，即只在古典力学范围内适用，在相对论中不再成立。

1.6.3 运动的合成、分解与运动的独立性

如上所述，讨论重力场中抛射体的运动时，可以把它分解为水平方向和竖直方向两个分运动。如果不计阻力，这两个分运动分别是匀速运动和加速度为$\boldsymbol{g}$的匀加速直线运动。进一步比较各种抛射体运动可以看到，这两个方向的分运动互不影响，相互独立。例如两个物体在同一高度、同时开始，一个平抛，另一个自由下落，前者有水平运动，后者没有，但两者在竖直方向运动相同，相同的时间内有相同的竖直位移，经相同的时间后有相同的竖直速度。即抛射体的竖直运动不因水平运动而受影响，反之亦然。因此，不计阻力时，抛射体的运动可以看成是两个相互独立的分运动的叠加。

有些物理学教材把这个从日常生活中大量可见的运动所得到的结果加以推广，并作出以下论述："任何一个方向的运动，都不会因为任一其他方向的运动是否存在而受到影响，或者说：一个运动可以看作几个各自独立进行的运动的叠加而成，这个结论称为运动叠加原理或运动独立性原理。"这样理解运动的独立性，并把它作为运动的一个普遍特征的说法，是不合适的。

实际上，上述关于抛射体运动的结果包含着两层意思：其一是一个运动可以分解为几个运动，或者说一个运动可以看成是几个分运动的叠加；其二是这几个分运动相互独立。问题恰恰在于这两层意思的结果并没有必然的联系。正如1.6.2小节中所分析的，上述第一点是描述运动的量——位移、速度等量的矢量性的必然结果，因而对于任何类型的机械运动都是普遍成立的；而上述第二点，即所谓运动的独立性，却是有条件的成立、并不是普遍成立的。这是由于物体的运动最终和物体受力有关，而有些情况下，某个方向的分力却和另

一方向的运动有关，从而使相应两个方向的运动互相影响。例如，假设一个高速飞行中的物体所受的阻力使它的加速度与速度有关，关系式为 $\boldsymbol{a}=kv^2\boldsymbol{e}_v$，其中 k 是一个负的常量，$\boldsymbol{e}_v=\dfrac{\boldsymbol{v}}{v}$是速度方向的单位矢量。若将物体的运动沿着水平方向 x 和竖直方向 y 进行分解，设 $\boldsymbol{v}$ 和 x 轴的夹角为 θ，则

$$a_x=kv^2\boldsymbol{e}_v\cdot\boldsymbol{i}=kv^2\cos\theta=kvv_x=k\sqrt{v_x^2+v_y^2}\cdot v_x$$

$$a_y=kv^2\boldsymbol{e}_v\cdot\boldsymbol{j}=kv^2\sin\theta=kvv_y=k\sqrt{v_x^2+v_y^2}\cdot v_y$$

由以上两式看出，两个方向的加速度都分别与另一方向的速度有关，足见该运动尽管可以沿两个方向上分解，但两个方向上的运动却并非彼此独立，而是互有影响。事实上，只要加速度和速度有非线性的关系，运动分解后的任意两个方向上的运动就都不会是相互独立的。也就是说，所谓的运动独立性原理，只在加速度与速度无关或加速度与速度呈线性关系时才成立，其他情况下是不成立的。

最后我们再次强调指出：任何一个运动都可以分解成几个运动（或看成几个运动的合成），但这几个分运动不一定互相独立，只有当加速度（或外力）满足一定条件时，这些分运动才互不影响，彼此独立！

1.6.4　对于参考系的进一步说明

关于参考系，我们在这里要进一步说明两个问题：

第一个是参考系存在着两种定义的问题，这两种定义的基本差异在于“参考物和参考系的关系”不同。参考系的第一种定义是不区分参考物和参考系，而直接把参考物就定义为参考系；参考系的第二种定义则是把参考物和参考系加以区分，把参考物看作是参考系的一个基本组成部分，而定义参考系是包括参考物和固结在参考物上的坐标系以及一套固结于参考物所在空间的同步时钟所组成的系统。这里的“系”指的就是这个“系统”。本书所采用的是第二种定义，这是因为此定义中的参考系本身就是一个完全可以定量地描写物体运动的实用系统，使用这样定义的参考系，无需再多加说明。而使用第一种定义的参考系时，则需要说明参考系（即参考物）必须配上与之固结的坐标系和一套固结于参考物所在空间的同步的时钟才构成可以定量描写运动的实用系统，这里的参考系仅意味着参考物。需要说明的是，在明确指出“参考物和参考系关系”的前提下，这两种参考系的定义均可采用，无所谓哪个对、哪个错。

第二个是坐标系要否必须固结在参考物上的问题。按照参考系的第二种定义，参考物是参考系的基础，作为“参考系组成部分的坐标系”是必须固结在参考物上的（即相对于参考物保持静止）。正因为如此，在此坐标系中所定量描述的运动才是相对于参考物的运动。不过对于有些比较复杂的运动，是可以采用多个坐标系来综合描述的，但是这并不意味着参考系中的所有坐标系也都必须固结在参考物上。实际上的要求是，这些坐标系中必须有一个是固结在参考物上的，它就是“构成参考系组成部分”的那个坐标系。至于参考系中的其他坐标系虽可以相对参考物有运动，但它们必须和固结在参考物上的坐标系之间建立确定的联系，只有这样它们才能起到在该参考系中参与描述物体运动的作用，否则这样的坐标系对参考系是没有意义的。此外，单靠“对参考物有运动的坐标系”是不能和参考物组成参考系的。

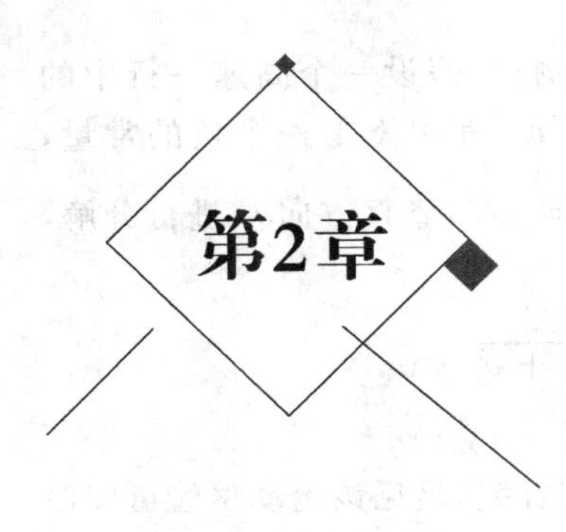

牛顿运动定律

2.1 牛顿三定律的内容

牛顿第一定律 每一物体都保持它的静止或匀速直线运动状态，除非它受到作用力而被迫改变这种状态。

牛顿第二定律 物体(应理解为质点)受到外力作用时，其加速度 $\boldsymbol{a}$ 的大小与合外力 $\boldsymbol{F}_{合}$ 的大小成正比，和物体的质量 m 成反比；加速度的方向与合外力的方向相同。即

$$\boldsymbol{F}_{合}=km\boldsymbol{a}$$

式中，k 为与单位制有关的比例系数，选择适当的单位制(例如国际单位制——SI)可以使 $k=1$，从而有

$$\boldsymbol{F}_{合}=m\boldsymbol{a} \quad (\text{SI}) \tag{2.1.1}$$

牛顿第三定律 若物体1受物体2的作用力为 $\boldsymbol{F}_{12}$，则同时物体2必受到物体1的反作用力 $\boldsymbol{F}_{21}$，这两个力大小相等、方向相反，而且沿同一直线，即

$$\boldsymbol{F}_{12}=-\boldsymbol{F}_{21} \tag{2.1.2}$$

2.2 对牛顿三定律的认识

2.2.1 惯性与惯性运动

牛顿第一定律中包含着“惯性”这一物理概念，即任何物体都有保持自己原有运动状态不变的性质。而且定律还指出，在没有外力作用时物体将保持静止或匀速直线运动状态——物体作惯性运动。

惯性是物体固有的属性，它和物体是否受力并无关系；而惯性运动则必须在没有外力作用或外力平衡的条件下才能实现。

学习第一定律时应区分惯性与惯性运动这两个不同的概念。

2.2.2　牛顿第二定律的表达式

牛顿当初发表他的第二定律时，是以下列的形式出现的(对应适当单位制)

$$\boldsymbol{F}_{合} = \frac{\mathrm{d}(m\boldsymbol{v})}{\mathrm{d}t} \tag{2.2.1}$$

上式表示物体机械运动的量(即动量 $m\boldsymbol{v}$)的时间变化率与物体所受合外力成正比。

按照古典力学的观点，质量 m 是物体固有的性质，不随时间或物体的运动而改变，因此由 $\boldsymbol{F}_{合}=\frac{\mathrm{d}(m\boldsymbol{v})}{\mathrm{d}t}$ 到 $\boldsymbol{F}_{合}=m\boldsymbol{a}$ 仅仅是表达形式上的不同，本质上并无差别。

相对论建立后，得到一个重要的结论——物体的质量随物体运动速率的改变而改变。在相对论的情况下，第二定律的这一形式 $\boldsymbol{F}_{合}=\frac{\mathrm{d}(m\boldsymbol{v})}{\mathrm{d}t}$ 仍然成立。显然，这时它和 $\boldsymbol{F}_{合}=m\boldsymbol{a}$ 不再等价，在相对论情况下，$\boldsymbol{F}_{合}$ 与 $\boldsymbol{a}$ 的关系是：

$$\boldsymbol{F}_{合} = m\boldsymbol{a} + \boldsymbol{v}\frac{\mathrm{d}m}{\mathrm{d}t} \tag{2.2.2}$$

$\boldsymbol{F}_{合}=m\boldsymbol{a}$ 对应着的配套单位　牛顿第二定律写成 $\boldsymbol{F}_{合}=m\boldsymbol{a}$ 时，就对 F、m、a 三者的单位有了明确的限定。在国际单位制(SI)中，基本的力学量是长度、质量和时间，相应的基本单位分别为 m(米)、kg(千克)和 s(秒)。加速度 a 和力 F 都是导出量，它们的单位都属于导出单位，需要通过相关的定义或物理规律由基本单位导出。加速度 a 的单位可由其定义给出，为 $\mathrm{m/s^2}$，力 F 的单位可由定律 $F=ma$ 给出，为 $\mathrm{kg\cdot m/s^2}$，此单位即为 N(牛[顿])。这就形成了国际单位制(SI)中与公式 $F=ma$ 相配套的一组单位：

a——$\mathrm{m/s^2}$(米 / 秒^2)

m——kg(千克)

F——N(牛)

应用牛顿第二定律 $\boldsymbol{F}_{合}=m\boldsymbol{a}$ 时，必须注意单位的配套。本书所有定律、定理皆采用国际单位制表述。

$\boldsymbol{F}_{合}=m\boldsymbol{a}$ 是矢量关系　$\boldsymbol{F}_{合}=m\boldsymbol{a}$ 式中的 $\boldsymbol{F}_{合}$ 是物体所受全部外力的矢量和，因而此定律表明加速度的方向总是与合外力的方向一致。

根据矢量的性质，这个方程可以写成相应的投影式。如果选择空间直角坐标系，则

$$\boldsymbol{F}_{合} = m\boldsymbol{a} \Rightarrow \begin{cases} F_{合x} = ma_x \\ F_{合y} = ma_y \\ F_{合z} = ma_z \end{cases} \tag{2.2.3}$$

如果选择自然坐标系，则

$$\boldsymbol{F}_{合} = m\boldsymbol{a} \Rightarrow \begin{cases} 切向：F_{合\mathrm{t}} = ma_{\mathrm{t}} = m\dfrac{\mathrm{d}v}{\mathrm{d}t} \\ 法向：F_{合\mathrm{n}} = ma_{\mathrm{n}} = m\dfrac{v^2}{\rho} \end{cases} \tag{2.2.4}$$

式(2.2.3)和式(2.2.4)右侧相应的投影式不仅是 $\boldsymbol{F}_{合}=m\boldsymbol{a}$ 的数学变换，它还包含着物理上的规律性——物体在某一方向的加速度只取决于外力在该方向的分量。也就是说，如果物体在某一方向不受外力，则它在该方向上加速度为零。

需要说明的是，上述性质是合外力 $\boldsymbol{F}_{合}$ 与加速度 $\boldsymbol{a}$ 之间存在线性关系的结果。在相对

论领域中，$\boldsymbol{F}_{合}$ 与 $\boldsymbol{a}$ 之间线性关系不再成立(参看式(2.2.2))，自然也就不会有上述性质。例如，在一对平行带电平板间的匀强电场中，当高速电子以方向平行于板面的初速 $\boldsymbol{v}_0$ 射入电场时(如图 2.2.1)，尽管电子所受电场力的方向始终和板面垂直，而在平行于板面方向并不受力，但根据式(2.2.2)可知，电子在平行于板面方向仍不可能维持匀速运动。

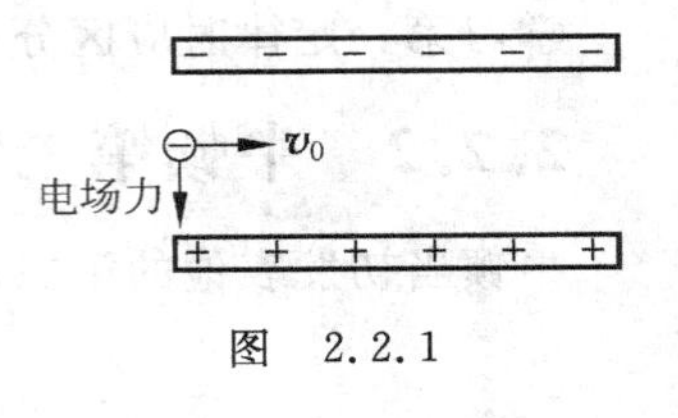

图 2.2.1

$\boldsymbol{F}_{合}=m\boldsymbol{a}$ 是瞬时关系 由加速度的定义，牛顿第二定律又可改写为微分方程的形式

$$\boldsymbol{F}_{合}=m\frac{\mathrm{d}\boldsymbol{v}}{\mathrm{d}t} \tag{2.2.5}$$

$$\boldsymbol{F}_{合}=m\frac{\mathrm{d}^2\boldsymbol{r}}{\mathrm{d}t^2} \tag{2.2.6}$$

式(2.1.1)、式(2.2.5)和式(2.2.6)都是瞬时关系，即给出的是运动过程中任一时刻(或对应于某任一位置)的加速度与该时刻(或该位置)物体所受合外力的关系。简言之，方程中的 $\boldsymbol{a}$ 和 $\boldsymbol{F}_{合}$ 应时时(点点)对应。这一点对于作变加速运动的物体尤为重要。例如，当物体作圆周运动时，定律给出的是轨道上同一点的加速度与合外力的对应关系。

如果已知各瞬时物体所受合外力的规律，则由第二定律不仅可以直接求出各相应瞬时的加速度 $\boldsymbol{a}$，而且在已知物体初位置和初速度时，还可进而确定各瞬时物体的速度和位置。一般地说，解决这类问题应当求解如式(2.2.5)或式(2.2.6)的牛顿第二定律微分方程。

2.2.3 牛顿运动定律科学概括了力的概念

人们最初对力的直观认识来源于人的肌肉感觉，如推、拉、举、投……牛顿运动定律则对此作出了科学的概括，上升为概念：力是物体之间的一种相互作用(第三定律充分说明了这种相互性)，由于它的作用，会使受力物体的运动状态发生改变——第一定律指出了这种作用的效果，第二定律则进一步建立了定量关系。

2.2.4 牛顿运动定律应用的对象是质点

牛顿第一、第二定律是涉及物体速度和加速度的规律，只有当运动物体可以看成质点(例如作平动的刚体)时，才能谈及整个物体的速度和加速度。因此，牛顿运动定律只适用于可以看成质点的物体。

2.3 牛顿运动定律和参考系

2.3.1 牛顿运动定律并非在所有的参考系中都可以应用

单从运动学的角度看，描述一个物体的运动，可以任意选择参考系。但是，相对于不同的参考系所观察到的物体的运动并不总符合牛顿运动定律。

地面上的树，水平方向所受合外力为零。站在地面上的人观察，树保持静止，符合牛顿第一定律；但在一个沿路面加速前进的车中观察，则树向后加速。水平方向树受合外力为零，而加速度却不为零，这显然不符合牛顿第二定律。同样，在一个以匀角速转动的水平且光滑的轮盘上，观察一个由绳拉着随盘一起转动的物体，则该物体是静止的，但它却受到绳的拉力。物体虽受力却没有加速度，这显然不符合牛顿第二定律；而如果在地面上观察，则物体是在绳子拉力(向心力)作用下作匀速率圆周运动,又是符合牛顿第二定律的……此等事例多不胜举。

因此,要应用牛顿运动定律就必须在其适用的参考系中。

2.3.2　牛顿第一定律定义了惯性参考系

惯性定律(即牛顿第一定律)在其中能成立的参考系叫惯性参考系(简称惯性系),反之叫非惯性参考系(简称非惯性系)。

什么样的参考系可以看作惯性参考系呢？这要根据实验来确定。严格说来,判定一个特定的参考系是否可以看作惯性系,这取决于我们能以多大的精确度去探测出惯性定律在该参考系中的微小的偏离。如果一个物体远离其他物体,那么就可以认为这个物体不受外力。如果在某个参考系中观察到这个不受外力的物体保持惯性运动,则这个参考系就可看作是惯性参考系。在我们的银河系中,许多恒星彼此相隔的距离都远到以光年计,所以可以把它们看成是一群不受外力作用的物体。由此人们从实验定出,太阳以及其他几个任选的恒星组成的物体组是精确程度很高的惯性系,我们把它称为太阳—恒星参考系。

可以推论：凡是相对于已知惯性系作匀速直线运动的参考系都是惯性系；而相对于已知惯性系作加速运动的参考系一定是非惯性系。

惯性定律定义了惯性参考系,第二定律是在惯性系中由实验得出的力和加速度之间的定量关系。因此,牛顿第二定律只适用于惯性系。

正因为如此,从逻辑关系上说,第一定律不是第二定律所能代替的,二者缺一不可。它们和第三定律一起构成了牛顿力学的基础。

2.3.3　力学中常用的三个惯性系

太阳—恒星参考系　这是以太阳和其他恒星为一组参考物构成的参考系。把坐标原点放在太阳中心,坐标轴指向任选的三个恒星就得到一个固定于这些参考物上的坐标系。由此得到的参考系简称太阳参考系,它是讨论力学问题的基本惯性系。描述太阳系中行星的运动也常采用这个参考系。由牛顿运动定律得出的关于行星运动的结论精确地和实际观测相符。

地心参考系　它是随着地球一起绕太阳公转但不随着地球自转的参考系。它选择地心和几个遥远恒星为一组参考物,该参考系上的坐标系通常选择地心为坐标原点,选择由地心指向远处恒星的射线为坐标轴。描述地球卫星的运动常用这个参考系。在地心参考系中观测的力学现象相当好地与牛顿运动定律相符。

地面参考系　它是以地面和地面上静止物体为一组参考物的参考系。坐标系固定在地面上随地球一起运动。描述地面附近物体的运动时,通常采用地面参考系。在地面参考系中应用牛顿运动定律所得的结果与实验现象也能较好地符合(关于地面参考系,在2.7.4小节中还有讨论)。

在讨论各种力学问题时,应当明确所选用的惯性系。

2.4　受力分析的难点——摩擦力的分析

应用牛顿运动定律的关键在于对物体进行正确的受力分析。而在受力分析中,接触力,尤其是摩擦力的分析是个难点,因此,下面着重讨论这个问题。

2.4.1 常见力中接触力的特点

力学中常见力有重力、万有引力、正压力、摩擦力等，其中万有引力与重力的大小、方向都由已知规律给出，只要物体质量、位置确定，它们的大小、方向也随之确定，而正压力、摩擦力这类因物体间接触而出现的力（统称接触力）情况就要复杂得多。

正压力 已知它的方向垂直于物体的接触面，大小却和物体所受其他力及运动状态有关，最终只能通过牛顿运动定律求出。

摩擦力 已知它的作用线位于接触面内。对滑动摩擦力，其方向和相对运动方向相反，大小与正压力成正比，即

$$f_k = \mu_k N \tag{2.4.1}$$

其中，μ_k 为滑动摩擦系数（滑动摩擦因数），N 为正压力。

对静摩擦力，其方向和相对运动的趋势相反。大小可能是零到一个最大值之间的任意一个值，这个最大值叫最大静摩擦力，以 $f_{s\max}$ 表示，它与正压力 N 的关系为

$$f_{s\max} = \mu_s N \tag{2.4.2}$$

其中，μ_s 为静摩擦系数。在一般情况下，静摩擦力 f_s 的取值范围是

$$0 \leqslant f_s \leqslant f_{s\max}$$

由此可知，对于摩擦力来说，不仅它的大小，甚至它的方向也都和物体所受其他外力以及物体的运动状态有关。因此，对接触力，尤其是静摩擦力的分析，成了力的分析及牛顿运动定律应用的一个关键和难点。

2.4.2 静摩擦力方向的分析

分析静摩擦力方向的方法有两种，一种是判断相对运动趋势，另一种是直接应用牛顿运动定律分析。第一种方法比较直观，易于接受；第二种方法抽象些，但往往更简便。

在静摩擦的情况下，接触物体之间没有相对运动而只有相对运动趋势。所谓相对运动趋势是指设想物体之间一旦失去摩擦时将会出现的相对运动。

例如图 2.4.1 所示，用力推物体 A，使 A 和 B 一起沿光滑水平面加速运动。设想一旦失去摩擦，A 在外力推动下继续加速，而 B 将匀速前进，B 相对于 A 将向后运动，即 B 相对于 A 有向后运动的趋势，由静摩擦力方向的规律可以判断 B 所受的静摩擦力的方向应向前。同样的分析可知，A 受到 B 给予的静摩擦力的方向应向后。

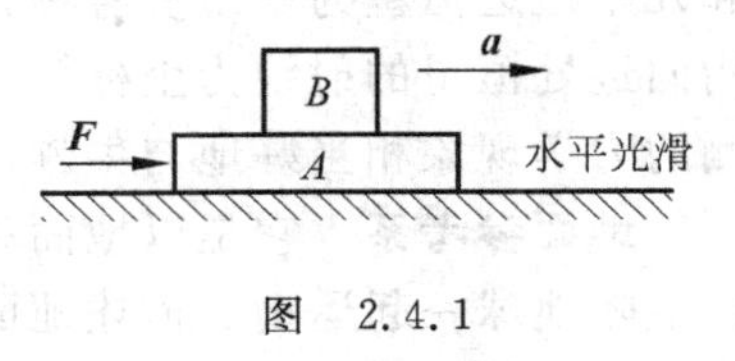

图 2.4.1

对图 2.4.1 所示例子，用牛顿运动定律分析如下：B 在水平方向只受摩擦力，而它具有水平向前的加速度 $\boldsymbol{a}$，由牛顿第二定律得知 B 受到 A 给予的摩擦力一定向前，由牛顿第三定律得知 A 受到的摩擦力应该水平向后。两种分析结果一致。

由上述分析可以推断，当 A 和 B 两物体以同一速度水平匀速前进时，二者之间将没有静摩擦力的作用。

2.4.3　随转台匀角速转动物体的相对运动趋势的分析

如图 2.4.2 所示，转台以角速度 ω 在水平面内匀角速转动，物体相对转台静止。运用牛顿运动定律分析，很容易得出结论：物体作半径为 r 的匀速率圆周运动，它的加速度水平指向圆心 O；在水平方向只有摩擦力，所以物体受到的静摩擦力一定是沿半径指向圆心的。

但是，若从相对运动的趋势分析，能得出与上面一致的结论吗？对这个问题产生的困惑在于：当设想摩擦一旦消失时，物体似将沿切向飞出。因此好像摩擦力应沿切向向后。该怎样理解摩擦力的方向是向心的呢？

问题的症结在于产生这个疑问的人忘了相对运动趋势中"相对"二字。如图 2.4.3 所示，设想 t 时刻物体到达 A 点后，突然无摩擦，则在 Δt 时间后，物体将沿 A 处的切向到达 B' 点，$\overline{AB'}=v\Delta t$。然而经 Δt 后，物体的实际位置在圆周的 B 点，$\widehat{AB}=v\Delta t$。这表明物体相对运动趋势的矢量是由 B 指向 B'，当 $\Delta t\to 0$ 时，此方向沿半径向外（注意：Δt 为有限值时，$\widehat{BB'}$ 并不沿半径方向）。因此，静摩擦力的方向应是沿半径指向圆心，结论与牛顿运动定律的分析结果一致。

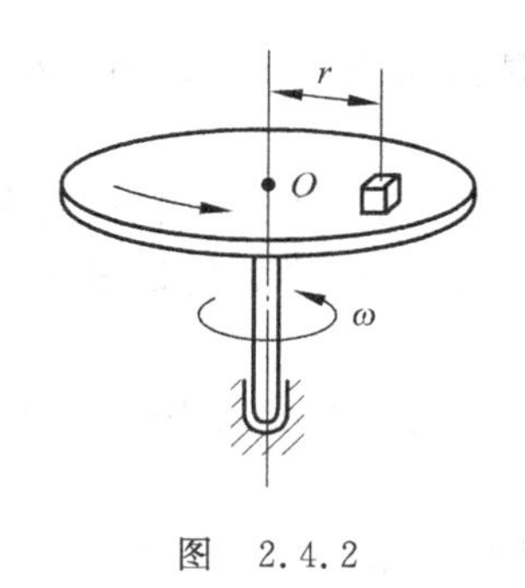

图　2.4.2

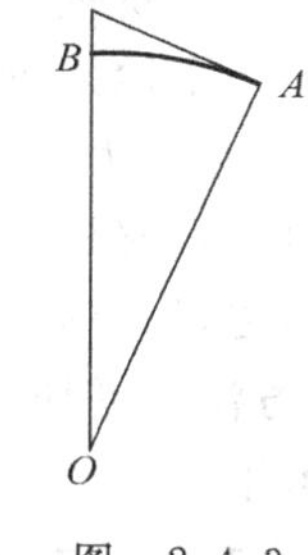

图　2.4.3

2.5　应用牛顿运动定律解题的一般方法

应用牛顿运动定律解决动力学问题的正确方法须建立在对牛顿运动定律正确理解的基础之上，方法的依据在于定律本身。应用牛顿运动定律解题的要点如下：

(1) 认定物体　牛顿第一、第二定律是关于一个物体或者更确切地说是关于一个质点的运动定律。所以，在应用时首先必须明确，我们是对哪个物体应用定律，这个物体能否看作质点。物体的选择要由问题本身决定，一般地说，要在与解答之间关系密切的那个或那几个物体中确定。在确定物体时，必须注意物体是否可以看成是一个质点。有时，如果问题中的条件决定了几个物体有相同的运动状态，也可以把这几个物体整体看成一个物体。在更一般的情形中，问题可能涉及几个运动状态不同的物体，这就需要分别把它们选作应用牛顿运动定律的对象，逐个进行分析研究。例如，跨过定滑轮的绳子两端分别悬挂质量不同的物体，这两个物体朝不同方向加速，它们的运动状态不同，只能分别把每个物体选为对象进行研究。

(2) 判断所选物体的运动状况　牛顿第二定律是关于物体的加速度和物体所受合外力的关系的定律，它只在惯性系中适用，因此应用时要注意所选的参考系必须是惯性系。然后根据问题给定的条件对物体的运动状态作出判断：它在选定的惯性系中是静止，是作匀速运动，还是作加速运动。如果是作加速运动，加速度方向怎样。在稍复杂一些的情况下，有时还需对整个过程分段予以考虑。如果物体运动已知，则利用运动学方法求出加速度 $\boldsymbol{a}$；如果运动情况未知，则可设定一个加速度矢量 $\boldsymbol{a}$ 为未知量，在以后的运算中求出或消去它。

例如图 2.5.1 所示情况，事先不易判断 A、B 物体的加速度方向，可先设一个方向，在以后的运算中，如果求得加速度 $a>0$，表明所设方向正确，而若 $a<0$，表明所设方向不正确，实际方向应与所设相反。

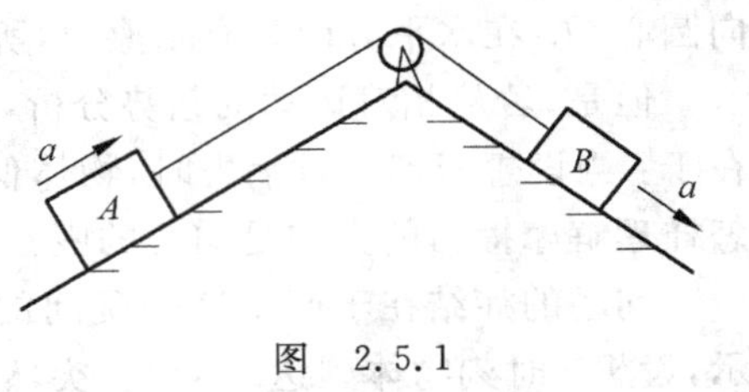

图 2.5.1

(3) 分析物体受力(隔离体法) 正确分析选定物体的受力情况，即找出物体所受的各个外力，这是应用牛顿运动定律解决运动问题的关键步骤。为了不致漏掉或多算了物体受的力，必须正确理解力的概念以及各种类型力的规律。例如，要从选定物体和与它接触的一切物体的关系上去找各个接触力，才不致漏掉接触力；而对可能存在的各个力，要考虑能否找到每个力的施力者，这就可以避免多算力。在把几个运动情况相同的物体当作一个整体研究时，这些物体之间相互作用的各对力是内力，不必考虑。

一般地说，在选定物体所受的力中，有些力是已知的；有些力的大小或方向未知，在分析时应先设定，然后运用定律来解出或消去。

上述关于运动情况和受力的分析都要利用简图，把与所选定物体有关的加速度和力表示出来。为了清楚起见，最好把所选的物体分开来画。用形象的话来说，这是去外物(所选物体之外的其他物体)之形，留外物之力。

以上所说的分析方法就是所谓的"隔离体法"。这种方法是牛顿运动定律本身所要求的分析方法，不是可用可不用的。

(4) 正确列出运动方程并求解 把上述各项分析结果用公式 $\boldsymbol{F}_{合}=m\boldsymbol{a}$ 联系起来。解题时，可以根据矢量图的几何关系求解，或者更常用的是列出定律的投影式。为此，必须选定合适的坐标系，规定坐标的正方向，并把它们画在简图上，此外还应注意正确地确定各力和加速度在相应方向上投影的正负。

列投影式时，特别要注意式中涉及未知矢量的项的正负符号。对于未知矢量，可以有两种处理方法：一种是直接设未知量的投影并按正投影列入计算公式。这样求出的解答是该矢量沿坐标轴的投影，所得结果(投影)的正负直接给出矢量的方向。另一种是设出未知量的方向和绝对值，然后按所设方向及坐标正向定出其投影的正负。这样得出的解答是未知量的模。若结果为正，则结果是合理的，所设方向正确；若结果为负，则结果不合理，所设方向不正确。

例如图 2.5.2 所示情况，一根质量不计、长度为 R 的细杆，一端固结一个质量为 m 的小球 A，杆绕另一端的水平轴 O 在竖直面内转动。求当 A 到达图示位置时杆对球的法向作用力。

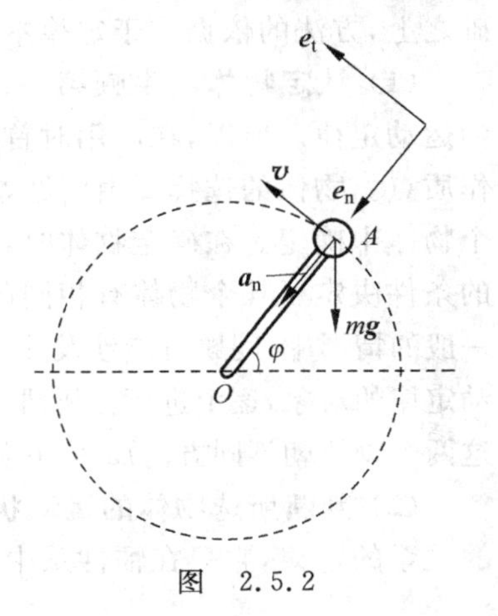

图 2.5.2

选择如图中的坐标，以 $\boldsymbol{N}$ 表示杆对球的法向作用力，并设 N_n 为它的法向投影，由牛顿第二定律的法向投影式有

$$mg\sin\varphi + N_n = \frac{mv^2}{R} \qquad ①$$

由式①给出 $\boldsymbol{N}$ 的法向投影

$$N_n = m\left(\frac{v^2}{R} - g\sin\varphi\right)$$

若$\frac{v^2}{R} > g\sin\varphi$，投影 $N_n > 0$，$\boldsymbol{N}$ 沿 $\boldsymbol{e}_n$ 正向，即球受拉力；若$\frac{v^2}{R} < g\sin\varphi$，投影 $N_n < 0$，$\boldsymbol{N}$ 沿 $\boldsymbol{e}_n$ 反向，即球受压力。

此例若先设 $\boldsymbol{N}$ 方向，例如设 $\boldsymbol{N}$ 沿半径向外，按如图坐标，应有

$$mg\sin\varphi - N = \frac{mv^2}{R} \qquad ②$$

由式②给出 $\boldsymbol{N}$ 的大小即 $\boldsymbol{N}$ 的模为

$$N = m\left(g\sin\varphi - \frac{v^2}{R}\right)$$

当$\frac{v^2}{R} > g\sin\varphi$，模 $N < 0$，结果不合理，假设方向不正确，$\boldsymbol{N}$ 应沿半径向内，即球受拉力；当$\frac{v^2}{R} < g\sin\varphi$，模 $N > 0$，所设方向正确，球受压力。两种方法列出的投影式①和式②中关于 $\boldsymbol{N}$ 的投影项的正负符号不同，但最后的结果是一致的。

在复杂一些的问题中，只列出牛顿运动定律的方程，往往还不足以定解，这时就需要根据问题给定的条件列出补充方程(通常是运动学的关系)。

在所列方程中必须包含所要求解的未知量，当独立方程式的数目和未知量数目相等时，就可以通过数学运算求出所需的结果。

例如图 2.5.3(a)所示情况，欲求 A、B 未脱离时 A、B 对地的加速度 $\boldsymbol{a}_A$ 和 $\boldsymbol{a}_B$。问题中 $\boldsymbol{a}_A$ 的大小，$\boldsymbol{a}_B$ 的大小与方向，A、B 间正压力的大小，水平面的支持力的大小皆未知，计有五个未知量。分别对 A、B 用牛顿第二定律，写成投影式后只有四个方程(读者可自行列出)。根据 B、A 不脱离的条件可知，两者在运动学上还应满足如图 2.5.3(b)所示的下述关系式

$$\boldsymbol{a}_{B\text{对地}} = \boldsymbol{a}_{B\text{对}A} + \boldsymbol{a}_{A\text{对地}}$$

即

$$\boldsymbol{a}_B = \boldsymbol{a}' + \boldsymbol{a}_A$$

这就是由运动学关系给出的补充方程。由于这是个二维的矢量方程，故应有两个投影方程。这个补充方程引入了一个新的未知矢量——B 对 A 的加速度 $\boldsymbol{a}'$，由于 $\boldsymbol{a}'$的方向已知应沿斜面向下，所以仅大小未知。通过列出的这两个补充的投影方程和原来列出的牛顿定律的四个投影方程可以联立求解出未知的六个物理量。

以上方法可概述为如下便于记忆的由十二个字表示的步骤：**选物体，看运动，查受力，列方程**。

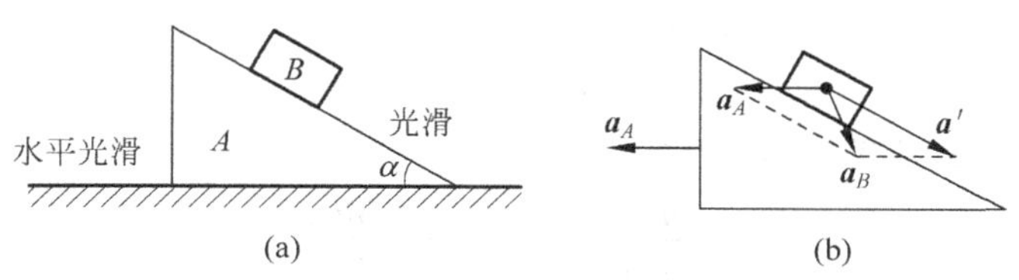

图　2.5.3

2.6 典型例题(共5例)

例1 常力情况下牛顿运动定律的应用。

如图2.6.1(a)所示，A为定滑轮，B为动滑轮，三个物体的质量分别为$m_1=200\ \text{g}$，$m_2=100\ \text{g}$，$m_3=50\ \text{g}$。设滑轮及绳的质量不计，忽略滑轮轴处的摩擦力，求各物体的加速度。

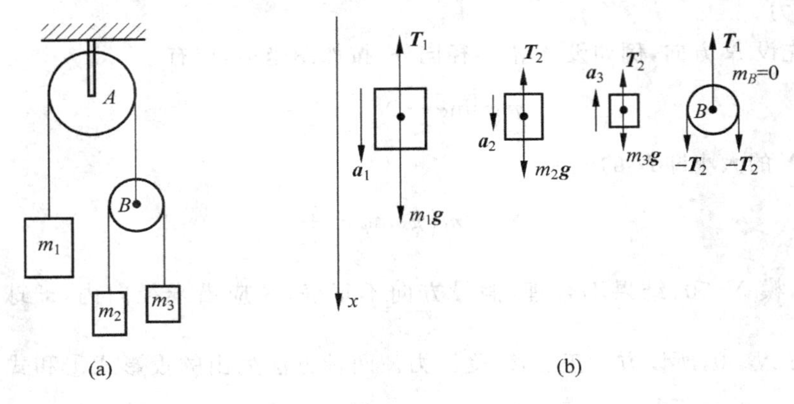

图 2.6.1

解 此例中各物体有不同的加速度，应分别予以考虑，三个物体及滑轮B受力如图2.6.1(b)所示，分别设此三个物体对地的加速度为$\boldsymbol{a}_1$、$\boldsymbol{a}_2$、$\boldsymbol{a}_3$。

相对地面参考系分别对各物体应用牛顿运动定律，并选择如图2.6.1(b)的坐标正向，有

$$m_1g-T_1=m_1a_1 \quad ①$$

$$m_2g-T_2=m_2a_2 \quad ②$$

$$m_3g-T_2=-m_3a_3 \quad ③$$

$$2T_2-T_1=0 \quad ④$$

此处有五个未知量，但只有四个方程，尚需根据各物体运动间的关系找出补充方程。设m_2相对动滑轮B有向下的加速度a'，相应的m_3相对于B以a'向上加速，而B相对于地面有向上的加速度，其数值应为a_1。由相对运动关系有

$$\boldsymbol{a}_{m_2对地}=\boldsymbol{a}_{m_2对B}+\boldsymbol{a}_{B对地}$$

$$\boldsymbol{a}_{m_3对地}=\boldsymbol{a}_{m_3对B}+\boldsymbol{a}_{B对地}$$

对x轴写成投影式，变为

$$a_2=a'-a_1$$

$$-a_3=-a'-a_1$$

将以上两个补充方程代入式②、式③得

$$m_2g-T_2=m_2(a'-a_1) \quad ②'$$

$$T_2-m_3g=m_3(a'+a_1) \quad ③'$$

式②′、式③′与式①、式④联立，可解得

$$a_1=\frac{m_1m_2+m_1m_3-4m_2m_3}{m_1m_2+m_1m_3+4m_2m_3}g$$

$$= \frac{0.2 \times 0.1 + 0.2 \times 0.05 - 4 \times 0.1 \times 0.05}{0.2 \times 0.1 + 0.2 \times 0.05 + 4 \times 0.1 \times 0.05} \times 9.8\ \mathrm{m/s^2} = 1.96\ \mathrm{m/s^2}$$

$$a' = \frac{2m_1(m_2 - m_3)}{m_1 m_2 + m_1 m_3 + 4m_2 m_3} g$$

$$= \frac{2 \times 0.2(0.1 - 0.05)}{0.2 \times 0.1 + 0.2 \times 0.05 + 4 \times 0.1 \times 0.05} \times 9.8\ \mathrm{m/s^2} = 3.92\ \mathrm{m/s^2}$$

$$a_2 = a' - a_1 = 1.96\ \mathrm{m/s^2}$$

$$a_3 = a' + a_1 = 5.88\ \mathrm{m/s^2}$$

各结果均为正，表明图中所设方向正确，即 m_1、m_2 的加速度方向向下，m_3 的加速度方向向上。

例 2 静摩擦问题。

如图 2.6.2(a)所示，水平桌面上有一质量为 M 的楔块 A，楔角为 α，其上放置一小物体 B，质量为 m。已知 A、B 间静摩擦系数为 μ_s，在外力推动下 A 的加速度为 a，欲使 B 在 A 上保持不动，问加速度 a 的范围应多大？

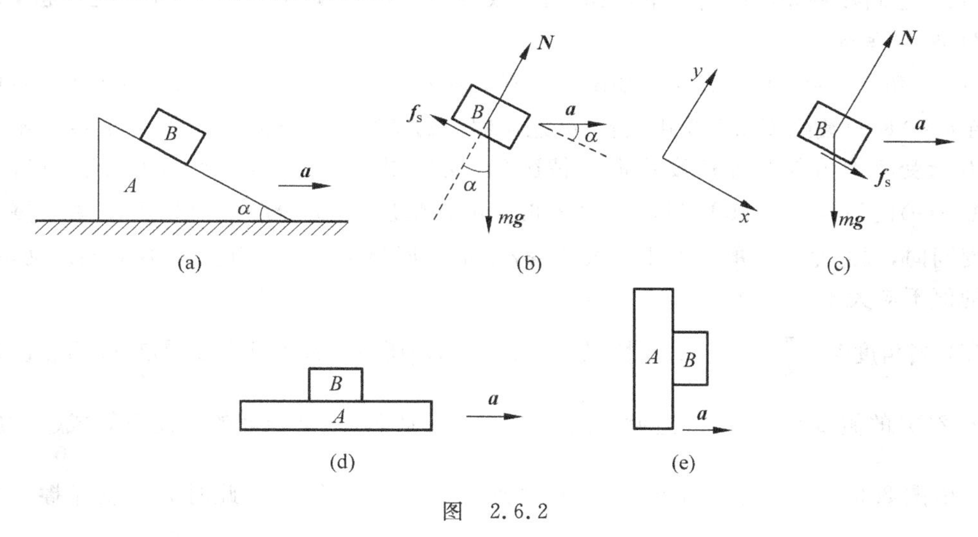

图 2.6.2

解 由题设条件，A、B 一起运动，它们之间有静摩擦力 $\boldsymbol{f}_s$，由于加速度 $\boldsymbol{a}$ 的大小不同，静摩擦力的方向有两种可能。图 2.6.2(b)、(c)分别给出两种情况下 B 的受力图。因为 B 随 A 运动，故 B 的加速度沿水平方向。

在图 2.6.2(b)情况中，对 B 应用牛顿第二定律

在 x 方向 $\quad mg\sin\alpha - f_s = ma\cos\alpha$

在 y 方向 $\quad N - mg\cos\alpha = ma\sin\alpha$

由静摩擦力规律有 $\quad f_s \leqslant \mu_s N$

以上三个式子联立得

$$mg\sin\alpha - ma\cos\alpha \leqslant \mu_s m(g\cos\alpha + a\sin\alpha)$$

故

$$a \geqslant \frac{\sin\alpha - \mu_s\cos\alpha}{\cos\alpha + \mu_s\sin\alpha} g \qquad ①$$

在图 2.6.2(c)情况中，对 B 应用牛顿第二定律

在 x 方向 $\qquad mg\sin\alpha + f_s = ma\cos\alpha$

在 y 方向 $\qquad N - mg\cos\alpha = ma\sin\alpha$

由静摩擦力规律有 $\qquad f_s \leqslant \mu_0 N$

以上三式联立可解出

$$a \leqslant \frac{\sin\alpha + \mu_s\cos\alpha}{\cos\alpha - \mu_s\sin\alpha}g \qquad ②$$

综合上述结果可知，B 在 A 上保持不动时，它们的共同加速度 a 应满足下式的关系

$$\frac{\sin\alpha - \mu_s\cos\alpha}{\cos\alpha + \mu_s\sin\alpha}g \leqslant a \leqslant \frac{\sin\alpha + \mu_s\cos\alpha}{\cos\alpha - \mu_s\sin\alpha}g$$

结果讨论

1) 若 A、B 之间接触光滑，即 $\mu_s = 0$，则由不等式①有 $a \geqslant \tan\alpha \cdot g$，由不等式②又有 $a \leqslant \tan\alpha \cdot g$，因此，只可能有

$$a = \tan\alpha \cdot g$$

即在 A、B 之间接触光滑的情况下，只有当 a 取 $\tan\alpha \cdot g$ 这个定值时，二者才可能一起运动。

2) 两个特例：

(1) 当角度 $\alpha=0$ 时，A、B 情况如图 2.6.2(d)所示。此时不等式①相当于由图 2.6.2(b)的假设在 $\alpha=0$ 时过渡到图 2.6.2(d)的情况，这样假设的摩擦力的方向是不合理的，因为不可能存在 B 所受摩擦力与其加速度反向的情况(违反牛顿第二定律)。而不等式②相当于由图 2.6.2(c)的假设在 $\alpha=0$ 时过渡到图 2.6.2(d)的情况，此假设的情况是 B 所受摩擦力与加速度同向，因此是合理的。由不等式②得 $a \leqslant \mu_s g$，即当 $\alpha=0$ 时，为使 A、B 共同运动，加速度 a 的值不应大于上限值 $\mu_s g$。

(2) 当角度 $\alpha=\frac{\pi}{2}$ 时，即 A、B 情况如图 2.6.2(e)所示。此时不等式①对应的假设是由图 2.6.2(b)的假设在 $\alpha=\frac{\pi}{2}$ 时过渡到图 2.6.2(e)的情况，这是合理的。而不等式②对应的假设是由图 2.6.2(c)的假设在 $\alpha=\frac{\pi}{2}$ 时过渡到图 2.6.2(e)的情况，此时 B 所受摩擦力与重力同向，这是不合理的(竖直方向的力不平衡)。由不等式①得 $a \geqslant \frac{g}{\mu_s}$，即竖直方向上 B 的重力为摩擦力所平衡，为使 A、B 共同水平运动，加速度 a 的值不应小于下限值 $\frac{g}{\mu_s}$。

以上所得结果与单独对这些情况进行分析得出的结论是一致的。

此外，该例中如果进一步给出作用于 A 的外力方向以及 A 与水平桌面间的接触条件(光滑与否或摩擦系数如何)，还可进一步讨论使 A、B 一起运动时外力大小应满足的条件(读者自己可以思考)。可见这个例题是涉及摩擦力的相当典型的问题。

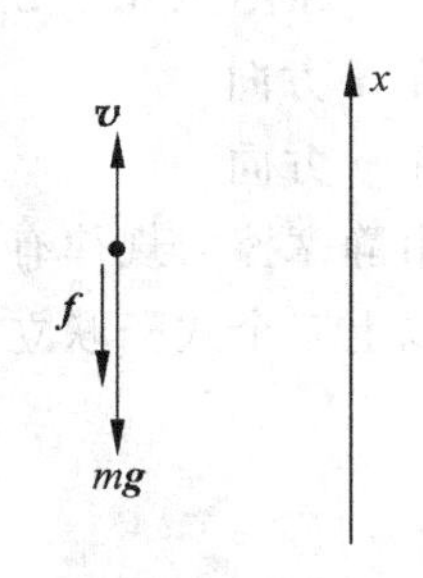

图 2.6.3

例 3 在简单的变力情况下牛顿运动定律的应用。

物体质量为 m，以初速度 $\boldsymbol{v}_0$ 将其竖直上抛，设空气阻力不可忽略，其大小与速率成正比，比例系数为 γ，求任一时刻物体的速度。

解 设任一时刻物体速度为 $\boldsymbol{v}$，相应阻力为 $\boldsymbol{f}$，如图 2.6.3 所示。已

知 $\boldsymbol{f}=-\gamma\boldsymbol{v}$,则对物体用牛顿第二定律,有

$$-\gamma\boldsymbol{v}+m\boldsymbol{g}=m\frac{\mathrm{d}\boldsymbol{v}}{\mathrm{d}t} \quad ①$$

(注意:矢量式中的"－"号是空气阻力的规律本身决定的!)

选 x 轴方向竖直向上,于是得到式①在 x 方向的投影式为

$$-\gamma v_x+mg_x=m\frac{\mathrm{d}v_x}{\mathrm{d}t}$$

令 $v_x=v$,而 $g_x=-|\boldsymbol{g}|=-g$,则有

$$-\gamma v-mg=m\frac{\mathrm{d}v}{\mathrm{d}t}$$

将上式变换形式,有

$$\frac{\mathrm{d}v}{mg+\gamma v}=-\frac{1}{m}\mathrm{d}t \quad ②$$

对式②进行不定积分,得

$$\frac{1}{\gamma}\ln(mg+\gamma v)=-\frac{1}{m}t+c \quad ③$$

因为 $t=0$ 时,$v=v_0$,代入式③得出积分常量

$$c=\frac{1}{\gamma}\ln(mg+\gamma v_0)$$

将 c 代入式③,经整理得

$$\ln\frac{mg+\gamma v}{mg+\gamma v_0}=-\frac{\gamma}{m}t \quad ④$$

由式④最后解得

$$v=v_0\mathrm{e}^{-\frac{\gamma}{m}t}+\frac{mg}{\gamma}(\mathrm{e}^{-\frac{\gamma}{m}t}-1)$$

从式④还可求出物体自抛出至到达最高点($v=0$)所需的时间

$$t_1=\frac{m}{\gamma}\ln\left(1+\frac{\gamma v_0}{mg}\right)$$

当 $t<t_1$ 时,$v>0$,速度方向与所设的 x 方向相同,物体处在上升阶段。而 $t>t_1$ 时,$v<0$,速度方向与所设的 x 方向相反,物体已向下降落。

在求解这类问题中,由牛顿运动定律列出投影式时,应特别注意各量的正负符号和它们相应的意义。

例4　如图2.6.4所示,软绳绕在固定圆柱上,一端拉力为 T_0,已知绳和柱面间的静摩擦系数为 μ_s,绳与柱接触角度为 Θ。求平衡时绳另一端所需的最小拉力 $T_{\min}$。

解　如图2.6.5所示,分析与柱面接触的张角为 $\theta\to\theta+\Delta\theta$ 的一小段绳的受力:该小段绳分别受到两端的拉力 T、$T+\Delta T$ 和柱面的静摩擦力 f_s 以及柱面沿径向的支撑力 N。当拉力 T 最小时,静摩擦力应最大,即 $f_s=\mu_s N$。由力的平衡条件,可列出下列方程:

切向　$$(T+\Delta T)\cos\frac{\Delta\theta}{2}+f_s=T\cos\frac{\Delta\theta}{2} \quad ①$$

法向　$$N=T\sin\frac{\Delta\theta}{2}+(T+\Delta T)\sin\frac{\Delta\theta}{2}=(2T+\Delta T)\sin\frac{\Delta\theta}{2} \quad ②$$

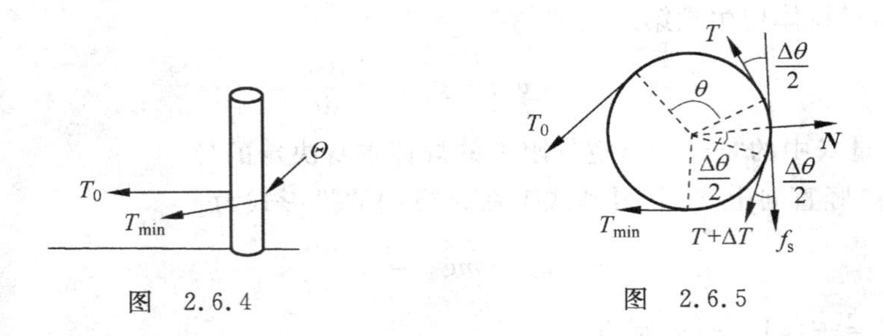

图 2.6.4　　　　图 2.6.5

令 $\Delta\theta$ 无限缩小为 $d\theta$，则 $\cos\frac{\Delta\theta}{2}\to 1$，$\sin\frac{\Delta\theta}{2}\to\frac{d\theta}{2}$，$\Delta T\cdot\Delta\theta\to 0$，由①、②两个方程式解得

$$\frac{dT}{T}=-\mu_s d\theta$$

积分

$$\int_{T_0}^{T_{min}}\frac{dT}{T}=-\int_0^{\Theta}\mu_s d\theta$$

得

$$T_{min}=T_0 e^{-\mu_s\Theta}$$

以上结果表明，在 T_0 一定的情况下，若摩擦系数 μ_s 和绳与柱面接触的角度 Θ 越大，则所需要的最小平衡力 T_{min} 就越小。利用此规律，可通过缆绳用较小的拉力将船只拴在码头的桩柱上。

例 5　有质量的绳中的张力问题。

如图 2.6.6 所示，长度为 l、质量为 m 的均质绳索，一端系在轴 O 上，另一端固结一质量为 M 的物体，它们在光滑水平面上以均匀的角速度 ω 转动，求绳中距离轴心为 $r(<l)$ 处的张力 T。

分析　绳的质量不能忽略，绳中各部分的速度加速度都不相同，故整个绳不能看成一个质点！在绳的不同位置处，张力是不会相同的。

解　如图 2.6.7 所示，取距轴心为 r、长度为 dr 的一段质元，其质量为

$$dm=m\frac{dr}{l} \quad ①$$

该段质元是作半径为 r、速率为 ωr 的匀速率圆周运动。如图 2.6.8 所示，dr 元段两端分别受拉力 T 和 $T+dT$，这两个力的合力使该元段产生向心加速度 $a_n=\omega^2 r$，对 dr 元段列牛顿第二定律方程，有

$$(T+dT)-T=dm\cdot(-\omega^2 r) \quad ②$$

由式①、式②得

$$dT=\frac{m}{l}dr(-\omega^2 r) \quad ③$$

端点（从 O 算起，绳长为 l 处）绳的张力的大小为 $M\omega^2 l$，对式③等号双方积分

$$\int_T^{M\omega^2 l}dT=-\int_r^l m\omega^2 r\frac{dr}{l}$$

得

$$T=M\omega^2 l+m\omega^2\frac{l^2-r^2}{2l}$$

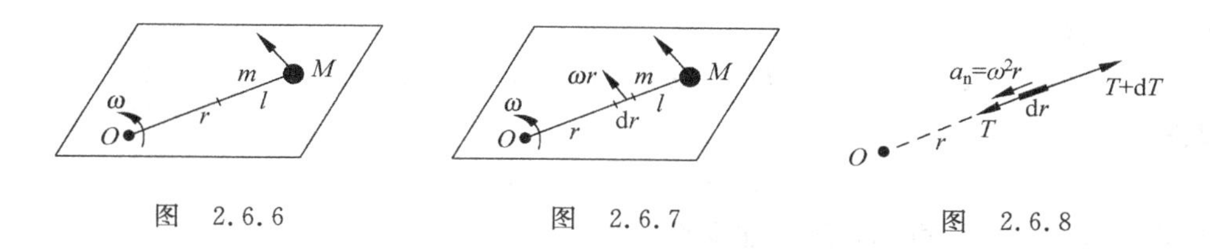

图　2.6.6　　　　图　2.6.7　　　　图　2.6.8

讨论　结果量纲正确。过渡到特殊情况：$r=l$ 时，有 $T=M\omega^2 l$；$m=0$ 时，有 $T=M\omega^2 l$。看变化趋势：T 随 ω 的增大而增大。以上这些均正确，所以结果的合理性是可信的。

当 $r=0$ 时，O 点处的拉力 $T=M\omega^2 l+\frac{1}{2}m\omega^2 l$，这表明由于考虑绳子的质量而附加的向心力，相当于将绳子的质量集中于其质心时所需要的向心力。

2.7　非惯性系中力和加速度之间的关系

2.7.1　在非惯性系中引入惯性力

我们已经有了在惯性系中讨论问题的完备理论，为什么还要提出非惯性系的问题呢？这是因为：第一，从实际需要来说，有时要求在非惯性系中考察和研究力学问题。譬如由于地球有自转运动，我们的地面参考系就不是精确的惯性系，但是若要求我们在地面上考察物体的运动，就需要在地面这个非惯性参考系中研究问题(见 2.7.4 小节的讨论)；第二，从研究方法来说，有些问题虽然可以在惯性系中研究，但是比较复杂，如果转换到非惯性系中研究，问题会得到一定的简化(见 2.7.5 小节例 1)。

那么，在非惯性系的情况下考察力和加速度，能否建立起二者之间的普遍关系呢？

设物体质量为 m，所受其他物体施予的作用力的合力为 $\boldsymbol{F}$，它在非惯性系中的加速度是 $\boldsymbol{a}'$，由于牛顿运动定律在非惯性系中不成立，当然 $\boldsymbol{F}\neq m\boldsymbol{a}'$。分析非惯性系中牛顿运动定律不成立的原因，是在于非惯性系中描述物体的加速度 $\boldsymbol{a}'$ 不同于惯性系中的加速度 $\boldsymbol{a}$，而其他物体施加的力 $\boldsymbol{F}$，在古典力学的范围内却与参考系无关。为了使牛顿第二定律形式上在非惯性系中也成立，我们可以设想在非惯性系中，物体除了受到其他物体施加的力 $\boldsymbol{F}$ 外，还额外受到一个称为惯性力的力 $\boldsymbol{F}_{惯}$，它的作用是使得在非惯性系中，仍可将加速度 $\boldsymbol{a}'$ 和力之间的关系写为牛顿第二定律的形式，即有

$$\boldsymbol{F}+\boldsymbol{F}_{惯}=m\boldsymbol{a}' \tag{2.7.1}$$

也就是说，在非惯性系中，只需多引入一个力 $\boldsymbol{F}_{惯}$，就可使牛顿第二定律仍然适用。或者说，考虑到惯性力后，在非惯性系中就可以如同在惯性系中那样来应用牛顿运动定律了。

在不同的非惯性系中，甚至在同一非惯性系中，对于物体的不同运动情况，$\boldsymbol{F}_{惯}$ 都不相同。对于给定的非惯性系及运动物体，应用不同参考系中加速度的伽利略变换，把物体在惯性系中的牛顿第二定律改写为式(2.7.1)的形式，就可求得惯性力的大小和方向。

大学物理课程中的基本要求是掌握以下两种简单情况下的惯性力。

(1) 非惯性系是以加速度 $\boldsymbol{a}_0$ 相对于惯性系平动的参考系。

设物体在惯性系中加速度为 $\boldsymbol{a}$，由加速度变换关系，有

$$\boldsymbol{a}=\boldsymbol{a}'+\boldsymbol{a}_0$$

由牛顿第二定律

$$\boldsymbol{F} = m\boldsymbol{a} = m(\boldsymbol{a}' + \boldsymbol{a}_0)$$

将其改写为

$$\boldsymbol{F} + (-m\boldsymbol{a}_0) = m\boldsymbol{a}'$$

上式与式(2.7.1)对比，可知在这种非惯性系中

$$\boldsymbol{F}_{\text{惯}} = -m\boldsymbol{a}_0 \tag{2.7.2}$$

即，这时惯性力的大小等于物体的质量与该参考系本身的加速度(相对于惯性系)的乘积，方向与该参考系的加速度方向相反。

(2) 非惯性系是一个相对于惯性系以角速度 ω 均匀转动的参考系，物体相对于该转动参考系静止。

参看前面图 2.4.2，在惯性系中观察，物体作半径为 r 的匀速率圆周运动，应有

$$\boldsymbol{F} = m\boldsymbol{a}_{\text{n}} = m(-\omega^2\boldsymbol{r})$$

其中 $\boldsymbol{r}$ 是物体相对于转动中心的位置矢径，“－”号表示加速度方向向心。

上式可改写为

$$\boldsymbol{F} + m\omega^2\boldsymbol{r} = 0$$

在该转动参考系中观察，物体保持静止，即 $\boldsymbol{a}'=0$，与式(2.7.1)比较可知，惯性力

$$\boldsymbol{F}_{\text{惯}} = m\omega^2\boldsymbol{r} \tag{2.7.3}$$

即在匀角速转动的参考系中，静止物体受到的惯性力方向沿半径由圆心向外，因此叫惯性离心力。力的大小和参考系转动的角速度及物体的位置有关，角速度越大、离圆心越远，惯性离心力也越大。

2.7.2 惯性力不是相互作用力

惯性力是在非惯性系中考察物体运动的动力学规律时引入的，它和万有引力、接触力等力的根本不同在于它不是物体之间的相互作用。因而惯性力既没有施力者，也不存在反作用。从这个意义上讲，惯性力称为“虚拟力”，而万有引力、接触力等具有相互作用性质的力称为真实力。

但是，在非惯性系中研究力学规律时，从所产生的效果看，惯性力和真实力一样可以使物体的运动状态发生改变，这又是惯性力的客观实在性的表现。

2.7.3 非惯性系与力场的等效性

在以恒定的加速度 $\boldsymbol{a}_0$ 相对惯性系平动的非惯性系中，任何一个质量为 m 的物体都受到惯性力 $\boldsymbol{F}_{\text{惯}} = -m\boldsymbol{a}_0$ 的作用。即物体受到一个方向不变、大小和该物体的质量成正比的力的作用。这种情况和物体在地面附近区域不大的重力场中受重力作用的情况完全相似，不过现在的力场中的“重力”加速度是$(-\boldsymbol{a}_0)$而不是 $\boldsymbol{g}$。如果观察者是在一个密闭且不透光的系统中进行考察，他无法区分到底是自己所在的参考系在作加速运动，还是参考系作惯性运动而确实存在着一个均匀力场。

上述等效的结果有时会给我们处理非惯性系中的力学问题带来方便。例如，已知一个在重力场中的单摆，摆长为 l，它的摆动周期

$$T = 2\pi\sqrt{\frac{l}{g}}$$

其中，g 是单摆所在处的重力加速度。如果把这个单摆悬挂在一个对地面以加速度 $\boldsymbol{a}_0$ 加速竖直上升的升降机中，它的周期该多大？从升降机这个非惯性系看，物体除受竖直向下的重力 $m\boldsymbol{g}$ 外，还受到一个大小是 ma_0、方向竖直向下的力作用，如图 2.7.1 所示。这样，我们可以把升降机看作是惯性系，而认为物体处在一种新的“重力”场中，新的场的“重力”加速度是 $\boldsymbol{g}'=\boldsymbol{g}+\boldsymbol{a}_0$，因而直接利用惯性系中单摆周期的公式可以得出此处单摆周期

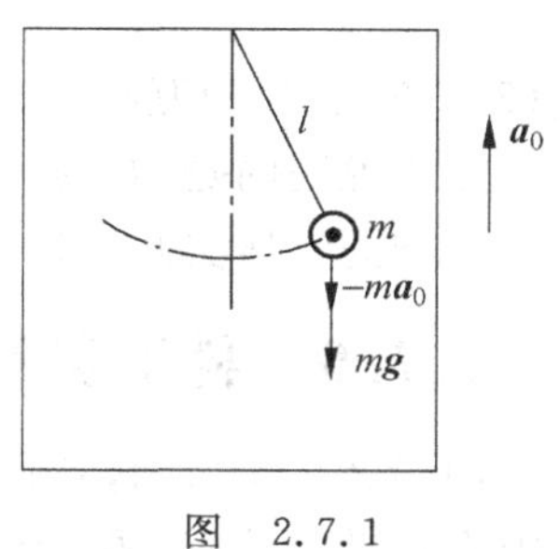

图 2.7.1

$$T' = 2\pi\sqrt{\frac{l}{g'}} = 2\pi\sqrt{\frac{l}{g+a_0}}$$

2.7.4 重力和地球的引力

忽略地球公转而单考虑地球自转时，从地心参考系看，地面参考系可以认为是一个匀角速转动的非惯性系。

在纬度为 φ 的地面上，从匀角速转动的地面参考系分析，一静止于地面的物体应受三个力作用，这三个力是：地球对它的万有引力 $\boldsymbol{f}_{引}$，地面的支持力 $\boldsymbol{N}$ 以及惯性离心力 $\boldsymbol{F}_{惯}$，如图 2.7.2 所示。物体对地面静止，说明在地面参考系看，三个力达到平衡，即 $\boldsymbol{f}_{引}+\boldsymbol{F}_{惯}+\boldsymbol{N}=0$。而通常在地面参考系中分析问题时，人们认为静止于地面的物体只受两个力：重力 $\boldsymbol{P}$ 和支持力 $\boldsymbol{N}$、并且有 $\boldsymbol{P}+\boldsymbol{N}=0$。因此，通常所说的重力，实际上是地心吸引力和地球自转引起的惯性离心力的合力，如图 2.7.3(此图未按各力大小比例画出，夸大了惯性离心力)，即

$$\boldsymbol{P} = \boldsymbol{f}_{引} + m\omega^2\boldsymbol{r} \tag{2.7.4}$$

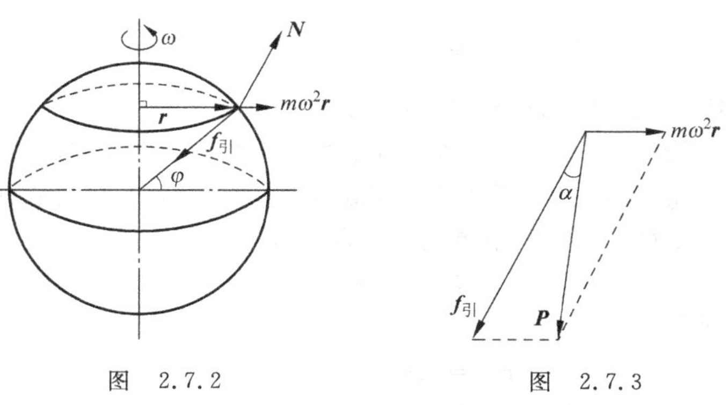

图 2.7.2　　图 2.7.3

由此可见，重力和地球的引力两者无论大小、方向都不相同。在赤道上，两者大小相差最多，在纬度 45°处方向相差最大(这时二者夹角 α 约为 0.1°)。只有在忽略地球自转时(它所引起的最大相对误差为 0.3%)，或在地球上的特殊位置(南北极点，图 2.7.2 中 $\boldsymbol{r}=0$ 处)，重力与地球的引力才相等。

通常情况下，对地面参考系所写出的牛顿第二定律，由于重力 $\boldsymbol{P}=m\boldsymbol{g}$ 中已包含了惯性离心力的成分，因此应当说，这是已经考虑到地面参考系是非惯性系时的牛顿第二定律的形式。

考虑到地球引力 $\boldsymbol{f}_{引}$ 和 $\boldsymbol{P}$ 的夹角 α 非常小，由式(2.7.4)可以得到重力加速度 g 和地球

纬度 φ 的关系式(读者可以自己推导)为

$$g \approx \frac{GM_e}{R^2} - R\omega^2\cos^2\varphi \tag{2.7.5}$$

式(2.7.5)中 G 为万有引力常量，M_e 为地球质量，R 为地球半径，ω 为地球自转角速度。

需要说明的是，有的教材将地球上物体受到的地心引力称为“重力”，而将考虑到惯性离心力影响的物体实测重量称为“视重”(即我们前面说的重力)，读者阅读时需加以注意。

2.7.5 科里奥利力

如图 2.7.4 所示，若物体 m(可视为质点)在一个以角速度 ω 均匀转动的非惯性参考系 S' 中有运动速度 $\boldsymbol{v}'$，则物体除受到惯性离心力 $m\omega^2\boldsymbol{r}$ 外，还要受到一个与速度 $\boldsymbol{v}'$ 有关的惯性力，称之为科里奥利力 $\boldsymbol{F}_\mathrm{C}$。下面我们将以图 2.7.4 所示的一个特例来分析科里奥利力的存在。

设绳子对于作圆周运动的物体 m 的拉力为 $\boldsymbol{F}$，在地面参考系(看作是惯性系)S 中观察，由牛顿第二定律，有

$$F = ma = m\frac{(v' + r\omega)^2}{r}$$
$$= m\frac{v'^2}{r} + 2mv'\omega + mr\omega^2 \quad ①$$

图 2.7.4

在圆转盘参考系(非惯性系)S' 中观察，物体 m 有向心加速度 $a' = \frac{v'^2}{r}$，但是由式①可知，此时牛顿第二定律并不成立，即

$$F \neq ma'$$

下面我们设法引入惯性力，使在 S' 系中观察，形式上也存在牛顿第二定律。把式①改写为

$$F - 2mv'\omega - mr\omega^2 = m\frac{v'^2}{r} = ma' \quad ②$$

式②是以向心力 $\boldsymbol{F}$ 的指向为正方向的投影式，式中 $-mr\omega^2$ 正是 m 受到的惯性离心力，写成矢量形式为 $m\omega^2\boldsymbol{r}$，$-2mv'\omega$ 是由于物体相对于非惯性系的运动而引起的惯性力，就是前面提到的科里奥利力 $\boldsymbol{F}_\mathrm{C}$。如果引入角速度矢量 $\boldsymbol{\omega}$ ($\boldsymbol{\omega}$ 的大小为 ω，方向与物体的转向成右手螺旋关系，见 5.4.6 小节的讨论)，科里奥利力可表示为

$$\boldsymbol{F}_\mathrm{C} = 2m\boldsymbol{v}' \times \boldsymbol{\omega} \tag{2.7.6}$$

这样，总的惯性力就是

$$\boldsymbol{F}_{惯} = 2m\boldsymbol{v}' \times \boldsymbol{\omega} + m\omega^2\boldsymbol{r}$$

于是在非惯性系 S' 中有牛顿第二定律

$$\boldsymbol{F} + \boldsymbol{F}_{惯} = \boldsymbol{F} + 2m\boldsymbol{v}' \times \boldsymbol{\omega} + m\omega^2\boldsymbol{r} = m\boldsymbol{a}' \tag{2.7.7}$$

上式虽然是由图 2.7.4 所示的特例中导出的，但是可以证明，一般情况下，在匀速转动参考系中，运动物体也是除受到惯性离心力的作用外，还要受到一个如式(2.7.6)所示的科里奥利力 $\boldsymbol{F}_\mathrm{C}$ 的作用。

大自然中，由于地球自转，有很多与科里奥利力有关的现象，如赤道附近的信风(北半球是东北风，南半球是东南风)；强热带风暴漩涡的形成(从高空向下看，北半球是逆时针方向漩涡，南半球是顺时针方向漩涡)；河流冲刷一边的河岸更甚(北半球是冲刷右岸，南半球是

冲刷左岸)等。

科里奥利力在现代科技中也有一定的应用,例如利用流体质量和运动速度与科里奥利力的关系,可以人为造成流体测量管道的转动或振动,以此形成对通过测量管的流体的科里奥利力。根据这样的机理可以测量流体的质量流量,从而制成"质量流量计"(详见参考文献[6])。

2.7.6　非惯性系中牛顿运动定律的应用举例

例 1　如图 2.7.5 所示,光滑竖直导轨上有一可滑动板 A,板上 O 处悬挂一单摆。开始 A 板被卡住,令摆球 B 摆动,然后突然撤掉卡住 A 板的物体,使 A 板在重力作用下加速下落,求摆球 B 的运动(设 A 板的质量远大于 B 球的质量)。

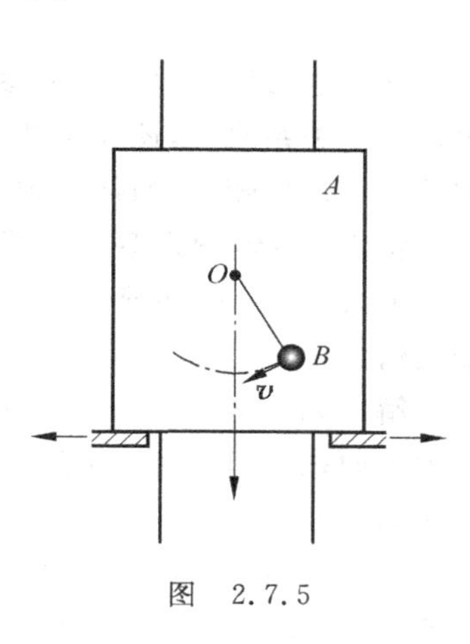

图　2.7.5

解　此例若从地面参考系分析,B 球受绳拉力 $\boldsymbol{T}$、重力 $\boldsymbol{P}$ 作用,它既相对 A 板运动,又随 A 板下落,因此,要想直接在地面参考系中由牛顿运动定律分析 B 的运动相当困难。

但是,如果以 A 板这个非惯性系作为分析 B 球运动的参考系,则问题就很简单。由于 A 板的质量远大于 B 球的质量,可以忽略 B 球对 A 板运动的影响,所以可以认为 A 板做自由落体运动,它相对地面的加速度 $\boldsymbol{a}_0=\boldsymbol{g}$。在 A 板参考系中,B 球受到绳拉力 $\boldsymbol{T}$ 和重力 $\boldsymbol{P}=m\boldsymbol{g}$ 以及惯性力 $\boldsymbol{F}_{惯}=-m\boldsymbol{a}_0=-m\boldsymbol{g}$ 的作用。它们的合力为

$$\boldsymbol{T}+\boldsymbol{P}+\boldsymbol{F}_{惯}=\boldsymbol{T}+m\boldsymbol{g}-m\boldsymbol{g}=\boldsymbol{T}$$

即相当于 B 球失重且只受绳拉力 $\boldsymbol{T}$ 作用。而 $\boldsymbol{T}$ 的方向始终沿绳指向悬点 O,并始终与 B 球运动方向垂直,故 B 球将作以 O 为圆心、摆绳长为半径的匀速率圆周运动,其速率就是 A 板开始下落的时刻 B 球的速率。如果 A 板刚开始下落时 B 球正好摆到最高点,则在 A 板下落的过程中 B 球对 A 板始终保持静止。

当然,以上结果只是 B 球相对 A 板的运动。考虑到 A 板是以 $\boldsymbol{g}$ 为加速度的自由落体运动,由相对运动关系可知,B 球相对于地面的运动就是这两种运动的叠加。如此看来,我们这样分成两步的研究,就比直接在地面参考系中研究来得简单。

例 2　如图 2.7.6(a)所示,用绳 A 悬挂一小球 m_1,在 m_1 下面用绳 B 悬挂另一小球 m_2,绳 A 和 B 的长度分别为 l_1 和 l_2,质量皆可以忽略。打击小球 m_1,使之具有水平的速度 v_0,试求绳 B 中的张力(拉力)T。

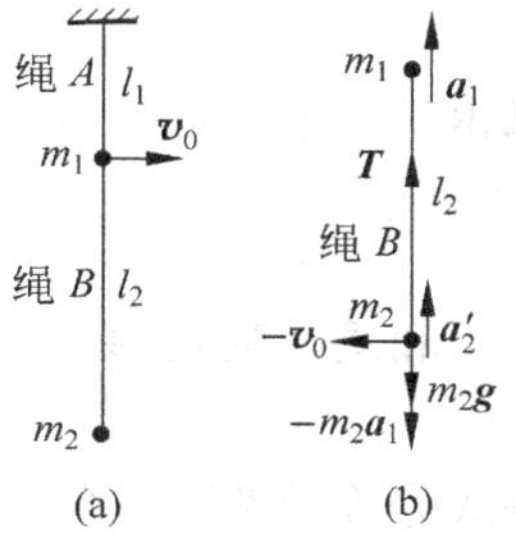

图　2.7.6

解　在 m_1 被打击后具有速度 $\boldsymbol{v}_0$ 的瞬间,绳 A 中增加了拉力,使 m_1 具有竖直向上的加速度 $\boldsymbol{a}_1$(对悬顶这个惯性系)。选一个平动的非惯性系,其对悬顶的加速度为 $\boldsymbol{a}_1$(方向竖直向上)并在打击后的瞬间对 m_1 静止。在此非惯性参考系中分析:如图 2.7.6(b)所示,小球 m_2 受向上的拉力 $\boldsymbol{T}$、重力 $m_2\boldsymbol{g}$ 和向下的惯性力 $-m_2\boldsymbol{a}_1$ 的作用,同时具有竖直向上的加速度 a_2'。由此给出动力学关系:

$$T-m_2g-m_2a_1=m_2a_2' \qquad ①$$

另有运动学关系:

$$a_1 = \frac{v_0^2}{l_1} \quad ②$$

$$a'_2 = \frac{v_0^2}{l_2} \quad ③$$

式①、式②和式③联立解得

$$T = m_2\left(g + \frac{v_0^2}{l_1} + \frac{v_0^2}{l_2}\right)$$

此题也可以在以悬顶为参考系的惯性系中求解，这时除了要建立一个动力学关系和两个运动学关系之外，还要再补充一个相对运动的关系。读者可以自行求解并与在非惯性系中的求解作比较，从而体会到在非惯性系中处理问题的简便。

例 3 落体偏东现象是科里奥利力作用的结果。设铅球自赤道上一高楼的距地面 $h=100$ m 处下落，初速为 0。试近似计算出铅球在整个下落过程中由于科里奥利力引起的偏离值。

解 如图 2.7.7 所示建立坐标系，y 方向竖直向下，x 方向水平向东，坐标原点 O 在铅球下落的起始点，取开始下落时刻 $t_0=0$。

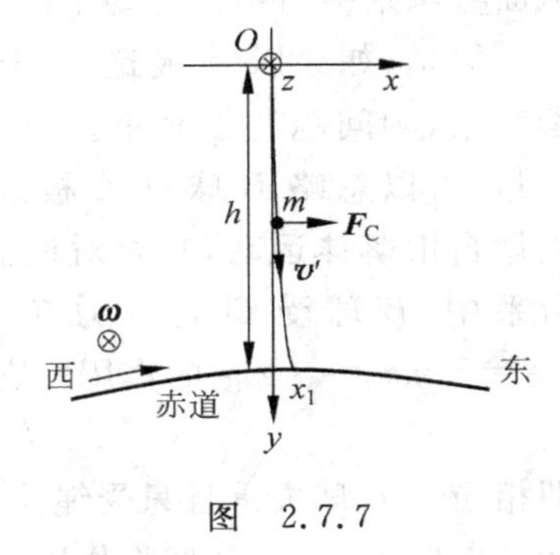

图 2.7.7

由于地球自西向东自转，其自转角速度 ω 的方向是指向北的，即图 2.7.7 中的 z 坐标方向（垂直纸面向内），所以当铅球下落时，科里奥利力应使下落轨迹偏向图 2.7.7 中的 x 方向，即偏向东。

地球自转角速度 $\omega = \frac{2\pi}{24\times 3600\ \text{s}} \approx 7.27\times 10^{-5}\ \text{s}^{-1}$，设铅球的质量为 m，其下落速度为 v'，则铅球下落过程中受到的科里奥利力的大小为 $F_C = 2mv'\omega$。由于高度 h 仅有 100 m，以 $\sqrt{2gh}$ 来估算，铅球下落过程中的速度 v' 应不会超过 100 m/s。由此推断铅球下落过程中所受到的科里奥利力 $2mv'\omega$ 应远远小于重力 mg，所以铅球下落的轨迹应与竖直线偏离很小。作为近似处理，可以认为铅球下落过程中科里奥利力总是沿 x 方向，即铅球竖直方向运动不受影响。于是可以认为 t 时刻铅球的竖直速度为 $v'_y = gt$，并可认为 $v' \approx v'_y$。由此给出在 x 方向有

$$F_C \approx 2mv'_y\omega = 2m\omega gt \quad ①$$

又由牛顿第二定律，在 x 方向有

$$F_C = m\frac{\mathrm{d}v'_x}{\mathrm{d}t} \quad ②$$

式①和式②联立，有

$$\mathrm{d}v'_x = 2\omega gt\,\mathrm{d}t \quad ③$$

将式③等号两边积分，有

$$v'_x = \omega gt^2$$

于是有

$$\mathrm{d}x = \omega gt^2\,\mathrm{d}t \quad ④$$

设落地时刻为 t_1，落地偏东的距离为 x_1，将式④等号两边积分，有

$$x_1 = \frac{\omega g t_1^3}{3}$$

由 $h=\frac{1}{2}gt_1^2$，有 $t_1=\sqrt{\frac{2h}{g}}$，因此可得到铅球落地偏东的距离为

$$x_1 = \frac{\omega g}{3}\left(\sqrt{\frac{2h}{g}}\right)^3 = \frac{2\omega}{3}\sqrt{\frac{2h^3}{g}} \approx 2.19 \times 10^{-2}\ \text{m} = 2.19\ \text{cm}$$

以上数据表明，科里奥利力引起的落地偏东的距离和落地高度相比是很微小的。

动量与角动量

3.1 动量与角动量的基本概念和基本规律

3.1.1 动量与角动量的基本概念和有关的物理量

冲量 设有一力 $\boldsymbol{F}$ 作用于质点，力的作用时间从 t_1 到 t_2，则在这段时间内，力 $\boldsymbol{F}$ 的冲量 $\boldsymbol{I}$ 定义为

$$\boldsymbol{I}=\int_{t_1}^{t_2}\boldsymbol{F}\mathrm{d}t \tag{3.1.1}$$

其中，$\boldsymbol{F}\mathrm{d}t$ 叫作力 $\boldsymbol{F}$ 在时间间隔 t 到 $t+\mathrm{d}t$ 内的元冲量。若 $\boldsymbol{F}$ 是恒力，则

$$\boldsymbol{I}=\boldsymbol{F}(t_2-t_1)$$

冲量是矢量，它反映力的时间积累作用，是一个与过程有关的量，通常称为“过程量”。

动量 质点质量 m 和它的运动速度 $\boldsymbol{v}$ 的乘积叫作该质点的动量，以 $\boldsymbol{p}$ 表示，即

$$\boldsymbol{p}=m\boldsymbol{v} \tag{3.1.2}$$

动量是矢量，它描述质点的机械运动，是由质点的运动状态决定的“状态量”。

力矩 设有力 $\boldsymbol{F}$，其作用点对参考系中某定点 O 的位矢是 $\boldsymbol{r}$，则 $\boldsymbol{r}$ 与力 $\boldsymbol{F}$ 的矢量积叫作力 $\boldsymbol{F}$ 对 O 点的力矩，以 $\boldsymbol{M}$ 表示，即

$$\boldsymbol{M}=\boldsymbol{r}\times\boldsymbol{F} \tag{3.1.3}$$

力矩 $\boldsymbol{M}$ 是矢量，它的大小为

$$M=rF\sin\theta$$

其中，θ 是 $\boldsymbol{r}$ 和 $\boldsymbol{F}$ 方向间的夹角(取不大于 180°的那个夹角)。$\boldsymbol{M}$ 垂直于由 $\boldsymbol{r}$ 和 $\boldsymbol{F}$ 决定的平面，其方向由右手螺旋法则确定，如图 3.1.1 所示。

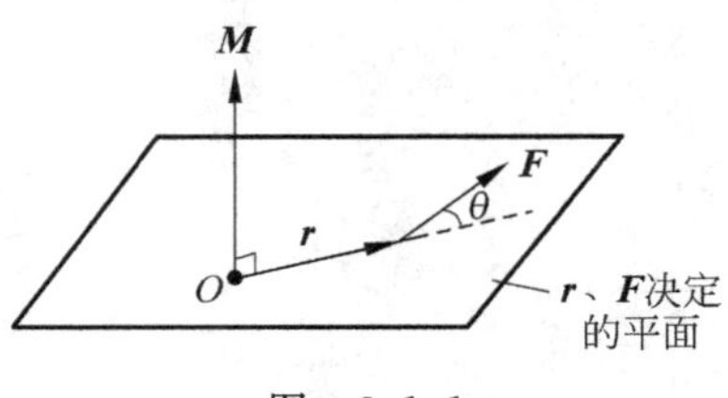

图 3.1.1

力矩反映力对受力作用质点绕定点转动的作用，提

到力矩必须指明它是对哪个定点而言的。

冲量矩 力对某定点的力矩 $\boldsymbol{M}$ 与力矩作用的微小时间间隔 $\mathrm{d}t$ 的乘积 $\boldsymbol{M}\mathrm{d}t$ 叫作力矩 $\boldsymbol{M}$ 在 $\mathrm{d}t$ 时间间隔内的冲量矩，而由 t_1 到 t_2 的一段有限时间间隔内的冲量矩定义为

$$\int_{t_1}^{t_2}\boldsymbol{M}\mathrm{d}t=\int_{t_1}^{t_2}(\boldsymbol{r}\times\boldsymbol{F})\mathrm{d}t \tag{3.1.4}$$

冲量矩是矢量，它反映力对绕定点转动的时间积累作用，冲量矩是一个和过程有关的量，是个过程量。

角动量(动量矩) 质点对某定点的位矢 $\boldsymbol{r}$ 与质点在相应位置的动量 $m\boldsymbol{v}$ 的矢量积，叫作质点对该定点的角动量或称动量矩，以 $\boldsymbol{L}$ 表示，

$$\boldsymbol{L}=\boldsymbol{r}\times m\boldsymbol{v} \tag{3.1.5}$$

角动量是矢量，其大小为

$$L=rmv\sin\theta$$

式中，θ 是 $\boldsymbol{r}$ 和 $m\boldsymbol{v}$ 方向间的夹角(取不大于180°的夹角)，$\boldsymbol{L}$ 垂直于由 $\boldsymbol{r}$ 和 $m\boldsymbol{v}$ 决定的平面，即垂直于该时刻质点运动所在平面，其方向由右手螺旋定则确定，如图3.1.2所示。

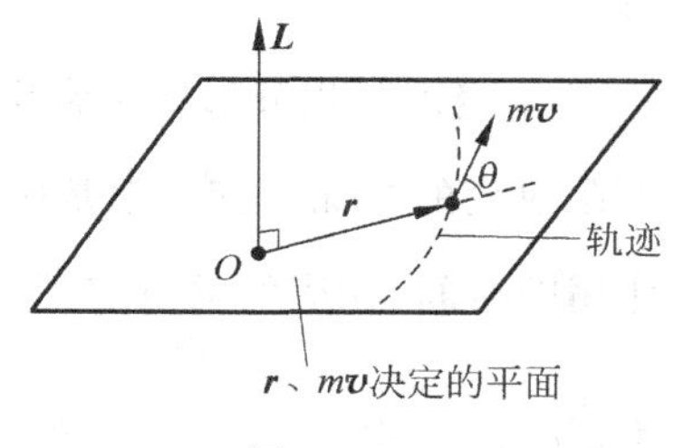

图 3.1.2

角动量描述质点绕定点的运动，是状态量。谈到角动量，应指明是对哪个定点而言的。

质心 质心是质点系中一个特殊的几何点。对给定的质点系(给定各质点的质量、各质点间的相对位置)，其质心 C 相对于某原点 O 的位矢由下述定义式决定：

$$\boldsymbol{r}_C=\frac{\sum_i m_i\boldsymbol{r}_i}{\sum_i m_i} \tag{3.1.6}$$

式中，m_i 为第 i 个质点的质量，$\boldsymbol{r}_i$ 为第 i 个质点对原点的位矢，求和应包括质点系内所有的质点。

在直角坐标系中，质心 C 的相应坐标值由下述各式决定：

$$x_C=\frac{\sum_i m_ix_i}{\sum_i m_i},\quad y_C=\frac{\sum_i m_iy_i}{\sum_i m_i},\quad z_C=\frac{\sum_i m_iz_i}{\sum_i m_i} \tag{3.1.7}$$

由上述定义可知，质心 C 的位置是质点系所有质点位置的平均值，但是这个“平均”还考虑到每个质点质量在总质量中所占的比例，称为以质量为“权重”的“加权平均”。

一个具有一定形状、大小的物体，可以看成质量连续分布的质点系，其质心 C 相对某原点的位矢由下式决定

$$\boldsymbol{r}_C=\frac{\int\boldsymbol{r}\mathrm{d}m}{m} \tag{3.1.8}$$

其中，$\boldsymbol{r}$ 是质元 $\mathrm{d}m$ 对原点的位矢，积分对整个物体进行，m 为物体的质量。

对给定的质点系，质心对各质点的相对位置是确定的，与参考系无关。形状对称、密度均匀的物体，其质心位置就是其几何对称中心。例如一个均质圆环的质心就在圆环中心。

而由此还得知,质心不一定在物体上。

3.1.2 动量与角动量的基本定律

质点的动量定理 质点的动量定理表述为:合外力的冲量等于质点的动量的增量。

该定理的微分形式为

$$\boldsymbol{F}_{合}\mathrm{d}t = \mathrm{d}(m\boldsymbol{v}) \quad 或 \quad \boldsymbol{F}_{合} = \frac{\mathrm{d}(m\boldsymbol{v})}{\mathrm{d}t} \tag{3.1.9}$$

该定理的积分形式为

$$\boldsymbol{I}_{合} = \int_{t_1}^{t_2}\boldsymbol{F}_{合}\mathrm{d}t = m\boldsymbol{v}_2 - m\boldsymbol{v}_1 \tag{3.1.10}$$

式(3.1.10)在平面直角坐标系中的投影式为

$$\begin{cases} I_{合x} = mv_{2x} - mv_{1x} \\ I_{合y} = mv_{2y} - mv_{1y} \end{cases}$$

动量定理的积分形式常常用在打击、碰撞这类力作用的时间短暂,而受力质点动量发生有限改变的情况。这时,常常应用平均力 $\overline{F}$ 的概念,并令 $\overline{\boldsymbol{F}}\Delta t = \int_{t_1}^{t_2}\boldsymbol{F}\mathrm{d}t$。其中 $\Delta t = t_2 - t_1$ 是力作用的时间。相应的动量定理可表示为

$$\overline{\boldsymbol{F}}_{合}\ \Delta t = m\boldsymbol{v}_2 - m\boldsymbol{v}_1$$

式中,$\boldsymbol{v}_2$ 和 $\boldsymbol{v}_1$ 分别为 t_2 和 t_1 时刻质点的速度。

使用动量定理时应注意:

第一,它只适用于惯性参考系;

第二,该定理的表示式是矢量式,它表明合力冲量的方向与受力质点的动量的增量方向一致。例如,在图 3.1.3 中,一球以初速 $\boldsymbol{v}_1$ 碰撞地面时,它给予地面的平均冲力的方向不能简单地由 $\boldsymbol{v}_1$ 方向确定,而应找出碰后小球的速度 $\boldsymbol{v}_2$,再求出动量的增量 $\Delta\boldsymbol{p} = m\boldsymbol{v}_2 - m\boldsymbol{v}_1$。$\Delta\boldsymbol{p}$ 的方向就是小球所受地面平均作用力的方向,最后由牛顿第三定律确定小球给予地面的平均冲力的方向。

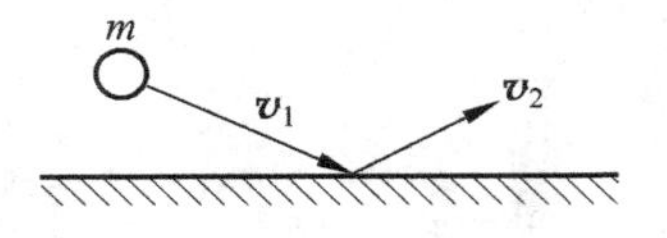

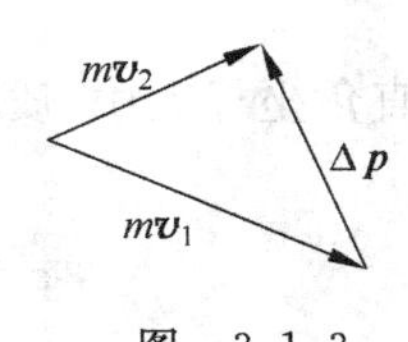

图 3.1.3

质点系的动量定理 质点系的动量定理表述为,系统所受合外力的冲量等于系统总动量的增量。

该定理的微分形式为

$$\sum_i \boldsymbol{F}_{i外}\,\mathrm{d}t = \mathrm{d}\Big(\sum_i m_i\boldsymbol{v}_i\Big)$$

或

$$\sum_i \boldsymbol{F}_{i外} = \frac{\mathrm{d}}{\mathrm{d}t}\Big(\sum_i m_i\boldsymbol{v}_i\Big) \tag{3.1.11}$$

其中,$\sum\limits_i \boldsymbol{F}_{i外}$ 是系统所受合外力,$\sum\limits_i m_i\boldsymbol{v}_i$ 是系统内各质点的动量之和,称之为系统的总动量。

该定理的积分形式为

$$\sum_i \boldsymbol{I}_{i外} = \sum_i m_i\boldsymbol{v}_{i2} - \sum_i m_i\boldsymbol{v}_{i1} \tag{3.1.12}$$

式中，$\boldsymbol{v}_{i1}$和$\boldsymbol{v}_{i2}$分别为t_1和t_2时刻第i个质点的速度，$\boldsymbol{I}_{i外}$为第i个质点在t_1到t_2的时间间隔内所受的合外力的冲量。

使用质点系的动量定理时应注意：

第一，该定理只适用于惯性系；

第二，定理表示式是矢量式，应用时可写成相应的投影式进行解析计算；

第三，系统总动量的改变仅取决于外力的冲量，与内力无关。利用这一特点，解题时适当地选取系统，可以把某些未知而题目又不求的相互作用力划归为内力，使之不在所解的问题中出现，从而简化问题的求解过程。

例如，如图3.1.4所示，一辆小车在平直轨道上运动，车上站立一人，人与车的质量已知。开始车以速度$\boldsymbol{v}_1$运动，后来人以速度$\boldsymbol{v}$跳车，其后车速变为$\boldsymbol{v}_2$，求跳车过程中车对轨道的冲量。

图　3.1.4

此题中，已知跳车前人和车的运动状态及跳车后的人和车的运动状态，可用动量定理求解。但跳车过程中，人与车、车与轨道都各有相互作用，这两对作用都未知，但题目不求前者，只求后者，故可以把车和人作为研究系统，这时人与车的相互作用是内力，不影响系统动量。直接建立轨道对车的作用与人—车系统动量变化的关系即可求解。

动量守恒定律　对质点系，若合外力为零，则系统的总动量保持不变，这就是动量守恒定律，用式子表示即为

$$若\sum_i \boldsymbol{F}_{i外}=0,\quad 则\sum_i m_i\boldsymbol{v}_i=常量 \tag{3.1.13}$$

动量守恒是系统内各质点动量的“矢量和”守恒。例如，炮弹在爆炸前静止，$\boldsymbol{p}=0$；爆炸后，质量为$m_i(i=1,2,3,\cdots)$的弹片具有的速度为$\boldsymbol{v}_i$，相应的动量为$m_i\boldsymbol{v}_i$。动量守恒意味着这些四处分散的弹片的动量的矢量和$\sum\limits_i m_i\boldsymbol{v}_i$仍为零。

动量守恒定律也只在惯性参考系中才成立。

系统的动量守恒还常有下述两种情况：

(1) 在所研究的过程中，尽管有外力作用，但外力远远小于内力(如爆破、碰撞等过程)，则对系统内各部分的动量变化来说，外力的作用可以忽略，此时可近似认为系统总动量守恒。

(2) 在所研究的过程中，若系统的合外力不为零，但合外力在某一方向的分量为零，则系统的总动量在相应方向的分量守恒，这叫分动量守恒。例如

$$若\sum_i F_{ix}=0,\quad 则有\sum_i m_i v_{ix}=常量$$

质点的角动量定理　质点的角动量定理表述为：质点所受合力对某定点的冲量矩等于质点对该定点的角动量的增量。

该定理的微分形式为

$$\boldsymbol{M}_合\,\mathrm{d}t=\mathrm{d}(\boldsymbol{r}\times m\boldsymbol{v})$$

或

$$\boldsymbol{M}_合=\frac{\mathrm{d}}{\mathrm{d}t}(\boldsymbol{r}\times m\boldsymbol{v}) \tag{3.1.14}$$

式中,$\boldsymbol{r}$ 是质点在 t 时刻对某定点的位矢,$\boldsymbol{v}$ 是质点在 t 时刻的速度,$\boldsymbol{M}_{合}=\boldsymbol{r}\times\boldsymbol{F}_{合}$ 是该时刻质点所受合力对该定点的力矩。式(3.1.14)表明,质点角动量定理的微分形式也可表述为:质点所受合力对某定点的力矩等于质点对该定点的角动量的变化率。

质点的角动量定理的积分形式为

$$\int_{t_1}^{t_2}\boldsymbol{M}_{合}\,\mathrm{d}t=(\boldsymbol{r}_2\times m\boldsymbol{v}_2)-(\boldsymbol{r}_1\times m\boldsymbol{v}_1) \tag{3.1.15}$$

式中,$\boldsymbol{r}_1$ 和 $\boldsymbol{r}_2$ 分别是质点在 t_1 和 t_2 时刻对某定点的位矢,$\boldsymbol{v}_1$ 和 $\boldsymbol{v}_2$ 分别是质点在 t_1 和 t_2 时刻的速度。

质点系的角动量定理 质点系的角动量定理表述为:质点系所受外力的合冲量矩等于质点系总角动量的增量。

该定理的微分形式是

$$\sum_i(\boldsymbol{r}_i\times\boldsymbol{F}_{i外})\mathrm{d}t=\mathrm{d}\Big(\sum_i\boldsymbol{r}_i\times m_i\boldsymbol{v}_i\Big)$$

或

$$\boldsymbol{M}_{外}=\frac{\mathrm{d}\boldsymbol{L}}{\mathrm{d}t} \tag{3.1.16}$$

式中,$\boldsymbol{M}_{外}=\sum\limits_i(\boldsymbol{r}_i\times\boldsymbol{F}_{i外})$ 是各外力对某定点的力矩的矢量和,$\boldsymbol{L}=\sum\limits_i(\boldsymbol{r}_i\times m_i\boldsymbol{v}_i)$ 是质点系各质点对该定点的角动量的矢量和,称为质点系对该定点的总角动量。式(3.1.16)表明,微分形式的角动量定理也可叙述为:质点系所受的外力矩之和等于系统总角动量的时间变化率。

质点系的角动量定理的积分形式为

$$\int_{t_1}^{t_2}\boldsymbol{M}_{外}\,\mathrm{d}t=\boldsymbol{L}_2-\boldsymbol{L}_1 \tag{3.1.17}$$

式中,$\boldsymbol{L}_1$ 和 $\boldsymbol{L}_2$ 分别为 t_1 和 t_2 时刻质点系对某定点的总角动量。

使用该定理时应注意:

第一,此定理也只适用于惯性系;

第二,系统的角动量的改变仅取决于外力的冲量矩,与内力矩无关;

第三,系统所受的各外力的作用点一般不在同一点上,求"外力矩和"应分别计算每一个外力的力矩,再求矢量和;

第四,每个外力的力矩及每个质点的角动量都应该是对同一个定点而言的。

角动量守恒定律 对于质点系,角动量守恒定律是:若对某定点的外力矩之和为零,则质点系对该点角动量守恒,即

$$若\sum_i\boldsymbol{M}_{i外}=\sum_i\boldsymbol{r}_i\times\boldsymbol{F}_{i外}=0,\quad 则\sum_i\boldsymbol{L}_i=\sum_i(\boldsymbol{r}_i\times m_i\boldsymbol{v}_i)=常量 \tag{3.1.18}$$

对于单个质点,上述定律简化为

$$若\ \boldsymbol{r}\times\boldsymbol{F}_{合}=0,\quad 则\ \boldsymbol{r}\times m\boldsymbol{v}=常量$$

质心运动定理 一般地说,质点系中各质点运动时,其质心也在运动,由质心定义可得质心速度

$$\boldsymbol{v}_C=\frac{\sum\limits_i m_i\boldsymbol{v}_i}{\sum\limits_i m_i} \tag{3.1.19}$$

即

$$\sum_i m_i \boldsymbol{v}_i = \left(\sum_i m_i\right) \boldsymbol{v}_C$$

此式表明质点系的总动量等于系统的全部质量集中于质心 C 时具有的动量，从这个意义上讲，质心 C 的运动代表了质点系作为一个整体的运动。

质点系的质心的加速度 $\boldsymbol{a}_C$ 与质点系所受的外力的矢量和 $\sum_i \boldsymbol{F}_{i外}$ 之间存在下述关系

$$\sum_i \boldsymbol{F}_{i外} = \left(\sum_i m_i\right) \boldsymbol{a}_C \tag{3.1.20}$$

这就是质心运动定理。

由质心运动定理可知，质心的运动有下述特点：

(1) 质心 C 的运动由系统的外力决定，与系统内力无关；

(2) 质心的运动相当于一个在质心 C 的质点的运动，这个质点集中了系统的全部质量，其所受的力为系统的全部外力的矢量和。

由质心运动定理可以得出推论：动量守恒的系统，其质心作惯性运动。

3.1.3　动量概念和角动量概念的对比

动量和角动量二者都是矢量，也同样是质点运动状态的函数。但两者又有区别。

首先，动量只是运动速度的函数，而角动量则同时与运动速度和质点对定点的位矢有关。以匀速率圆周运动的质点为例，如图 3.1.5 所示，运动过程中质点的动量 $\boldsymbol{p}=m\boldsymbol{v}$ 不断改变；而任一时刻，质点对圆心 O 的角动量 $\boldsymbol{L}=\boldsymbol{r}\times m\boldsymbol{v}$ 的方向始终垂直于圆周所在平面，其大小 $L=|\boldsymbol{r}\times m\boldsymbol{v}|=rmv$ 也是常量。因此，在运动过程中，质点对圆心的角动量 $\boldsymbol{L}$ 不变。

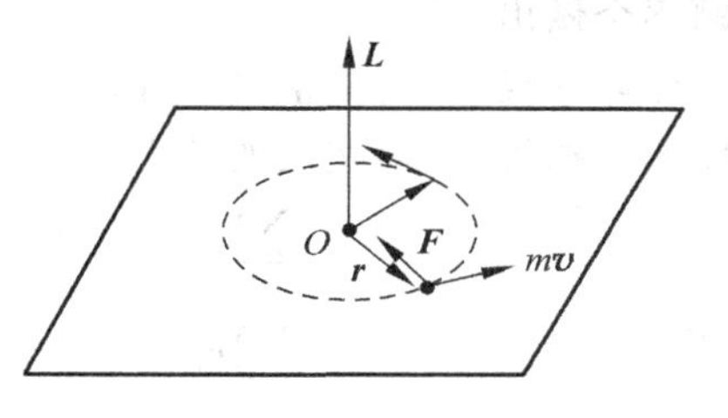

图　3.1.5

其次，动量的改变由力的冲量决定，而角动量的改变由力对任一定点的冲量矩决定。对图 3.1.5 所示情况，质点受力 $\boldsymbol{F}$ 的作用，在任一微小时间间隔 $\mathrm{d}t$ 内，力 $\boldsymbol{F}$ 的冲量都不为零。但是由于力的作用线通过圆心 O，力 $\boldsymbol{F}$ 对圆心的冲量矩 $(r\times \boldsymbol{F})\mathrm{d}t$ 却始终为零。所以，质点的动量在改变，而它对圆心的角动量却不变。

3.1.4　动量守恒条件和角动量守恒条件的对比

守恒定律都是涉及过程的规律，而且又都是只要过程满足一定的整体条件(如关于外力的条件)，则可不必考虑过程的细节就能够对系统的初、末状态下结论，或由初状态求出末状态来。这是守恒定律的特点，也是它们的优点，所以物理上分析问题常常用到守恒定律。

判断研究经历一过程后，系统究竟是什么物理量守恒，关键在于分清相应物理量守恒的条件。

对质点：动量 $\boldsymbol{p}$ 守恒的条件是 $\boldsymbol{F}_{合}=0$

角动量 $\boldsymbol{L}$ 守恒的条件是 $\boldsymbol{r}\times\boldsymbol{F}_{合}=0$

对质点系：动量 $\boldsymbol{p}$ 守恒的条件是 $\sum_i \boldsymbol{F}_{i外}=0$

角动量 $\boldsymbol{L}$ 守恒的条件是 $\sum_i \boldsymbol{r}_i\times\boldsymbol{F}_{i外}=0$

当研究对象是单个质点时，由于各外力作用点相同，故两个守恒条件之间有一定关联，但又互相区别：

若满足 $\boldsymbol{F}_{合}=0$，则必然满足 $\boldsymbol{r}\times\boldsymbol{F}_{合}=0$，因此动量 $\boldsymbol{p}$、角动量 $\boldsymbol{L}$（对任一定点）两个物理量同时守恒，质点将作匀速直线运动。

若 $\boldsymbol{F}_{合}$ 满足对某定点 $\boldsymbol{r}\times\boldsymbol{F}_{合}=0$ 时，不一定同时满足 $\boldsymbol{F}_{合}=0$，这时质点角动量 $\boldsymbol{L}$ 守恒，动量 $\boldsymbol{p}$ 不一定守恒。例如行星绕日的椭圆轨道运动就是如此。行星受到的太阳引力指向太阳，引力对太阳的力矩为零，则行星对太阳的角动量守恒。但在轨道运动中，引力不为零，行星的动量 $\boldsymbol{p}$ 不守恒。

当研究对象是一个质点系时，分析 $\boldsymbol{p}$、$\boldsymbol{L}$ 守恒条件都只需要注意到外力和外力矩情况，不必考虑内力和内力矩。

在分析外力作用时，各外力可以有不同的作用点（作用于不同的质点上），不同的作用点可以有不同的位矢，因而一般地说，动量守恒条件 $\sum_i \boldsymbol{F}_{i外}=0$ 和角动量守恒条件 $\sum_i \boldsymbol{r}_i\times\boldsymbol{F}_{i外}=0$ 是相互独立的，守恒条件是否成立，需要根据具体问题逐个做出判断。如图 3.1.6 所示，两个质量相同的球以一轻质杆（质量可不计）相连，杆可绕其中点 O 在水平面内转动。当在两球上分别施以大小相等、方向相反的外力时，杆将会转动。对两球系统有

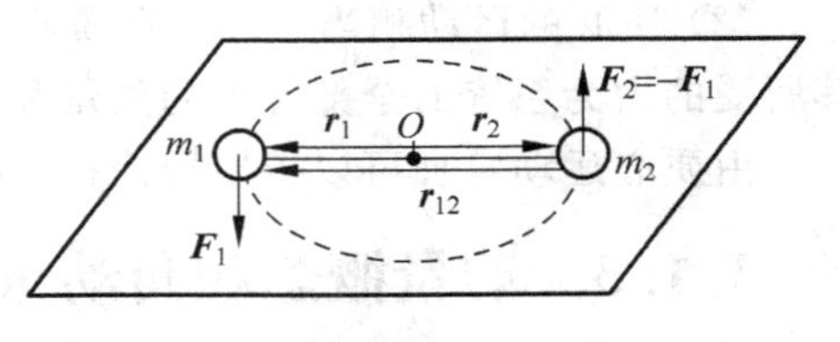

图 3.1.6

$$\sum_i \boldsymbol{F}_{i外}=0$$

$$\sum_i \boldsymbol{r}_i\times\boldsymbol{F}_{i外}=\boldsymbol{r}_{12}\times\boldsymbol{F}_1\neq 0 \quad （对转心 O 的力矩）$$

则系统总动量 $\boldsymbol{p}$ 守恒，系统对转心 O 的总角动量 $\boldsymbol{L}$ 不守恒。

3.2 用动量定理对变质量问题的分析

3.2.1 经典力学中变质量问题的含义

按照经典力学的观点，物体的质量与物体的运动无关。通常研究的质点或质点系的运动，都是质量保持恒定的情况。但在有些情况下，运动物体的质量是变化的，例如正在发射的火箭，由于内部燃料的燃烧，火箭向外喷出燃烧产生的气体，使火箭体的质量不断减少；又如雨滴下落过程中，由于周围水汽不断凝聚在雨滴上，使雨滴质量不断增加。对于正在发射中的火箭以及正在下落中的雨滴这类物体，统称为变质量物体。但这种运动过程中物体质量的变化，是运动物体不断排出或吸附物质的结果，不是运动本身造成的。在相对论力学中，一个物体的质量是随它的运动速率变化而变化的，这是一种相对论效应，和经典力学中的“变质量”是两个性质不同的概念，在本节中，我们只讨论经典力学中的变质量问题。

3.2.2 变质量问题的一般公式

对发射中的火箭、下落中的雨滴，人们关心的是如何确定火箭体、雨滴这类称为运动主体的运动，这当然是一个变质量物体的运动。

以运动主体不断吸附物体从而不断增加质量的情况为例(如下落中的雨滴)，分析方法如下。

研究的系统：t 时刻的运动主体以及在 t 到 $t+\mathrm{d}t$ 期间被吸附的物体。

t 时刻(吸附前)：运动主体质量为 m，速度为 $\boldsymbol{v}$；将要被吸附的物体质量为 $\mathrm{d}m$，速度为 $\boldsymbol{v}^*$。

$t+\mathrm{d}t$ 时刻：质量为 $\mathrm{d}m$ 的物体已吸附于主体，二者有共同的运动速度。运动主体的质量变为 $m+\mathrm{d}m$，速度变为 $\boldsymbol{v}+\mathrm{d}\boldsymbol{v}$。

在 t 到 $t+\mathrm{d}t$ 期间，系统动量的增量为

$$\begin{aligned}\mathrm{d}\boldsymbol{p} &= (m+\mathrm{d}m)(\boldsymbol{v}+\mathrm{d}\boldsymbol{v})-(m\boldsymbol{v}+\mathrm{d}m\cdot\boldsymbol{v}^*)\\ &= m\mathrm{d}\boldsymbol{v}-\mathrm{d}m(\boldsymbol{v}^*-\boldsymbol{v})+\mathrm{d}m\cdot\mathrm{d}\boldsymbol{v}\end{aligned}$$

忽略二阶小量 $\mathrm{d}m\cdot\mathrm{d}\boldsymbol{v}$，而 $\boldsymbol{v}^*-\boldsymbol{v}$ 正是吸附前被吸物质相对于运动主体的速度，以 $\boldsymbol{v}_r$ 表示这个相对速度，则

$$\mathrm{d}\boldsymbol{p} = m\mathrm{d}\boldsymbol{v}-\mathrm{d}m\cdot\boldsymbol{v}_r$$

由系统的动量定理 $\boldsymbol{F}=\frac{\mathrm{d}\boldsymbol{p}}{\mathrm{d}t}$，有

$$\boldsymbol{F} = m\frac{\mathrm{d}\boldsymbol{v}}{\mathrm{d}t}-\boldsymbol{v}_r\frac{\mathrm{d}m}{\mathrm{d}t} \tag{3.2.1}$$

此处 $\boldsymbol{F}$ 是运动主体及吸附物所受的合外力，当外力是随着质量变为无限小而趋于零的那种类型的力(如万有引力)时，$\boldsymbol{F}$ 实际上就是作用于运动主体上的合外力。

同样的分析不难得出，对于排出质量的情况，仍有

$$\boldsymbol{F} = m\frac{\mathrm{d}\boldsymbol{v}}{\mathrm{d}t}-\boldsymbol{v}_r\frac{\mathrm{d}m}{\mathrm{d}t}$$

但这里 $\boldsymbol{v}_r$ 应理解为被排出的那部分物质在排出后相对于运动主体的速度。而且，在这种情况下，相应的应有 $\frac{\mathrm{d}m}{\mathrm{d}t}<0$($\mathrm{d}m$ 应理解为在 t 到 $t+\mathrm{d}t$ 间隔内运动主体质量的增量)。

综上所述，式(3.2.1)就是处理变质量问题的一般公式。

3.3　角动量守恒与行星运动

在太阳参考系中考察行星的运动，如果忽略其他行星的作用及宇宙尘埃的影响，行星则只受太阳的引力。由于这个引力的作用线始终通过太阳中心，所以它对太阳中心的力矩为零。因而在行星运动的过程中，它对太阳的角动量守恒。以 $\boldsymbol{r}$ 表示行星对太阳中心的位矢，$\boldsymbol{v}$ 代表行星的速度，m 代表行星质量，$\boldsymbol{L}$ 代表行星对太阳中心的角动量，则有

$$\boldsymbol{L} = \boldsymbol{r}\times m\boldsymbol{v} = \text{常量}$$

由行星运动的角动量守恒，可直接推导出下列关于行星运动的规律。

3.3.1　行星运动是平面运动

由于角动量 $\boldsymbol{L}$ 是矢量，$\boldsymbol{L}$ 守恒则表明 $\boldsymbol{L}$ 的方向应保持不变。由角动量 $\boldsymbol{L}$ 的定义可知，角动量 $\boldsymbol{L}$ 的方向应垂直于相应时刻行星的位矢 $\boldsymbol{r}$ 及速度 $\boldsymbol{v}$ 所决定的平面。$\boldsymbol{L}$ 方向不变，则行星运动过程中任一瞬时 $\boldsymbol{r}$、$\boldsymbol{v}$ 所在的平面不变，即行星应作平面运动。

3.3.2 对开普勒第二定律的证明

开普勒第二定律是开普勒观测行星运动总结出来的一条规律：行星对太阳的位矢在相同的时间内扫过相等的面积，如图 3.3.1 所示。

开普勒第二定律又可叙述为：行星对太阳的位矢有恒定的面积速度（单位时间内扫过的面积），即所谓等面积速度定律。这条定律可以从角动量守恒加以推证。

如图 3.3.2 所示，设 t 到 $t+\Delta t$ 时间内行星位移为 $\Delta \boldsymbol{r}$，位矢 $\boldsymbol{r}$ 扫过面积为 $\Delta\sigma$，只要 Δt 足够小，$\Delta\sigma$ 可近似为$\triangle SPQ$ 的面积，因此有

$$\Delta\sigma \approx \frac{1}{2}\mid \boldsymbol{r}\times\Delta\boldsymbol{r}\mid$$

则面积速度

$$\begin{aligned}\frac{\mathrm{d}\sigma}{\mathrm{d}t} &= \lim_{\Delta t\to 0}\frac{\Delta\sigma}{\Delta t} = \lim_{\Delta t\to 0}\frac{1}{2}\left|\boldsymbol{r}\times\frac{\Delta\boldsymbol{r}}{\Delta t}\right| \\ &= \frac{1}{2}\mid \boldsymbol{r}\times\boldsymbol{v}\mid = \frac{1}{2m}\mid \boldsymbol{r}\times m\boldsymbol{v}\mid\end{aligned}$$

由行星对太阳的角动量守恒，有$|\boldsymbol{r}\times m\boldsymbol{v}|=$常量，故面积速度$\frac{\mathrm{d}\sigma}{\mathrm{d}t}$为常量，于是开普勒第二定律由行星对太阳的角动量守恒而得到证明。

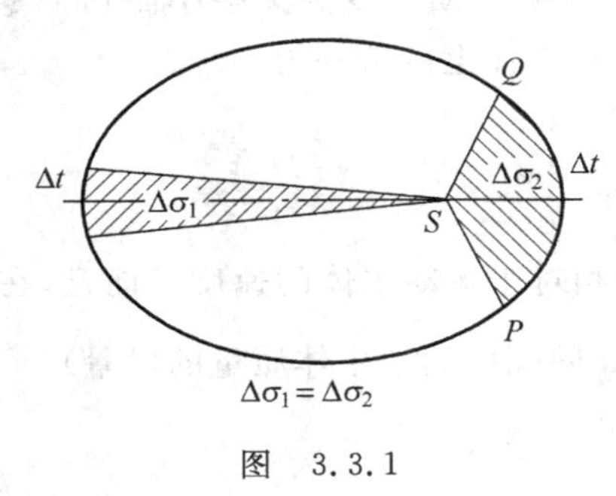

图 3.3.1

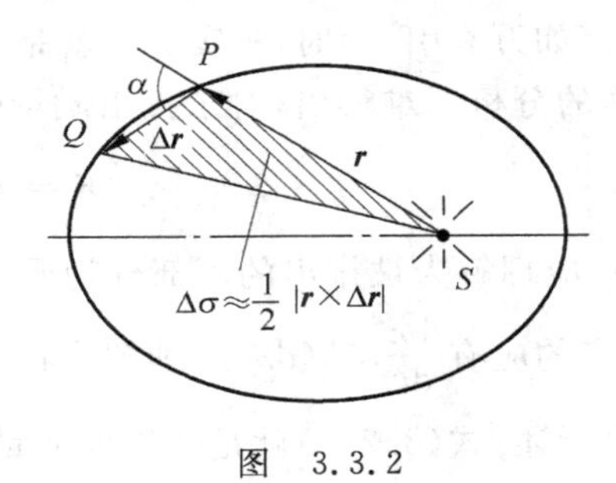

图 3.3.2

3.3.3 远、近日点速率的关系

行星以太阳为焦点做椭圆运动。椭圆长轴的一个端点离太阳最远，称为远日点；另一端点离太阳最近，称近日点。如图 3.3.3 所示，设在近日点时行星的位矢为 $\boldsymbol{r}_1$、速度为 $\boldsymbol{v}_1$，在远日点时位矢为 $\boldsymbol{r}_2$、速度为 $\boldsymbol{v}_2$。根据行星角动量守恒，由于 $\boldsymbol{r}_1\perp\boldsymbol{v}_1$、$\boldsymbol{r}_2\perp\boldsymbol{v}_2$，故

$$r_1 m v_1 = r_2 m v_2$$

所以

$$r_1 v_1 = r_2 v_2$$

即远、近日点速率与这两点到太阳的距离成反比。

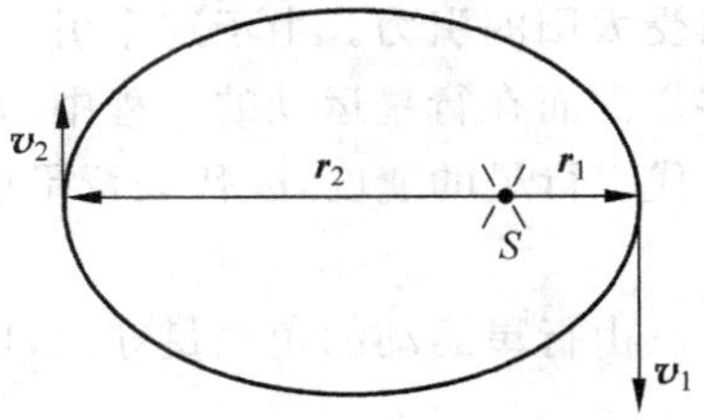

图 3.3.3

如果在本节开头部分的假设条件下（即：忽略其他行星的作用及宇宙尘埃的影响，行星只受太阳的引力），再对行星—太阳系统应用机械能守恒定律（见 4.1 节和 4.2 节），则可得

$$\frac{1}{2}mv_1^2+\left(-\frac{GM_Sm}{r_1}\right)=\frac{1}{2}mv_2^2+\left(-\frac{GM_Sm}{r_2}\right)$$

其中，M_S 是太阳的质量。

上式与角动量守恒的方程联立，可解出

$$v_1=\sqrt{\frac{2GM_Sr_2}{r_1(r_1+r_2)}},\quad v_2=\sqrt{\frac{2GM_Sr_1}{r_2(r_1+r_2)}}$$

上式表明，我们不仅可以由已知远、近日点距离得到两处速率之比，还能进一步分别确定这两个位置的速率。

本节讨论的上述结论，同样适用于人造地球卫星绕地球的运动。

3.4 典型例题(共6例)

例1 逆风行舟的原理。

如图3.4.1(a)所示，一艘帆船，帆面较光滑，当风沿图示方向吹来，只要帆形合适，帆船将向前行驶。如何解释这一现象？

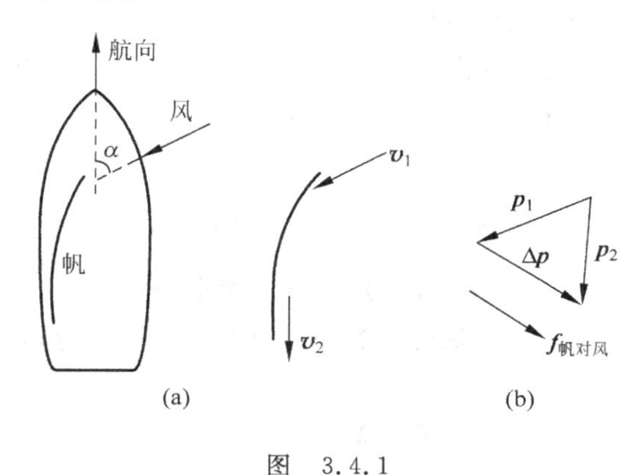

图 3.4.1

解 此例中，帆船是由于风力作用而行驶的。为了弄清风给帆的力是什么方向，先分析帆对风的作用力。

取 Δt 时间内向帆吹来的风(空气)的质量为 Δm，它在与帆作用前动量 $\boldsymbol{p}_1=\Delta m\cdot\boldsymbol{v}_1$，与帆作用后，风速变为 $\boldsymbol{v}_2$，改变了方向，由于帆面较光滑，$\boldsymbol{v}_2$ 的大小仅略小于 $\boldsymbol{v}_1$ 的大小，末动量 $\boldsymbol{p}_2=\Delta m\cdot\boldsymbol{v}_2$。对质量为 Δm 的这部分风运用动量定理，则帆对风的平均力 $\boldsymbol{f}_{帆对风}$ 应满足

$$\boldsymbol{f}_{帆对风}\Delta t=\boldsymbol{p}_2-\boldsymbol{p}_1=\Delta m\cdot\boldsymbol{v}_2-\Delta m\cdot\boldsymbol{v}_1=\Delta m(\boldsymbol{v}_2-\boldsymbol{v}_1)$$

即帆对风的平均作用力方向与 $\boldsymbol{p}_2-\boldsymbol{p}_1$ 方向(即 $\boldsymbol{v}_2-\boldsymbol{v}_1$ 方向)一致，如图3.4.1(b)所示，该力指向斜后方。

由牛顿第三定律，风给帆的力与 $\boldsymbol{v}_2-\boldsymbol{v}_1$ 方向相反，指向斜前方。这个力分解为沿船前进方向的分量和垂直于船前进方向的分量。后一个分量几乎为船所受水的侧向阻力所平衡(船的“龙骨”起了很大作用)，而前一分量则使船向前航行。

例 2 如图 3.4.2(a)所示，传送带以恒定的速度 $\boldsymbol{v}$ 水平运动。带的上方高为 h 处有一盛煤的料斗，连续向下卸放碎煤，单位时间落煤量为 λ。求碎煤落于传送带过程中对传送带的作用力。

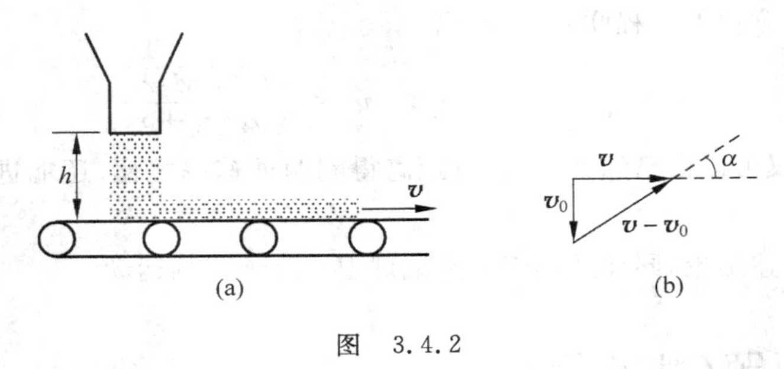

图 3.4.2

解 本例中碎煤与传送带为连续碰撞。取 t 到 $t+\mathrm{d}t$ 时间内落到传送带上的碎煤为研究对象，煤的质量

$$\mathrm{d}m=\lambda \mathrm{d}t$$

煤在与传送带碰撞前瞬间，由于自由下落具有竖直速度 $\boldsymbol{v}_0$($v_0=\sqrt{2gh}$)和初动量 $\boldsymbol{p}_0=\mathrm{d}m\cdot\boldsymbol{v}_0$。煤在受到传送带作用后，随传送带一起运动，速度为 $\boldsymbol{v}$，末动量为 $\boldsymbol{p}=\mathrm{d}m\cdot\boldsymbol{v}$。

作用过程中碎煤受到传送带的作用力 $\boldsymbol{f}$ 及自身的重力 $\mathrm{d}m\cdot\boldsymbol{g}$，由动量定理，有

$$(\boldsymbol{f}+\mathrm{d}m\cdot\boldsymbol{g})\mathrm{d}t=\mathrm{d}m\cdot\boldsymbol{v}-\mathrm{d}m\cdot\boldsymbol{v}_0=\mathrm{d}m\cdot(\boldsymbol{v}-\boldsymbol{v}_0)$$

整理上式得

$$\boldsymbol{f}=\frac{\mathrm{d}m}{\mathrm{d}t}(\boldsymbol{v}-\boldsymbol{v}_0)-\mathrm{d}m\cdot\boldsymbol{g}=\lambda(\boldsymbol{v}-\boldsymbol{v}_0)-\mathrm{d}m\cdot\boldsymbol{g}$$

在这类问题中，动量的变化率即 $\lambda(\boldsymbol{v}-\boldsymbol{v}_0)$ 是个有限大小的量，而 $\mathrm{d}t$ 时间内落下的碎煤的重量 $\mathrm{d}m\cdot\boldsymbol{g}$ 却是一个无限小量，因而总可以忽略碎煤的重量，认为碎煤只受传送带的作用，即有

$$\boldsymbol{f}=\lambda(\boldsymbol{v}-\boldsymbol{v}_0)$$

由矢量作图 3.4.2(b)可知，

$$f=\lambda\sqrt{v^2+v_0^2}=\lambda\sqrt{v^2+2gh}$$

$\boldsymbol{f}$ 与传送带夹角

$$\alpha=\arctan\frac{v_0}{v}=\arctan\frac{\sqrt{2gh}}{v}$$

方向水平偏上。

由牛顿第三定律，碎煤下落到传送带上时对传送带的作用力 $\boldsymbol{f}'$ 大小与 $\boldsymbol{f}$ 相同，方向与 $\boldsymbol{f}$ 相反。

例 3 如图 3.4.3 所示，炮车质量为 M，炮筒与水平地面夹角为 α、炮弹质量为 m。已知发炮时，炮弹沿炮筒的行程为 l，求由发炮到炮弹刚出炮筒口这段时间内炮车后退的距离。设地面摩擦不计，发炮前，炮车静止。

解法一 用分动量守恒求解

对 m-M 系统，在发炮过程中不计摩擦，$\sum\limits_i F_{ix}=0$，系统水平分动量守恒（注意：竖直

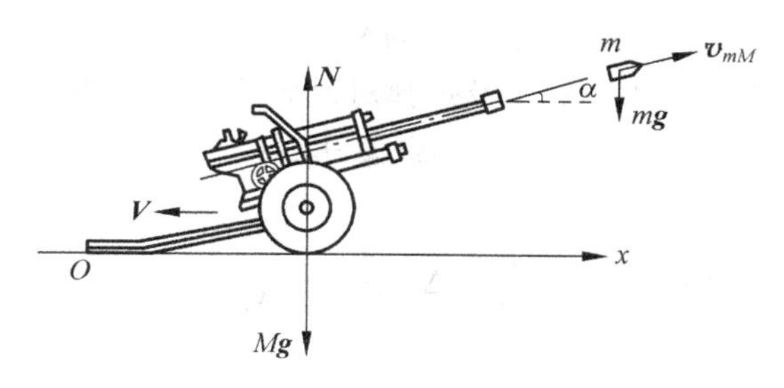

图 3.4.3

方向合外力不为零！总动量不守恒）。

设发炮过程中任一瞬时炮车对地速度为 $\boldsymbol{V}$，炮弹对地速度为 $\boldsymbol{v}$，炮弹对炮车速度为 $\boldsymbol{v}_{mM}$。由水平动量守恒，可得

$$MV_x + mv_x = 0$$

由相对运动速度关系 $\boldsymbol{v}=\boldsymbol{v}_{mM}+\boldsymbol{V}$，有 $v_x=v_{mMx}+V_x$，代入上式，解得炮车的水平速度分量

$$V_x = -\frac{m}{M+m}v_{mMx}$$

发炮过程中炮弹被加速，v_{mMx}、V_x 都不是常量。设过程经历的时间为 t_1，则此过程中炮车水平位移

$$\Delta x_M = \int_0^{t_1} V_x \mathrm{d}t = -\frac{m}{M+m}\int_0^{t_1} v_{mMx}\mathrm{d}t$$

积分式 $\int_0^{t_1} v_{mMx}\mathrm{d}t$ 表示发炮过程中炮弹相对于炮身的水平位移。由题给条件知：

$$\int_0^{t_1} v_{mMx}\mathrm{d}t = l\cos\alpha$$

故

$$\Delta x_M = -\frac{m}{M+m}l\cos\alpha$$

式中，“—”号表示炮车位移方向与图 3.4.3 所示 x 正方向相反，即向后退。

解法二 用质心运动定理求解

对 m-M 系统，由质心运动定理的水平投影式，可得

$$\sum_i F_{ix} = (m+M)a_{Cx}$$

而发炮过程中 $\sum_i F_{ix} = 0$，故 $a_{Cx} = 0$。

由题设条件，发炮前炮车静止和 $a_{Cx}=0$，知 $v_{Cx}=v_{Cx0}=0$，即质心的水平速度恒为零，因而质心的水平位移 $\Delta x_C=0$。

由质心位置定义式(3.1.7)，质心 C 的水平坐标为

$$x_C = \frac{Mx_M + mx_m}{M+m}$$

于是有

$$\Delta x_C = \frac{M\Delta x_M + m\Delta x_m}{M+m} = 0$$

即

$$M\Delta x_M + m\Delta x_m = 0$$

其中，Δx_M、Δx_m 分别是发炮过程中炮车及炮弹对地面的水平位移。由相对运动关系，有

$$\Delta x_m = \Delta x_{mM} + \Delta x_M$$

将上式代入前一式，解得

$$\Delta x_M = -\frac{m}{M+m}\Delta x_{mM} = -\frac{m}{M+m}l\cos\alpha$$

结果同解法一。

对本例求解时，无论采用何种方法，都要注意相对运动的关系，因为 l 是炮弹对炮身的运动行程，在炮身后退的情况下，它并不是炮弹对地面的行程。

例 4　两个典型的变质量问题。

(1) 火箭飞行问题

如图 3.4.4 所示，设火箭的喷气相对于火箭体的速率（称喷气速度）$\boldsymbol{v}_r$ 为常量。

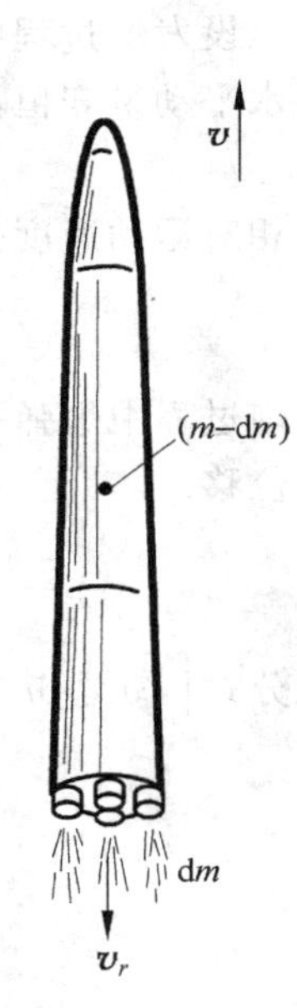

图　3.4.4

若火箭在自由空间发射，则合外力 $\boldsymbol{F}=0$，由式(3.2.1)有

$$m\frac{\mathrm{d}\boldsymbol{v}}{\mathrm{d}t} - \boldsymbol{v}_r\frac{\mathrm{d}m}{\mathrm{d}t} = 0$$

以火箭前进方向为正方向，将上式写成投影式有

$$m\frac{\mathrm{d}v}{\mathrm{d}t} + v_r\frac{\mathrm{d}m}{\mathrm{d}t} = 0$$

经整理得

$$\mathrm{d}v = -v_r\frac{\mathrm{d}m}{m}$$

对上面方程等号两边积分，设 $t=0$ 时火箭质量为 m_0，速率为 v_0，则有

$$\int_{v_0}^{v}\mathrm{d}v = -v_r\int_{m_0}^{m}\frac{\mathrm{d}m}{m}$$

最后解得

$$v = v_0 + v_r\ln\frac{m_0}{m}$$

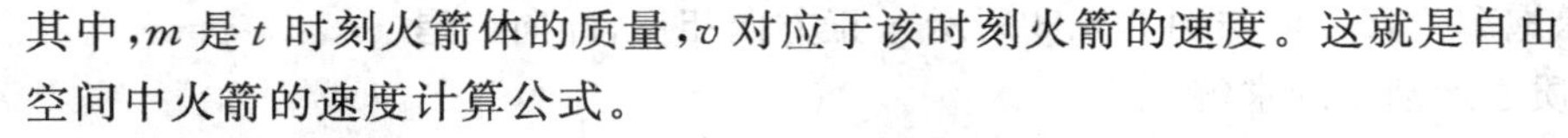

其中，m 是 t 时刻火箭体的质量，v 对应于该时刻火箭的速度。这就是自由空间中火箭的速度计算公式。

若火箭在重力场中竖直发射，则合外力 $\boldsymbol{F}=m\boldsymbol{g}$，于是有

$$m\boldsymbol{g} = m\frac{\mathrm{d}\boldsymbol{v}}{\mathrm{d}t} - \boldsymbol{v}_r\frac{\mathrm{d}m}{\mathrm{d}t}$$

竖直发射，以向上为正方向，则投影式为

$$-mg = m\frac{\mathrm{d}v}{\mathrm{d}t} + v_r\frac{\mathrm{d}m}{\mathrm{d}t}$$

变换形式为

$$-g\mathrm{d}t = \mathrm{d}v + v_r\frac{\mathrm{d}m}{m}$$

即

$$\mathrm{d}v = -g\mathrm{d}t - v_r\frac{\mathrm{d}m}{m}$$

对方程等号两边积分，令 $t=0$ 时 $v=0$、$m=m_0$，则

$$\int_0^v\mathrm{d}v = -v_r\int_{m_0}^{m}\frac{\mathrm{d}m}{m} - g\int_0^t\mathrm{d}t$$

解得

$$v = v_r \ln \frac{m_0}{m} - gt$$

与自由空间情况相比，多了一项重力加速度起作用的项。

如果单独分析喷气动量的变化情况，还可进一步求得喷气过程中喷出气体对火箭体的推进力。

设 t 到 $t+\mathrm{d}t$ 时间内喷气的质量为 $\mathrm{d}m$，喷气前它具有火箭体速度 $\boldsymbol{v}$，喷气后它相对于火箭体速度为 $\boldsymbol{v}_r$，则喷气后气体 $\mathrm{d}m$ 的速度为 $\boldsymbol{v}+\boldsymbol{v}_r$。无论是否在自由空间，都可认为气体只受到火箭体的作用 $\boldsymbol{F}'_{推}$（重力场中，因 $\mathrm{d}m$ 无限小，$F'_{推} >> \mathrm{d}m \cdot g$，重力可忽略），则对所喷气体 $\mathrm{d}m$ 应用动量定理，有

$$\boldsymbol{F}'_{推} \cdot \mathrm{d}t = \mathrm{d}m \cdot (\boldsymbol{v} + \boldsymbol{v}_r) - \mathrm{d}m \cdot \boldsymbol{v}$$

即

$$\boldsymbol{F}'_{推} = \boldsymbol{v}_r \frac{\mathrm{d}m}{\mathrm{d}t}$$

由牛顿第三定律知，气体对火箭体的推进力

$$\boldsymbol{F}_{推} = -\boldsymbol{F}'_{推} = -\boldsymbol{v}_r \frac{\mathrm{d}m}{\mathrm{d}t}$$

上式表明火箭的推进力方向与喷气速度方向相反，大小与喷气速率 v_r、喷气流量 $\frac{\mathrm{d}m}{\mathrm{d}t}$ 成正比，这就从理论上为增大推进力指出了方向。

（2）雨滴的下落问题

如图 3.4.5 所示，雨滴在重力场中下落，初始雨滴半径为 a，下落过程中因水汽不断凝聚，其半径增加率 $\frac{\mathrm{d}R}{\mathrm{d}t}=\lambda$，设 $\lambda=$ 常量，求任一时刻雨滴的速率（不计空气阻力）。

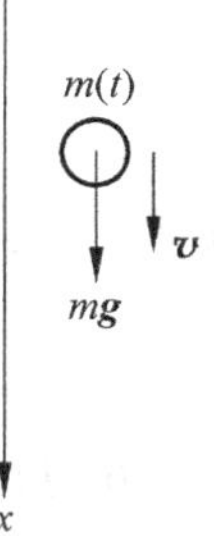

图　3.4.5

设 ρ 表示雨滴密度，则任一时刻雨滴质量

$$m = \frac{4}{3}\pi R^3 \rho$$

由题设条件知 $R=a+\lambda t$，于是有

$$m = \frac{4}{3}\pi (a + \lambda t)^3 \rho$$

下落过程中雨滴受重力 $m\boldsymbol{g}$，由式(3.2.1)，有

$$m\boldsymbol{g} = m\frac{\mathrm{d}\boldsymbol{v}}{\mathrm{d}t} - \boldsymbol{v}_r \frac{\mathrm{d}m}{\mathrm{d}t}$$

此处 $\boldsymbol{v}_r$ 应为吸附前水汽相对于雨滴的速度。设吸附前水汽在空气中静止，则 $\boldsymbol{v}_r = -\boldsymbol{v}$，代入上式，得

$$m\boldsymbol{g} = m\frac{\mathrm{d}\boldsymbol{v}}{\mathrm{d}t} + \boldsymbol{v}\frac{\mathrm{d}m}{\mathrm{d}t} = \frac{\mathrm{d}(m\boldsymbol{v})}{\mathrm{d}t}$$

将上式改写为

$$\mathrm{d}(m\boldsymbol{v}) = m\boldsymbol{g}\,\mathrm{d}t$$

根据图 3.4.5 中坐标的正方向写出投影式，并代入 $m=\frac{4}{3}\pi(a+\lambda t)^3\rho$，得

$$d(mv)=\frac{4}{3}\pi(a+\lambda t)^3\rho g\,dt$$

对上式等号两边积分，令 $t=0$ 时雨滴速度为零，t 时刻雨滴速度为 $\boldsymbol{v}$，则得

$$mv=\frac{4}{3}\pi\rho g\int_0^t(a+\lambda t)^3\,dt=\frac{4}{3}\pi\rho g\ \frac{1}{4\lambda}(a+\lambda t)^4\Big|_0^t$$

$$=\frac{g}{4\lambda}[m(a+\lambda t)-m_0a]$$

其中，$m=\frac{4}{3}\pi(a+\lambda t)^3\rho$，$m_0=\frac{4}{3}\pi a^3\rho$。故任一时刻雨滴速率为

$$v(t)=\frac{g}{4\lambda}\left[(a+\lambda t)-\frac{m_0}{m}a\right]$$

$$=\frac{g}{4\lambda}\left[(a+\lambda t)-\left(\frac{a}{a+\lambda t}\right)^3a\right]$$

例5 如图3.4.6所示为一个锥摆，摆球质量为 m，摆长为 l，摆角为 α，求摆球对图中 O 点和 O' 点的角动量及角动量随时间的变化率。

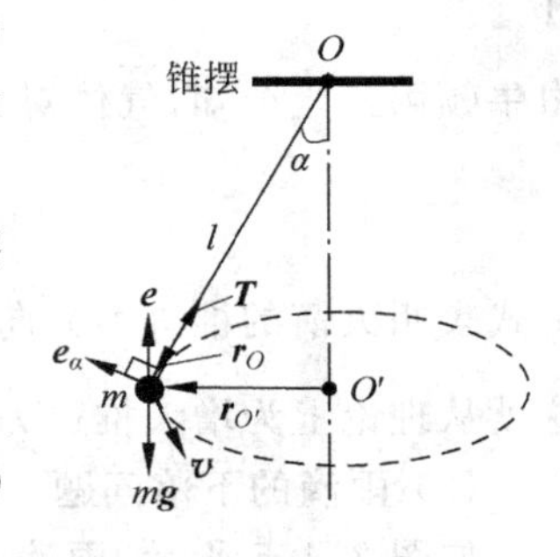

图 3.4.6

解 设摆球 m 对 O 点的矢径为 $\boldsymbol{r}_O$，对 O' 点的矢径为 $\boldsymbol{r}_{O'}$，摆绳对摆球的拉力为 $\boldsymbol{T}$，摆球受到重力为 $m\boldsymbol{g}$。

先求质点的速度 $\boldsymbol{v}$：由于质点在竖直方向受力平衡，所以有

$$T\cos\alpha=mg\rightarrow T=\frac{mg}{\cos\alpha} \tag{①}$$

质点在水平面内作半径为 $r_{O'}=l\sin\alpha$ 的圆周运动，由牛顿第二定律有

$$T\sin\alpha=m\frac{v^2}{l\sin\alpha}\rightarrow v=\sqrt{\frac{Tl\sin^2\alpha}{m}} \tag{②}$$

将式①代入式②，得

$$v=\sqrt{\frac{gl\sin^2\alpha}{\cos\alpha}}$$

$\boldsymbol{v}$ 的方向在水平面内，沿质点轨道圆的切向指向前，令该方向的单位矢量为 $\boldsymbol{e}_v$，则速度可表示为

$$\boldsymbol{v}=\sqrt{\frac{gl\sin^2\alpha}{\cos\alpha}}\boldsymbol{e}_v \tag{③}$$

下面求角动量和角动量的时间变化率。

对 O 点：考虑到式③，摆球的角动量

$$\boldsymbol{L}=\boldsymbol{r}_O\times m\boldsymbol{v}=ml\sqrt{\frac{gl\sin^2\alpha}{\cos\alpha}}\boldsymbol{e}_\alpha=ml\sin\alpha\sqrt{\frac{gl}{\cos\alpha}}\boldsymbol{e}_\alpha$$

式中，$\boldsymbol{e}_\alpha$ 为在摆平面内、垂直 $\boldsymbol{r}_O$ 指向摆角 α 增加方向上的单位矢量，如图3.4.6所示。

在摆球运动中，由于 $\boldsymbol{L}$ 的方向 $\boldsymbol{e}_\alpha$ 随时间在变，求 $\frac{d\boldsymbol{e}_\alpha}{dt}$ 不太方便。不过我们可以通过质点角动量定理式(3.1.14)由摆球受的合力矩来求摆球对 O 点角动量随时间的变化率，即

$$\frac{d\boldsymbol{L}}{dt}=\boldsymbol{r}_O\times(\boldsymbol{T}+m\boldsymbol{g})=\boldsymbol{r}_O\times m\boldsymbol{g}=mgl\sin\alpha\cdot\boldsymbol{e}_v$$

对 O'点：摆球的角动量

$$\boldsymbol{L}' = \boldsymbol{r}_{O'} \times m\boldsymbol{v} = ml\sin\alpha\sqrt{\frac{gl\sin^2\alpha}{\cos\alpha}}\boldsymbol{e} = ml\sin^2\alpha\sqrt{\frac{gl}{\cos\alpha}}\boldsymbol{e}$$

式中，$\boldsymbol{e}$ 为竖直向上方向的单位矢量。由于摆球运动过程中 $\boldsymbol{e}$ 不变，所以 $\boldsymbol{L}'$ 为常矢量，因此有

$$\frac{\mathrm{d}\boldsymbol{L}'}{\mathrm{d}t} = 0$$

利用角动量定理式(3.1.14)也可以得到以上结果，因为摆球所受合力($\boldsymbol{T}+m\boldsymbol{g}$)的方向与矢径 $\boldsymbol{r}_{O'}$ 反向平行，合力矩 $\boldsymbol{r}_{O'}\times(\boldsymbol{T}+m\boldsymbol{g})=0$，所以$\frac{\mathrm{d}\boldsymbol{L}'}{\mathrm{d}t}=\boldsymbol{r}_{O'}\times(\boldsymbol{T}+m\boldsymbol{g})=0$。

例 6 如图 3.4.7 所示，两个人质量分别为 m_1 和 m_2，其中一个人沿着跨过定滑轮的轻绳从静止向上爬，另一个人抓着另一侧的轻绳不爬，忽略滑轮的质量和轴的摩擦，若 $m_1>m_2$，且开始时两人处在同一高度，问哪个人先达到滑轮处？

解 如图 3.4.8 所示，把滑轮、轻绳和两个人一起看作一个系统。设滑轮半径为 R，爬绳的人质量为 m_1，上升速度为 $\boldsymbol{v}_1$，抓住绳不爬的人质量为 m_2，上升速度为 $\boldsymbol{v}_2$。则系统所受外力为滑轮轴处向上的拉力 $\boldsymbol{T}$ 和两个人所受的竖直向下的重力 $m_1\boldsymbol{g}$ 及 $m_2\boldsymbol{g}$。

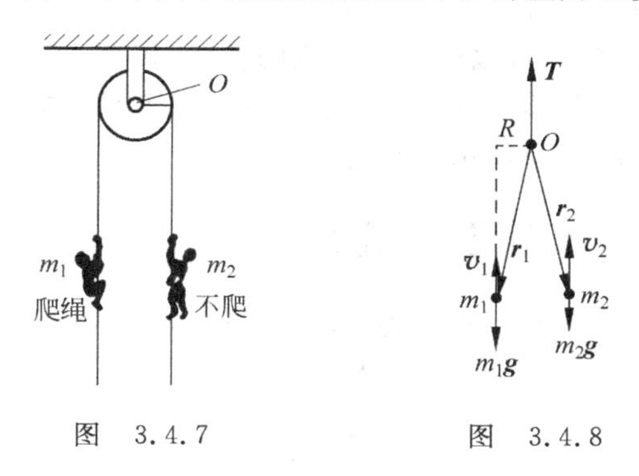

图 3.4.7　　图 3.4.8

我们可把该问题视为平面问题，滑轮轴就相当于一个定点 O。m_1 对 O 的矢径为 $\boldsymbol{r}_1$，m_2 对 O 的矢径为 $\boldsymbol{r}_2$，它们所受重力矩分别为 $\boldsymbol{r}_1\times m_1\boldsymbol{g}$ 和 $\boldsymbol{r}_2\times m_2\boldsymbol{g}$，因为 $\boldsymbol{T}$ 通过 O，所以 $\boldsymbol{T}$ 对于 O 点没有力矩，故系统所受的总外力矩 $\boldsymbol{M}$ 就是两人所受重力对 O 点的力矩之和，即

$$\boldsymbol{M} = \boldsymbol{r}_1 \times m_1\boldsymbol{g} + \boldsymbol{r}_2 \times m_2\boldsymbol{g} = Rm_1g\boldsymbol{e} - Rm_2g\boldsymbol{e} = (m_1 - m_2)Rg\boldsymbol{e}$$

式中，$\boldsymbol{e}$ 为垂直于系统所在平面(纸面)向外方向的单位矢量。

系统对 O 点的总角动量为

$$\boldsymbol{L} = \boldsymbol{r}_1 \times m_1\boldsymbol{v}_1 + \boldsymbol{r}_2 \times m_2\boldsymbol{v}_2 = -Rm_1v_1\boldsymbol{e} + Rm_2v_2\boldsymbol{e}$$

由角动量定理 $\boldsymbol{M}=\frac{\mathrm{d}\boldsymbol{L}}{\mathrm{d}t}$，有

$$(m_1 - m_2)g = -m_1\frac{\mathrm{d}v_1}{\mathrm{d}t} + m_2\frac{\mathrm{d}v_2}{\mathrm{d}t} = m_2a_2 - m_1a_1$$

式中，a_1 和 a_2 分别是两人的加速度，因为 $m_1>m_2$，所以$(m_1-m_2)g>0$，于是有

$$m_2a_2 - m_1a_1 > 0$$

由此可得到

$$a_2 > \frac{m_1}{m_2}a_1 > a_1 \quad \left(因为\frac{m_1}{m_2} > 1\right)$$

已知两人开始都静止，所以上式表明两人向上的速度关系应为

$$v_2 > v_1$$

即质量小的人上升速度大。又因为他们开始所在的高度相同，所以结论应该是质量小的那个人先到达滑轮处（顶端）。这里需要说明的是，在讨论中我们并没有用到爬绳与不爬绳的条件，所以不管是谁在爬绳，结论都是如此。另外，还可以由此推知，如果两个人质量相等，那么他们必然是同时到达滑轮处的。

此题也可直接用牛顿定律求解，读者可自行分析。

3.5 质心参考系

在研究质点系的运动时，常采用一种特殊的参考系——质心参考系。它是一个平动参考系，质心在其中静止，即此参考系与质心具有相同的速度（指相对于惯性系）。为方便起见，通常把质心参考系中坐标系的原点选在质心处（这一点对下述讨论有关质心参考系问题的物理实质没有影响），质心参考系简称质心系。

根据质心及质心系的定义，可以得知质心系的特征，正是由于这些特征才使得质心参考系成为讨论质点系运动的重要参考系。为区别于其他参考系中的物理量，在本节的讨论中，一律以带撇的符号表示质心系中各相应的物理量。

3.5.1 质心参考系是零动量参考系

在质心系中，通常将坐标原点选在质心上，因此质心的位矢为零，由质心定义式（3.1.6）有

$$\boldsymbol{r}'_C = \frac{\sum_i m_i \boldsymbol{r}'_i}{\sum_i m_i} = 0$$

质心速度

$$\boldsymbol{v}'_C = \frac{\sum_i m_i \boldsymbol{v}'_i}{\sum_i m_i} \equiv 0$$

故有

$$\sum_i m_i \boldsymbol{r}'_i = 0 \tag{3.5.1}$$

$$\sum_i m_i \boldsymbol{v}'_i \equiv 0 \tag{3.5.2}$$

式（3.5.1）意味着选质心为原点；式（3.5.2）表明质心系中质点系的总动量恒为零，这与是否选质心为原点无关。因此，质心参考系又称零动量参考系，这个结论是质心定义及质心参考系定义的直接结果，它反映的是质心参考系的基本特征，与质点系的运动形式无关。

3.5.2 质心系不一定是惯性系

从质心运动定理可知，若系统所受合外力为零，则质心 C 作惯性运动。相应地，质心系

本身也就是惯性系；而若合外力不为零，则质心 C 相对于惯性系作加速运动，质心系就不是惯性系。

一般情况下，对于非惯性系，牛顿定律以及以此为基础的动量定理、角动量定理、功能原理的原有形式都不再成立。然而对于质心参考系，由于它是零动量系，无论它是否为惯性系，除了动量定理不再有意义外，可以证明角动量定理、功能原理（第 4 章再进一步讨论）这些基本的力学规律依然能直接应用，所以质心参考系是讨论质点系运动的特殊且应用方便的参考系。

3.5.3　质心系与惯性系中角动量的关系

如图 3.5.1 所示，O 为惯性系中的定点，同时设为原点；C 为质心，同时设为质心系的原点。在惯性系中质心的位矢为 $\boldsymbol{r}_C$、速度为 $\boldsymbol{v}_C$，质点 m_i 相对于 O 和 C 的位矢分别为 $\boldsymbol{r}_i$ 和 $\boldsymbol{r}'_i$，质点 m_i 相对于惯性系和质心系的速度分别为 $\boldsymbol{v}_i$ 和 $\boldsymbol{v}'_i$。则质点系对 O 点的角动量为 $\boldsymbol{L}=\sum\limits_i \boldsymbol{r}_i\times(m_i\boldsymbol{v}_i)$，质点系对质心的角动量为 $\boldsymbol{L}'=\sum\limits_i \boldsymbol{r}'_i\times(m_i\boldsymbol{v}'_i)$。由伽利略速度变换 $\boldsymbol{v}_i=\boldsymbol{v}'_i+\boldsymbol{v}_C$ 和位矢关系 $\boldsymbol{r}_i=\boldsymbol{r}'_i+\boldsymbol{r}_C$，再考虑到式(3.5.1)及式(3.5.2)，可以得到关系式

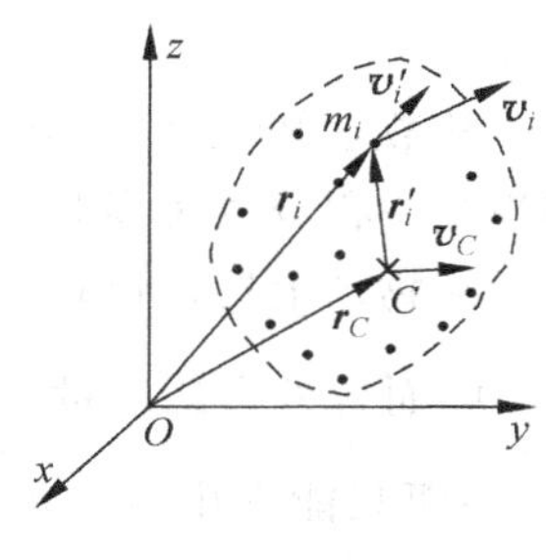

图　3.5.1

$$\boldsymbol{L}=\boldsymbol{L}'+\boldsymbol{r}_C\times\Big(\sum_i m_i\Big)\boldsymbol{v}_C \tag{3.5.3}$$

式(3.5.3)表明，质点系对惯性系中某定点 O 的角动量等于质点系对质心 C 的角动量与质心对惯性系中同一定点 O 的角动量之和。这就是质心系与惯性系中角动量的关系。

3.5.4　质心系中角动量定理的形式

将式(3.5.3)等号双方对 t 求导

$$\frac{\mathrm{d}\boldsymbol{L}}{\mathrm{d}t}=\frac{\mathrm{d}\boldsymbol{L}'}{\mathrm{d}t}+\frac{\mathrm{d}\boldsymbol{r}_C}{\mathrm{d}t}\times\Big(\sum_i m_i\Big)\boldsymbol{v}_C+\boldsymbol{r}_C\times\Big(\sum_i m_i\Big)\frac{\mathrm{d}\boldsymbol{v}_C}{\mathrm{d}t}$$

再考虑到惯性系的角动量定理 $\sum\limits_i(\boldsymbol{r}_i\times\boldsymbol{F}_{i外})=\dfrac{\mathrm{d}\boldsymbol{L}}{\mathrm{d}t}$、质心运动定理 $\sum\limits_i \boldsymbol{F}_{i外}=\Big(\sum\limits_i m_i\Big)\dfrac{\mathrm{d}\boldsymbol{v}_C}{\mathrm{d}t}$ 以及位矢关系 $\boldsymbol{r}_i=\boldsymbol{r}'_i+\boldsymbol{r}_C$，可得到质心系中的角动量定理

$$\sum_i \boldsymbol{r}'_i\times\boldsymbol{F}_{i外}=\frac{\mathrm{d}\boldsymbol{L}'}{\mathrm{d}t} \tag{3.5.4}$$

式中，$\boldsymbol{F}_{i外}$ 是第 i 个质点受到的合外力，$\boldsymbol{r}'_i$ 是第 i 个质点对质心 C 的位矢，$\boldsymbol{L}'$ 是质点系对质心的角动量。式(3.5.4)表明，质点系对质心的角动量的时间变化率等于外力对质心的力矩之和。这就是质心系中的角动量定理。

我们看到在得到质心系中的角动量定理的条件中并没有要求质心作惯性运动，也就是说，无论质心系是否为惯性系，质点系对质心 C 的角动量定理的形式与惯性系中的角动量定理的形式都相同。

特别要提醒注意，上述质心系中的角动量定理只能是对质心而言，即定点必须选在质心处，不像惯性系中的角动量定理那样，定点可以任意选择。

3.6 对某些问题的进一步说明与讨论

3.6.1 对动量守恒条件的再讨论

由动量定理的微分形式 $\boldsymbol{F}\mathrm{d}t=\mathrm{d}\boldsymbol{p}$ 可知，当系统所受合外力为零时，系统动量为恒量，即在 $\boldsymbol{F}=0$ 的条件下，系统总动量守恒。

由动量定理的积分形式 $\int_{t_1}^{t_2}\boldsymbol{F}\mathrm{d}t=\boldsymbol{p}_2-\boldsymbol{p}_1$ 可以看出：当力的冲量 $\int_{t_1}^{t_2}\boldsymbol{F}\mathrm{d}t=0$ 时，有 $\boldsymbol{p}_2=\boldsymbol{p}_1$，即过程始末两状态系统总动量相同。能否由此得出过程中系统总动量守恒的结论呢？

从数学知识可知，某一被积函数为零，它的积分值一定为零，而反过来就不一定正确。即当某一积分值为零时，其被积函数不一定为零。

从物理上看，所谓动量守恒是指过程进行中各个瞬时系统总动量都相等。当合外力 $\boldsymbol{F}\neq 0$、而合外力的冲量 $\int_{t_1}^{t_2}\boldsymbol{F}\mathrm{d}t=0$ 时，只是意味着在 t_1 到 t_2 期间，力 $\boldsymbol{F}$ 的时间积累总效果为零，因而只能得出该过程的始末两状态系统总动量相等的结论。而对于其中任一无限小过程，由于可能 $\boldsymbol{F}\neq 0$，所以可能 $\mathrm{d}\boldsymbol{p}\neq 0$，因此不能得出系统总动量守恒的结论。

例如，一质量为 m 的小球，t_1 时刻在距地面高为 h 处以速度 $\boldsymbol{v}_1$ 平抛，然后与地面发生完全弹性碰撞，并于 t_2 时刻到达与被抛出点相同高度处，此时速度 $\boldsymbol{v}_2=\boldsymbol{v}_1$。由此我们可以得出结论，此式只表示小球在 t_1 和 t_2 两时刻的动量相等，而小球从 t_1 到 t_2 的全过程中动量是在变化的。设过程中在某一时刻 t，小球运动到图 3.6.1 中的 A 点，此时小球速度如图所示。图中鲜明地显示出小球的动量由于重力作用而时刻都在变化。

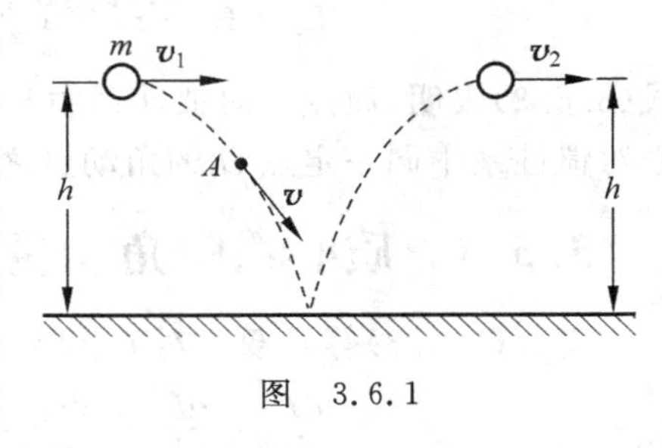

图 3.6.1

由以上讨论可知，系统在任一时刻的动量恒等于一个常矢量（$\boldsymbol{p}=$常矢量）时，才能说系统动量守恒。因此，系统动量守恒的条件应该是系统所受合外力为零，而不是合外力的冲量为零。

3.6.2 动量守恒定律和牛顿第三定律实质上是彼此等价的

我们如果把牛顿第三定律作为基本的实验定律，那么以此为条件，利用牛顿第二定律 $\left(\boldsymbol{F}=\frac{\mathrm{d}\boldsymbol{p}}{\mathrm{d}t}\right)$，就可以导出动量守恒定律，一般的大学物理教材都是这样处理的。

其实，反过来我们若把动量守恒定律作为基本的实验定律，那么以此为条件，利用牛顿第二定律 $\left(\boldsymbol{F}=\frac{\mathrm{d}\boldsymbol{p}}{\mathrm{d}t}\right)$，同样可以导出牛顿第三定律。要论证这个问题，我们可以简单地以两个质点组成的孤立系统为例。设 $\boldsymbol{p}_1$ 和 $\boldsymbol{p}_2$ 分别为两个质点的动量。由于是孤立系统，两个质点不受外力，而彼此受的内力就互为作用力和反作用力。设质点 1 受力为 $\boldsymbol{F}_1$，质点 2 受力为 $\boldsymbol{F}_2$，根据动量守恒定律，该系统因不受外力作用而动量守恒，即

$$\boldsymbol{p}_1+\boldsymbol{p}_2=\text{常量}$$

于是有

$$\frac{\mathrm{d}\boldsymbol{p}_1}{\mathrm{d}t}=-\frac{\mathrm{d}\boldsymbol{p}_2}{\mathrm{d}t}$$

因为

$$\boldsymbol{F}_1=\frac{\mathrm{d}\boldsymbol{p}_1}{\mathrm{d}t},\quad \boldsymbol{F}_2=\frac{\mathrm{d}\boldsymbol{p}_2}{\mathrm{d}t}$$

所以

$$\boldsymbol{F}_1=-\boldsymbol{F}_2$$

此即牛顿第三定律。

以上论证说明，动量守恒定律成立实质上就意味着牛顿第三定律的成立，即动量守恒定律和牛顿第三定律实质上是彼此等价的。

需要指出的是，上面讨论的动量守恒定律和牛顿第三定律的等价性，是在经典物理的范围内而言的。实际上，动量守恒定律是比牛顿运动定律更为普遍、更为基本的定律，它在宏观领域和微观领域均是适用的。

3.6.3 为何在地球—卫星系统中研究动量关系不能选地球为参考系

要回答这个问题，我们需要对地球—卫星系统的动量关系做些具体的分析计算。

对于地球—卫星系统，在不考虑太阳、月亮和其他行星对其作用的前提下，系统不受外力。因此，地球—卫星系统的质心作惯性运动，该系统的质心参考系是个惯性参考系。在这个参照系中，卫星受到地球的作用力而时刻改变运动状态，同时地球也受到卫星的作用力而时刻改变运动状态(尽管这个改变极其微小也不可忽略)。若把地球和卫星作为一个系统来考虑，则由于质心系是零动量参考系，在地球和卫星运动的过程中，该系统的总动量应为零，即

$$\boldsymbol{p}'=m\boldsymbol{v}'+M\boldsymbol{V}'=0 \qquad ①$$

式中，m 和 M 分别为卫星和地球的质量，$\boldsymbol{v}'$ 和 $\boldsymbol{V}'$ 分别为卫星和地球在该质心参考系中的速度。

由式①可以得到

$$\boldsymbol{V}'=-\frac{m}{M}\boldsymbol{v}' \qquad ②$$

或 $\boldsymbol{V}'$ 和 $\boldsymbol{v}'$ 的大小关系

$$V'=\frac{m}{M}v' \qquad ③$$

由式③可知，因为 $M\gg m$，所以 $V'\ll v'$，即地球的速率与卫星的速率相比是可以忽略的。但是，式①告诉我们，地球动量的大小与卫星动量的大小是相等的，因此，在地球与卫星相互作用的过程中，地球的动量及其变化始终是不能忽略的。

若以地球为参考系，地球的动量恒为零，于是地球—卫星系统的总动量 $\boldsymbol{p}$ 就只是卫星的动量 $m\boldsymbol{v}$ 了，即

$$\boldsymbol{p}=m\boldsymbol{v} \qquad ④$$

式中，$\boldsymbol{v}$ 是卫星相对于地球的运动速度。显然，它是在不断变化的，因此 $\boldsymbol{p}$ 也是在不断变化的。这个结果说明，对于地球—卫星系统，若选择地球为参考系，虽然系统并没有受外力作用，但是它的总动量却不守恒了，这是违背动量守恒定律的。因而，在讨论地球—卫星系统的动量时不能选地球为参考系。

当然，如果我们的系统仅仅是卫星，那么地球就成了外界，地球对卫星的引力 $\boldsymbol{F}$ 就是外力。这样，我们在讨论卫星动量 $\boldsymbol{p}$ 的变化时，以地球为参考系（作为惯性系）对卫星使用动量定理 $\boldsymbol{F}=\frac{\mathrm{d}\boldsymbol{p}}{\mathrm{d}t}$ 还是可以的。

3.6.4 一种处理变质量问题的错误做法

有一种通常容易出现的而又颇能使人迷惑的处理变质量问题的错误做法，现说明如下：

设运动主体质量 $m=m(t)$ 是时间的函数，由牛顿第二定律的动量表达式 $\boldsymbol{F}=\frac{\mathrm{d}(m\boldsymbol{v})}{\mathrm{d}t}$，可得

$$\boldsymbol{F}=m\frac{\mathrm{d}\boldsymbol{v}}{\mathrm{d}t}+\boldsymbol{v}\frac{\mathrm{d}m}{\mathrm{d}t}$$

如果已知外力 $\boldsymbol{F}$（例如在自由空间内 $\boldsymbol{F}=0$）和质量随时间的变化规律 $\frac{\mathrm{d}m}{\mathrm{d}t}$，似乎就可以由上述方程求出运动主体的运动规律，但是这种做法是错误的。

这种做法错在何处呢？我们知道，经典力学中运动物体质量的变化是靠吸附或排出质量来实现的，运动的过程涉及运动的主体和所吸附或所排出的那一部分质量，而问题的关键就在于所吸附或排出的那一部分质量，在吸附前或排出后与运动主体有不同的运动速度。这样，运动主体和被吸附或被排出的部分合在一起就不能看成单个质点，而应看成是相互作用的质点系。因此，处理这类变质量问题的基本方向应当从质点系的动量定理入手，最后给出关于运动主体的运动方程的一般公式(3.2.1)。

若将变质量问题的一般公式(3.2.1)中 $\boldsymbol{v}_r$ 写成 $\boldsymbol{v}^*-\boldsymbol{v}$（$\boldsymbol{v}^*$ 是 $\mathrm{d}m$ 在被吸附前或被喷射后的速度），则公式变为

$$\boldsymbol{F}=m\frac{\mathrm{d}\boldsymbol{v}}{\mathrm{d}t}+\boldsymbol{v}\frac{\mathrm{d}m}{\mathrm{d}t}-\boldsymbol{v}^*\frac{\mathrm{d}m}{\mathrm{d}t}$$

可以看出，只有当 $\boldsymbol{v}^*=0$，即被吸附物或被排出物在吸附前或排出后的速度为零时，这个式子才变成为 $\boldsymbol{F}=m\frac{\mathrm{d}\boldsymbol{v}}{\mathrm{d}t}+\boldsymbol{v}\frac{\mathrm{d}m}{\mathrm{d}t}$ 的形式。所以我们上面提到的那种做法在一般的情形（$\boldsymbol{v}^*\neq0$）下是不适用的，因而也是错误的。

3.6.5 角动量概念和规律适用于作直线运动的物体吗

角动量及相关规律是物理学中重要的概念和规律，在描述和分析质点的曲线运动和刚体的转动时，经常要用到它们。有人问道，对作直线运动的物体，角动量概念和规律还适用吗？这里我们以质点对定点（参考点）的角动量为例来讨论这一问题。

如图 3.6.2 所示，设质点 m 沿 x 轴作直线运动，当运动到某点 P 处时速度为 $\boldsymbol{v}$。参考点选直线外某点 A，质点在 P 处对 A 的矢径为 $\boldsymbol{r}$。

按照角动量的定义，此情况下，质点 m 对点 A 的角动量为

$$\boldsymbol{L}=\boldsymbol{r}\times m\boldsymbol{v}$$

角动量的大小为

$$L=r_{\perp}mv$$

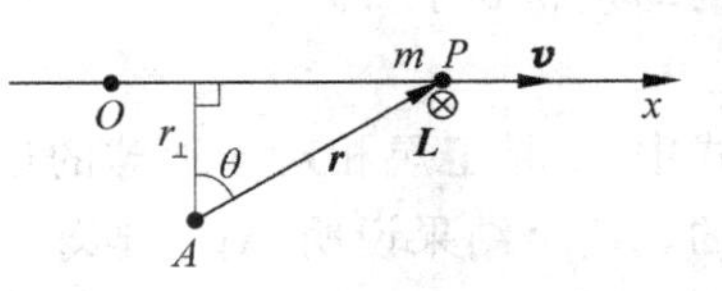

图 3.6.2

如图 3.6.2 所示，上式中 $r_{\perp}=r\cos\theta$，在 A 点和直线的相对位置确定之后，不管 m 在直线上运动到哪里，$r_{\perp}$ 的大小都一样，此时角动量的大小 L 仅决定于速度的大小 v。$\boldsymbol{L}$ 的方向按照矢积确定，在 P 处，$\boldsymbol{L}$ 的方向垂直于纸面向里，如图 3.6.2 中符号⊗所示。

由上看出，在直线运动的情况下，质点对定点（此点在直线外）的角动量确实是存在的。如果一个概念适用，那么和它相关的定理和规律也应该成立。我们再看看在直线运动的情况下，与角动量相关的定理——角动量定理是否成立？

设质点在 P 点处受力为 F（沿直线并指向 x 的正向，图 3.6.2 中未画），则力对 A 点的力矩为 $M=r_{\perp}F$，方向亦为图 3.6.2 中⊗的方向（图中未另画）。

由牛顿第二定律（沿直线 x 正方向）

$$F = m\frac{\mathrm{d}v}{\mathrm{d}t}$$

则力矩为

$$M = r_{\perp} F = r_{\perp} m\frac{\mathrm{d}v}{\mathrm{d}t} = \frac{\mathrm{d}(r_{\perp} mv)}{\mathrm{d}t} = \frac{\mathrm{d}L}{\mathrm{d}t}$$

这就是在直线运动情况下的角动量定理，它是普遍情况下的角动量定理在直线运动中的表示。我们是从熟知的牛顿第二定律出发得到角动量定理的（直线情况和普遍情况其实都是如此），这说明角动量的概念和规律与牛顿运动定律完全是自洽的。

以上讨论足以说明角动量及有关规律在直线运动的情况下依然成立和适用。只是在分析直线运动时，我们通常都是直接用直线运动的规律和牛顿运动定律等来求解问题，而不太用相对“较难”的角动量概念及规律。但这绝不是说明后者在直线运动中不能用、不成立。事实上，直线运动问题同样可用角动量及其规律来分析，例如我们对 3.4 节例 6（属直线运动问题）的分析就是如此。

功与能

4.1 功与能的基本概念

4.1.1 功

功的概念是在研究力的空间积累作用时引入的。

设作用于质点上的某个力为 $\boldsymbol{f}$,质点的元位移为 $\mathrm{d}\boldsymbol{r}$,则力 $\boldsymbol{f}$ 在这段元位移上对质点做的元功 $\mathrm{d}A$ 定义为力与受力质点的元位移的标量积,即

$$\mathrm{d}A = \boldsymbol{f}\cdot\mathrm{d}\boldsymbol{r} = f\cos\theta\,|\,\mathrm{d}\boldsymbol{r}\,| \tag{4.1.1}$$

其中,θ 是 $\boldsymbol{f}$ 和 $\mathrm{d}\boldsymbol{r}$ 之间的夹角。

质点由位置 a 运动到位置 b 的整个过程,力 $\boldsymbol{f}$ 对质点做的功 A 定义为

$$A_{a\to b} = \int_{(a)}^{(b)}\mathrm{d}A = \int_{(a)}^{(b)}\boldsymbol{f}\cdot\mathrm{d}\boldsymbol{r} \tag{4.1.2}$$

式中,积分符号的上下限(a)、(b)表示应代入与质点始位置 a、末位置 b 对应的坐标。

若力 $\boldsymbol{f}$ 为恒力,质点沿直线运动,由 a 到 b 的位移为 $\boldsymbol{s}$,则由式(4.1.2)有

$$A_{a\to b} = \boldsymbol{f}\cdot\boldsymbol{s} = f\cos\theta\cdot s$$

从功的定义可以得到对功的下述认识:

(1) 功是标量,有正负。其正负符号由力和位移间夹角 θ 决定。功的正负的物理意义将在动能定理中说明。

(2) 功与运动过程相联系。这句话有两层意思:一是指只有在质点的位置发生变动的过程中才存在功;二是一般地说,功的值还和受力质点由初位置到末位置所经历的运动途径有关。因此,功是一种“过程量”。

(3) 功的计算和参考系的选择有关。由于位移具有相对性,根据功的定义可知,选择不同的参考系,同一力对同一质点、在同一过程中的功可以不同。如图 4.1.1 所示,一辆匀速前进的车中,物体在恒力 $\boldsymbol{f}$ 作用下,沿直线由 a 运动到 b。在车厢参考系中,物体的位移为

$\boldsymbol{s}_1$，$\boldsymbol{f}$ 做功 $A=fs_1$。在地面参考系中，物体由 a 到达 b'，位移是 $\boldsymbol{s}_1+\boldsymbol{s}_2$（其中 $\boldsymbol{s}_2$ 是车厢的位移），则 $\boldsymbol{f}$ 做功

$$A'=f(s_1+s_2)$$

由此可见，同一个力对同一个质点、在同一过程中做的功可以因参考系的不同而异。

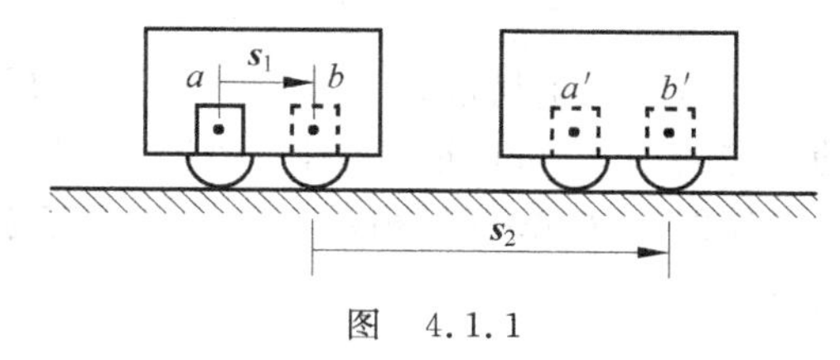

图　4.1.1

4.1.2　保守力

从做功的性质看，有一类力，它的功只由受力质点的始末位置确定，而与途中经过的路径无关，这类力叫保守力，以 $\boldsymbol{f}_c$ 表示。

保守力做功与路径无关的特性，又可叙述为：质点沿任一闭合路径回到原出发点（即始、末位置不变），保守力的功为零。这一特点的数学表达如下：

$$\oint \boldsymbol{f}_c \cdot \mathrm{d}\boldsymbol{r}=0 \tag{4.1.3}$$

符号 $\oint$ 表示沿闭合路径积分。

凡做功与路径有关的力（如摩擦力），都称作非保守力。常见的保守力有以下几种：

重力　质量为 m 的质点由距地面高度为 h_a 的 a 点运动到距地面高度为 h_b 的 b 点时，重力的功

$$A_{重}=mg(h_a-h_b)$$

其值大小取决于这两点的高度差，与路径无关。

万有引力　质量分别为 M 和 m 的两个质点，设 M 不动，在 m 由与 M 相距为 r_a 的 a 点运动到与 M 相距为 r_b 的 b 点的过程中，万有引力对 m 做功

$$A_{引}=\frac{GMm}{r_b}-\frac{GMm}{r_a}$$

其值大小仅由 m 相对于 M 的始末位置决定，与路径无关。

弹性力　水平放置的轻弹簧一端固定，另一端系着质量为 m 的质点，取 x 轴沿弹簧轴线，原点在 m 的平衡位置（使弹簧具有自然长度时的位置），则弹簧的形变可用质点 m 的位置坐标 x 表示，如图 4.1.2 所示。当 m 由 x_a 运动到 x_b 的位置，弹性力做的功为

$$A_{弹}=\frac{1}{2}kx_a^2-\frac{1}{2}kx_b^2$$

式中，k 为弹簧的劲度系数。弹性力的功仅仅由弹簧的始末形变决定，与路径无关。

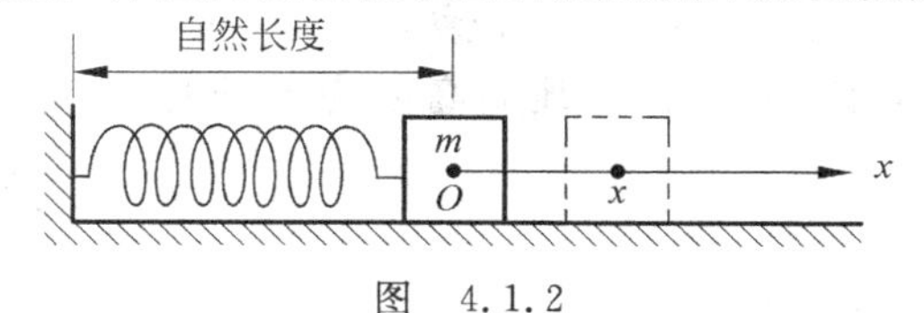

图　4.1.2

4.1.3 动能

设质点质量为 m，速率为 v，则质点的动能 E_k 定义为

$$E_k = \frac{1}{2}mv^2 \tag{4.1.4}$$

即质点动能与其速率有关。由于速率（确切说是速度）是表征一个质点的机械运动状态的物理量，因此动能是机械运动状态的函数，可以说动能是个“状态量”。

由于速率具有相对性，动能的定义式表明，相对于不同的参考系，同一质点具有不同的动能值。也就是说，动能具有相对性。

4.1.4 势能

势能的概念 势能概念的引入与保守力做功的特点密切相关。由于保守力做的功与路径无关，取决于受力质点的始末位置，故可以引入一种由质点位置决定的能量，由它的改变来度量保守力的功，这种能量就叫作势能。

设受到保守力 $\boldsymbol{f}_c$ 作用的质点在位置 a、b 的势能分别为 E_{pa}、E_{pb}，定义

$$E_{pa} - E_{pb} = A_{保 a\to b} = \int_{(a)}^{(b)} \boldsymbol{f}_c \cdot d\boldsymbol{r} \tag{4.1.5}$$

即，定义质点由位置 a 到位置 b 的势能的减量（亦即增量的负值），等于过程中相应保守力做的功。

由上述定义，关于势能的概念应注意以下几点：

(1) 只有对于保守力才能引入相应势能的概念，而对于非保守力，谈论势能则没有任何意义。例如摩擦力是非保守力，不存在什么摩擦势能。

(2) 与动能属于运动的物体相对应，势能属于相互有保守力作用的系统（关于这个问题的深入讨论请见 4.6.4 小节）。例如，重力势能属于地球—物体系统，弹性势能属于弹簧系统。

(3) 势能决定于物体的位置或形状。位置和形状也是表征物体状态的物理量，因此可以说势能是物体系的状态的函数，即势能是个“状态量”。

由势能定义只能确定物体系在两个状态的势能差。为了讨论方便，常常讲系统在某一状态的势能值。为此，常选定一个状态为参考状态，定义任一状态(a)的势能为系统由这个状态变到参考状态(0)时保守力做的功，即

$$E_{pa} = \int_{(a)}^{(0)} \boldsymbol{f}_c \cdot d\boldsymbol{r} \tag{4.1.6}$$

参考状态的势能为零，故又称参考状态为势能零点。

常见的势能有以下三种：

重力势能 质量为 m 的质点在地面附近 a、b 两点的重力势能差为

$$E_{pa} - E_{pb} = A_{重 a\to b} = mgh_a - mgh_b$$

若选择 m 在地面时势能为零，则 m 在离地面高度为 h 处时重力势能为

$$E_{p重} = mgh$$

重力势能与高度的关系曲线如图 4.1.3 所示。

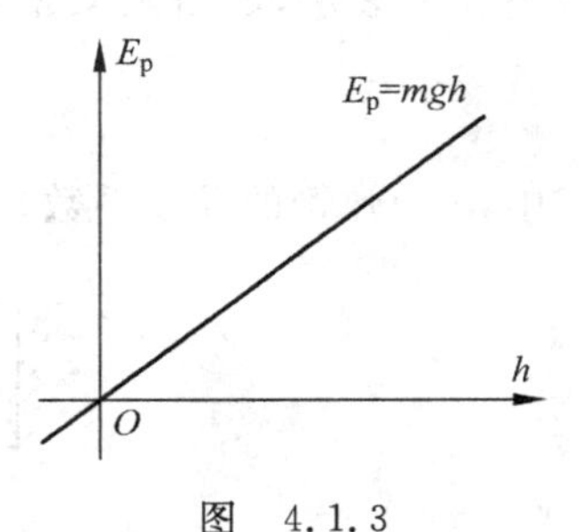

图 4.1.3

万有引力势能 质量分别为 m、M 的两个质点,在它们相距分别为 r_a、r_b 的两位置时,其万有引力势能之差为

$$E_{pa}-E_{pb}=A_{引a\to b}=\left(-\frac{GMm}{r_a}\right)-\left(-\frac{GMm}{r_b}\right)$$

选择二者相距无限远时的势能为零,则 m 与 M 相距为 r 时的万有引力势能为

$$E_{p引}=-\frac{GMm}{r}$$

$E_{p引}\sim r$ 曲线如图 4.1.4 所示。

可以证明,重力势能是万有引力势能的一种特殊情况。若物体在地球表面附近,且选择地面为势能零点,则物体—地球系统的万有引力势能就是这个系统的重力势能(参看 4.6.5 小节)。

弹性势能 设弹簧的劲度系数为 k,则它在形变为 x_a、x_b 两状态的弹性势能差为

$$E_{pa}-E_{pb}=A_{弹a\to b}=\frac{1}{2}kx_a^2-\frac{1}{2}kx_b^2$$

选择弹簧具有自然长度时的状态(即形变 $x=0$ 的状态)为势能零点,则形变为 x 时的弹性势能

$$E_{p弹}=\frac{1}{2}kx^2$$

$E_{p弹}$-r 曲线如图 4.1.5 所示,其中 $x>0$ 表示弹簧伸长,$x<0$ 表示弹簧压缩。

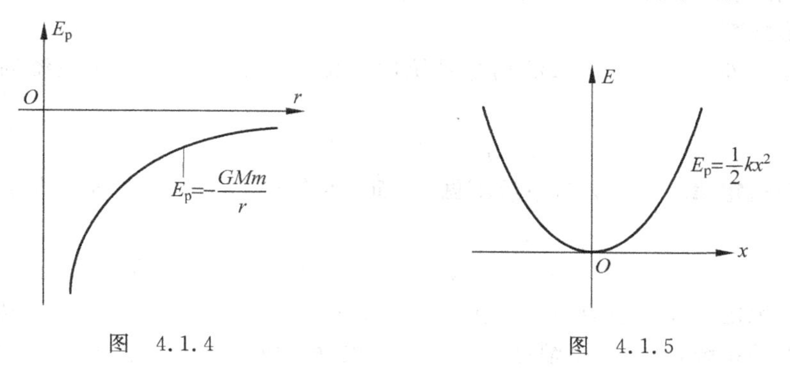

图 4.1.4　　　　图 4.1.5

4.1.5 机械能

对任一系统,其内所有质点(物体)的动能与引力势能或重力势能以及弹性势能的总和,叫作这个系统的机械能,以 E 表示。

$$E=E_k+E_p=\sum_i E_{ki}+\sum_j E_{pj} \tag{4.1.7}$$

式中,E_{ki}为第 i 个质点的动能,E_{pj}是第 j 对质点之间的势能。

4.2 功与能的主要规律及基本联系

4.2.1 功与能的主要规律

质点的动能定理 外力对质点所做的功的代数和等于质点动能的增量,即

$$A_{a\to b}^{外}=\frac{1}{2}mv_b^2-\frac{1}{2}mv_a^2 \tag{4.2.1}$$

质点系的动能定理 外力对质点系统所做的功及系统内各质点相互作用力(内力)的功的代数和等于质点系的总动能的增量，即

$$\sum_i A^{外}_{ia\to b} + \sum_i A^{内}_{ia\to b} = \sum_i \frac{1}{2} m_i v_{ib}^2 - \sum_i \frac{1}{2} m_i v_{ia}^2$$

或写成为

$$A^{外}_{a\to b} + A^{内}_{a\to b} = E_{kb} - E_{ka} \tag{4.2.2}$$

其中，$A^{外}_{a\to b} = \sum_i A^{外}_{ia\to b}$ 为外力对系统内各质点做功的代数和；$A^{内}_{a\to b} = \sum_i \sum_{j>i} A^{内}_{ij\,a\to b}$ 为系统各对质点间内力做功的代数和；$E_{ka} = \sum_i \frac{1}{2} m_i v_{ia}^2$ 为系统在始状态(a)的总动能；$E_{kb} = \sum_i \frac{1}{2} m_i v_{ib}^2$ 为系统在末状态(b)的总动能。

在质点系的情况下应注意，尽管由牛顿第三定律，内力总是成对出现，每对内力大小相等、方向相反，但一般地说，内力的功之和并不为零！即内力的功也如同外力的功那样将会改变系统的总动能。

动能定理由牛顿第二定律导出，因而它也只在惯性参考系中成立。在不同的惯性参考系中，功的计算及动能的值都可以不相同，但在每一个惯性系中，功与动能变化的关系亦即动能定理其形式都是相同的。

功能原理 外力对系统所做的功与系统内非保守力的功之和等于系统的机械能的增量，即

$$A^{外}_{a\to b} + A^{内}_{非保} = E_b - E_a \tag{4.2.3}$$

机械能守恒定律 当外力对系统不做功，而且系统内非保守力也不做功时，系统的机械能不变，即

$$当\ A^{外} = 0,\quad A^{内}_{非保} = 0\ 时，\quad E = E_0 = 常量 \tag{4.2.4}$$

机械能守恒定律及功能原理也均在惯性系中成立。特别要注意的是，在某一个惯性系中机械能守恒的系统，在另一个惯性系中不一定也满足机械能守恒条件，即机械能不一定再守恒(参看 4.6.7 小节)。

4.2.2 功与能的基本联系

在牛顿运动定律的基础上，进一步研究力的空间积累作用与受力质点运动状态变化之间的关系后，各概念、定理之间的联系可用图 4.2.1 表示出来。

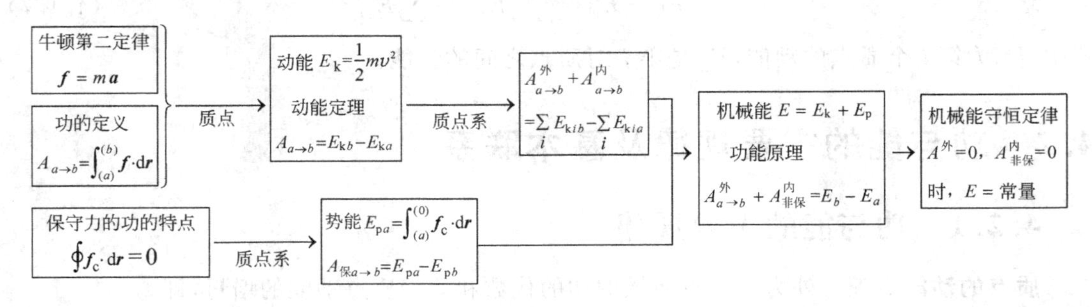

图 4.2.1

4.3　利用功能关系解题的基本步骤

功能关系的各个定理给出了功这一过程量与和此过程始末状态对应的能量这一状态量的变化之间的关系。用功能关系解题的基本步骤如下：

(1) **选系统，看运动**

根据题意选择合适的系统，是解题的关键性的第一步。所选系统应能通过所用原理把题目的已知条件与所求量联系起来。有些较为复杂的问题，这一步骤常常需要和下一步骤结合起来考虑，才能最终确定系统。

如果问题涉及势能，所选系统应包括有保守力作用的物体系。

确定系统后，紧接着应当定性分析系统内各物体的运动状态。

(2) **查受力，分析功**

分析系统内各物体受力情况，要分清内力、外力、保守力与非保守力；由功的定义，定性判断各力是否做功及做功的正负等。

例如，已知四分之一圆弧槽 M 和小球 m，槽 M 半径为 R，各处光滑，又知开始时 M 及 m 均静止，如图 4.3.1 所示。求 m 自顶端滑到圆弧槽底的速度(对地)。

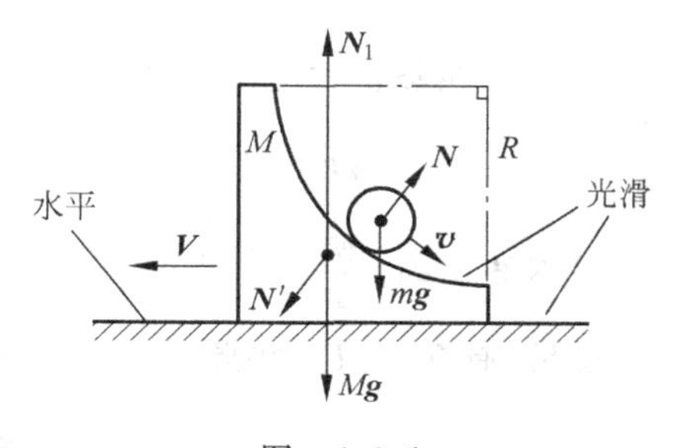

图　4.3.1

在这个问题中，首先可确定当 m 沿槽下滑时，M 必向后退，分析 m、M 受力如图示。因为涉及重力势能，系统应包括地球。若单考虑 m-地系统，由分析功可知，$A_{外}=A_N\neq 0$，而 m 的位移和 N 都未知，用功能原理列式求解有困难。

但若选 m 和 M 及地球为系统，由分析功可知，$A_{外}=A_{N_1}=0$，$A^{内}_{非保}=A_N+A_{N'}=0$(见 4.6.3 小节，一对正压力的功恒为零)，则可用机械能守恒列式。

比较以上两种情况可知，对于此例，在应用功能关系求解时，选 m、M、地球三者作为系统要简便得多。这正说明在复杂一些的问题中，常常要把选系统和查受力、分析功结合起来。

(3) **审条件，用定理**

在前面两步的基础上，审查在题目给定的条件下，所选的系统满足什么条件，可以应用什么定理。

(4) **明状态，列方程**

功能关系中的动能、势能、机械能都是状态量，在通过原理具体列方程时，应先明确所选系统的始、末状态(位置、速度)，由此写出相应状态的能量。涉及势能时，往往还要先确定参考状态，即势能零点，然后应用原理列式。

有些复杂的问题，不能单由一个原理求解，这就要综合运动学、动力学等诸方面的力学知识。例如步骤(2)中所举的图 4.3.1 的例子，就不能单由机械能守恒列式求解，还必须同时对 m、M 系统运用水平分动量守恒才能得出解答。

4.4 典型例题(共5例)

例1 一粗细均匀的柔软细绳子,一部分置于光滑水平桌面上,另一部分自桌边下垂,桌角的互相垂直的两面间有个半径极小的小圆角,使绳子跨越小圆角时速度方向可以连续变化。绳全长为 L,开始时下垂部分长为 b,绳初速为零。求整个绳全部离开桌面瞬间的速度(设绳不伸长)。

解 本题将分别由牛顿第二定律、动能定理、功能原理求解,通过对比,了解功能原理解题的优点。

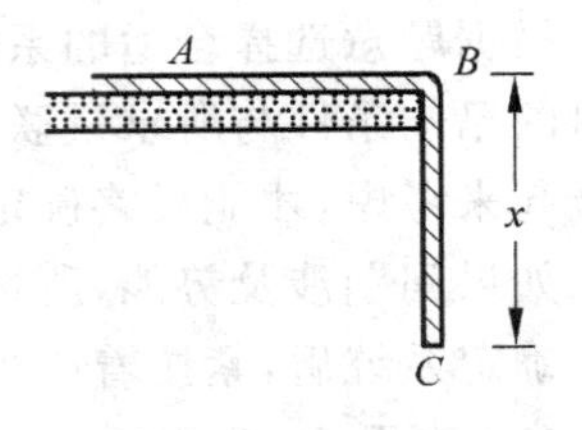

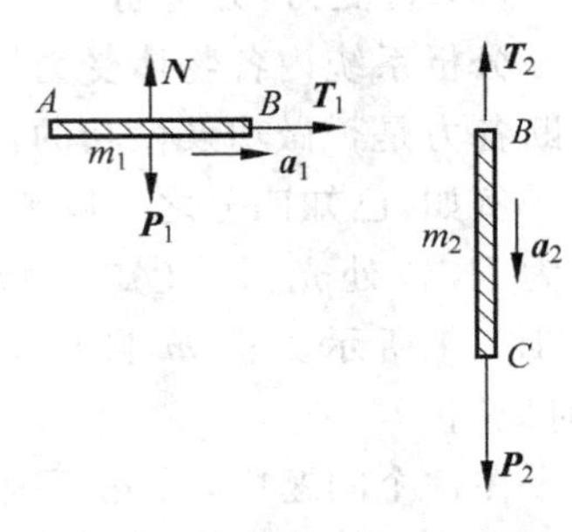

图 4.4.1

解法一 用牛顿第二定律求解

把绳分成两部分:桌上部分 AB 及下垂部分 BC(小圆角过渡部分可忽略),设 t 时刻 BC 长为 x,此两部分的质量分别为 m_1、m_2,加速度分别为 a_1、a_2,如图 4.4.1 所示。

对 AB,在水平方向由牛顿第二定律有

$$T_1 = m_1 a_1 = m_1 \frac{\mathrm{d}v_1}{\mathrm{d}t}$$

对 BC,在竖直方向由牛顿第二定律有

$$m_2 g - T_2 = m_2 a_2 = m_2 \frac{\mathrm{d}v_2}{\mathrm{d}t}$$

绳不伸长,有 $\frac{\mathrm{d}v_1}{\mathrm{d}t}=\frac{\mathrm{d}v_2}{\mathrm{d}t}=\frac{\mathrm{d}v}{\mathrm{d}t}$;又由于忽略小圆角过渡部分的质量,有 $T_1=T_2$,将此代入上两式后再将两式相加,可得

$$m_2 g = (m_1 + m_2)\frac{\mathrm{d}v}{\mathrm{d}t}$$

$$\frac{\mathrm{d}v}{\mathrm{d}t} = \frac{m_2}{m_1+m_2}g = \frac{x}{L}g$$

上方程两端同乘 $\mathrm{d}x$,有

$$\frac{\mathrm{d}v}{\mathrm{d}t}\mathrm{d}x = \frac{x}{L}g\,\mathrm{d}x$$

而 $\frac{\mathrm{d}x}{\mathrm{d}t}=v$,故有

$$v\mathrm{d}v = \frac{g}{L}x\,\mathrm{d}x$$

两端积分

$$\int_0^v v\mathrm{d}v = \int_b^L \frac{g}{L}x\,\mathrm{d}x$$

得

$$\frac{1}{2}v^2 = \frac{1}{2}\frac{g}{L}(L^2 - b^2)$$

故绳全部离开桌面的瞬时,其速率 $v=\sqrt{\frac{g}{L}(L^2-b^2)}$。

解法二 用动能定理求解

选系统为整个绳,它由 AB、BC 两部分组成,受力情况如图 4.4.1 所示,做功情况为

$$A^{外} = A_N + A_{P_1} + A_{P_2}; \quad A^{内} = A_{T_1} + A_{T_2}$$

其中

$$A_{T_1} + A_{T_2} = 0; \quad A_N = A_{P_1} = 0$$

$$A_{P_2} = \int_b^L m_2 g \mathrm{d}x = \int_b^L \frac{x}{L} mg \mathrm{d}x = \frac{mg}{L}\int_b^L x \mathrm{d}x = \frac{mg}{2L}(L^2 - b^2)$$

系统初态：静止，$E_{k0}=0$；末态：绳速率为 v，动能 $E_k=\frac{1}{2}mv^2$。则由质点系的动能定理，有

$$A_{P_2} = E_k - E_{k0}$$

即

$$\frac{mg}{2L}(L^2 - b^2) = \frac{1}{2}mv^2 - 0$$

解得 $v=\sqrt{\frac{g}{L}(L^2-b^2)}$，与解法一的结果相同。

解法三　用机械能守恒定律求解

选系统为绳和地球，则 $A^{外}=A_N=0$，因为绳不伸长，有 $A^{内}_{非保}=0$，由功能原理知系统机械能守恒。如图 4.4.2 所示，设水平桌面处重力势能为零，则

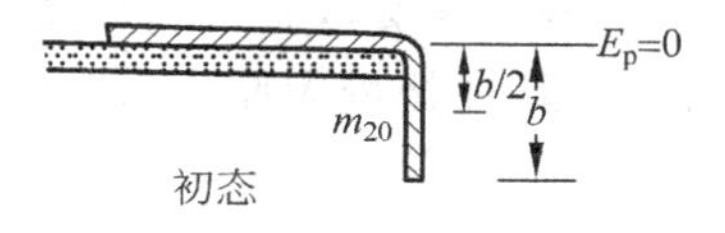

图　4.4.2

初态机械能　$E_0 = E_{k0} + E_{p0} = 0 + \left(-m_{20} g \frac{b}{2}\right) = -\frac{b}{L}mg\frac{b}{2}$

末态机械能　$E = \frac{1}{2}mv^2 + \left(-mg\frac{L}{2}\right)$

由机械能守恒，有

$$-\frac{b^2}{2L}mg = \frac{1}{2}mv^2 - \frac{1}{2}mgL$$

同样解得　$v=\sqrt{\frac{g}{L}(L^2-b^2)}$

比较三种解法：第一种解法，牛顿第二定律方程两端都是过程中的瞬时值，求解时需对方程两端积分；第二种解法，动能定理的方程中，功的一侧是过程量，而动能一侧是始末状态量，求解时只须对方程一端的量(功)用积分方法计算；而第三种解法，用机械能守恒定律求解时，由于保守力的功已由势能的改变来计算，不需要再积分，从而省去了两个积分运算，因此第三种解法最简单。

例 2　如图 4.4.3，两块薄板中间用一轻弹簧连接。已知两板质量 m_1、m_2，系统原来静止在水平面上(弹簧与水平面垂直)。求至少应加多大压力 F，才能使得当 F 撤除后，m_2 刚好被提起。

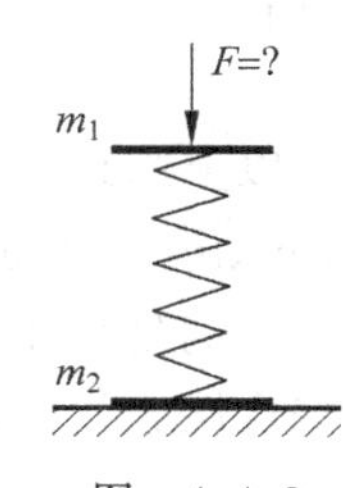

图　4.4.3

分析　加压力 F 后，弹簧被压缩，F 撤去后，m_1 回弹，当弹簧变为伸长时，m_2 受向上拉力。弹簧达最大伸长时，m_2 所受向上拉力最大。若此力 $\geqslant m_2 g$，则 m_2 被提起。

解　如图 4.4.4 所示，设弹簧劲度系数为 k，加压力后弹簧压缩量为 x_1，而 m_1 静止，由牛顿第二定律，有

$$F+m_1g=kx_1 \quad ①$$

撤去 F 后，m_1 回弹高度与原压缩量 x_1 有关。

取 m_1、m_2、弹簧及地球为一个系统，在撤去 F、弹簧回跳过程中，$A^{外}=0$、$A_{非保}^{内}=0$，故系统机械能守恒。

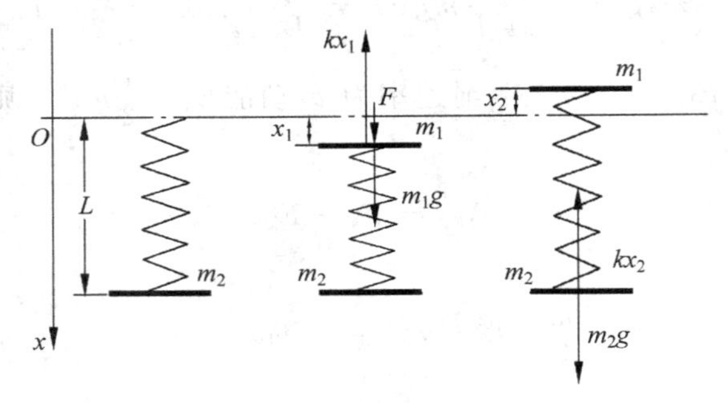

图 4.4.4

选取弹簧具有自然长度 L 时 $E_{P弹}=0$，并选此时弹簧顶端所在高度处 $E_{P重}=0$。设 m_1 回跳后，弹簧最大伸长为 x_2，则

$$E_{初}=\frac{1}{2}kx_1^2-m_1gx_1-m_2gL$$

$$E_{末}=\frac{1}{2}kx_2^2+m_1gx_2-m_2gL$$

由机械能守恒，有

$$\frac{1}{2}kx_1^2-m_1gx_1-m_2gL=\frac{1}{2}kx_2^2+m_1gx_2-m_2gL \quad ②$$

将式①代入式②，得

$$\frac{1}{2k}(F+m_1g)^2-m_1g\frac{F+m_1g}{k}=\frac{1}{2}kx_2^2+m_1gx_2$$

展开 $(F+m_1g)^2$，经整理后可得

$$\frac{1}{2k}F^2-\frac{1}{2k}m_1^2g^2=\frac{1}{2}kx_2^2+m_1gx_2 \quad ③$$

若需将 m_2 提起，则应有 $kx_2\geqslant m_2g$，将此不等式代入方程③，有

$$\frac{1}{2k}F^2-\frac{1}{2k}m_1^2g^2\geqslant\frac{1}{2k}m_2^2g^2+\frac{m_1m_2g^2}{k}$$

由此解得

$$F^2\geqslant(m_1^2+m_2^2+2m_1m_2)g^2=(m_1+m_2)^2g^2$$

所以有

$$F\geqslant(m_1+m_2)g$$

以上结果表明，压力 F 至少应为 $(m_1+m_2)g$ 方能使撤除 F 后 m_2 被提起。此外还表明，m_1、m_2 互换位置结果不变，且结果与弹簧的劲度系数无关。

本例是功能关系及牛顿运动定律的联合应用，而且需同时考虑两种形式的势能，有一定的综合性。

例 3 守恒定律的综合应用(一)。

如图 4.4.5 所示,小滑块质量为 m,静止地放在一质量为 M、倾角为 α 的楔形滑块的顶端,顶高为 h,楔形滑块置于水平桌面上。设各接触面光滑,求当小滑块滑到楔形滑块底部时,滑块的速度。

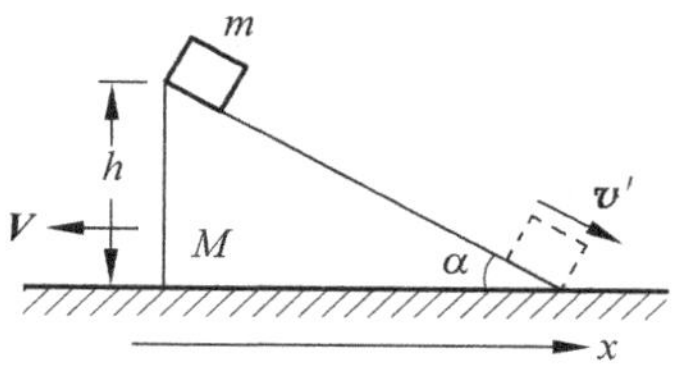

图 4.4.5

解 设小滑块 m 滑到底时,楔形滑块 M 对地的速度为 $\boldsymbol{V}$,m 相对于 M 的速度为 $\boldsymbol{v}'$,则 m 对地的速度为

$$\boldsymbol{v} = \boldsymbol{v}' + \boldsymbol{V} \qquad ①$$

对 m-M 系统,外力均沿竖直方向,水平方向(x 向)$\sum_i F_{ix} = 0$,故系统水平方向动量守恒。考虑到式 ①,于是有动量守恒关系式

$$mv'\cos\alpha - (m+M)V = 0 \qquad ②$$

又对 m-M-地球系统,外力 N(桌面对滑块的支持力)与滑块位移垂直,不做功,非保守内力中 m 与 M 之间的相互压力虽然各自对 m、M 做功,但做功之和为零(见 4.6.3 小节),故系统机械能守恒,于是有

$$\frac{1}{2}MV^2 + \frac{1}{2}m(\boldsymbol{v}' + \boldsymbol{V}) \cdot (\boldsymbol{v}' + \boldsymbol{V}) = mgh$$

化简得

$$\frac{1}{2}(m+M)V^2 + \frac{1}{2}mv'^2 - mv'V\cos\alpha = mgh \qquad ③$$

由式②与式③联立,消去 v',并化简后得

$$V = m\cos\alpha\sqrt{\frac{2gh}{(M+m)(M+m\sin^2\alpha)}}$$

本题应用了运动学关系①,动量守恒关系②和机械能守恒关系③,所以是一个综合了运动学、动量和功能关系的题目。

例 4 守恒定律的综合应用(二)。

如图 4.4.6 所示,光滑水平面上有一轻弹簧,劲度系数为 k,一端固定在 O 点,一端连接质量为 m 的物体 A。开始,弹簧具有自然长度 l_0,使物体获得一初速 $\boldsymbol{v}_0$,且 $\boldsymbol{v}_0$ 与弹簧轴线垂直。设当 A 到达图 4.4.6 中的位置 2 时,弹簧长度为 l,求此时物体 A 的速度。

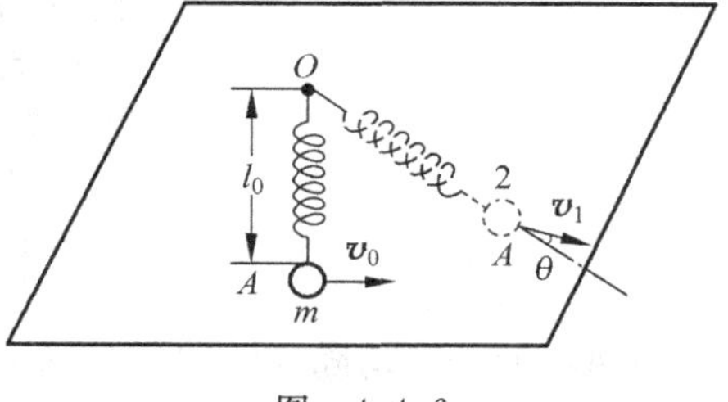

图 4.4.6

解 设 A 在位置 2 时的速度为 $\boldsymbol{v}_1$,$\boldsymbol{v}_1$ 与这时弹簧轴线的夹角为 θ,水平面内 A 只受弹簧力 $\boldsymbol{f}_{弹}$ 的作用,而 $\boldsymbol{f}_{弹}$ 对 O 点力矩 $\boldsymbol{r} \times \boldsymbol{f}_{弹} = 0$,故 A 对 O 点角动量守恒,于是有

$$l_0 m v_0 = l m v_1 \sin\theta \qquad ①$$

对物体 A 及弹簧组成的系统,功 $A^{外} = 0$,$A^{内}_{非保} = 0$(无非保守内力),所以系统机械能守恒,于是有

$$\frac{1}{2}mv_0^2 = \frac{1}{2}mv_1^2 + \frac{1}{2}k\,(l - l_0)^2 \qquad ②$$

由式②解出 $\boldsymbol{v}_1$ 的大小为

$$v_1=\sqrt{v_0^2-\frac{k}{m}(l-l_0)^2}$$

代入式①得

$$\sin\theta=\frac{l_0v_0}{lv_1}=\frac{l_0v_0}{l\sqrt{v_0^2-\frac{k}{m}(l-l_0)^2}}$$

故 $\boldsymbol{v}_1$ 与轴线夹角为

$$\theta=\arcsin\left[\frac{l_0v_0}{l\sqrt{v_0^2-\frac{k}{m}(l-l_0)^2}}\right]$$

本题应用了角动量守恒关系①，机械能守恒关系②，是一个综合了角动量和功能关系的题目。

例 5 利用守恒定律检验结果的合理性。

如图 4.4.7 所示，一质量为 $2m$ 的环套在光滑的、水平固定的细杆上，用长为 l 的轻绳与质量为 m 的小球相连。将轻绳沿水平拉直，使小球从与环等高处静止释放。现已求得绳与水平杆夹角为 θ 时，其中的张力为 $T=\frac{2\sin\theta(8+\cos^2\theta)}{(2+\cos^2\theta)^2}mg$，试检验此结果的合理性。

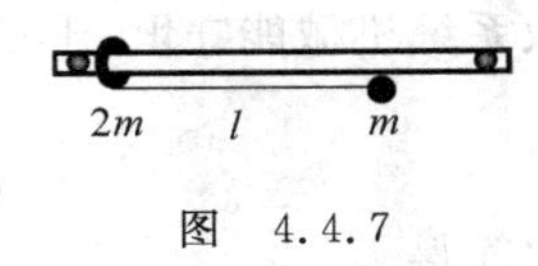

图 4.4.7

分析：

（1）看量纲 张力 T 表示式的等号双方皆为力的单位，所以量纲正确。

（2）看变化趋势 由于小球下摆过程中速度越来越快，绳中的张力 T 应该越来越大，也就是说随着 θ 从 0 到 $\frac{\pi}{2}$ 的增加，T 也要随之增大。从张力 T 的表示式看是否如此呢？我们把 T 的表示式进行如下改写

$$\begin{aligned}T&=\frac{2\sin\theta(8+\cos^2\theta)}{(2+\cos^2\theta)^2}mg\\&=\frac{2\sin\theta[6+(2+\cos^2\theta)]}{(2+\cos^2\theta)^2}mg\\&=\left[\frac{12\sin\theta}{(2+\cos^2\theta)^2}+\frac{2\sin\theta}{2+\cos^2\theta}\right]mg\end{aligned}$$

上式中两项的分母均随 θ 的增加而减小，两项的分子均随 θ 的增加而增加，所以 T 必然随 θ 的增加而增加，这显然是合理的。

（3）过渡到已知结果的特殊情况

令 $m=0$，拉力式给出 $T=0$，合理；

令 $\theta=0$，拉力式给出 $T=0$，合理；

令 $\theta=\frac{\pi}{2}$，拉力式给出 $T=4mg$，下面直接在此条件下求绳中拉力 T，看看是否 T 为 $4mg$。

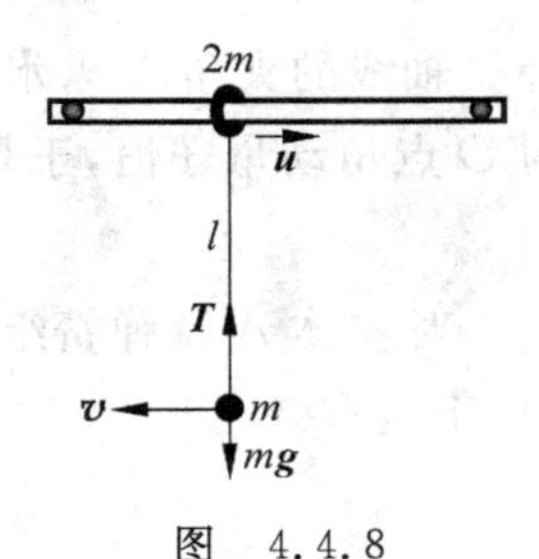

图 4.4.8

如图 4.4.8 所示，设 $\theta=\frac{\pi}{2}$ 时环的速度为 $\boldsymbol{u}$，小球速度为 $\boldsymbol{v}$。由

于水平方向没有外力，套环和小球系统动量守恒，有

$$2mu = mv$$

由于外力和非保守内力的功为零，套环、小球及地球系统机械能守恒，有

$$\frac{1}{2}mv^2 + \frac{1}{2} \cdot 2mu^2 = mgl$$

上两式联立解得

$$v = 2u = \sqrt{\frac{4gl}{3}}$$

由相对运动关系，小球相对环的速度为

$$v' = v + u = \frac{3}{2}v = \frac{3}{2}\sqrt{\frac{4gl}{3}}$$

小球相对环作圆周运动，在 $\theta=\frac{\pi}{2}$ 时，环的加速度为 0，以环为参考物的参考系是瞬时的惯性系，于是对此惯性系由牛顿第二定律，有

$$T - mg = m\frac{v'^2}{l} = \frac{m}{l} \cdot \frac{9}{4} \cdot \frac{4gl}{3} = 3mg$$

由此给出 $T=4mg$，这和张力表示式给出的结果一致。

综合上述各种分析检验的结果，表明该张力表示式是合理的。

4.5　质心系中的功能关系

4.5.1　柯尼希定理

我们以带撇的量表示质心系中的物理量，利用速度关系 $\boldsymbol{v}_i = \boldsymbol{v}'_i + \boldsymbol{v}_C$（角标 i 表示第 i 个质点）和 $\sum_i m_i \boldsymbol{v}'_i = 0$（质心系是零动量系）可以证明（见4.5.2小节）质点系在惯性系中的动能和其在质心系中的动能之间有下述关系

$$E_k = E'_k + \frac{1}{2}\left(\sum_i m_i\right)v_C^2 \tag{4.5.1}$$

上式表明质点系在惯性系中的动能 E_k 等于质点系在质心系中的动能 E'_k 与质心对惯性系的动能 $\frac{1}{2}\left(\sum_i m_i\right)v_C^2$（即全部质量集中于质心 C 而以速度 v_C 运动时的动能）之和。式(4.5.1)的关系称之为柯尼希定理。

4.5.2　质心系中的功能原理

质心系中的功能原理　在质心系中，外力对系统做功之和加上系统内非保守力做功之和等于系统机械能的增量，此即质心系中的功能原理，其表示式为

$$A'^{外} + A'^{内}_{非保} = (E'_k + E'_p)_{末} - (E'_k + E'_p)_{初} \tag{4.5.2}$$

在阐述功能原理时，我们曾指出，功能原理只适用于惯性系。然而在质心系中，则无论质心系是否惯性系，该原理式(4.5.2)均成立，这是由于质心系是零动量系的结果，证明如下。

设某一系统经历一元过程，在惯性系中考虑，由功能原理有

$$\mathrm{d}A^{外} + \mathrm{d}A^{内}_{非保} = \mathrm{d}(E_\mathrm{k} + E_\mathrm{p}) \qquad ①$$

其中，$\mathrm{d}A^{外} = \sum_i \boldsymbol{F}_i \cdot \mathrm{d}\boldsymbol{r}_i$，$\mathrm{d}A^{内}_{非保} = \sum_i \boldsymbol{f}_i \cdot \mathrm{d}\boldsymbol{r}_i$，$E_\mathrm{k} = \sum_i \frac{1}{2}m_i v_i^2$，$\boldsymbol{r}_i$ 为第 i 个质点在惯性系中的位矢。又设第 i 个质点在质心系中的位矢为 $\boldsymbol{r}'_i$，速度为 $\boldsymbol{v}'_i$，则由相对位置（参看图 4.5.1）和相对运动关系，应有

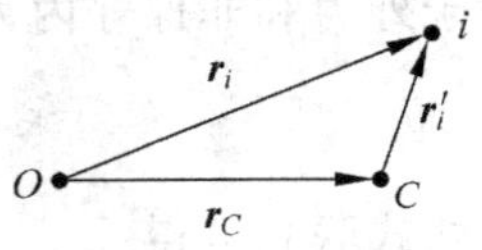

图 4.5.1

$$\boldsymbol{r}_i = \boldsymbol{r}'_i + \boldsymbol{r}_C$$

$$\boldsymbol{v}_i = \boldsymbol{v}'_i + \boldsymbol{v}_C$$

代入 $\mathrm{d}A^{外}$ 及 E_k 的计算式中，得

$$\mathrm{d}A^{外} = \sum_i \boldsymbol{F}_i \cdot \mathrm{d}\boldsymbol{r}'_i + \left(\sum_i \boldsymbol{F}_i\right) \cdot \mathrm{d}\boldsymbol{r}_C$$

$$= \mathrm{d}A'^{外} + \left(\sum_i \boldsymbol{F}_i\right) \cdot \mathrm{d}\boldsymbol{r}_C \qquad ②$$

其中，$\mathrm{d}A'^{外} = \sum_i \boldsymbol{F}_i \cdot \mathrm{d}\boldsymbol{r}'_i$ 正是在质心系中考察所得外力的功。又

$$E_\mathrm{k} = \sum_i \frac{1}{2} m_i \boldsymbol{v}_i^2 = \sum_i \frac{1}{2} m_i (\boldsymbol{v}'_i + \boldsymbol{v}_C) \cdot (\boldsymbol{v}'_i + \boldsymbol{v}_C)$$

$$= \sum_i \frac{1}{2} m_i \boldsymbol{v}'^2_i + \left(\sum_i m_i \boldsymbol{v}'_i\right) \cdot \boldsymbol{v}_C + \frac{1}{2}\left(\sum_i m_i\right) \boldsymbol{v}_C^2$$

由于质心系是零动量系，$\sum_i m_i \boldsymbol{v}'_i = 0$；而 $\sum_i \frac{1}{2} m_i \boldsymbol{v}'^2_i$ 是系统在质心系中具有的动能 E'_k，故有

$$E_\mathrm{k} = E'_\mathrm{k} + \frac{1}{2}\left(\sum_i m_i\right) v_C^2 \qquad ③$$

这正是柯尼希定理式（4.5.1）。

将式②及式③代入式①，有

$$\mathrm{d}A'^{外} + \left(\sum_i \boldsymbol{F}_i\right) \cdot \mathrm{d}\boldsymbol{r}_C + \mathrm{d}A^{内}_{非保} = \mathrm{d}E'_\mathrm{k} + \mathrm{d}\left[\frac{1}{2}\left(\sum_i m_i\right) v_C^2\right] + \mathrm{d}E_\mathrm{p} \qquad ④$$

由于一对作用力与反作用力的功及势能皆与参考系无关（见 4.6.3 小节和 4.6.4 小节中的分析），故有

$$\mathrm{d}A^{内}_{非保} = \mathrm{d}A'^{内}_{非保}$$

$$\mathrm{d}E_\mathrm{p} = \mathrm{d}E'_\mathrm{p}$$

又对质心用动能定理，可得

$$\left(\sum_i \boldsymbol{F}_i\right) \cdot \mathrm{d}\boldsymbol{r}_C = \mathrm{d}\left[\frac{1}{2}\left(\sum_i m_i\right) v_C^2\right]$$

利用以上这三个关系，式④可表示为

$$\mathrm{d}A'^{外} + \mathrm{d}A'^{内}_{非保} = \mathrm{d}(E'_\mathrm{k} + E'_\mathrm{p})$$

对元过程积分，最后得到质心系中的功能原理表示式

$$A'^{外} + A'^{内}_{非保} = (E'_\mathrm{k} + E'_\mathrm{p})_{末} - (E'_\mathrm{k} + E'_\mathrm{p})_{初} \qquad ⑤$$

式⑤即质心系中的功能原理式（4.5.2）。此证明过程中仅用到质心系是零动量系及对质心的动能定理（本质上反映的是质心运动定理），并未涉及质心参考系本身的运动情况。因此，无论质心系是否为惯性系，功能原理式（4.5.2）都正确。

3.5.4 小节用类似的方法还证明了无论质心系是否为惯性系，在质心系中系统对质心的角动量(即定点选在质心)都服从角动量定理。

4.5.3　质点系相对于惯性系的运动的分解

质点系相对惯性系的复杂运动可以分解为系统随质心对该惯性系的平动以及系统相对于质心的运动。这后一运动则是系统在质心系中的运动。这样分解之后，从动力学角度看，有以下几点：

(1) 质心对惯性系的平动可以根据质心运动定理，由系统所受外力确定；

(2) 系统相对于质心的运动服从质心系各基本定理的形式；

(3) 质点系对惯性系的动能、角动量等动力学量与系统在质心系中的相应的动力学量的关系由式(4.5.1)及式(3.5.3)决定。

这样，在许多情况下就可以利用这种分解来求解质点系的运动并简化计算过程。

值得注意的是，单从运动学的角度看，原则上说，质点系相对于惯性系的运动可以有任意的分解方法。但是一般情况下，任何其他的分解方法都不可能得到类似式(4.5.1)及式(3.5.3)的动力学关系(这一点可以从该两个动力学关系式的证明过程中得到说明。例如，其他任意参考系就不可能如同质心系那样是零动量系)。正因为如此，在处理质点系的复杂运动时，总是把它分解为随质心的平动和相对质心的运动。

刚体力学中，研究刚体的平面运动时，就常常把这种平面运动分解为刚体随质心的平动和刚体绕过质心的轴的转动(质心系中的定轴转动)。然后，运用质心运动定理及转动定律解出刚体的运动(参看 5.2.3 小节)。

质心系还常用来研究两个物体在相互作用下的运动——所谓“两体问题”以及两球体的碰撞。前一问题在天体力学中经常遇到，而后一情况则常常用来作为微观粒子相互作用的经典模型。

由此可见，质心参考系是研究质点系运动的重要参照系。

4.5.4　质心系中碰撞问题的研究

碰撞中的阈能问题　由原子物理可知，要发生某些核反应，需要外界供给一定的能量 U，此能量叫作反应能。通常，用具有初动能的粒子去“轰击”原子核，以提供所需的反应能。那么，这个轰击用的粒子的初动能 E_{k0} 至少应为多大呢？ $E_{k0}=U$ 行不行？要回答这个问题，实际上就是要搞清粒子与静止核“碰撞”过程中，粒子的初动能是否可以全部转化为所需的反应能。如果不能，至多只能转化多少？搞清这些问题，就可由此定出轰击用的粒子能够引起核反应的初动能的下限值，这个最低限度的初动能叫作阈能。下面就两个粒子的碰撞来讨论阈能。

设两个粒子质量分别为 m、M，开始 m 粒子速度为 v_0，M 粒子静止(指相对于惯性系，例如实验室系)，碰后产生核反应，生成新的粒子。由于整个过程中系统不受外力，动量要守恒，所以系统动量应保持为 mv_0。这说明，反应后生成粒子的速度不会都为零。相应地，碰后系统总会保留一部分动能，初动能 $\frac{1}{2}mv_0^2$ 中只能有一部分转化为其他形式的能量。那么，最多可以转化多少呢？利用质心系来讨论这个问题比较方便。

把这个两质点系统对实验室的运动分解为系统随质心对实验室的平动及系统相对于质心的运动。由式(4.5.1)，碰撞中任一时刻系统在实验室中的动能

$$E_k = E'_k + \frac{1}{2}(m+M)v_C^2$$

由于系统动量守恒，碰撞过程中质心速度 v_C 为常量，因此系统动能中与 $\frac{1}{2}(m+M)v_C^2$ 相应的份额在碰撞前后应保持不变。碰撞中可以发生转换的只可能是系统在质心系中的动能。极限的情况是系统在质心系中的初动能 E'_{k0} 通过碰撞全部转换为其他形式能量，即碰后有 $E'_{k末}=0$。

故碰撞中系统最多能损失的动能(即转换为其他形式的能量)为

$$|\Delta E_{k\max}| = E'_{k0} = E_{k0} - \frac{1}{2}(m+M)v_C^2 = E_{k0} - \frac{1}{2}(m+M)\left(\frac{mv_0}{m+M}\right)^2$$

$$= E_{k0} - \frac{1}{2}mv_0^2\frac{m}{m+M} = E_{k0}\left(1-\frac{m}{m+M}\right) = \frac{M}{m+M}E_{k0} \qquad (4.5.3)$$

如果反应能为 U，则为使发生核反应，应有 $|\Delta E_{k\max}| \geqslant U$，即

$$\frac{M}{m+M}E_{k0} \geqslant U, \quad E_{k0} \geqslant \frac{m+M}{M}U$$

阈能是为引起核反应使入射粒子在实验室系中所具有的最低动能。上式表明核反应的阈能值应为 $\frac{m+M}{M}U$。这个结果说明，入射粒子的质量越小，其初动能转化为反应能的份额越多。

二维弹性斜碰中的散射角 一运动球 m_1，以速度 $\boldsymbol{v}_{10}$ 与另一静止球 m_2 相碰，碰后 m_1 的速度为 $\boldsymbol{v}_1$，m_2 的速度为 $\boldsymbol{v}_2$。m_1 的碰后速度 $\boldsymbol{v}_1$ 与碰前速度 $\boldsymbol{v}_{10}$ 间夹角 θ_1 叫 m_1 的散射角。这里讨论弹性碰撞的情况下散射角 θ_1 的可能范围。

如图 4.5.2(a)所示，从实验室参考系分析，对 m_1、m_2 组成的系统，由动量守恒的投影式，有

$$m_1v_{10} = m_1v_1\cos\theta_1 + m_2v_2\cos\theta_2$$

$$0 = m_1v_1\sin\theta_1 - m_2v_2\sin\theta_2$$

又由于是弹性碰撞，所以碰撞前后总动能相同，即

$$\frac{1}{2}m_1v_{10}^2 = \frac{1}{2}m_1v_1^2 + \frac{1}{2}m_2v_2^2$$

如果只知道 m_1、m_2、$\boldsymbol{v}_{10}$，那么从上述三个方程中无法解出碰后的 v_1、v_2、θ_1 及 θ_2，但是借助质心系就可以对散射角 θ_1 的变化范围进行讨论，从而得出一些有意义的结论。

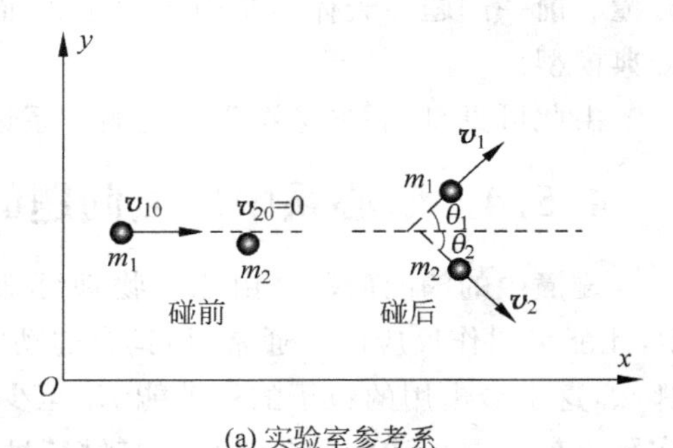

(a) 实验室参考系

(b) 质心参考系

图 4.5.2

在质心系中分析上述碰撞，如图 4.5.2(b)所示。由于质心系是零动量系，所以碰前与碰后 m_1、m_2 系统满足

$$m_1\boldsymbol{v}'_{10} + m_2\boldsymbol{v}'_{20} = 0 \rightarrow m_1v'_{10} = m_2v'_{20}$$

$$m_1\boldsymbol{v}'_1 + m_2\boldsymbol{v}'_2 = 0 \rightarrow m_1v'_1 = m_2v'_2$$

弹性碰撞表明，系统的总动能碰撞前后相等。于

是又有

$$\frac{1}{2}m_1 v_{10}'^2 + \frac{1}{2}m_2 v_{20}'^2 = \frac{1}{2}m_1 v_1'^2 + \frac{1}{2}m_2 v_2'^2$$

以上三个等式联立可解出

$$v_1' = v_{10}', \quad v_2' = v_{20}' \qquad ①$$

即，在质心参考系中看到两球发生弹性碰撞的图像是：碰前两球相向而行，碰后相背而行，但碰后 m_1 的速度方向发生了改变，散射角为 θ_C（见图 4.5.2(b)），碰撞前后 m_1、m_2 各自的速率保持不变。

从上述守恒定律式可以看到，质心系中 m_1 的散射角 θ_C 可取 0 到 π 之间的任何值。然而在实验室参考系中，m_1 的散射角 θ_1 却可能受到限制。为此，让我们再回到实验室参考系。

在实验室系中，质心 C 的速度为

$$\boldsymbol{v}_C = \frac{m_1}{m_1 + m_2}\boldsymbol{v}_{10} \qquad ②$$

由相对运动关系，有

$$\boldsymbol{v}_{10} = \boldsymbol{v}_{10}' + \boldsymbol{v}_C$$

代入式②，可得

$$\boldsymbol{v}_{10}' = \frac{m_2}{m_1}\boldsymbol{v}_C \qquad ③$$

又由式①，可得

$$v_1' = v_{10}' = \frac{m_2}{m_1}v_C \qquad ④$$

这些结果表明，只要给定 $\boldsymbol{v}_{10}$，则 $\boldsymbol{v}_C$、$\boldsymbol{v}_{10}'$ 可求，v_1' 也可求，但 $\boldsymbol{v}_1'$ 方向未知。对应于任意给定的一个 $\boldsymbol{v}_1'$ 的方向（即任意给定的 θ_C），相对运动关系给出

$$\boldsymbol{v}_1 = \boldsymbol{v}_1' + \boldsymbol{v}_C \qquad ⑤$$

由此可以定出 θ_1。

$\boldsymbol{v}_1$、$\boldsymbol{v}_1'$ 及 $\boldsymbol{v}_C$ 三者的矢量关系如图 4.5.3 所示。式②、式③表明，$\boldsymbol{v}_{10}$ 和 $\boldsymbol{v}_{10}'$ 皆与 $\boldsymbol{v}_C$ 方向一致，因此 $\boldsymbol{v}_1$ 与 $\boldsymbol{v}_C$ 的夹角就是 θ_1，$\boldsymbol{v}_1'$ 与 $\boldsymbol{v}_C$ 的夹角就是 θ_C。如图 4.5.4 所示，当 θ_C 在由 0 到 π 的范围内变化时，对应于不同的两球质量比 $\frac{m_2}{m_1}$，θ_1 值的范围有下述几种情况：

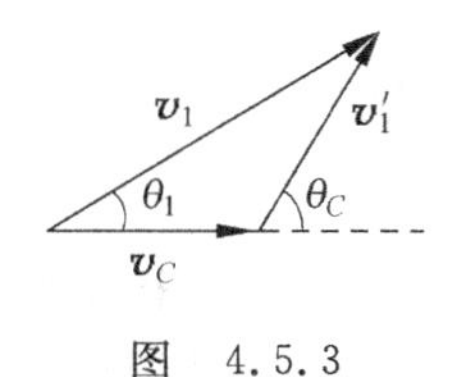

图　4.5.3

(1) $\frac{m_2}{m_1}>1$，即 $m_2>m_1$。由式④知 $v_1'>v_C$。表示式⑤的矢量关系如图 4.5.4(a)所示。当 θ_C 在 0 到 π 间变化时，$\boldsymbol{v}_1'$ 的矢端在图示虚线圆上变动。由图可见，θ_1 的值也随之在 0 到 π 之间变化，不受任何限制。即小球与静止的大球作弹性碰撞后，小球可朝任意方向散射。

(2) $\frac{m_2}{m_1}<1$，即 $m_2<m_1$。由式④知 $v_1'<v_C$。式⑤的矢量关系如图 4.5.4(b)所示，由图可见，当 θ_C 在 0 到 π 间变化时，θ_1 有一极大值 θ_{1m}。θ_{1m} 的位置对应于 $\boldsymbol{v}_1$ 与虚线圆相切处，如图 4.5.4(c)所示。由该图可以看出

$$\theta_{1m} = \arcsin \frac{v_1'}{v_C} = \arcsin \frac{m_2}{m_1} \tag{⑥}$$

故大球与静止小球作弹性碰撞，大球散射角在 0 到 θ_{1m} 范围内变化，即

$$0 \leqslant \theta_1 \leqslant \theta_{1m}$$

(3) $\frac{m_2}{m_1}=1$，由式④知 $v_1'=v_C$。$\boldsymbol{v}_1$、$\boldsymbol{v}_1'$、$\boldsymbol{v}_C$ 三者矢量关系如图 4.5.4(d)。由图可见，当 θ_C 由 0 到 π 间变化时，θ_1 在 0 到 $\frac{\pi}{2}$ 之间变化，即 $0\leqslant\theta_1\leqslant\frac{\pi}{2}$。$v_1$ 的值随散射角 θ_1 的增大而减小，当 m_1 的散射角取最大值，即 $\theta_1=\frac{\pi}{2}$ 时，$v_1=0$。这实际上是这两个球发生了正碰撞。碰撞的结果，m_1 停止，而原来静止的 m_2 代替了原来的 m_1 以速度 $\boldsymbol{v}_{10}$ 运动。

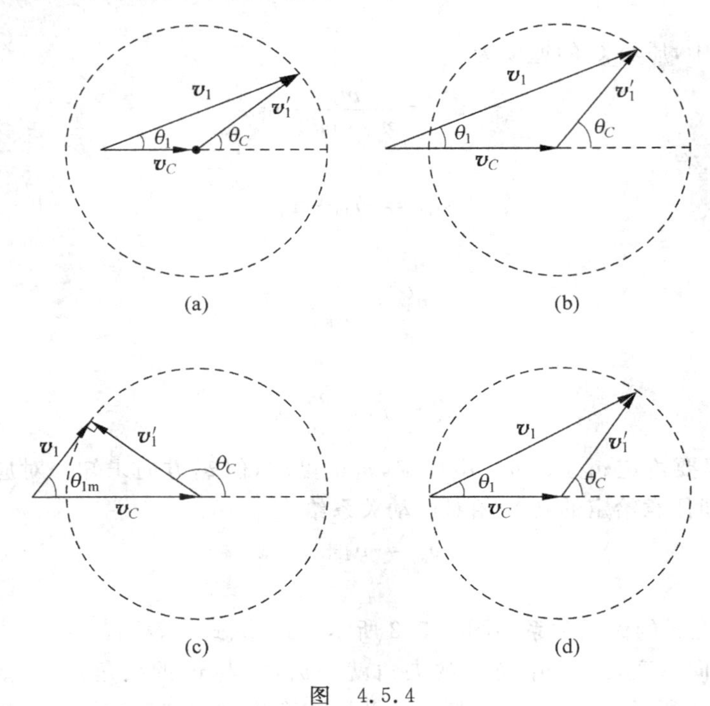

图 4.5.4

此外，直接运用实验室系中两个守恒定律式还可证明，两个质量相等的球（其中一个原来静止）弹性斜碰后，速度 $\boldsymbol{v}_1$、$\boldsymbol{v}_2$ 恒互相垂直。

综上所述，借助质心参考系，我们可对实验室中两球发生弹性碰撞后，散射角的各种可能范围进行讨论。这些讨论在原子物理中，将直接用于以经典模型研究微观粒子之间的散射。

4.6 对某些问题的进一步说明与讨论

4.6.1 关于功的定义的几种不同说法

在不同的大学物理学教材上，对元功的定义式 $\mathrm{d}A=\boldsymbol{f}\cdot\mathrm{d}\boldsymbol{r}$ 中的 $\mathrm{d}\boldsymbol{r}$ 有着一些不同的说

法，归纳起来大致有以下三种：

(1) d$\boldsymbol{r}$ 是受力 $\boldsymbol{f}$ 作用的物体的元位移；

(2) d$\boldsymbol{r}$ 是力 $\boldsymbol{f}$ 的作用点的元位移；

(3) d$\boldsymbol{r}$ 是受力 $\boldsymbol{f}$ 作用的质点的元位移。

当力的作用对象是质点时，以上三种说法是完全一致的。但是，当受力对象不能视为质点时，以上三种说法就表现出了差异。例如对于刚体，第(1)种说法只适用于讨论平动。如果刚体有转动，那么其上各点的位移情况都不一样，笼统地说物体的位移，含义就不明确了。在这种情况下，功的定义的第(1)种说法只能用来研究力对物体做功和物体平动动能变化的关系，此时物体的位移必须理解为物体质心的位移。而功的定义的第(2)及第(3)种说法则既适用于物体平动动能变化的研究，又适用于物体转动动能变化的研究。因为这两种说法所指的位移，都是力 $\boldsymbol{f}$ 所作用的那个点(指物质的点)的位移。即使物体上各点位移不同也没关系，因为力作用在哪个点，我们就取哪个点的位移来计算功。

但是，功的定义的第(2)种和第(3)种说法在严密程度上还是有差异的。差异就在于对于第(3)种说法中受力作用的质点(对连续体来说就是受力作用的质元)的位移的理解是唯一的，而第(2)种说法中对力的作用点的位移却可能产生两种不同的理解。因为单就"力的作用点"这个词来说，既可以理解为力所作用的那个质点，又可理解为力作用处的"空间位置点"(指几何上的点而不是物质的点)。前一种理解是正确的，它与第(3)种说法完全一致。而后一种理解则是错误的，因为按照这种理解，只要变更力在物体上的作用位置，即使物体不动，力也会对物体做功。例如，一个轮子在地上作变速纯滚动时，轮子对地面摩擦力的作用位置是在移动的，如果因此说摩擦力对地面做了功，那将是十分荒谬的。因为这种情况下，地面既没有动也没有发热，怎么谈得上外力对它做功呢？但是，在这个例子中如果把力的作用点理解为受力作用的质点(或质元)，则不会出现功能关系上的矛盾。因为作用在地面的摩擦力虽然不断改变位置，可是地面上被摩擦力作用的一个一个小质元并没有移动，所以摩擦力没有对地面做功。

以上分析告诉我们，在功的第(2)种定义的两种理解中，后一种理解虽然是对"力的作用点"的误解，但是单从字面上看，这却是可能出现的一种理解，而有些读者在学习中就曾出现过这样的理解。因此，从这个意义上说，功的定义的第(2)种说法不如第(3)种说法准确和严密。

从功的定义出现三种说法的发展来看，第(2)种说法比第(1)种说法适用范围广泛，它是对第(1)种说法的改进，而第(3)种说法又是对第(2)种说法的改进，它完全消除了对第(2)种说法可能产生的误解，并保留了这种说法适用范围广泛的优点。

4.6.2 动量与动能的对比

由动量定义 $\boldsymbol{p}=m\boldsymbol{v}$ 及动能定义 $E_{\mathrm{k}}=\frac{1}{2}mv^2$ 可知，两者都由质点的运动状态决定，即两者都是质点运动状态的函数。但是，两者又相区别。

首先，动量是矢量，它与速度矢量对应，而动能是标量，只和速度大小相对应。例如，一个作匀速率圆周运动的质点，在运动过程中速率保持恒定，而速度方向不断改变。相应地，这个质点的动能为常量，而它的动量却不断地改变。

其次，动量的改变由力的冲量决定，而动能的改变由力的功决定。对上述匀速率圆周运动的质点的例子，质点受力沿半径指向圆心，$\boldsymbol{F}\neq 0$，因而运动过程中任一微小时间间隔 $\mathrm{d}t$ 内，力的元冲量 $\boldsymbol{F}\mathrm{d}t$ 均不为零，相应地，质点的动量必有改变；而任一微小位移中，力 $\boldsymbol{F}$ 总和位移 $\mathrm{d}\boldsymbol{r}$ 垂直，即力的元功 $\mathrm{d}A=\boldsymbol{F}\cdot\mathrm{d}\boldsymbol{r}=0$，因而质点的动能不改变。

最后，由运动的相对性可知，同一运动质点，在不同惯性系中，其动量、动能都各有不同的值，但对于给定的两个时刻，质点的动量改变量与惯性系的选择无关，而动能的改变量却随惯性系不同而不同。例如，在一辆以速度 $\boldsymbol{v}_0$ 匀速前进的车中，一质点 m 相对于车的运动速度由 $\boldsymbol{u}_A$ 变为 $\boldsymbol{u}_B$。在车厢参考系中，质点动量的改变 $\Delta\boldsymbol{p}'=m\boldsymbol{u}_B-m\boldsymbol{u}_A$，质点动能的改变 $\Delta E_k'=\frac{1}{2}mu_B^2-\frac{1}{2}mu_A^2$；而在地面参考系中，质点动量的改变

$$\Delta\boldsymbol{p}=m(\boldsymbol{u}_B+\boldsymbol{v}_0)-m(\boldsymbol{u}_A+\boldsymbol{v}_0)=m\boldsymbol{u}_B-m\boldsymbol{u}_A=\Delta\boldsymbol{p}'$$

质点动能的改变

$$\begin{aligned}\Delta E_k&=\frac{1}{2}m(\boldsymbol{u}_B+\boldsymbol{v}_0)\cdot(\boldsymbol{u}_B+\boldsymbol{v}_0)-\frac{1}{2}m(\boldsymbol{u}_A+\boldsymbol{v}_0)\cdot(\boldsymbol{u}_A+\boldsymbol{v}_0)\\&=\left(\frac{1}{2}mu_B^2-\frac{1}{2}mu_A^2\right)+m(\boldsymbol{u}_B-\boldsymbol{u}_A)\cdot\boldsymbol{v}_0=\Delta E_k'+m(\boldsymbol{u}_B-\boldsymbol{u}_A)\cdot\boldsymbol{v}_0\end{aligned}$$

一般地说 $(\boldsymbol{u}_B-\boldsymbol{u}_A)\cdot\boldsymbol{v}_0\neq 0$，故 $\Delta E_k\neq\Delta E_k'$。

4.6.3 “一对力”的功

为什么要讨论一对力的功 在研究物体系的功能关系时，涉及内力的功，根据牛顿第三定律，内力总是成对出现的。因此，所有内力的功应是内力中各对作用力与反作用力的功之和。

我们把作用力和反作用力，或更普遍些，把两个大小相等、方向相反的力称为一对力。考虑内力对系统的能量变化所起的作用时，可以一对对地考虑内力的功。研究一对力做功的特点，就可以简化内力的功的计算，更重要的是从一对力的功出发可对保守力的性质以及势能概念作更深入的理解。

“一对力”的功的特点 “一对力”的功指的是一对大小相等，方向相反的力的功之和。

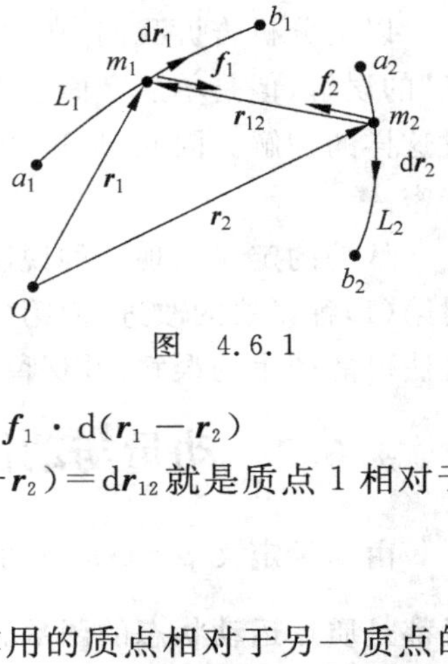

如图 4.6.1 所示，设有一对力 $\boldsymbol{f}_1$、$\boldsymbol{f}_2$，分别作用于质点 1 和质点 2，且有 $\boldsymbol{f}_1=-\boldsymbol{f}_2$。在 t 到 $t+\mathrm{d}t$ 时间间隔内，质点 1、2 分别对某参考系有位移 $\mathrm{d}\boldsymbol{r}_1$、$\mathrm{d}\boldsymbol{r}_2$，则这一对力的元功

$$\mathrm{d}A=\mathrm{d}A_1+\mathrm{d}A_2=\boldsymbol{f}_1\cdot\mathrm{d}\boldsymbol{r}_1+\boldsymbol{f}_2\cdot\mathrm{d}\boldsymbol{r}_2$$

图 4.6.1

将 $\boldsymbol{f}_1=-\boldsymbol{f}_2$ 代入上式，得

$$\mathrm{d}A=\boldsymbol{f}_1\cdot\mathrm{d}\boldsymbol{r}_1-\boldsymbol{f}_1\cdot\mathrm{d}\boldsymbol{r}_2=\boldsymbol{f}_1\cdot(\mathrm{d}\boldsymbol{r}_1-\mathrm{d}\boldsymbol{r}_2)=\boldsymbol{f}_1\cdot\mathrm{d}(\boldsymbol{r}_1-\boldsymbol{r}_2)$$

令 $\boldsymbol{r}_{12}=\boldsymbol{r}_1-\boldsymbol{r}_2$ 表示质点 1 相对于质点 2 的位置矢量，则 $\mathrm{d}(\boldsymbol{r}_1-\boldsymbol{r}_2)=\mathrm{d}\boldsymbol{r}_{12}$ 就是质点 1 相对于质点 2 的元位移，而且有

$$\mathrm{d}A=\boldsymbol{f}_1\cdot\mathrm{d}\boldsymbol{r}_{12}$$

因此，一对力对两质点所做的元功等于其中一个力与受该力作用的质点相对于另一质点的元位移的标量积。由于这一位移是相对位移，所以一对力的功与描述质点位置所用的参考系的选择无关。

设在某一有限时间间隔内，相对于某一参考系，质点 1 由位置 a_1 经路径 L_1 到达位置

b_1，质点 2 由位置 a_2 经路径 L_2 到达位置 b_2，则由上述元功的计算可知，在整个过程中，这一对力做的功为

$$A=\int_{L_1(a_1)}^{(b_1)}\mathrm{d}A_1+\int_{L_2(a_2)}^{(b_2)}\mathrm{d}A_2=\int_{L(a)}^{(b)}\mathrm{d}A=\int_{L(a)}^{(b)}\boldsymbol{f}_1\cdot\mathrm{d}\boldsymbol{r}_{12}$$

式中，(a)表示起始时两质点的相对位置状态，(b)表示终了时两质点的相对位置状态，L 表示质点 1 相对于质点 2 运动时所经过的路径。这一式子也说明，一对力的功取决于受这对力作用的质点的相对运动(相对的始末位置以及相对运动轨迹)，而与所选的参考系无关。这就是一对力做功的特点。

利用这一特点，我们可以选择最方便的参考系(例如把参考系选在其中一个质点上)来计算一对力的功。

常见情况下的"一对力"的功　"一对力"的功，有以下几种常见的结果：

(1) **一对正压力的功恒为零**　以图 4.6.2 所示情况为例，讨论 m 与 M 之间一对正压力 $\boldsymbol{N}$ 与 $\boldsymbol{N}'$ 的功。m 和 M 相对地面都在运动。

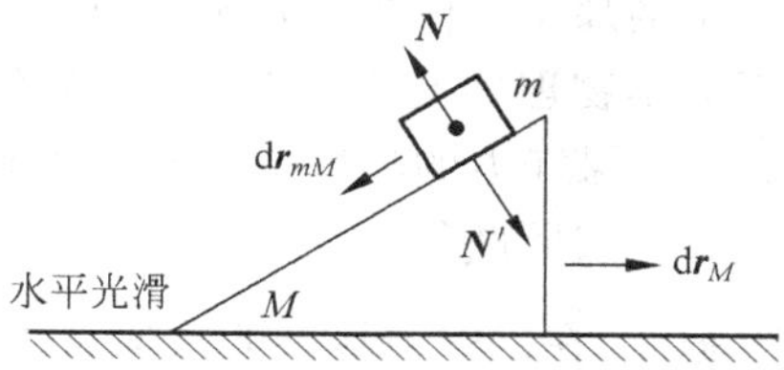

因为一对力的功的计算与参考系无关，选取 M 为参考系最为方便，故一对正压力 $\boldsymbol{N}$ 和 $\boldsymbol{N}'$ 的元功

$$\mathrm{d}A=\mathrm{d}A_N+\mathrm{d}A_{N'}=\boldsymbol{N}\cdot\mathrm{d}\boldsymbol{r}_{mM}$$

其中，$\mathrm{d}\boldsymbol{r}_{mM}$ 为 m 相对 M 的元位移。因为 $\mathrm{d}\boldsymbol{r}_{mM}$ 沿着斜面，所以它与 $\boldsymbol{N}$ 垂直，故

图　4.6.2

$$\mathrm{d}A=\boldsymbol{N}\cdot\mathrm{d}\boldsymbol{r}_{mM}=0$$

即一对正压力的功恒为零。

(2) **一对静摩擦力的功恒为零**　在静摩擦情形中，两个接触物体间无相对运动，以其中任一物体为参考系，则另一物体相对参考系的位移为零，所以一对静摩擦力的功恒为零。

(3) **一对滑动摩擦力的功恒为负**　因为滑动摩擦力的方向与相对运动方向相反，以相对滑动的两物体中的任一物体为参考系，另一物体受到的滑动摩擦力的方向一定和它相对此参考系的位移方向相反，因此，一对滑动摩擦力的功恒为负。

知道了"一对力"做功的特点，有助于分析物体系的功能关系。仍以图 4.6.2 为例，分析 m 沿 M 下滑过程中，m、M 及地球组成的系统的功能关系。因为功能原理必须在惯性系中应用，此处应以地面为参考系计算功及系统的机械能。由图 4.6.2 可见，m 和 M 都相对于地面运动，两个正压力 $\boldsymbol{N}$ 和 $\boldsymbol{N}'$ 都做功，它们各自对系统的机械能的变化都起作用。若直接从地面参考系分析，一时难于确定 $A_N+A_{N'}$ 是多少。但如果利用这一对力的功与参考系无关的特点，则可以很容易地判断出这一对正压力的功 $A_N+A_{N'}=0$，同时此例中系统所受外力的功也为零，从而可以得出结论：若斜面光滑，在 m 沿 M 下滑过程中，系统机械能守恒。

综上所述可知，对一个物体系来说：内力中一对正压力、一对静摩擦力不会改变系统的机械能，而内力中一对滑动摩擦力的功恒使系统机械能减少。

4.6.4　关于保守力及势能概念的深入说明

(1) 如何理解保守力做功与路径无关的特点。

仔细阅读一般大学物理书籍不难发现，在讨论万有引力、弹性力这些保守力做功时，都

做了一些人为的规定。如研究质量为 M、m 的两个质点间的万有引力的功时，是假定一个质点 M 不动，而讨论只有质点 m 运动时它受的万有引力的功；研究弹性力的功时，假设弹簧一端固定，另一端被拉动……由此得出这些力做功仅仅决定于受力作用质点的始末位置而与路径无关的共同特性。那么，这些规定是必要的吗？如果实际运动并非如此，例如 M、m 两个质点都在运动，弹簧两端都不固定，那么万有引力、弹性力的功还具有上述特点吗？

回答上述问题的关键在弄清保守力的功的含义。根据牛顿第三定律，力是物体间的相互作用，总是成对出现的，保守力也不例外。实际上，通常所说"保守力的功"应是指作为相互作用的一对保守力的功，而不是其中一个力的功。例如，万有引力的功是指一对质点间万有引力的功，弹性力的功是指弹簧两端一对弹力的功(更详细的讨论见 4.6.6 小节)。如前面 4.6.3 小节所述，一对力的功的计算与参考系无关，自然一对保守力的功也是这样。所以，可以选择其中一个受力物体为参考系(叫相对参考系)来进行计算。在相对参考系中，选作参考的那个物体当然是不动的，因而一对力的功形式上就表现为一个力的功了。这就是一般大学物理书上的写法。在明确保守力是指一对力的基础上，保守力的特点应一般表述为：一对保守力的功取决于有这种相互作用的两质点的始末相对位置，而与它们在运动中所经过的实际路径无关。

据此，在保守力特性的数学表达式 $\oint \boldsymbol{f}_c \cdot \mathrm{d}\boldsymbol{r} = 0$ 中，$\mathrm{d}\boldsymbol{r}$ 应当理解为受保守力 $\boldsymbol{f}_c$ 作用的质点对于另一质点的相对位移。$\oint \boldsymbol{f}_c \cdot \mathrm{d}\boldsymbol{r} = 0$ 这个式子表明，若一质点相对于另一质点经由任一闭合路径回到原位置，它们之间的保守力的功为零。

(2) 如何理解势能属于系统？什么情况下又可以说"一个物体的势能"？

谈到势能的归属，一般的物理教科书都已给出结论：势能属于有保守力作用的物体系统。但是，如果只是停留在这种一般的阐述上，就很难对于势能属于系统这一结论有切实的体会。如果从一对力的功来分析，这一结论就是很自然的了。

首先，保守力的特点是，一对保守力的功取决于物体系的始末相对位置，由此引入的势能函数 E_p 应决定于物体系中各物体的相对位置，而且在定义式 $-\Delta E_p = A_{保}$ 中，保守力的功 $A_{保}$ 应为一对保守力的功之和。这样，势能自然应当属于有保守力作用的系统，而不是单属于其中某个物体！

其次，势能属于系统尚有另一层含义：当我们研究保守系统的能量时，如果存在势能与动能之间的转化，一般地说则是势能与系统内诸物体的总动能之间的转化。例如，当两个质点在彼此的万有引力作用下互相接近时，每一个万有引力都对受力质点做功。由动能定理可知，对质点 1、2 分别有：$A_{f_1} = \Delta E_{k1}$，$A_{f_2} = \Delta E_{k2}$，而 $\boldsymbol{f}_1$、$\boldsymbol{f}_2$ 这一对万有引力的功对应着系统引力势能的变化，即

$$A_{f_1} + A_{f_2} = -\Delta E_p$$

故有

$$-\Delta E_p = \Delta E_{k1} + \Delta E_{k2} = \Delta(E_{k1} + E_{k2})$$

即系统的万有引力势能与系统的总动能之间相互转化。

如果存在这样的特殊情况：有保守力作用的两个物体中的一个物体相对于惯性系静止，或本身是惯性参考系，例如对于相互间有万有引力作用的地球及人造地球卫星系统，地球本身就是研究卫星运动时用的惯性参考系(这实际是一种近似，参看 4.6.8 小节)。这时，

一对保守力中只有一个力在做功，物体系相对位置的变化体现为一个物体位置的变化，物体运动过程中，相应势能只在与这个物体的动能之间转化。这种情况下，我们可以简单地将系统的势能说成是“一个物体的势能”。

(3) 势能是否依赖于参考系的选择。

这个问题的提出，仍然围绕着对定义式$-\Delta E_p = A_{保}$中$A_{保}$的理解。

如果把$A_{保}$只理解为一个保守力的功，则由于牛顿力学中力与参考系无关，而位移随参考系的不同而不同，由上式就会得出E_p依赖于参考系的选择的结论。例如一个正在发射的飞船，其中有一台仪器，质量为m，飞船由离地心距离r_1处到达距离r_2处。从地心参考系看，引力对仪器做功$A_{引} = \frac{GM_e m}{r_2} - \frac{GM_e m}{r_1}$。而从飞船参考系看，仪器无位移，万有引力对它不做功。如果两种参考系中都应用定义式$-\Delta E_p = A_{保}$，并认为$A_{保}$就是引力对仪器的功，则在前一参考系中有$\Delta E_p \neq 0$，而在后一参照系中则有$\Delta E_p = 0$，不同的参考系中得出了关于势能变化的不同结果。然而这一结论是不正确的。

实际上应把$A_{保}$理解为一对保守力的功，而这个功的计算是与参考系无关的，因而势能的计算也与参考系无关。

据此对上例作出分析：从地心参考系看，在仪器与地球的一对万有引力中，引力对地球不做功，而引力只对仪器做功，二者之和

$$A_{保作用} + A_{保反作用} = \frac{GM_e m}{r_2} - \frac{GM_e m}{r_1}$$

从飞船参考系看，尽管引力对仪器不做功，但地球却有位移，引力对地球做功，二者之和仍由前后的相对位置决定，即仍为$\frac{GM_e m}{r_2} - \frac{GM_e m}{r_1}$。

两种参考系所得万有引力势能的改变量ΔE_p相同，即

$$\Delta E_p = -(A_{保作用} + A_{保反作用}) = \frac{GM_e m}{r_1} - \frac{GM_e m}{r_2}$$

势能确与参考系无关。

(4) 势能的相对性与动能的相对性的区别。

动能的相对性来源于速度的相对性，即同一物体在不同参考系中观察，会有不同的动能值。也就是说动能的相对性是对参考系而言的。

但是，由前面的讨论知道，一个系统的势能并不依赖于参考系的选择，也就是说对于参考系而言，势能不具有相对性。所谓势能的相对性是指对于势能零点的选择而言的。同一系统的同一位置状态，对于不同的势能零点来说是具有不同势能的。这里要提醒注意的是，不要把势能零点的选择与参考系的选择混为一谈。

4.6.5　重力势能与万有引力势能的关系

如果讨论物体和地球系统的万有引力势能，那么在特殊条件下一物体在地球表面附近，势能零点选在物体位于地面的状态，则这一系统的万有引力势能就是重力势能。证明如下：

如图4.6.3所示，系统由质量为m的物体与质量为M_e的地球组成，在它们彼此相距r_a、r_b的两状态下，系统的万有引力势能之差为

$$E_{pa}-E_{pb}=\left(-\frac{GM_em}{r_a}\right)-\left(-\frac{GM_em}{r_b}\right)$$

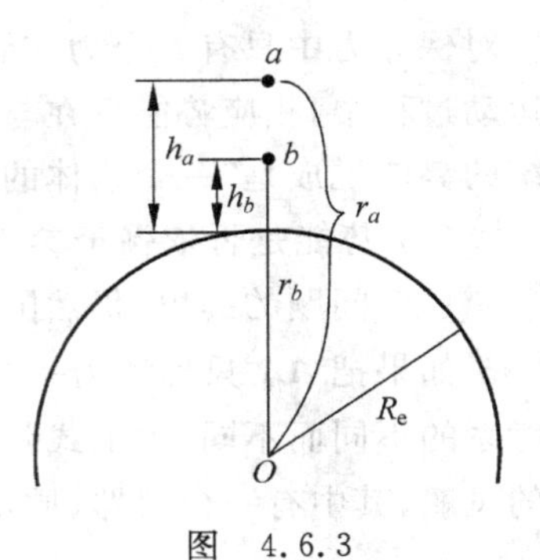

图 4.6.3

设与 r_a、r_b 相对应的物体距地面的高度为 h_a、h_b，地球半径为 R_e，则

$$\frac{1}{r_a}=\frac{1}{R_e+h_a}=\frac{1}{R_e\left(1+\frac{h_a}{R_e}\right)}$$

$$=\frac{1}{R_e}\left[1-\frac{h_a}{R_e}+\left(\frac{h_a}{R_e}\right)^2-\left(\frac{h_a}{R_e}\right)^3+\cdots\right]$$

若物体在地面附近，则 $h_a\ll R_e$，$\frac{h_a}{R_e}\ll 1$，忽略等号右端展开式中

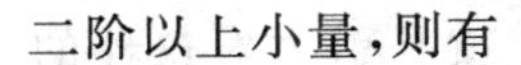
二阶以上小量，则有

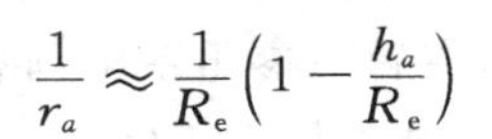

$$\frac{1}{r_a}\approx\frac{1}{R_e}\left(1-\frac{h_a}{R_e}\right)$$

同理

$$\frac{1}{r_b}\approx\frac{1}{R_e}\left(1-\frac{h_b}{R_e}\right)$$

代入万有引力势能公式，得

$$E_{pa}-E_{pb}=\frac{GM_em}{R_e^2}(h_a-h_b)$$

已知，在不计地球自转的影响时，地面附近重力加速度 $g=\frac{GM_e}{R_e^2}$，故

$$E_{pa}-E_{pb}=mgh_a-mgh_b$$

若选择地面势能为零，即令 $h_b=0$ 时 $E_{pb}=0$，则当物体在距地面高度为 h_a 时，万有引力势能为

$$E_{pa}=mgh_a$$

这正是物体—地球系统的重力势能的表达式。至此，我们从万有引力势能公式得出了重力势能公式。

4.6.6 从一对对内力做功分析弹簧势能变化的方法

在计算弹簧弹性势能的变化时，通常我们都只是考虑弹簧两端弹力的功。但是弹簧是一个连续体，当它发生变形时，其内部各截面上都存在着弹性力，这些力也是要做功的，为什么可以不考虑它们呢？下面分析一下这个问题。

为便于讨论，我们可以设想把弹簧分成无限多个无限小的“元段”，当弹簧变形时每对相邻的元段之间就会产生一对对的相互作用的内力。这每一对力虽然都是一对作用力和反作用力，但是由于它们是分别作用在两个相邻的元段上，而弹簧变形时各个元段的位移是不同的，所以每对内力的功并不能相互抵消。正是这一对对内力做功才改变了弹簧的弹性势能。但是我们同时还必须注意到对于弹簧内部的任何一个元段来说，它的两侧都要受到相邻元段的作用力，在忽略弹簧质量的情况下（当不忽略弹簧质量时可使弹簧进行无限缓慢的变形），这些力的大小都应该等于弹簧形变时的弹力，而每个元段两侧受到的弹力方向正相反。因此，当我们对弹簧内一对一对内力的功求和时，每个内部元段两侧所受内力的功必然相抵消。而处在两端的元段，因为都只在一侧受到相邻元段的内力，所以它们所受内力(弹力)的功是不能抵消的，如图 4.6.4 所示。由此得知，在计算弹簧系统势能变化时，只需要计算弹簧两端所受内力(弹力)的功就够了。

由以上从弹簧内部一对对内力做功来分析弹性势能，可以使我们更加具体地体会到弹性势能属于弹簧系统本身。

需要提醒注意的是，计算系统势能变化时只需要考虑系统内部的保守力做功，而不应将外力对系统的功也计算在内，在图 4.6.4 中由于两端的外力 $\boldsymbol{f}_{外}$ 和 $\boldsymbol{f}'_{外}$ 的功不应计算进来，因此不存在它们和相应的 $\boldsymbol{f}'_{内}$ 及 $\boldsymbol{f}_{内}$ 的功相抵消的问题。

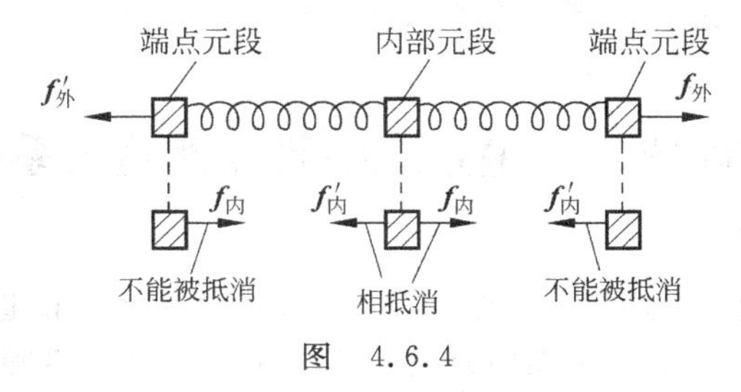

图 4.6.4

4.6.7 质点系的动量、角动量和机械能是否能在任何惯性系中同时守恒

要回答这个问题，必须搞清各个守恒条件的满足是否和惯性系的选择有关。

(1) 动量守恒的条件是外力的和为零，即 $\sum\limits_i \boldsymbol{F}_i = 0$，由于在牛顿力学中力与参考系的选取无关，所以若在某个惯性系 S 中 $\sum\limits_i \boldsymbol{F}_i = 0$，则在其他任意一个惯性系 S' 中都必有 $\sum\limits_i \boldsymbol{F}_i = 0$，即动量守恒条件与惯性系的选取无关。

(2) 机械能守恒的条件是外力和非保守内力的功为零，即 $\mathrm{d}A^{外} = 0$，$\mathrm{d}A^{内}_{非保} = 0$，而由于内力都是成对出现的，故 $\mathrm{d}A^{内}_{非保}$ 与惯性系的选取无关，所以只需看 $\mathrm{d}A^{外}$ 在不同惯性系 S 和 S' 间的变换关系即可。

如图 4.6.5 所示，设惯性系 S' 相对于惯性系 S 的速度为 $\boldsymbol{v}$，时刻 $t=0$ 时 O 和 O' 重合，已知在惯性系 S 中

$$\mathrm{d}A^{外} = \sum_i \boldsymbol{F}_i \cdot \mathrm{d}\boldsymbol{r}_i = 0$$

在惯性系 S' 中

$$\mathrm{d}A'^{外} = \sum_i \boldsymbol{F}_i \cdot \mathrm{d}\boldsymbol{r}'_i$$

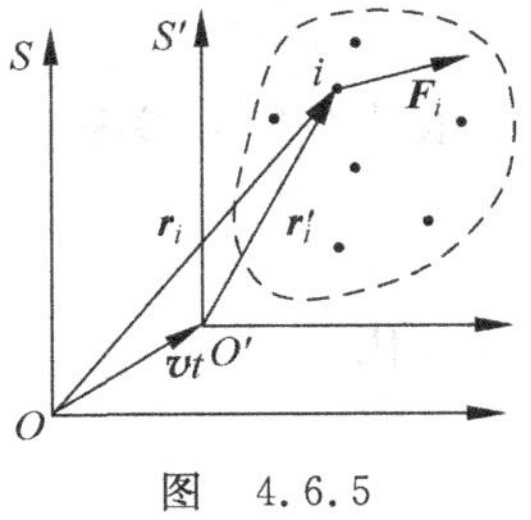

图 4.6.5

由 $\boldsymbol{r}'_i = \boldsymbol{r}_i - \boldsymbol{v}t$，有 $\mathrm{d}\boldsymbol{r}'_i = \mathrm{d}\boldsymbol{r}_i - \boldsymbol{v}\mathrm{d}t$，所以

$$\begin{aligned}\mathrm{d}A'^{外} &= \sum_i \boldsymbol{F}_i \cdot (\mathrm{d}\boldsymbol{r}_i - \boldsymbol{v}\mathrm{d}t) = \sum_i \boldsymbol{F}_i \cdot \mathrm{d}\boldsymbol{r}_i - \left(\sum_i \boldsymbol{F}_i\right) \cdot \boldsymbol{v}\mathrm{d}t \\ &= \mathrm{d}A^{外} - \left(\sum_i \boldsymbol{F}_i\right) \cdot \boldsymbol{v}\mathrm{d}t = -\left(\sum_i \boldsymbol{F}_i\right) \cdot \boldsymbol{v}\mathrm{d}t\end{aligned}$$

若在 S 系中动量守恒，则 $\sum\limits_i \boldsymbol{F}_i = 0$，于是在 S' 系中 $\mathrm{d}A'^{外} = -\left(\sum\limits_i \boldsymbol{F}_i\right) \cdot \boldsymbol{v}\mathrm{d}t = 0$，即机械能亦守恒。

(3) 角动量守恒条件是 $\boldsymbol{M}_{外}=0$，若在惯性系 S 中角动量守恒，则

$$\boldsymbol{M}_{外}=\sum_i \boldsymbol{F}_i\times\boldsymbol{r}_i=0$$

在其他惯性系 S' 中

$$\boldsymbol{M}'_{外}=\sum_i \boldsymbol{F}_i\times\boldsymbol{r}'_i=\sum_i \boldsymbol{F}_i\times(\boldsymbol{r}_i-\boldsymbol{v}t)=\sum_i \boldsymbol{F}_i\times\boldsymbol{r}_i-\left(\sum_i \boldsymbol{F}_i\right)\times\boldsymbol{v}t=-\left(\sum_i \boldsymbol{F}_i\right)\times\boldsymbol{v}t$$

若在 S 系中动量守恒，则 $\sum_i \boldsymbol{F}_i=0$，于是在 S' 系中 $\boldsymbol{M}'_{外}=-\left(\sum_i \boldsymbol{F}_i\right)\times\boldsymbol{v}t=0$，即角动量亦守恒。

结论 若在某惯性系中动量、机械能和角动量皆守恒，则在其他任何惯性系中，动量、机械能和角动量亦皆守恒。若在某惯性系机械能和角动量守恒，动量并不守恒，则在其他任何惯性系中，机械能和角动量就不一定守恒了。

4.6.8 为何在地球—卫星系统中研究能量关系时可以选择地球为参考系

3.6.3 小节已经指出，在地球—卫星系统中研究动量关系不能选地球为参考系，但是为何在地球—卫星系统中研究能量关系时却可以选择地球为参考系呢？

从功能关系上看，在地球—卫星系统的质心参考系(为惯性系)中，系统由于没受外力的作用，又没有非保守内力存在，所以系统的机械能守恒。设系统的动能为 E'_k、势能为 E'_p，则系统的机械能为

$$E'=E'_k+E'_p=\text{常量} \qquad ①$$

式中，E'_k 为卫星动能 $\frac{1}{2}mv'^2$ 和地球动能 $\frac{1}{2}MV'^2$ 之和，即

$$E'_k=\frac{1}{2}mv'^2+\frac{1}{2}MV'^2 \qquad ②$$

比较式②中的两项，考虑到由动量守恒给出的关系式 $\boldsymbol{V}'=-\frac{m}{M}\boldsymbol{v}'$，应有

$$\frac{\frac{1}{2}MV'^2}{\frac{1}{2}mv'^2}=\frac{m}{M}\ll 1$$

此式表明在质心参考系中，地球的动能和卫星的动能相比是可以忽略的，因此式②可以写成

$$E'_k\approx\frac{1}{2}mv'^2 \qquad ③$$

将式③代入式①得

$$E'\approx\frac{1}{2}mv'^2+E'_p=\text{常量} \qquad ④$$

若以地球为参考系，则地球的动能始终为零，系统的动能 E_k 就是卫星的动能 $\frac{1}{2}mv^2$，而系统的势能仍为 E'_p(势能与参考系的选择无关)，于是系统的机械能为

$$E=E_k+E_p=\frac{1}{2}mv^2+E'_p \qquad ⑤$$

式④和式⑤表明，E 和 E' 的差异仅在动能项上，为了便于比较 E_k 和 E'_k，我们利用相对运动的速度公式 $\boldsymbol{v}=\boldsymbol{v}'-\boldsymbol{V}'$，把 E_k 改写如下：

$$E_k=\frac{1}{2}mv^2=\frac{1}{2}m(\boldsymbol{v}'-\boldsymbol{V}')\cdot(\boldsymbol{v}'-\boldsymbol{V}')$$

$$=\frac{1}{2}mv'^2+\frac{1}{2}mV'^2-m\boldsymbol{v}'\cdot\boldsymbol{V}' \qquad ⑥$$

将 $\boldsymbol{V}'=-\frac{m}{M}\boldsymbol{v}'$ 代入式⑥，经整理得

$$E_k=\frac{1}{2}mv^2=\frac{1}{2}mv'^2\left(1+\frac{m}{M}\right)^2\approx\frac{1}{2}mv'^2=E_k',\quad\left(\frac{m}{M}\ll 1\right) \qquad ⑦$$

由式④、式⑤、式⑦可以得知

$$E\approx E'=\text{常量} \qquad ⑧$$

此式说明，对地球—卫星系统，若以地球为参考系，则系统的机械能是近似守恒的，因而机械能守恒定律在地球参考系中也是近似成立的，由于 $\frac{m}{M}\ll 1$，这种近似的程度是非常之高的。

以上分析告诉我们，当研究包括地球在内的系统的运动状况时，本来是不能把地球本身选作参考系的，因为在这种情况下，地球的速度恒为零，这样就无法研究地球的运动了。但是，在研究能量问题时，由于地球的动能和系统内其他物体（如卫星）的动能相比，完全可以忽略，所以选地球为参考系，仍然能够十分精确地研究系统的能量，从而正确地反映系统的功能关系。

4.6.9　为什么不能说物体在弹性碰撞的过程中动能守恒

必须明确指出，说一个过程中物体动能守恒，一定是在过程中物体时时刻刻动能都相同。但是，在弹性碰撞中物体的动能并不是不变的，它要逐渐转变成物体的弹性形变能，直至形变到最大。然后物体又要恢复原来的形状，使得弹性形变能又反过来逐渐转变成物体的动能，直至物体的形状得以完全复原。由于是弹性碰撞，在整个碰撞过程完成后，动能没有损失。所以对于弹性碰撞来说，只能说是碰撞过程前后动能不变，而不能说碰撞过程中动能守恒。

4.6.10　汽车启动过程中有关功、能、动量等若干力学问题的讨论

我们知道只有启动发动机后，汽车才能开动。但是，发动机是安装在汽车内的，它施予汽车其他部分的力属于内力。那么这是否说明内力能够改变汽车的总动量从而违背了动量原理呢？

由于汽车结构是复杂的，在启动过程中，实际上要考虑的问题是多方面的，因此我们对这个问题只能进行一些极为粗略的讨论（下面讨论均不考虑滚动摩擦和空气阻力的影响）。要弄清这个问题，必须先分析汽车轮子的受力以及它是如何滚动起来的。汽车主动轮（对小轿车来说，通常为前轮）除了受到重力 $\boldsymbol{P}_A$，车身对轮子的压力 $\boldsymbol{F}_A$ 和地面的支持力 $\boldsymbol{N}_A$ 外，还受到来自发动机的驱动力矩 $\boldsymbol{M}$ 及从动轮（对小轿车来说，通常为后轮）通过传动轴施加的反力 $\boldsymbol{T}_A$，如图 4.6.6 所示。由于竖直方向上的力互相抵消，所以有 $\boldsymbol{N}_A=\boldsymbol{F}_A+\boldsymbol{P}_A$。力矩 $\boldsymbol{M}$ 的作用是使主动轮绕着轴转动，结果在主动轮与地面相接触处，由于主动轮相对地面有向后滑动的趋势，所以它受到地面施

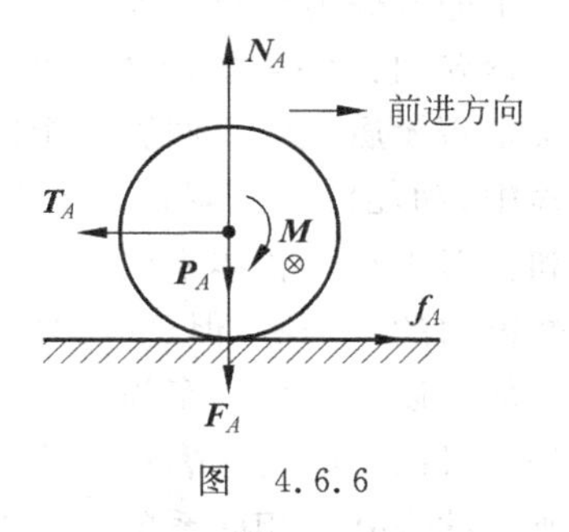

图　4.6.6

予的向前的摩擦力 $\boldsymbol{f}_A$。当摩擦力 $f_A > T_A$ 时，汽车的主动轮就向前加速运动。若主动轮与地面接触处是“光滑”的，那么它就只能绕轴在原地空转，而不能向前滚动。例如汽车在泥泞的路上或冰雪地面上启动时，就经常发生这种现象，可见主动轮能够向前滚动起来是借助于地面给予的摩擦力（外力）的。

汽车的从动轮同主动轮一样，在竖直方向上的力互相抵消，下面着重分析水平方向的受力情况。由于主动轮滚动，所以它以力 $\boldsymbol{T}_B$ 作用于从动轮的轴上，使从动轮相对地面有向前滑动的趋势，因此，从动轮要受到地面施予的方向向后的摩擦力 $\boldsymbol{f}_B$，如图 4.6.7 所示。正是这个摩擦力的力矩，使从动轮向前滚动起来。若地面是光滑的，则从动轮不会向前滚动，只能向前平动。

汽车主动轮与从动轮滚动起来的原因，都是靠着地面摩擦力的作用，没有摩擦力，车轮是不能滚动起来的。

对于汽车整体来说，在水平方向只受摩擦力作用。在加速的情况下，$f_A > f_B$。即地面对整个汽车作用的摩擦力为 $f_A - f_B > 0$，如图 4.6.8 所示，这正是使汽车加速的力。

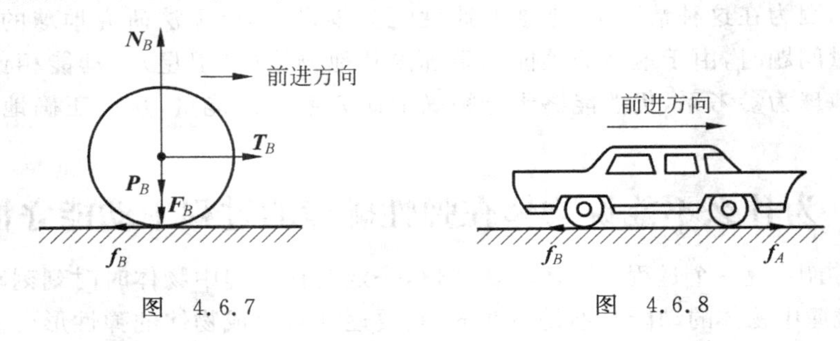

图 4.6.7　　图 4.6.8

汽车的总动量是汽车的质量乘上汽车质心的运动速度。汽车开动起来，从静止到运动，它的总动量是增大了。显然，只靠内力的作用，不会改变汽车质心运动速度，因而也不会改变汽车的总动量。汽车总动量的增加是地面给予车轮的摩擦力（即外力）作用的结果，而这个摩擦力又正是由于发动机启动后造成车轮相对地面的运动趋势而出现的。可见，当启动发动机后，汽车能够开动的这个事实和“内力不能改变系统总动量”的结论并不矛盾。

现在我们已经知道，汽车凭借车轮与地面之间的摩擦力能够行驶起来，但是因为在车轮不打滑的情况下，轮子与地面瞬时接触的部分相对地面是静止不动的，因此车轮与地面之间产生的摩擦力相对地面也不发生位移，可见汽车在启动过程中摩擦力并不做功。那么，我们不禁要问：摩擦力不做功，汽车获得的动能是从哪里来的？这和摩擦力增加汽车动量的事实是否矛盾呢？要回答这个问题，需要依据系统的动能定理。由该定理知道，汽车在启动过程中，动能的增加量决定于作用在汽车上所有的力的功，也就是决定于内力和外力功之总和。对于汽车整体来说，在启动过程中，除受到外界摩擦力外，同时还受到内力的作用，虽然摩擦力的功为零，但这时内力的功并不为零，正是内部驱动力矩做功，才引起了汽车动能的增加。以内燃机汽车为例，内力的功是靠消耗燃料的化学能而得到的，可见汽车获得的动能是通过内力的功从燃料的化学能转化来的。但是，由动量定理知道，系统的动量增加是和它所受的合外力相联系的，而这与外力的功并没有联系。在汽车启动的问题中，摩擦力是外力，因此汽车的动量增加是和摩擦力相联系的，但和摩擦力是否做功并没有联系。所以，摩擦力的功为零和摩擦力增加汽车的动量的事实并没有矛盾。

综上所述，使得汽车能够开动起来的外力是摩擦力 $f_A - f_B$，也就是使得汽车获得加速度的外力是 $f_A - f_B$。因此，启动发动机而能使汽车向前开动必须有$(f_A - f_B) > 0$。那么，汽车启动过程中，$(f_A - f_B) > 0$ 是否一定能满足呢？这需要考虑多方面的因素，现仅做些极为粗浅的分析。我们忽略滚动摩擦的影响，也不考虑车轮本身加速转动时所需要的力矩(即忽略车轮的质量)。

主动轮受到地面给予的向前的静摩擦力 f_A 的分析：在上述简化的情况下，f_A 对主动轮轴的力矩应等于发动机通过传动机构作用在主动轮轴上的驱动力矩 M 与主动轮轴上的摩擦阻力矩 M_A 之差，若以 R_A 表示主动轮的半径，则应该有 $f_A = \frac{M - M_A}{R_A}$。由于在启动的情况下应有 $M \gg M_A$，所以 $f_A \approx \frac{M}{R_A}$。这表明 M 越大，f_A 也应越大。只要主动轮与地面之间的正压力 N_A 和车轮与地面之间的静摩擦系数 μ_s 都足够大，是能够保证 $f_A < \mu_s N_A = f_{A最大}$($f_{A最大}$是地面能够施加给主动轮的最大静摩擦力)，从而使主动轮不打滑的。

从动轮受到的地面施加的向后的静摩擦力 f_B 的分析：f_B 对从动轮轴的力矩应该等于从动轮轴上的摩擦阻力矩 M_B。若以 R_B 表示从动轮的半径，则应该有 $f_B = \frac{M_B}{R_B}$。在非制动的情况下，M_B 应该很小，所以 f_B 也是很小的。只要地面不是太光滑，而从动轮与地面间的正压力 N_B 又不是太小，总是可以使得 $f_B \ll \mu_s N_B = f_{B最大}$($f_{B最大}$是地面能够施加给从动轮的最大静摩擦力)的。

由上可见，静摩擦力 f_A 和 f_B 分别是随着 M 和 M_B 的变化而变化的力，但是前者随着 M 的增大而增大，后者则由于 M_B 很小而很小，所以只要地面不是太光滑，且驱动力矩 M 够大时，使得 $f_A > f_B$ 是不成问题的。

对于汽车能否启动的问题，常常容易出现一种错误的理解，就是认为只有 $\mu_s N_A > \mu_s N_B$(即 $f_{A最大} > f_{B最大}$)、也就是说只有 $N_A > N_B$，汽车才能被加速而启动。这种理解的错误所在，主要是把 f_A、f_B 与 $f_{A最大}$、$f_{B最大}$ 相混淆了。决定汽车能否加速的是 f_A 是否大于 f_B，而不是 $f_{A最大}$是否大于 $f_{B最大}$。由前面的讨论可以知道，f_A 是随 M 的增大而增大的，其最大值就是 $\mu_s N_A$。而 f_B 则是个基本上不变的很小的力，通常 f_B 总是比 $\mu_s N_B$ 小得多的。因此，即使 N_A 不比 N_B 大也是完全有可能做到$(f_A - f_B) > 0$ 的。当然，实际上在设计汽车时，通常是使得车的重心偏向主动轮，也就是使得 N_A 是大于 N_B 的。不过，这是从尽可能提高汽车主动轮从地面得到的最大推动力 $f_{A最大}$(这样在启动时不易出现打滑现象)以及其他一些方面的因素来考虑的，并非是一般启动情况下所必要的条件。

第5章 刚体

刚体是个特殊的质点系：从几何上看，刚体上任意两点的距离不变(即其大小形状不变)；从物理上看，其内力的功之和为零。质点系的动力学规律对刚体都是适用的，只不过对刚体来说，这些规律的形式更简单而已。

5.1 刚体的基本概念

5.1.1 刚体的几种运动形式

平动 刚体作平动时其上各点的运动情况(指位移、速度、加速度)相同，故在研究刚体的平动规律时可把它视为质点。

定轴转动 刚体作定轴转动时其上各点都绕同一个轴以相同的角速度作圆周运动。

平面(平行)运动 刚体作平面运动时其上各点都在彼此平行的平面内运动，故仅研究刚体上某一平行于运动平面的截面上各点的运动情况就够了。刚体的平面运动可分解为随“基点”(又称为“转心”，通常选在质心)的平动和绕过该“基点”且垂直于运动平面的转轴的转动。

定点运动 刚体作定点运动时，其上各点都在以某个“定点”为球心的各个球面上运动。

一般运动 刚体作一般运动时，可分解为刚体随某个“定点”的平动和绕该点的定点运动。

5.1.2 刚体的重要物理量和表达式

角速度矢量 正因为刚体上任意两点的距离不变，故其上各点的转动情况相同，可用角速度矢量$\boldsymbol{\omega}$表示刚体的转动状态。而一般的质点系是不能用角速度来表示其整体的运动状态的。

对于绕轴转动的刚体，$\boldsymbol{\omega}$的方向沿转轴，与实际转向成右手螺旋关系，如图5.1.1(a)所示。$\boldsymbol{\omega}$的大小为$\omega=|\boldsymbol{\omega}|=\lim\limits_{\Delta t\to 0}\frac{|\Delta\theta|}{\Delta t}=\left|\frac{\mathrm{d}\theta}{\mathrm{d}t}\right|$，如图5.1.1(b)所示(其中$\Delta\theta$为$t\sim t+\Delta t$时间

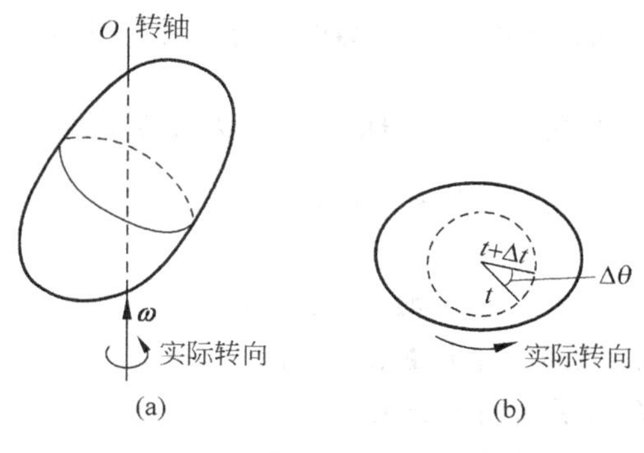

图　5.1.1

间隔内刚体转过的角度)。

对于作平面运动的物体,“转心”(“基点”)的位置是可以任意选择的,但$\boldsymbol{\omega}$的大小和方向并不因“转心”的位置不同而异(参看5.4.5小节)。

角加速度矢量　为了表示刚体转动状态的变化情况,引进角加速度矢量$\boldsymbol{\alpha}$:

$$\boldsymbol{\alpha}=\frac{\mathrm{d}\boldsymbol{\omega}}{\mathrm{d}t} \tag{5.1.1}$$

$\boldsymbol{\alpha}$的方向与$\mathrm{d}\boldsymbol{\omega}$的方向相同。在定轴转动和平面运动中,当$|\boldsymbol{\omega}|$增大时$\boldsymbol{\alpha}$与$\boldsymbol{\omega}$同向,当$|\boldsymbol{\omega}|$减小时$\boldsymbol{\alpha}$与$\boldsymbol{\omega}$反向。在定点运动中,由于通过定点的转轴可随时改变,故$\boldsymbol{\alpha}$与$\boldsymbol{\omega}$的方向一般是不同的。

转动惯量　刚体的动力学规律都要涉及到转动惯量,转动惯量是刚体转动惯性的量度。

不连续质点系的转动惯量为

$$J=\sum_i m_i r_i^2 \tag{5.1.2}$$

连续质点系的转动惯量为

$$J=\int_m r^2\mathrm{d}m=\int_V r^2\rho\mathrm{d}V \tag{5.1.3}$$

式中,r_i或r为质点或质元到转轴的垂直距离,如图5.1.2所示。所以,谈转动惯量时必须明确是对哪个轴而言的。

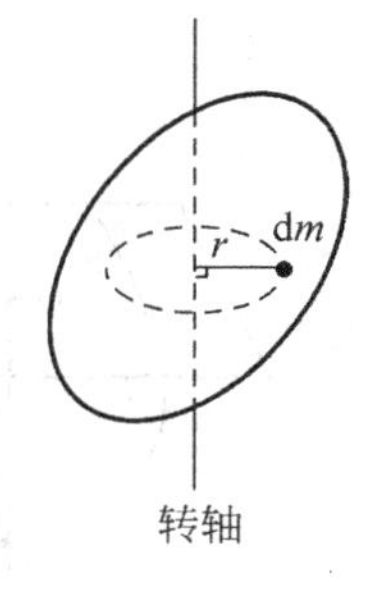

图　5.1.2

由式(5.1.2)和式(5.1.3)知,转动惯量具有可叠加性。一个刚体如果由几个部分构成,那么各个部分对同一轴的转动惯量之和就是整个刚体对该轴的转动惯量。

在大学物理中有几种经常用到的转动惯量,不仅要求会计算,而且需要熟记结果以便于运用,以下是几种常用的转动惯量表达式:

半径为R、质量为m的均匀圆盘或圆柱对其旋转对称轴O的转动惯量为$J_O=\frac{1}{2}mR^2$;

长度为l、质量为m的均匀细杆对过其中点而垂直于杆的轴O的转动惯量为$J_O=\frac{1}{12}ml^2$;

长度为 l、质量为 m 的均匀细杆对过杆端而垂直于杆的轴 A 的转动惯量为 $J_A=\frac{1}{3}ml^2$；

半径为 R、质量为 m 的均匀球体对过球心的轴 O 的转动惯量为 $J_O=\frac{2}{5}mR^2$。

对点的力矩 力 $\boldsymbol{F}$ 对 O 点的力矩 $\boldsymbol{M}_O$ 定义为由 O 点到力的作用点的矢径 $\boldsymbol{R}$ 与力 $\boldsymbol{F}$ 的矢量积，即

$$\boldsymbol{M}_O=\boldsymbol{R}\times\boldsymbol{F} \tag{5.1.4}$$

对轴的力矩 在图 5.1.3 中，过力 $\boldsymbol{F}$ 的作用点作一垂直于轴的平面，该平面与轴相交于 O'点。将力 $\boldsymbol{F}$ 分解为在该平面内的分力 $\boldsymbol{F}_{\parallel}$ 和垂直于该平面的分力 $\boldsymbol{F}_{\perp}$。则力 $\boldsymbol{F}$ 对该轴的力矩 $\boldsymbol{M}$ 定义为 O'点到力的作用点的矢径 $\boldsymbol{r}$ 与 $\boldsymbol{F}_{\parallel}$ 的矢量积，即

$$\boldsymbol{M}=\boldsymbol{r}\times\boldsymbol{F}_{\parallel} \tag{5.1.5}$$

由以上定义知，同一个力对点的力矩和对轴的力矩是不同的；力对点的力矩认的是点(因点的不同而异)，它的方向一般是不沿过该点而选定的某个轴的；力对轴的力矩认的是轴(因轴的不同而异)，它的方向恒沿轴。

当 O 点在轴上时，则 $\boldsymbol{M}_O$ 在轴上的分量便是对轴的力矩 $\boldsymbol{M}$，如图 5.1.4 所示(这一点读者可自行证明)。

角动量 角动量也可分为对点的角动量和对轴的角动量。

在图 5.1.5 中，过任意质点系中的质点 m_i 作一垂直于轴的平面，该平面与轴相交于 O'点。将质点 m_i 的速度 $\boldsymbol{v}_i$ 分解为在该平面内的分速度 $\boldsymbol{v}_{i\parallel}$ 和垂直于该平面的分速度 $\boldsymbol{v}_{i\perp}$。则任意质点系对 O 点的角动量为

$$\boldsymbol{L}_O=\sum_i\boldsymbol{R}_i\times m_i\boldsymbol{v}_i$$

任意质点系对轴的角动量为

$$\boldsymbol{L}=\sum_i\boldsymbol{r}_i\times m_i\boldsymbol{v}_{i\parallel}$$

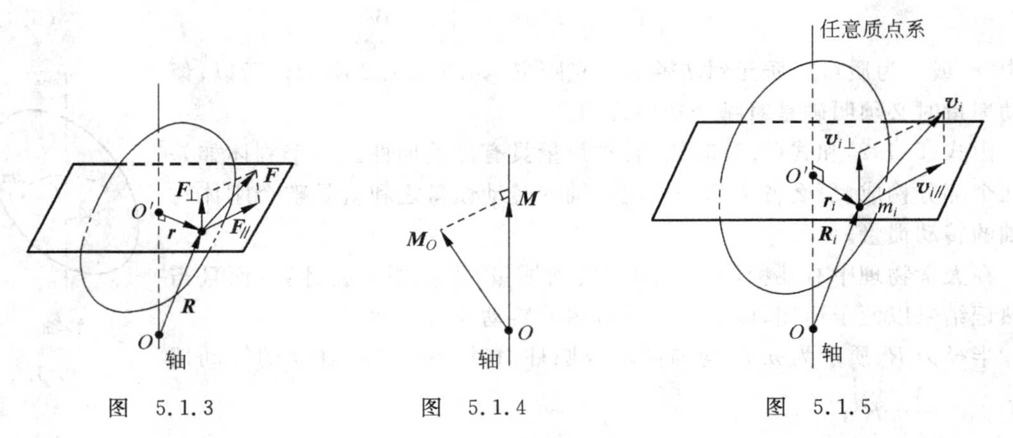

图 5.1.3　　图 5.1.4　　图 5.1.5

同一个质点系的同一种运动状态对点的角动量和对轴的角动量是不同的：对点的角动量认的是点(因点的不同而异)，即使质点系所有质点在某瞬时都绕同一转轴(称瞬时轴)转动，它的方向一般也是不沿该转轴的；对轴的角动量认的是轴(因轴的不同而异)，它的方向恒沿转轴。

当 O 点在轴上时，则 $\boldsymbol{L}_O$ 在该轴上的分量（投影）便是 $\boldsymbol{L}$。

将 $\boldsymbol{L}=\sum_i \boldsymbol{r}_i \times m_i \boldsymbol{v}_{i\parallel}$ 用于刚体的转轴，则得刚体对其转轴的角动量为

$$\boldsymbol{L}=J\boldsymbol{\omega} \tag{5.1.6}$$

$J\boldsymbol{\omega}$ 比 $\sum_i \boldsymbol{r}_i \times m_i \boldsymbol{v}_{i\parallel}$ 的形式简单，这正是本章开始时提到的刚体是个“特殊的质点系”的特殊性的体现。不过在这种情况下，通常将式(5.1.6)写成对转轴的投影式 $L=J\omega$，理由见5.4.7小节的分析。

刚体的转动动能 任意质点系的动能为

$$E_{\mathrm{k}}=\sum_i \frac{1}{2}m_i v_i^2$$

将此式用于刚体的定轴转动，则刚体的转动动能为

$$E_{\mathrm{k}}=\frac{1}{2}J\omega^2 \tag{5.1.7}$$

$\frac{1}{2}J\omega^2$ 比 $\sum_i \frac{1}{2}m_i v_i^2$ 的形式简单，这同样是刚体是个“特殊的质点系”的特殊性的体现。

5.2 刚体运动的基本规律

5.2.1 刚体的运动学规律

匀加速转动的三个常用公式 刚体作定轴转动时角加速度 $\boldsymbol{\alpha}=\frac{\mathrm{d}\boldsymbol{\omega}}{\mathrm{d}t}$ 在转轴上的投影式为 $\alpha=\frac{\mathrm{d}\omega}{\mathrm{d}t}$，当 $\boldsymbol{\alpha}$ 为常矢量时，可得到三个常用公式：

$$\begin{cases}\omega-\omega_0=\alpha t\\ \theta-\theta_0=\omega_0 t+\frac{1}{2}\alpha t^2\\ \omega^2-\omega_0^2=2\alpha(\theta-\theta_0)\end{cases} \tag{5.2.1}$$

式(5.2.1)中的 ω_0 和 θ_0 分别为初始时刻的角速度和角位置，ω 和 θ 分别为 t 时刻的角速度和角位置。

这三个公式与质点作匀加速直线运动时的三个常用公式(1.2.1)、(1.2.2)、(1.2.3)是非常类似的。式中的各角量都是代数值，要确定其正负，必须先规定正转向（这相当于建坐标），各角量的转向与正转向相同者为正，反之为负。

定轴转动的角量与线量的关系 刚体作定轴转动时，其上任意一点的线速度 $\boldsymbol{v}$、切向加速度 $\boldsymbol{a}_{\mathrm{t}}$ 和法向加速度 $\boldsymbol{a}_{\mathrm{n}}$（各量如图5.2.1所示）有如下表达式：

$$\begin{cases}\boldsymbol{v}=\boldsymbol{\omega}\times\boldsymbol{r}\\ \boldsymbol{a}_{\mathrm{t}}=\boldsymbol{\alpha}\times\boldsymbol{r}\\ \boldsymbol{a}_{\mathrm{n}}=\boldsymbol{\omega}\times\boldsymbol{v}=\boldsymbol{\omega}\times(\boldsymbol{\omega}\times\boldsymbol{r})=-\omega^2\boldsymbol{r}\end{cases} \tag{5.2.2}$$

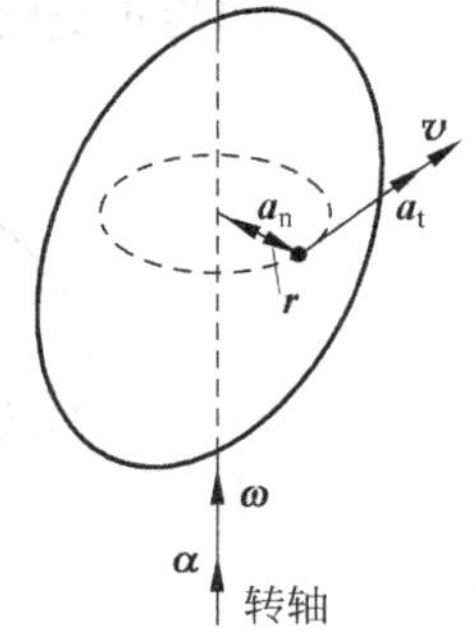

图 5.2.1

上面三式的投影式为

$$\begin{cases} v = \omega r \\ a_{\mathrm{t}} = \alpha r \\ a_{\mathrm{n}} = \omega^2 r \end{cases} \tag{5.2.3}$$

a_{n} 恒为正值，但 v 和 a_{t} 为代数量，其正负号与 ω 和 α 的正负号相同。

平面运动中刚体上任意点的速度和加速度　先选择"基点"O'，则平面运动可分解为随 O' 点的平动和绕 O' 点的转动（见图 5.2.2，图中矢量 $\boldsymbol{\omega}$、$\boldsymbol{\alpha}$ 的方向垂直纸面向外）。

刚体上任一点 P 相对于参考系的速度和加速度为

$$\boldsymbol{v} = \boldsymbol{v}_{O'} + \boldsymbol{v}' = \boldsymbol{v}_{O'} + \boldsymbol{\omega} \times \boldsymbol{r}' \tag{5.2.4}$$

$$\begin{aligned} \boldsymbol{a} &= \boldsymbol{a}_{O'} + \boldsymbol{a}' = \boldsymbol{a}_{O'} + (\boldsymbol{a}'_{\mathrm{t}} + \boldsymbol{a}'_{\mathrm{n}}) \\ &= \boldsymbol{a}_{O'} + (\boldsymbol{\alpha} \times \boldsymbol{r}' - \boldsymbol{\omega}^2 \boldsymbol{r}') \end{aligned} \tag{5.2.5}$$

"基点"O' 的选择是任意的，但 $\boldsymbol{\omega}$、$\boldsymbol{\alpha}$ 不因"基点"的不同而异。$\boldsymbol{v}_{O'}$、$\boldsymbol{a}_{O'}$ 因"基点"的不同而异，但 $\boldsymbol{v}$、$\boldsymbol{a}$ 不因"基点"的不同而异。

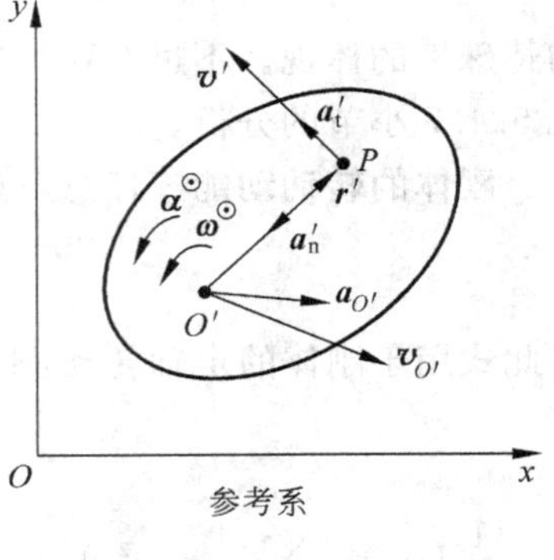

图　5.2.2

5.2.2　关于刚体转动惯量的规律

平行轴定理　在求刚体的转动惯量时平行轴定理很有用，该定理的表达式为

$$J_O = J_C + ml^2 \tag{5.2.6}$$

式中，J_C 为刚体对过质心 C 的轴的转动惯量，J_O 为刚体对过任意点 O 并与过质心 C 的轴相平行的轴的转动惯量，l 为这两个平行轴之间的距离，m 为刚体的质量，如图 5.2.3 所示。

平行轴定理表明，对各平行轴来说，刚体对过质心 C 的轴的转动惯量 J_C 最小。

由于刚体的 J_C 比较容易求出，故平行轴定理为求 J_O 提供了一个简便的方法。

正交轴定理　该定理仅对薄板形状的刚体成立。

如图 5.2.4 所示，若 x 和 y 轴在薄板平面内，z 轴垂直于薄板，则薄板对这三个正交轴的转动惯量的关系为

$$J_z = \int_m r^2 \mathrm{d}m = \int_m (x^2 + y^2) \mathrm{d}m = \int_m x^2 \mathrm{d}m + \int_m y^2 \mathrm{d}m$$

由于　$\int_m x^2 \mathrm{d}m = J_y, \quad \int_m y^2 \mathrm{d}m = J_x$

故　$J_z = J_x + J_y$　　(5.2.7)

式(5.2.7)即为正交轴定理。

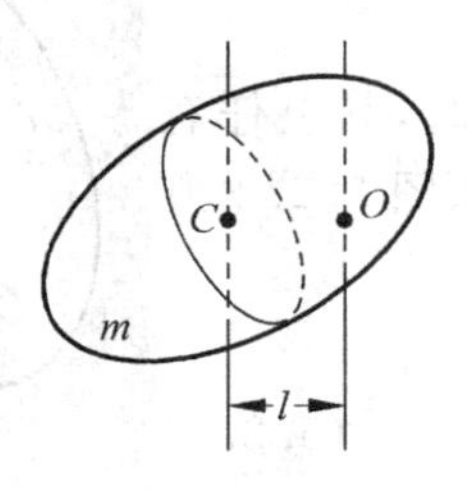

图　5.2.3

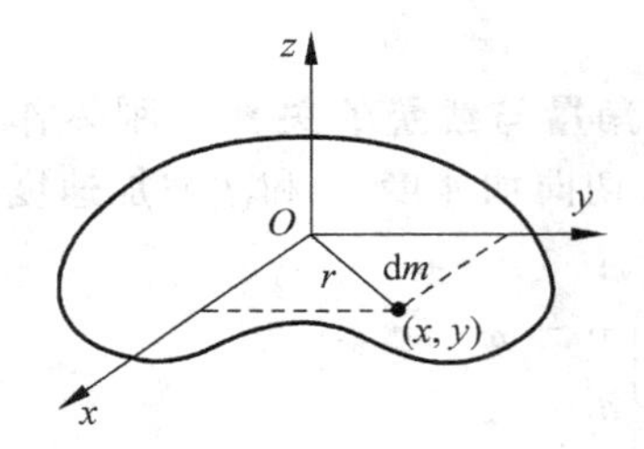

图　5.2.4

5.2.3 刚体的动力学规律

刚体的运动学规律对参考系的选择是没有限制的，但刚体的动力学规律必须限定在惯性系中，因为刚体的动力学规律都是从牛顿运动定律导出的。由于刚体是特殊的质点系，所以将质点系的动力学规律用于刚体，便可得到刚体的动力学规律。

定轴转动的动力学规律 作定轴转动的刚体，有如下动力学规律：

(1) 转动定律

由前面第3章知，任意质点系对惯性系中任一固定点 O 的角动量定理为

$$\boldsymbol{M}_O = \frac{\mathrm{d}\boldsymbol{L}_O}{\mathrm{d}t} \tag{5.2.8}$$

式中，$\boldsymbol{M}_O$ 为质点系所受的外力对点 O 的力矩之和，$\boldsymbol{L}_O$ 为质点系对点 O 的角动量。

在惯性系中作一过 O 点的固定轴，则式(5.2.8)对该轴的分量式为

$$\boldsymbol{M} = \frac{\mathrm{d}\boldsymbol{L}}{\mathrm{d}t} \tag{5.2.9}$$

式(5.2.9)就是任意质点系对惯性系中任意一个固定轴的角动量定理，式中 $\boldsymbol{M}$ 为质点系所受的外力对轴的力矩之和，$\boldsymbol{L}$ 为质点系对轴的角动量。

将任意质点系对惯性系中任一固定轴的角动量定理用于作定轴转动的刚体的转轴上，则得

$$\boldsymbol{M} = \frac{\mathrm{d}\boldsymbol{L}}{\mathrm{d}t} = \frac{\mathrm{d}(J\boldsymbol{\omega})}{\mathrm{d}t} = J\boldsymbol{\alpha} \tag{5.2.10}$$

此即刚体的定轴转动定律的表达式。其在转轴上的投影式为

$$M = J\alpha \tag{5.2.11}$$

式中，M、α 为代数量，M、α 的转向与正转向相同时为正，相反时则为负。刚体作定轴转动时，力矩和角加速度都是沿着轴的，矢量 $\boldsymbol{M}$ 和 $\boldsymbol{\alpha}$ 都已退化成代数量。因此刚体的转动定律采用代数式(5.2.11)足矣，不一定要采用矢量形式的式(5.2.10)。

(2) 角动量定理和角动量守恒定律

转动定律 $\boldsymbol{M}=\frac{\mathrm{d}(J\boldsymbol{\omega})}{\mathrm{d}t}$ 是刚体定轴转动的角动量定理的微分形式，其积分形式为

$$\int_{t_1}^{t_2} \boldsymbol{M}\cdot \mathrm{d}t = J\boldsymbol{\omega}_2 - J\boldsymbol{\omega}_1$$

$$\text{当 } \boldsymbol{M} = \boldsymbol{0} \text{ 时，} \quad \text{则 } J\boldsymbol{\omega}_2 = J\boldsymbol{\omega}_1 \tag{5.2.12}$$

式(5.2.12)即刚体定轴转动的角动量守恒定律。

(3) 动能定理

任意质点系的动能定理为

$$A^{外} + A^{内} = E_{k2} - E_{k1}$$

对刚体 $A^{内}=0$，对定轴转动的刚体 $E_{k2}=\frac{1}{2}J\omega_2^2$、$E_{k1}=\frac{1}{2}J\omega_1^2$，所以定轴转动的刚体的动能定理为

$$A^{外} = \frac{1}{2}J\omega_2^2 - \frac{1}{2}J\omega_1^2 \tag{5.2.13}$$

平面运动的动力学规律 任何质点系的质心 C 都具有特殊地位：牛顿第二定律对质心

成立，角动量定理对质心参考系（不一定是惯性系）中的质心成立（当然，功能原理对质心参考系也成立，但与我们这里研究的问题无关，故不予考虑）。根据柯尼希定理，质点系对任一参考系的动能为$E_k=\frac{1}{2}mv_C^2+\sum\frac{1}{2}m_iv_i'^2$，式中，$v_C$为质心对任一参考系的速率，$v_i'$为质点$m_i$相对于质心参考系的速率。

由刚体运动学可知，刚体的平面运动可分解为随"基点"的平动和绕"基点"的转动，"基点"是可以任意选择的。但在动力学中要选择质心C为"基点"，这样就可以充分利用质心的上述优越性。

(1) 动力学方程

将牛顿第二定律用于质心并将角动量定理用于过质心的转轴，则有

$$\begin{cases}\boldsymbol{F}=\dfrac{\mathrm{d}(m\boldsymbol{v}_C)}{\mathrm{d}t}=m\boldsymbol{a}_C\\[2ex]\boldsymbol{M}_C=\dfrac{\mathrm{d}(J_C\boldsymbol{\omega})}{\mathrm{d}t}=J_C\boldsymbol{\alpha}\end{cases}\tag{5.2.14}$$

式中，$\boldsymbol{M}_C$为对过质心的转轴的外力矩之和，J_C为对过质心的转轴的转动惯量。此即刚体平面运动的动力学方程，其投影式为

$$\begin{cases}F_x=\dfrac{\mathrm{d}(mv_{Cx})}{\mathrm{d}t}=ma_{Cx}\\[2ex]F_y=\dfrac{\mathrm{d}(mv_{Cy})}{\mathrm{d}t}=ma_{Cy}\\[2ex]M_C=\dfrac{\mathrm{d}(J_C\omega)}{\mathrm{d}t}=J_C\alpha\end{cases}\tag{5.2.15}$$

(2) 动能定理

由柯尼希定理，对作平面运动的刚体，有

$$E_k=\frac{1}{2}mv_C^2+\sum_i\frac{1}{2}m_iv_i'^2=\frac{1}{2}mv_C^2+\frac{1}{2}J_C\omega^2\tag{5.2.16}$$

故其动能定理为

$$A^{外}=E_{k2}-E_{k1}=\left(\frac{1}{2}mv_{C2}^2-\frac{1}{2}mv_{C1}^2\right)+\left(\frac{1}{2}J_C\omega_2^2-\frac{1}{2}J_C\omega_1^2\right)\tag{5.2.17}$$

式中，E_{k1}、E_{k2}为刚体的初、末动能，v_{C1}、v_{C2}为刚体质心的初、末速率，ω_1、ω_2为刚体的初、末角速度。

陀螺的进动方程 陀螺绕其旋转对称轴的转动叫自转，陀螺在自转时其对称轴又绕另一轴线的转动叫作进动。

陀螺的进动是定点运动，任意质点系对惯性系中任一固定点的角动量定理$\boldsymbol{M}_O=\frac{\mathrm{d}\boldsymbol{L}_O}{\mathrm{d}t}$对陀螺的定点$O$当然也成立。

陀螺对定点O的角动量为

$$\boldsymbol{L}_O=\boldsymbol{L}_O(\text{进动})+\boldsymbol{L}_O(\text{自转})$$

陀螺的质量分布对自转轴是对称的，故有$\boldsymbol{L}_O(\text{自转})=J\boldsymbol{\omega}$（见5.4.7小节），式中$J$为陀螺对自转轴的转动惯量，$\boldsymbol{\omega}$为陀螺的自转角速度。

$\boldsymbol{L}_O$(进动)的计算是相当繁杂的，超出了大学物理的范围，但一般情况下进动的角速度的大小Ω相对于自转角速度的大小ω总是很小的，故

$$\boldsymbol{L}_O \approx \boldsymbol{L}_O(\text{自转}) = J\boldsymbol{\omega}$$

$$\boldsymbol{M}_O \approx \frac{\mathrm{d}(J\boldsymbol{\omega})}{\mathrm{d}t} \tag{5.2.18}$$

此式为陀螺的进动方程。

注意：陀螺的进动方程 $\boldsymbol{M}_O \approx \frac{\mathrm{d}(J\boldsymbol{\omega})}{\mathrm{d}t}$ 与转动定律 $\boldsymbol{M} = \frac{\mathrm{d}(J\boldsymbol{\omega})}{\mathrm{d}t} = J\boldsymbol{\alpha}$ 在形式上相似，但实质不同。如图 5.2.5(a)所示，在由重力矩引起的陀螺进动中，$\boldsymbol{M}_O \approx \frac{\mathrm{d}(J\boldsymbol{\omega})}{\mathrm{d}t}$ 里的 $\boldsymbol{M}_O = \boldsymbol{R} \times \boldsymbol{G}$ 为重力 $\boldsymbol{G}$ 对定点 O 的力矩，$J\boldsymbol{\omega}$ 近似为陀螺对定点 O 的角动量，$\boldsymbol{M}_O$ 与 $J\boldsymbol{\omega}$ 垂直，$\boldsymbol{M}_O$ 只能改变 $J\boldsymbol{\omega}$ 的方向而不能改变 $J\boldsymbol{\omega}$ 的大小，这就是形成进动的原因。在这里有 $\frac{\mathrm{d}(J\boldsymbol{\omega})}{\mathrm{d}t} = J\frac{\mathrm{d}\boldsymbol{\omega}}{\mathrm{d}t}$，其中 $\frac{\mathrm{d}\boldsymbol{\omega}}{\mathrm{d}t}$ 近似等于陀螺定点运动的总角加速度，但不要把它与前面讲的刚体定轴转动的角加速度 $\boldsymbol{\alpha}$ 相混淆。而在如图 5.2.5(b)所示的由任一外力矩引起的刚体定轴转动里，$\boldsymbol{M} = \frac{\mathrm{d}(J\boldsymbol{\omega})}{\mathrm{d}t}$ 中的 $\boldsymbol{M} = \boldsymbol{r} \times \boldsymbol{F}_{\parallel}$ 为外力对转轴的力矩，$J\boldsymbol{\omega}$ 为刚体对转轴的角动量，$\boldsymbol{M}$ 与 $J\boldsymbol{\omega}$ 平行，$\boldsymbol{M}$ 只能使 $J\boldsymbol{\omega}$ 沿着转轴的方向变化，这就是产生角加速度 $\boldsymbol{\alpha}$ 的原因，且 $\frac{\mathrm{d}(J\boldsymbol{\omega})}{\mathrm{d}t} = J\boldsymbol{\alpha}$。

参看图 5.2.6，陀螺进动方程的绝对值表达式为

$$M_O \approx \frac{|\mathrm{d}(J\boldsymbol{\omega})|}{\mathrm{d}t} = \frac{J\omega\sin\varphi \cdot \mathrm{d}\theta}{\mathrm{d}t} = J\omega\sin\varphi \cdot \Omega$$

所以

$$\Omega \approx \frac{M_O}{J\omega\sin\varphi}$$

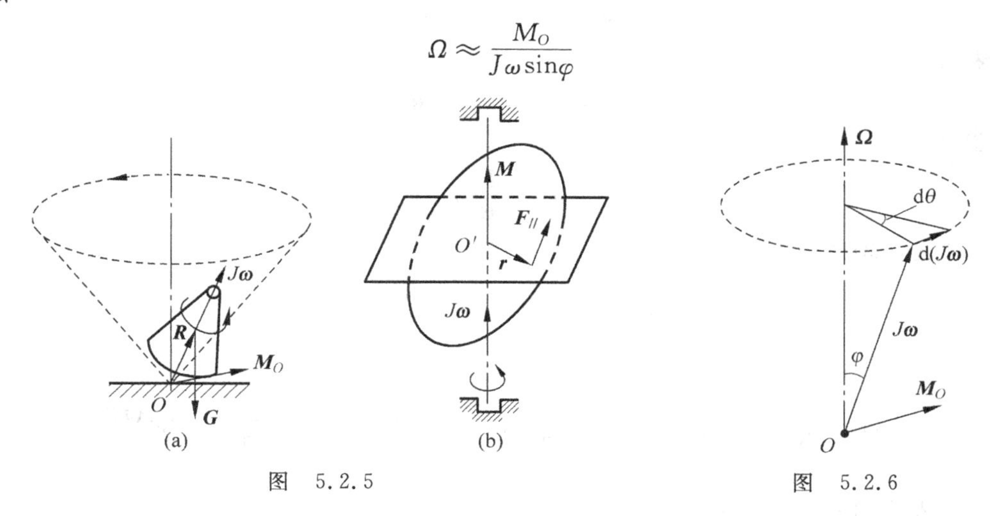

图　5.2.5　　　　图　5.2.6

5.3　典型例题(共 7 例)

例 1　如图 5.3.1 所示，两个均质圆盘的质量分别为 m_1 和 m_2，半径分别为 R_1 和 R_2，它们在同一平面内，由轻质皮带相连。若在圆盘 1 的轴上加一力矩 M 使之由静止开始转动，皮带不伸长，且与圆盘之间不打滑，问两个圆盘的角加速度各为多少？若将同一力矩 M 加到圆盘 2 的轴上，结果如何？(本题意在用转动定律解决问题)

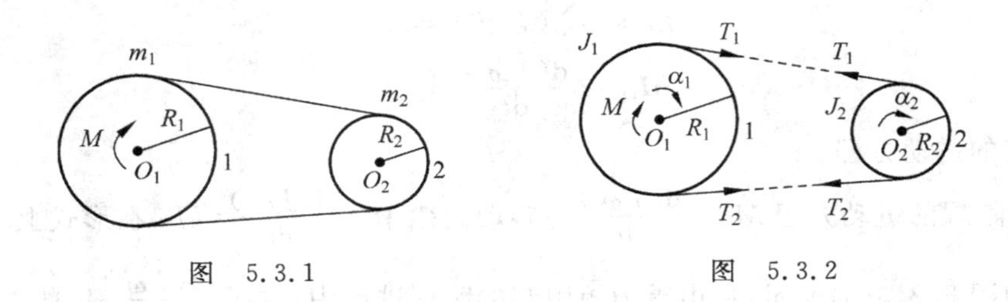

图 5.3.1　　　　图 5.3.2

解　如图 5.3.2 所示，圆盘 1 受的外力矩为 M，受的外力为皮带的张力 T_1 和 T_2，还受到重力和轴的约束力的作用。因为后两个力对转轴 O_1 不产生力矩，故未在图中画出。将转动定律用于圆盘 1 得

$$M+R_1T_1-R_1T_2=J_1\alpha_1 \tag{①}$$

圆盘 2 受的外力为皮带的张力 T_1 和 T_2，还受重力和轴的约束力的作用。因后两个力对转轴 O_2 不产生力矩，故也未画出。将转动定律用于圆盘 2 得

$$R_2T_2-R_2T_1=J_2\alpha_2 \tag{②}$$

皮带不打滑的条件为

$$R_1\omega_1=R_2\omega_2$$

因此有

$$R_1\alpha_1=R_2\alpha_2 \tag{③}$$

式①$\times R_2+$式②$\times R_1$ 得

$$R_2M=R_2J_1\alpha_1+R_1J_2\alpha_2 \tag{④}$$

式④表明

$$M\neq J_1\alpha_1+J_2\alpha_2$$

由式③得

$$\alpha_2=\frac{R_1}{R_2}\alpha_1 \tag{⑤}$$

将式⑤代入式④得

$$R_2M=R_2J_1\alpha_1+\frac{R_1^2}{R_2}J_2\alpha_1=\frac{R_2^2J_1+R_1^2J_2}{R_2}\alpha_1$$

所以

$$\alpha_1=\frac{R_2^2}{R_2^2J_1+R_1^2J_2}M=\frac{R_2^2M}{R_2^2\,\dfrac{m_1R_1^2}{2}+R_1^2\,\dfrac{m_2R_2^2}{2}}=\frac{2}{(m_1+m_2)R_1^2}M$$

将上式代入式⑤得

$$\alpha_2=\frac{R_1R_2}{R_2^2J_1+R_1^2J_2}M=\frac{2}{(m_1+m_2)R_1R_2}M$$

若将力矩 M 加到圆盘 2 的轴上，则如图 5.3.3 所示。将转动定律用于圆盘 1 得

$$R_1T_1-R_1T_2=J_1\alpha_1 \tag{⑥}$$

将转动定律用于圆盘 2 得

$$M+R_2T_2-R_2T_1=J_2\alpha_2 \tag{⑦}$$

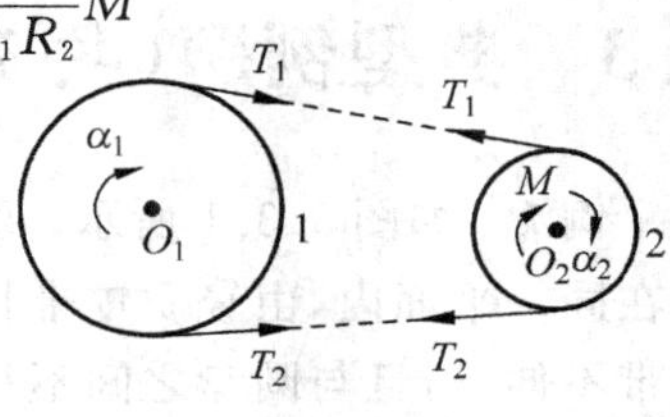

图 5.3.3

式⑥$\times R_2$+式⑦$\times R_1$ 得

$$R_1M = R_2J_1\alpha_1 + R_1J_2\alpha_2 \tag{⑧}$$

式⑧和式⑤联立，解得

$$\alpha_1 = \frac{R_1R_2}{R_2^2J_1 + R_1^2J_2}M = \frac{2}{(m_1 + m_2)R_1R_2}M$$

$$\alpha_2 = \frac{R_1^2}{R_2^2J_1 + R_1^2J_2}M = \frac{2}{(m_1 + m_2)R_2^2}M$$

比较以上两种情况可知，对于本题的二圆盘系统来说，当把同样大小的力矩 M 分别加到半径不同的圆盘轴上时，所得的结果并不相同。将力矩加到半径较小的圆盘轴上时，所得到的两圆盘的角加速度均较大。

例 2　如图 5.3.4 所示，A、B 圆盘可分别绕 O_1、O_2 轴无摩擦转动，重物 C 系在轻绳上，绳不伸长，且与圆盘边缘之间无相对滑动。已知 A、B 的半径分别为 R_1、R_2，A、B、C 的质量分别为 m_1、m_2、m。求重物 C 由静止下落 h 时的速度 v(本题意在用系统的动能定理来处理刚体组的问题)。

解法一　将 A、B、C 视为一个系统，此系统为一刚体组。在系统所受的外力中仅 C 受的重力做功，系统的内力做的功为零。将系统的动能定理用于此刚体组得

$$mgh = \frac{1}{2}J_1\omega_1^2 + \frac{1}{2}J_2\omega_2^2 + \frac{1}{2}mv^2 \tag{①}$$

绳与圆盘边缘之间无相对滑动的条件为

$$R_1\omega_1 = R_2\omega_2 = v \tag{②}$$

联立式①和式②，解得

$$v = \sqrt{\frac{2mgh}{\frac{J_1}{R_1^2} + \frac{J_2}{R_2^2} + m}} = 2\sqrt{\frac{mgh}{m_1 + m_2 + 2m}}$$

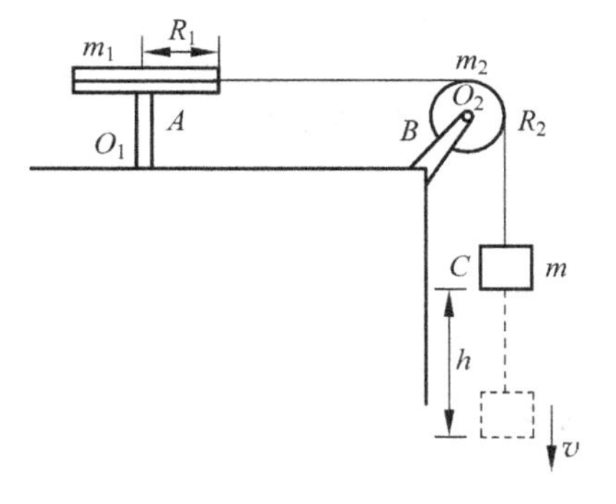

图　5.3.4

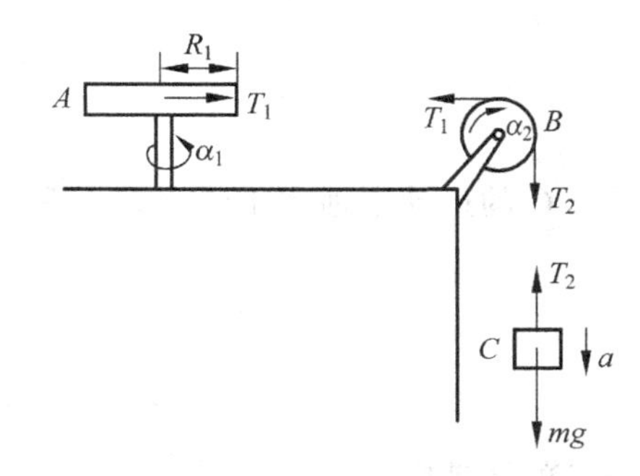

图　5.3.5

解法二　如图 5.3.5 所示，将转动定律用于 A，得

$$R_1T_1 = J_1\alpha_1 \tag{③}$$

将转动定律用于 B，得

$$R_2T_2 - R_2T_1 = J_2\alpha_2 \tag{④}$$

将牛顿第二定律用于 C，得

$$mg - T_2 = ma \tag{⑤}$$

绳与圆盘边缘之间无相对滑动的条件为

$$R_1\alpha_1 = R_2\alpha_2 = a \quad ⑥$$

式③～式⑥联立，解得

$$a = \frac{R_1R_2mg}{\frac{R_2}{R_1}J_1 + \frac{R_1}{R_2}J_2 + R_1R_2m} = \frac{2mg}{m_1 + m_2 + 2m}$$

$$v = \sqrt{2ah} = 2\sqrt{\frac{mgh}{m_1 + m_2 + 2m}}$$

通过以上两种解法的比较可以看到，在求解速度和角速度这类问题中，用动能定理求解要比用运动方程求解简单些。

例3 如图5.3.6所示，已知一均匀细杆长为l、质量为m，绕通过一端的轴O从水平位置静止状态向下摆。求下摆过程中轴O受的力（本题意在练习用定轴转动的动力学规律和平面运动的动力学方程联合解题）。

分析 本题是定轴转动的问题，但单靠定轴转动的动力学规律是无法求轴力的，因为它们都与轴力无关。而定轴转动的问题又是平面运动的问题，质心的运动定理和绕质心的转动定律与轴力有关，故可由它们来帮助求轴力。

解 为便于计算，将轴力$\boldsymbol{N}$和重力$m\boldsymbol{g}$沿质心C运动的切线方向和法线方向进行分解，如图5.3.7所示。

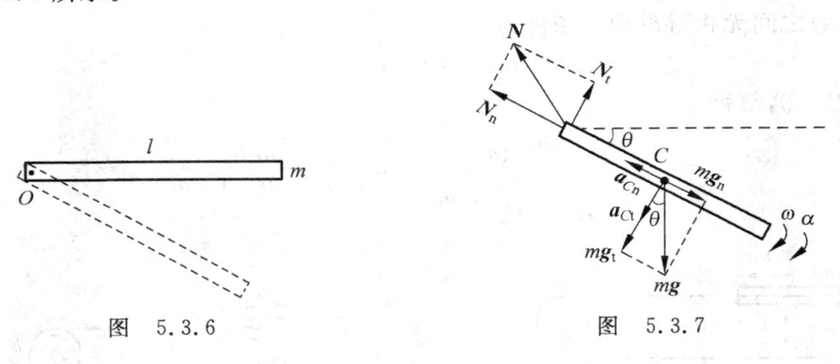

图 5.3.6　　　图 5.3.7

将质心C的运动定理用于法线方向得

$$N_n - mg_n = ma_{Cn}$$

故有

$$N_n = mg\sin\theta + m\frac{l}{2}\omega^2 \quad ①$$

由绕质心C的转动定律得

$$\frac{l}{2}N_t = J_C\alpha$$

故有

$$N_t = \frac{2}{l}\cdot\frac{ml^2}{12}\alpha = \frac{ml}{6}\alpha \quad ②$$

由绕定轴O的转动定律得

$$\frac{l}{2}mg_t = J_O\alpha$$

故有

$$\alpha = \frac{mg\cos\theta \cdot \dfrac{l}{2}}{\dfrac{ml^2}{3}} = \frac{3g\cos\theta}{2l} \qquad ③$$

由定轴转动的动能定理得

$$mg\ \frac{l}{2}\sin\theta = \frac{1}{2}J_O\omega^2$$

故有

$$\omega^2 = \frac{mgl\sin\theta}{\dfrac{ml^2}{3}} = \frac{3g\sin\theta}{l} \qquad ④$$

以上各式中的 θ 为杆下摆的角度，ω 和 α 分别为杆下摆到角度 θ 时的角速度和角加速度。将式④代入式①得

$$N_n = mg\sin\theta + \frac{3mg\sin\theta}{2} = \frac{5}{2}mg\sin\theta$$

将式③代入式②得

$$N_t = \frac{1}{4}mg\cos\theta$$

如图 5.3.8(a)所示，当 $\theta=0$ 时，则

$$\begin{cases} N_n = 0 \\ N_t = \dfrac{1}{4}mg \end{cases}$$

如图 5.3.8(b)所示，当 $\theta=\dfrac{\pi}{2}$ 时，则

$$\begin{cases} N_n = \dfrac{5}{2}mg \\ N_t = 0 \end{cases}$$

图　5.3.8

例 4　如图 5.3.9 所示，一长为 l、质量为 M 的竖直杆可绕过杆上端的水平轴 O 转动，一质量为 m 的泥团以水平速度 $\boldsymbol{v}_0$ 打在杆的中部并粘住。求：

(1) 杆刚开始摆动时的角速度及可摆到的最大角度；

(2) 使轴上的横向力为零时打击的位置(此位置称作“打击中心”)。

(本题意在训练如何分析动量守恒定律和角动量守恒定律成立的条件，以及综合解题的能力)

解　(1) 如图 5.3.10 所示，这个问题包括两个物理过程，第一个过程是泥团与杆发生完全非弹性碰撞的冲击过程，第二个过程是泥团和杆一起上摆的过程。

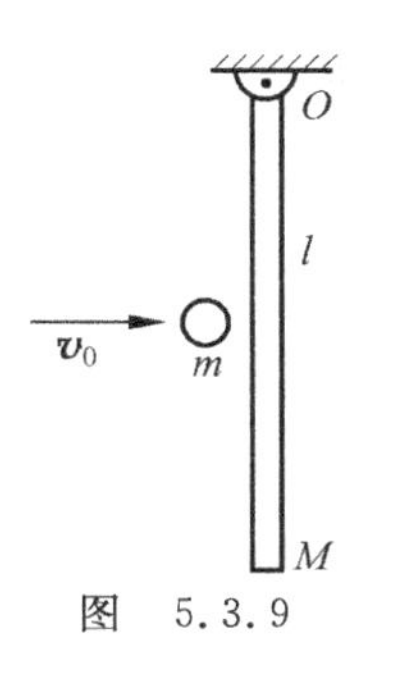

图　5.3.9

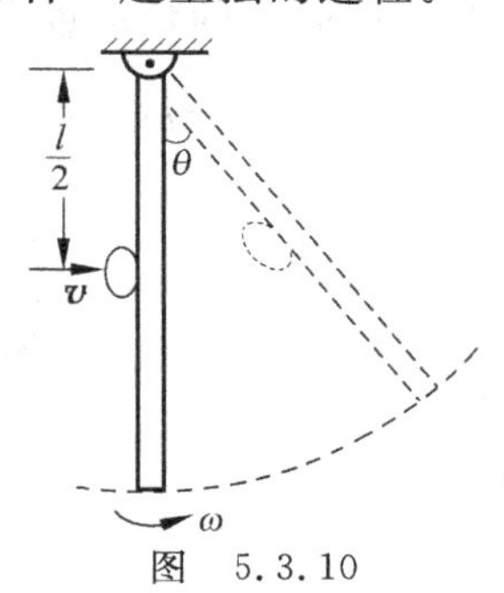

图　5.3.10

在冲击过程中，轴力是外力并属于冲击力，它与泥团和杆之间相互作用的内力相比是不能忽略的，故泥团和杆组成的系统在碰撞过程中动量不守恒。

冲击过程极其短暂，此过程中杆的竖直位置还来不及变化，故泥团和杆这个系统受的重力对定轴 O 的力矩为零，轴力对轴的力矩当然也为零。显然，泥团和杆这个系统在打击过程中对定轴 O 的角动量守恒，故有

$$\frac{l}{2}mv_0=\frac{l}{2}mv+J_O\omega=\left(\frac{l}{2}\right)^2m\omega+\frac{Ml^2}{3}\omega=\frac{(3m+4M)l^2\omega}{12}$$

经整理得

$$\omega=\frac{6mv_0}{(3m+4M)l}$$

此即杆刚开始摆动时的角速度。

在杆和泥团一起上摆的过程中，若将杆、泥团和地球视为一个系统，则只有重力这个保守内力做功，故系统机械能守恒。设杆上摆的最大角度为 θ，于是有

$$\begin{aligned}(M+m)g\,\frac{l}{2}(1-\cos\theta)&=\frac{1}{2}mv^2+\frac{1}{2}J_O\omega^2\\&=\frac{1}{2}m\left(\frac{l}{2}\right)^2\omega^2+\frac{1}{2}\,\frac{Ml^2}{3}\omega^2\\&=\frac{(3m+4M)l^2\omega^2}{24}\end{aligned}$$

上式经整理，得

$$\begin{aligned}\cos\theta&=1-\frac{(3m+4M)l}{12(M+m)g}\omega^2\\&=1-\frac{(3m+4M)l}{12(M+m)g}\left[\frac{6mv_0}{(3m+4M)l}\right]^2\\&=1-\frac{3m^2v_0^2}{(M+m)(3m+4M)gl}\\\theta&=\arccos\left[1-\frac{3m^2v_0^2}{(M+m)(3m+4M)gl}\right]\end{aligned}$$

此即杆可摆到的最大角度。

(2) 如图 5.3.11 所示，将泥团和杆视为一个系统，则系统受的外力为 $\boldsymbol{Mg}$、$\boldsymbol{mg}$、$\boldsymbol{N}$[可分解为 $\boldsymbol{N}$(竖)、$\boldsymbol{N}$(横)]。设泥团打在距轴为 x 处，对打击过程(设打击时间为 Δt)，将系统的动量定理用于横向，得

$$\int_0^{\Delta t}N(\text{横})\mathrm{d}t=mv+Mv_C-mv_0=mx\omega+M\,\frac{l}{2}\omega-mv_0 \qquad ①$$

在打击过程中系统对轴 O 的角动量守恒，故有

$$xmv_0=xmv+J_O\omega=x^2m\omega+\frac{Ml^2}{3}\omega=\left(x^2m+\frac{Ml^2}{3}\right)\omega$$

由上式得到

$$\omega=\frac{xmv_0}{x^2m+\dfrac{Ml^2}{3}} \qquad ②$$

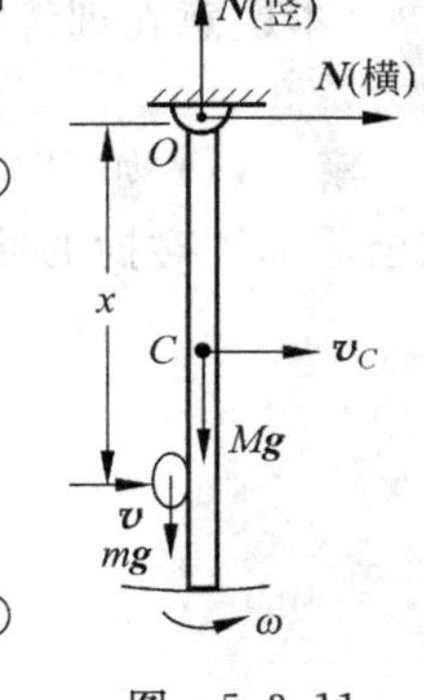

图 5.3.11

将式②代入式①得

$$\int_0^{\Delta t} N(\text{横})\mathrm{d}t = \left(mx + \frac{Ml}{2}\right)\frac{xmv_0}{x^2m + \frac{Ml^2}{3}} - mv_0$$

当 $N(\text{横})=0$ 时，则

$$\left(mx + \frac{Ml}{2}\right)\frac{xmv_0}{x^2m + \frac{Ml^2}{3}} - mv_0 = 0$$

解此方程得到

$$x = \frac{2l}{3}$$

此即打击中心的位置。棒球运动员如果能使投来的棒球击于球棒的打击中心附近，则握棒的手几乎感受不到球棒的横向冲击力。

例 5 如图 5.3.12 所示，半径为 r 的细圆环固定在一根长为 $3r$ 的细直棒端部，圆环中心在棒的延长线上，圆环与直棒质量均匀分布且质量都是 m，求该系统对过圆环中心且垂直于圆环平面的转轴 O 的转动惯量（本题意在练习用叠加法求转动惯量）。

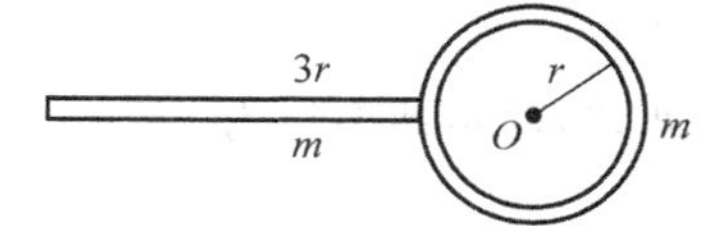

图 5.3.12

解 圆环和直棒这个整体对轴 O 的转动惯量 J 为圆环和直棒各自对轴 O 的转动惯量 $J(\text{环})$ 与 $J(\text{棒})$ 之和，即

$$J = J(\text{环}) + J(\text{棒})$$

圆环对轴 O 的转动惯量为

$$J(\text{环}) = mr^2$$

直棒对轴 O 的转动惯量比较复杂，下面就分析这个问题。

可以用平行轴定理式(5.2.6)求直棒对轴 O 的转动惯量，如图 5.3.13(a)所示，于是有

$$J(\text{棒}) = J_C + ml^2 = \frac{1}{12}m(3r)^2 + m\left(\frac{3r}{2}+r\right)^2 = 7mr^2$$

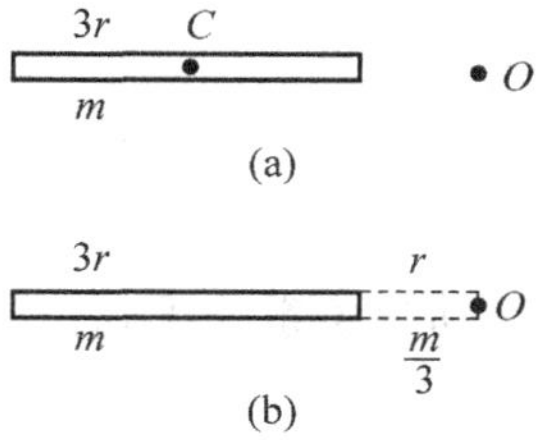

(a)

(b)

图 5.3.13

也可以用叠加法求直棒对轴 O 的转动惯量，如图 5.3.13(b)所示，设想把直棒的右端延长 r、质量增加 $\frac{m}{3}$，则延长后的直棒便是绕过其端点的轴 O 转动的质量均匀分布的直捧。延长后的直棒对轴 O 的转动惯量减去延长部分的这段直棒对轴 O 的转动惯量，便是原来的直棒对轴 O 的转动惯量（可见叠加法不仅可以用来“加”，而且还可以用来“减”）。于是有

$$J(\text{棒}) = J(\text{延长后的}) - J(\text{延长部分的}) = \frac{1}{3}\left(m+\frac{m}{3}\right)(3r+r)^2 - \frac{1}{3}\left(\frac{m}{3}\right)r^2 = 7mr^2$$

所以

$$J = J(\text{环}) + J(\text{棒}) = mr^2 + 7mr^2 = 8mr^2$$

例 6 如图 5.3.14 所示，质量为 m、半径为 R 的均质圆柱由静止开始无滑动地沿斜面滚下，斜面与水平面夹角为 θ。求滚下高度为 h 时，圆柱质心的速度 v_C 和滚动的角速度 ω（本题意在训练平面运动问题中动力学规律和功能关系的运用）。

解 **方法一** 由运动学和动力学关系计算

圆柱受力如图 5.3.15 所示，静摩擦力 f_s 的方向与失去摩擦后圆柱的运动趋势相反。

圆柱作平面运动，它可分解为随质心的平动和绕过质心而垂直运动平面的轴的定轴转动。

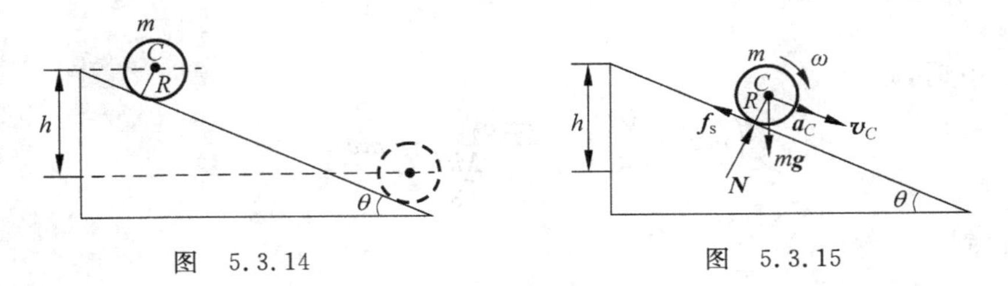

图 5.3.14　　　　图 5.3.15

由于圆柱作无滑动滚动，故由运动学关系，圆柱质心的速度 v_C 和质心加速度 a_C 可表示为

$$v_C = \omega R,\quad a_C = \alpha R \quad (\alpha\text{ 为圆柱滚动的角加速度}) \tag{①}$$

圆柱运动的动力学方程有如下的“质心运动定理”和“定轴转动定律”

$$mg\sin\theta - f_s = ma_C \tag{②}$$

$$f_s R = J_C\alpha \tag{③}$$

此外，圆柱转动惯量为

$$J_C = \frac{1}{2}mR^2 \tag{④}$$

式①～式④联立，解得

$$a_C = \frac{2}{3}g\sin\theta$$

上式表明，圆柱质心运动是匀加速的，由匀加速直线运动公式

$$2a_C\frac{h}{\sin\theta} = v_C^2 - v_{C0}^2 \quad (\text{初速 } v_{C0} = 0)$$

给出

$$v_C = \sqrt{\frac{4}{3}gh}$$

由运动学关系式①，有

$$\omega = \frac{1}{R}\cdot\sqrt{\frac{4}{3}gh}$$

方法二　应用能量关系计算

如图 5.3.15 所示，在圆柱下滑过程中静摩擦力 f_s 和斜面对圆柱的支撑力 $\boldsymbol{N}$ 均不做功，只有重力 mg 做功，所以圆柱和地球系统机械能守恒。以圆柱下降 h 的末态为势能零点，考虑到对刚体平面运动的柯尼希定理式(5.2.16)，有

$$mgh = \frac{1}{2}mv_C^2 + \frac{1}{2}J_C\omega^2 \tag{⑤}$$

转动惯量　$J_C = \frac{1}{2}mR^2$　⑥

无滑动滚动条件　$v_C = \omega R$　⑦

由式⑤～式⑦联立，解得

$$v_C = \sqrt{\frac{4}{3}gh}$$

$$\omega = \frac{1}{R} \cdot \sqrt{\frac{4}{3}gh}$$

比较以上两种解法，显然能量的解法更简便些。

例 7 如图 5.3.16 所示，在台面上适当地搓动乒乓球，乒乓球质心以初速 v_{C0} 前进一段距离后有可能会自动返回。设乒乓球可看成半径为 R 的匀质球壳，若能返回，求其初始转动的角速度 ω_0 应满足的条件(本题意在训练刚体对质心动力学规律的运用)。

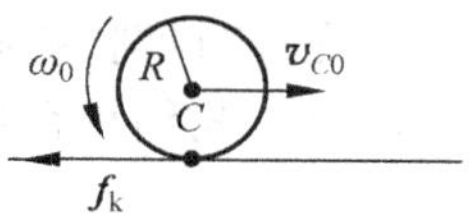

图 5.3.16

解 如图 5.3.16 所示，滑动摩擦力 $\boldsymbol{f}_k$ 的方向一定与初始运动速度 $\boldsymbol{v}_{C0}$ 的方向相反，滑动摩擦力的作用一方面是使质心的运动速度 v_C 减小，另一方面也使乒乓球绕过质心的水平轴的转动角速度 ω 下降。当 $v_C=0$ 而 $\omega>0$ 时，乒乓球将会返回。下面计算使乒乓球能够返回时，其初始转动的角速度 ω_0 应满足的条件。

设 μ_k 为乒乓球与桌面间的滑动摩擦系数，则滑动摩擦力为

$$f_k = \mu_k mg \qquad ①$$

由质心运动定理，有

$$-f_k = m\frac{dv_C}{dt} \qquad ②$$

将式①代入式②，并对式②等号双方积分，有

$$-\int_0^t \mu_k mg\,dt = \int_{v_{C0}}^{v_C} m\,dv_C$$

$$v_C = v_{C0} - \mu_k gt \qquad ③$$

对过质心的轴列转动方程，有

$$-Rf_k = J_C\frac{d\omega}{dt} \qquad ④$$

乒乓球对过质心轴的转动惯量为

$$J_C = \frac{2}{3}mR^2 \qquad ⑤$$

将式①和式⑤代入式④，并对式④等号双方积分，有

$$-\int_0^t R\mu_k mg\,dt = \int_{\omega_0}^{\omega}\frac{2}{3}mR^2\,d\omega$$

$$\omega = \omega_0 - \frac{3}{2R}\mu_k gt \qquad ⑥$$

由式③和式⑥联立，消去 t，解得

$$\omega = \omega_0 - \frac{3}{2}\frac{v_{C0}-v_C}{R} \qquad ⑦$$

对于式⑦，令 $v_C=0$，$\omega>0$，则有

$$\omega_0 > \frac{3v_{C0}}{2R}$$

当初始速度和角速度方向的关系如图 5.3.16 所示，且大小关系满足上述不等式时，乒乓球就可返回。

5.4 对某些问题的进一步说明与讨论

5.4.1 圆盘纯滚动时的转动定律

首先，应搞清“瞬心”的定义。刚体的平面运动可分解为随“基点”O'的平动和绕“基点”O'的转动。我们现在讨论的对象是平面刚体，刚体上任一点相对于参考系的速度为

$$\boldsymbol{v}=\boldsymbol{v}_{O'}+\boldsymbol{\omega}\times\boldsymbol{r}'$$

如图5.4.1(a)所示，在刚体的运动平面上总可以找到一点Q，使下式成立：

$$\boldsymbol{v}_Q=\boldsymbol{v}_{O'}+\boldsymbol{\omega}\times\boldsymbol{r}'_Q=0$$

我们定义点Q为“瞬心”，亦即在所研究的时刻，刚体运动平面上速度为零的点。这个速度为零的点的位置是随时间而改变的，故称作“瞬心”。“瞬心”相对于参考系的加速度$\boldsymbol{a}_Q$一般不为零，如图5.4.1(b)所示。

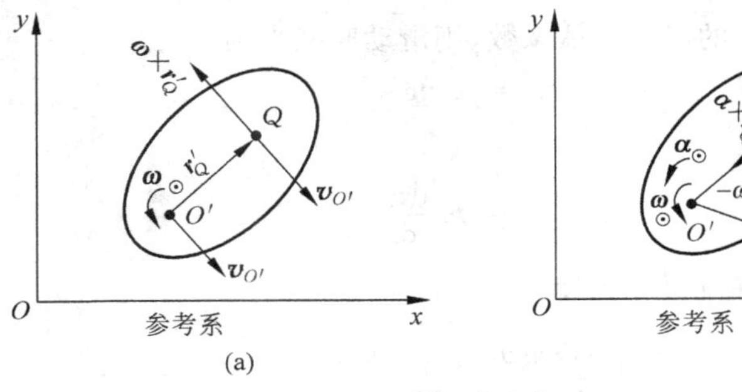

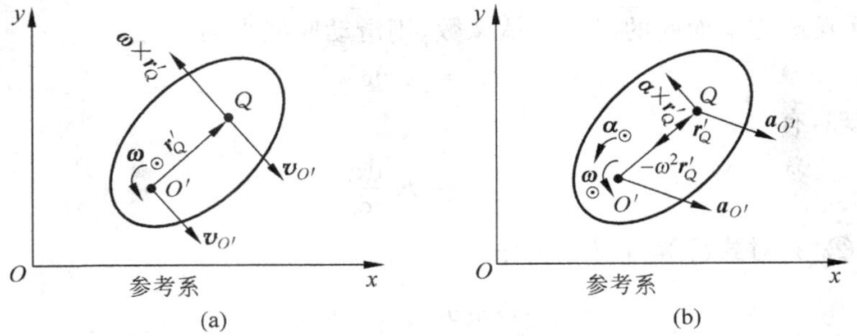

图 5.4.1

其次，应了解转动定律对“瞬心”成立的条件。如图5.4.2所示，若“瞬心”Q相对于惯性系的加速度$\boldsymbol{a}_Q$不为零，则“瞬心”参考系$x'Qy'$便是非惯性系。设刚体为一刚性质点系，在$x'Qy'$中引进惯性力，则对刚体上任一质点m_i有

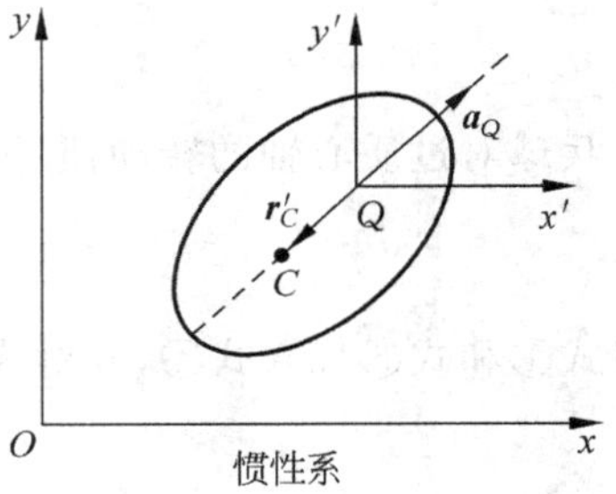

$$\boldsymbol{F}_i+\boldsymbol{f}_i-m_i\boldsymbol{a}_Q=\frac{\mathrm{d}(m_i\boldsymbol{v}'_i)}{\mathrm{d}t}$$

式中，$\boldsymbol{F}_i$为m_i受的外力，$\boldsymbol{f}_i$为m_i受的内力，$\boldsymbol{v}'_i$为m_i相对于$x'Qy'$的速度，$-m_i\boldsymbol{a}_Q$为m_i受到的惯性力。

惯性系

图 5.4.2

把m_i相对于$x'Qy'$的位置矢量$\boldsymbol{r}'_i$“叉乘”上式等号两边，得

$$\begin{aligned}\boldsymbol{r}'_i\times\boldsymbol{F}_i+\boldsymbol{r}'_i\times\boldsymbol{f}_i-\boldsymbol{r}'_i\times m_i\boldsymbol{a}_Q&=\boldsymbol{r}'_i\times\frac{\mathrm{d}(m_i\boldsymbol{v}'_i)}{\mathrm{d}t}\\&=\frac{\mathrm{d}}{\mathrm{d}t}(\boldsymbol{r}'_i\times m_i\boldsymbol{v}'_i)-\frac{\mathrm{d}\boldsymbol{r}'_i}{\mathrm{d}t}\times(m_i\boldsymbol{v}'_i)\\&=\frac{\mathrm{d}}{\mathrm{d}t}(\boldsymbol{r}'_i\times m_i\boldsymbol{v}'_i)\\&=\frac{\mathrm{d}}{\mathrm{d}t}[m_i\boldsymbol{r}'_i\times(\boldsymbol{\omega}\times\boldsymbol{r}'_i)]\\&=\frac{\mathrm{d}}{\mathrm{d}t}(m_ir'^2_i\boldsymbol{\omega})\end{aligned}$$

所以

$$\sum_i \boldsymbol{r}'_i \times \boldsymbol{F}_i + \sum_i \boldsymbol{r}'_i \times \boldsymbol{f}_i - \left(\sum_i m_i \boldsymbol{r}'_i\right) \times \boldsymbol{a}_Q = \frac{\mathrm{d}}{\mathrm{d}t}\left[\left(\sum_i m_i r'^2_i\right)\boldsymbol{\omega}\right]$$

由于 $\sum_i \boldsymbol{r}'_i \times \boldsymbol{F}_i = \boldsymbol{M}$（$\boldsymbol{M}$ 为外力对过“瞬心”的转轴的力矩和），$\sum_i \boldsymbol{r}'_i \times \boldsymbol{f}_i = 0$$\left(\sum_i \boldsymbol{r}'_i \times \boldsymbol{f}_i\right.$ 为内力对过“瞬心”的转轴的力矩和$\left.\right)$，$\sum_i m_i \boldsymbol{r}'_i = m\boldsymbol{r}'_C$（$m$ 为刚体的总质量，$\boldsymbol{r}'_C$为刚体的质心 C 相对于 $x'Qy'$ 的位置矢量），$\sum_i m_i r'^2_i = J_Q$（J_Q 为刚体对过“瞬心”且垂直于刚体平面的转轴的转动惯量），故有

$$\boldsymbol{M} - \boldsymbol{r}'_C \times m\boldsymbol{a}_Q = \frac{\mathrm{d}}{\mathrm{d}t}(J_Q\boldsymbol{\omega}) = J_Q\boldsymbol{\alpha}$$

式中，$-m\boldsymbol{a}_Q$ 为刚体受的惯性力 $\boldsymbol{F}_{惯}$，我们可以把 $-\boldsymbol{r}'_C \times m\boldsymbol{a}_Q$ 看作刚体对过“瞬心”的转轴所受的惯性力矩 $\boldsymbol{M}_{惯}$，因此有

$$\boldsymbol{M} + \boldsymbol{M}_{惯} = J_Q\boldsymbol{\alpha} \tag{5.4.1}$$

此即刚体绕过“瞬心”的转轴的转动规律。顺便说一下，由于导出式(5.4.1)的过程并没有用到“瞬心”速度为零的条件，所以该式对过任意的“基点”（“转心”）的转轴都是成立的，只需把 $\boldsymbol{M}$、$\boldsymbol{M}_{惯}$、J_Q 看作是对过任意“基点”的转轴的物理量即可。

由 $\boldsymbol{M}_{惯} = -\boldsymbol{r}'_C \times m\boldsymbol{a}_Q$ 知，当 $\boldsymbol{r}'_C \parallel \boldsymbol{a}_Q$ 时有 $\boldsymbol{M}_{惯} = \boldsymbol{0}$，故此时有

$$\boldsymbol{M} = J_Q\boldsymbol{\alpha}$$

可见，$\boldsymbol{r}'_C \parallel \boldsymbol{a}_Q$ 为转动定律对过“瞬心”的转轴成立的条件（如图 5.4.2 所示）。

圆盘作纯滚动时，如图 5.4.3 所示，其“瞬心”为圆盘与地面的接触点 Q。若圆盘的几何中心 O 的速度为 $\boldsymbol{v}_O$、加速度为 $\boldsymbol{a}_O$，则“瞬心”Q 相对于地面的速度为 $\boldsymbol{v}_Q = \boldsymbol{v}_O + \boldsymbol{\omega} \times \boldsymbol{r} = 0$，所以

$$\boldsymbol{v}_O = -\boldsymbol{\omega} \times \boldsymbol{r}, \quad v_O = \omega r$$

$$\boldsymbol{a}_O = -\boldsymbol{\alpha} \times \boldsymbol{r}, \quad a_O = \alpha r$$

这即是圆盘纯滚动的条件。

图 5.4.3

考虑到以上的圆盘纯滚动的条件，设“瞬心”Q 相对于 O 的加速度为 $\boldsymbol{a}_{QO} = \dfrac{\mathrm{d}\boldsymbol{v}_{QO}}{\mathrm{d}t}$（$\boldsymbol{v}_{QO}$ 为 Q 相对于 O 的速度，$\boldsymbol{v}_{QO} = -\boldsymbol{v}_O$），则由相对运动关系，“瞬心”$Q$ 相对于地面的加速度为

$$\boldsymbol{a}_Q = \boldsymbol{a}_{QO} + \boldsymbol{a}_O = \frac{\mathrm{d}}{\mathrm{d}t}(\boldsymbol{\omega} \times \boldsymbol{r}) + \boldsymbol{a}_O = \boldsymbol{\alpha} \times \boldsymbol{r} - \omega^2\boldsymbol{r} - \boldsymbol{\alpha} \times \boldsymbol{r} = -\omega^2\boldsymbol{r}$$

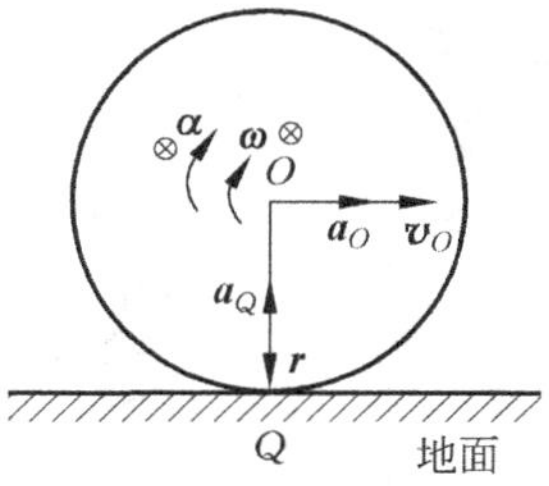

可见，圆盘作纯滚动时其“瞬心”的加速度 $\boldsymbol{a}_Q$ 恒指向其几何中心 O。

若圆盘的质量相对于其几何中心 O 是对称分布的，则其质心 C 便和几何中心 O 重合，此时质心 C 相对于“瞬心”Q 的位置矢量 $\boldsymbol{r}'_C$（即图 5.4.3 中的 $-\boldsymbol{r}$）便与 $\boldsymbol{a}_Q$ 平行，故转动定律 $\boldsymbol{M} = J_Q\boldsymbol{\alpha}$ 对过“瞬心”的转轴成立。

若圆盘的质量相对于其几何中心 O 的分布是不对称的，则其质心 C 便和几何中心 O 不重合。此时质心 C 相对于“瞬心”Q 的位置矢量 $\boldsymbol{r}'_C$便与 $\boldsymbol{a}_Q$ 不平行，故转动定律对过“瞬心”的转轴也就不成立了。

5.4.2 转动圆盘啮合时的角动量守恒问题

在同轴啮合情况下，如图 5.4.4 所示，二圆盘啮合前的角速度分别为 ω_{10} 和 ω_{20}，在啮合过程中，由于二圆盘之间滑动摩擦力矩的作用，角速度大者要变小，角速度小者要变大，最后二者便以同一角速度 ω 匀速转动，此时二圆盘之间就无摩擦力了。

将二圆盘视为一个系统，在啮合过程中系统受的外力为轴力和重力，但它们对转轴的力矩都为零，故系统对转轴的角动量守恒，即

$$J_1\omega_{10}+J_2\omega_{20}=(J_1+J_2)\omega$$

式中，J_1、J_2 分别为二圆盘对转轴的转动惯量。由上式有

$$\omega=\frac{J_1\omega_{10}+J_2\omega_{20}}{J_1+J_2}$$

在异轴啮合情况下，如图 5.4.5(a)所示，二圆盘啮合前的角速度分别为 ω_{10} 和 ω_{20}。在啮合过程中，由于二圆盘之间滑动摩擦力矩的作用，二圆盘的角速度都要改变。最后达到如图 5.4.5(b)所示的稳定状态时，二圆盘的角速度要满足条件

$$R_1\omega_1=R_2\omega_2 \tag{①}$$

这时二圆盘的接触点之间便无相对滑动，因而二圆盘之间也就无摩擦力了。

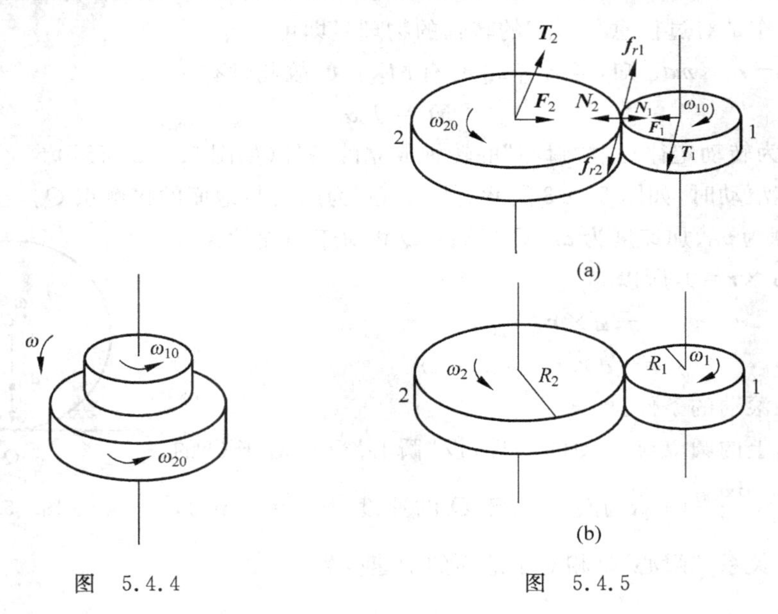

图 5.4.4　　图 5.4.5

单靠方程①无法解出 ω_1 和 ω_2，为了再找出另一个 ω_1 和 ω_2 的关系式，有人可能会认为二圆盘异轴啮合时也与同轴啮合时一样，其角动量是守恒的，因而有 $J_1\omega_1+J_2\omega_2=J_1\omega_{10}+J_2\omega_{20}$ 这样的关系式，其实这是错误的。

二圆盘的质心都在各自的转轴上，故二质心的加速度都为零。由质心运动定律知：二圆盘各自受的重力和竖直方向的轴力(图 5.4.5(a)中未画出)相平衡；圆盘 1 受的压力 $\boldsymbol{N}_1$ 和轴力 $\boldsymbol{F}_1$ 相平衡，滑动摩擦力 $\boldsymbol{f}_{r1}$ 和轴力 $\boldsymbol{T}_1$ 相平衡；圆盘 2 受的压力 $\boldsymbol{N}_2$ 和轴力 $\boldsymbol{F}_2$ 相平衡，滑动摩擦力 $\boldsymbol{f}_{r2}$ 和轴力 $\boldsymbol{T}_2$ 相平衡。

若将二圆盘视为一个系统的话，则系统受到的在水平方向的外力为 $\boldsymbol{F}_1$、$\boldsymbol{T}_1$、$\boldsymbol{F}_2$、$\boldsymbol{T}_2$。这

些外力对圆盘 1 的转轴的力矩为$(R_1+R_2)T_2$，对圆盘 2 的转轴的力矩为$(R_1+R_2)T_1$。显然，系统的角动量分别对二圆盘的转轴都不守恒。

因系统的角动量不守恒，故只好对二圆盘分别应用角动量定理。设在时刻 t 二圆盘系统的转动达到稳定，于是有

$$\int_0^t R_1 f_{r1}\,\mathrm{d}t = J_1\omega_1 - J_1\omega_{10}$$

$$\int_0^t R_2 f_{r2}\,\mathrm{d}t = -J_2\omega_2 + J_2\omega_{20}$$

即

$$\int_0^t f_{r1}\,\mathrm{d}t = \frac{J_1\omega_1 - J_1\omega_{10}}{R_1}$$

$$\int_0^t f_{r2}\,\mathrm{d}t = \frac{-J_2\omega_2 + J_2\omega_{20}}{R_2}$$

由牛顿第三定律知

$$f_{r1} = f_{r2}$$

故

$$\frac{J_1\omega_1 - J_1\omega_{10}}{R_1} = \frac{-J_2\omega_2 + J_2\omega_{20}}{R_2} \qquad ②$$

由上式看出，显然一般情况下 $J_1\omega_1+J_2\omega_2\neq J_1\omega_{10}+J_2\omega_{20}$。联立解式①和式②，得

$$\omega_1 = \frac{R_2}{R_2^2J_1+R_1^2J_2}(R_2J_1\omega_{10}+R_1J_2\omega_{20})$$

$$\omega_2 = \frac{R_1}{R_2^2J_1+R_1^2J_2}(R_2J_1\omega_{10}+R_1J_2\omega_{20})$$

5.4.3　滑冰运动员作旋转动作时的动力学分析

滑冰运动员作旋转动作的过程中，在收臂的阶段，其姿势要变化，故他不是刚体而是一般的质点系；但在收臂前的阶段和收臂后的阶段，其姿势不变化，故可把他收臂前后的这两个阶段分别视为刚体。

从冰面对滑冰运动员的支撑点 O 到滑冰运动员的质心 C 连一轴线，如图 5.4.6 所示。在滑冰运动员作旋转动作的整个过程中，该轴线对地面是不动的，故对该轴线的定轴转动的角动量定理 $\boldsymbol{M}=\frac{\mathrm{d}\boldsymbol{L}}{\mathrm{d}t}$ 对该系统是成立的。因滑冰运动员受的冰面的支撑力 $\boldsymbol{N}$ 和重力 $\boldsymbol{P}$ 这些外力对该轴线的力矩为零，而冰面对滑冰运动员的摩擦力矩可以忽略，故在滑冰运动员做旋转动作的整个过程中外力矩 $\boldsymbol{M}=\boldsymbol{0}$，他对该轴线的角动量守恒，即

$$\boldsymbol{L} = 恒量$$

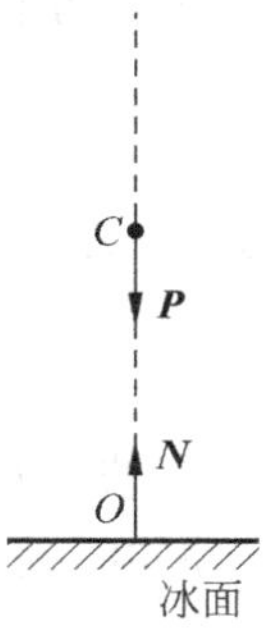

滑冰运动员在收臂阶段每一瞬间的角动量 $\boldsymbol{L}$ 无法用简单的式子来表示，但在收臂前的阶段他的角动量为 $\boldsymbol{L}=J_1\boldsymbol{\omega}_1$，在收臂后的阶段他的角动量为 $\boldsymbol{L}=J_2\boldsymbol{\omega}_2$，故有

C
P
N
O
冰面

图　5.4.6

$$J_1\boldsymbol{\omega}_1 = J_2\boldsymbol{\omega}_2$$

因为

$$J_1 > J_2$$

所以

$$\omega_1 < \omega_2$$

即滑冰运动员收臂后其旋转加快了。

滑冰运动员收臂前后的动能的增量为

$$\Delta E_k = \frac{1}{2}J_2\omega_2^2 - \frac{1}{2}J_1\omega_1^2 = \frac{1}{2}J_2\left(\frac{J_1}{J_2}\omega_1\right)^2 - \frac{1}{2}J_1\omega_1^2 = \frac{J_1(J_1 - J_2)}{2J_2}\omega_1^2 > 0$$

这个动能的增量从何而来呢？外力对滑冰运动员没有做功，因此动能的增加只能来自滑冰运动员内力所做的正功。滑冰运动员的内力之所以能够做正功，恰巧是由于有收臂这个阶段；而在收臂前和收臂后这两个阶段，内力是不能够做功的，因为这时他可视为刚体。

从上面的讨论可以看到，滑冰运动员的角动量之所以能够表示成 $\boldsymbol{L} = J\boldsymbol{\omega}$，其动能之所以能够表示成 $E_k = \frac{1}{2}J\omega^2$，都是因为可以把他收臂前和收臂后这两个阶段视为刚体；滑冰运动员收臂前后的角速度、转动惯量和动能之所以改变，却是因为在收臂这个阶段其不是刚体。可见，要正确地理解滑冰运动员在做旋转动作时的各种现象，在各个不同阶段分别把他视为刚体和非刚体来进行研究，就成了问题的关键。

5.4.4 圆盘纯滚动中静摩擦力所做的功

如图 5.4.7 所示，圆盘从斜面上滚下时受的外力为：重力 $m\boldsymbol{g}$、支持力 $\boldsymbol{N}$、静摩擦力 $\boldsymbol{f}_s$。在地面参考系中，由功的定义知 $\boldsymbol{N}$ 和 $\boldsymbol{f}_s$ 都不做功，只有 $m\boldsymbol{g}$ 做功，$m\boldsymbol{g}$ 做的功为 $mg\sin\theta S_C$（S_C 为质心位移的大小，也是 $m\boldsymbol{g}$ 的作用点位移的大小）。

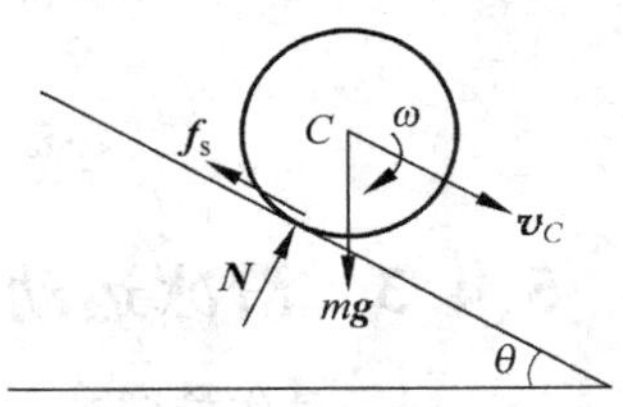

图 5.4.7

由平面运动刚体的动能定理知

$$mg\sin\theta S_C = \left(\frac{1}{2}mv_{C2}^2 - \frac{1}{2}mv_{C1}^2\right) + \left(\frac{1}{2}J_C\omega_2^2 - \frac{1}{2}J_C\omega_1^2\right) \quad ①$$

由质心运动定理知

$$mg\sin\theta - f_s = \frac{d(mv_C)}{dt}$$

对上式双方积分

$$\int_0^{S_C} mg\sin\theta dS_C - \int_0^{S_C} f_s dS_C = \int_{v_{C1}}^{v_{C2}} \frac{d(mv_C)}{dt} v_C dt = \frac{1}{2}mv_{C2}^2 - \frac{1}{2}mv_{C1}^2$$

因为 f_s 为恒力，所以有

$$mg\sin\theta S_C - f_s S_C = \frac{1}{2}mv_{C2}^2 - \frac{1}{2}mv_{C1}^2 \quad ②$$

式②中的 $-f_r S_C$ 为圆盘随质心 C 平动时静摩擦力 $\boldsymbol{f}_s$ 所做的功。

$\boldsymbol{N}$ 和 $m\boldsymbol{g}$ 对过质心 C 的转轴无力矩，只有 $\boldsymbol{f}_s$ 对过质心 C 的转轴有力矩，$\boldsymbol{f}_s$ 的力矩为 rf_s（r 为圆盘的半径）。由对过质心的转轴的转动定律知

$$rf_s = J_C\frac{d\omega}{dt}$$

所以

$$\int_0^{\theta} rf_s \mathrm{d}\theta = J_C\int_{\omega_1}^{\omega_2} \frac{\mathrm{d}\omega}{\mathrm{d}t}\omega \mathrm{d}t$$

$$rf_s\theta = \frac{1}{2}J_C\omega_2^2 - \frac{1}{2}J_C\omega_1^2 \qquad ③$$

式③中的 $rf_s\theta$ 为圆盘绕过质心的转轴转动时静摩擦力 $\boldsymbol{f}_s$ 所做的功(即 $\boldsymbol{f}_s$ 的力矩的功)。

圆盘纯滚动的条件为

$$v_C = r\omega$$

所以

$$\int_0^t v_C \mathrm{d}t = r\int_0^t \omega \mathrm{d}t = r\int_0^t \frac{\mathrm{d}\theta}{\mathrm{d}t}\mathrm{d}t = r\int_0^{\theta}\mathrm{d}\theta$$

即

$$S_C = r\theta$$

于是圆盘随质心 C 平动时 $\boldsymbol{f}_s$ 所做的功

$$-f_sS_C = -rf_s\theta$$

故有

$$-f_sS_C + rf_s\theta = 0 \qquad ④$$

式④表明,圆盘随质心 C 平动时 $\boldsymbol{f}_s$ 所做的功和圆盘绕质心转动时 $\boldsymbol{f}_s$ 所做的功之和为零,这与在纯滚动中静摩擦力不做功这个结论是相吻合的。

考虑到式④,式②加式③恰好为式①,这说明式子①②③是一致的。

总之,在地面参考系中 $\boldsymbol{f}_s$ 不做功,当把圆盘的滚动分解为平动和转动时,则圆盘随质心平动使 $\boldsymbol{f}_s$ 做了负功,圆盘绕质心转动使 $\boldsymbol{f}_s$ 做了正功,而且这两种功的绝对值相等。

式②表明 $\boldsymbol{f}_s$ 做负功,$-f_sS_C$ 要使圆盘的平动动能减少;式③表明 $\boldsymbol{f}_s$ 做正功,$rf_s\theta$ 要使圆盘的转动动能增加。这就是圆盘纯滚动时一部分平动动能转变成转动动能的原因。也可以说,静摩擦力 $\boldsymbol{f}_s$ 的作用就是为圆盘由平动向转动转化提供了条件。

5.4.5 为什么角速度与转心(基点)的位置无关

为直观起见,我们以三角形物块的平面运动为例。如图 5.4.8 中的实线图形所示,三角形物块在 t 时刻处在位置Ⅰ,在 $t+\Delta t$ 时刻运动到位置Ⅱ。三角形物块的平面运动可分解为随"转心"O 的平动(如虚线图形 1 所示)和绕"转心"O 的转动;也可分解为随"转心"C 的平动(如虚线图形 2 所示)和绕"转心"C 的转动。

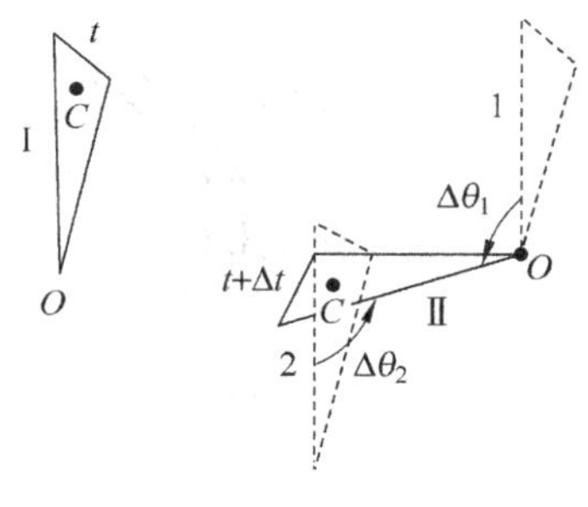

图 5.4.8

从图 5.4.8 可以清楚地看到,虚线图形 1 绕 O 点的转角 $\Delta\theta_1$ 和虚线图形 2 绕 C 点的转角 $\Delta\theta_2$ 是相同的,而且转向也是相同的。既然在 Δt 的时间内绕 O 点和 C 点的转角和转向都相同,那么当然绕 O 点和 C 点转动的角速度 $\boldsymbol{\omega}$ 也必然相同。当然绕 O 点和 C 点转动的角加速度 $\boldsymbol{\alpha}$ 也必然相同。

5.4.6 角位移是否为矢量

在力学中,我们大家熟知线位移、线速度、线加速度等线量都是矢量,但是和它们相对应的角位移、角速度、角加速度等角量是否也都是矢量呢?由于角速度、角加速度可由角位移对时间的导数而得，因此具有大小和方向的角位移是否为矢量，正是需要弄清楚的问题。

有人说："角位移具有大小和方向，当然是矢量。"也有人说："角速度是矢量，角位移当然也是矢量。"这些说法貌似有道理，但却是不正确的。实际上具有大小和方向的量不一定都是矢量，因为一个量有了大小和方向，同时还必须遵守矢量运算法则（如平行四边形的加法法则）才可被称为矢量。而有限角位移虽然具有大小和方向，但不遵守矢量运算法则，所以不是矢量。下面依据矢量相加法则，由图解和计算两个方面，来说明有限角位移不是矢量。

图解法 为简明起见，我们令某一物体（比如刚体）绕两个互相垂直的轴分别相继发生有限角位移，观察它从相同的初始状态按不同顺序相继发生角位移时的结果。

选一物体为长方形木块，取坐标原点在木块中心处，坐标轴与长方形木块各边分别平行。设按两种方式旋转而发生角位移：

(1) 先绕 y 轴顺时针方向（正对 y 轴方向看）发生角位移 $\theta=90°$，之后再绕 z 轴逆时针方向（正对 z 轴方向看）发生角位移 $\varphi=90°$，我们称此种顺序为 yz，如图 5.4.9 中(a)→(b)→(c)所示。

(2) 先绕 z 轴逆时针方向发生角位移 $\varphi=90°$，之后再绕 y 轴顺时针方向发生角位移 $\theta=90°$，我们称此种顺序为 zy，如图 5.4.9 中(d)→(e)→(f)所示。

如果有限的角位移是矢量，则长方体的总角位移应当是这两个方向角位移的矢量和，而且结果应和矢量相加的顺序无关。但图 5.4.9(c)和图 5.4.9(f)所示的最终位置状态是不一样的，显然相继发生的两次有限角位移，不遵守矢量加法的交换律，由此可见有限角位移(θ、φ)不是矢量。

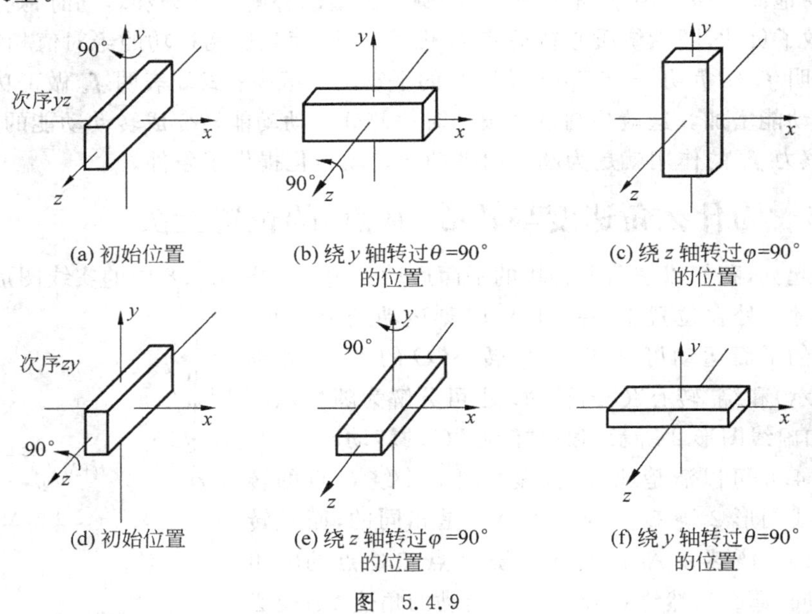

图 5.4.9

有人会问，既然有限角位移不是矢量，为什么角速度却是矢量呢？

要回答这个问题，我们来看看物体发生很小的角位移时情况如何？上面已画出 $\theta=\varphi=90°$ 的一组转动图，其结果是最后位置状态不一样，因此不遵守矢量加法交换律。如果按照相同的作图法再画出 $\theta=\varphi=45°$ 和 $\theta=\varphi=30°$ 各一组转动图（读者可以自己画出）其最后位置状态也不一样，但可以发现两种结果的位置状态要比图 5.4.9(c)和图 5.4.9(f)的位置状态彼此接近得多，其中 $\theta=\varphi=30°$ 比 $\theta=\varphi=45°$ 的转动后的状态接近得更好，也就是其结果随角位移的减少更接近遵守矢量加法交换律。因此由作图法可以定性说明，当 θ 和 φ 取值越小时，由角位移的顺序不同，所引起的结果的差别就越小。可以设想当 θ 和 φ 取无限小值 $d\theta$ 和 $d\varphi$ 时，其结果就没有差别了。也就是说角位移为无限小时，相加的顺序对结果没有影响，这时无限小的角位移既有大小和方向，同时又遵守矢量加法交换律，所以说无限小的角位移是矢量。

由于角速度是无限小的角位移与无限小的时间的比，所以角速度是矢量。同理可说明角加速度也是矢量。

计算法　这里定量证明有限角位移不是矢量，而无限小角位移却是矢量。

令某一物体绕两个互相垂直的 y、z 轴分别相继发生角位移。取该物体上任一考察点 A，设物体在初始位置时，A 点位于 x 轴上（这样设是为了数学上计算方便，但并不失物理上的一般性），A 点到原点的距离为 r。下面计算 A 点随物体从同一初始位置按不同顺序绕两个互相垂直轴发生角位移后的位置坐标。

(1) 计算按 zy 顺序发生角位移后 A 点坐标

设物体绕 z 轴逆时针方向（正对 z 轴方向看）转过角 φ_0，A 点随物体必在 xOy 平面内绕 O 点转过角 φ_0 运动到 A' 点。物体再绕 y 轴顺时针方向（正对 y 轴方向看）转过角 θ_0，则 A' 点在过 A' 与 y 轴垂直的平面内绕 y 轴转过角 θ_0 运动到 A''，如图 5.4.10(a)所示。

将平面 $C'A'AO$ 绕 y 轴顺时针转 θ_0 角至平面 $C'A''B'O$，如图 5.4.10(b)所示，从图中容易看出 $OA=OA'=OA''=r$，$\angle A''OB'=\angle A'OA=\varphi_0$，$\angle AOB'=\angle A'C'A''=\theta_0$，所以 A'' 坐标表示为 $A''(r,\varphi_0,\theta_0)$。

(2) 计算按 yz 次序发生角位移后 A 点的坐标

设物体先绕 y 轴顺时针方向转过角 θ_0，A 点必在 xOz 平面内绕 O 点转过角 θ_0 运动到 A_1 点，再绕 z 轴逆时针方向转过角 φ_0，则 A_1 在过 A_1 与 z 轴垂直的平面内绕 z 轴转过角 φ_0 运动到 A_2，如图 5.4.10(c)所示。

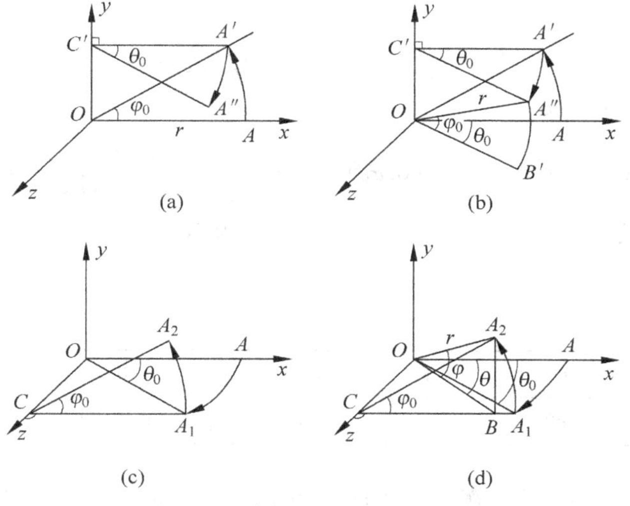

图　5.4.10

由 A_2 到 xOz 平面作垂线必与 CA_1 交于 B 点，则 $\angle A_2OB$ 为 OA_2 与 xOz 平面的夹角，且令 $\angle A_2OB=\varphi$，同时令 $\angle AOB=\theta$，如图 5.4.10(d)所示。从图中容易看出 $OA=OA_1=OA_2=r$，则 A_2 点的坐标表示为 $A_2(r,\varphi,\theta)$。

下面找 φ、θ 和 φ_0、θ_0 的关系（参看图 5.4.10(d)）：

$$\sin\varphi=\frac{\overline{A_2B}}{\overline{OA_2}}=\frac{\overline{A_2B}}{r} \quad ①$$

$$\sin\varphi_0=\frac{\overline{A_2B}}{\overline{CA_2}} \quad ②$$

$$\overline{CA_2}=\overline{CA_1}=r\cos\theta_0 \quad ③$$

由式①～式③得

$$\sin\varphi=\sin\varphi_0\cos\theta_0$$

于是有

$$\varphi=\arcsin(\sin\varphi_0\cdot\cos\theta_0) \quad ④$$

又

$$\sin\theta_0=\frac{\overline{OC}}{\overline{OA_1}}=\frac{\overline{OC}}{r} \quad ⑤$$

$$\sin\theta=\frac{\overline{OC}}{\overline{OB}} \quad ⑥$$

$$\cos\varphi=\frac{\overline{OB}}{\overline{OA_2}}=\frac{\overline{OB}}{r} \quad ⑦$$

由式⑤～式⑦得

$$\sin\theta_0=\sin\theta\cos\varphi$$

$$\sin\theta=\frac{\sin\theta_0}{\cos\varphi}=\frac{\sin\theta_0}{\sqrt{1-\sin^2\varphi}}=\frac{\sin\theta_0}{\sqrt{1-\sin^2\varphi_0\cos^2\theta_0}}$$

于是有

$$\theta=\arcsin\left(\frac{\sin\theta_0}{\sqrt{1-\sin^2\varphi_0\cos^2\theta_0}}\right) \quad ⑧$$

所以 A_2 的位置坐标表示为

$$A_2\left[r,\arcsin(\sin\varphi_0\cos\varphi_0),\arcsin\left(\frac{\sin\theta_0}{\sqrt{1-\sin^2\varphi_0\cos^2\theta_0}}\right)\right]$$

现将 θ_0 和 φ_0 代入不同数值，由式④和式⑧可解得对应 φ 和 θ 的值，列入表 5.4.1 中以便比较。

表 5.4.1

θ_0,φ_0	90°,90°	45°,45°	10°,10°	3°,3°
θ,φ	90°,0°	54.74°,30°	10.15°,9.85°	3.004°,2.996°

由表 5.4.1 可看出，一般情况下按不同顺序发生角位移后，A 点的位置坐标是不同的，这表明处于 A 点的物体，按不同顺序发生对应相同的角位移后的位置状态是不同的。可见

有限角位移不遵守矢量加法交换律，所以说有限角位移不是矢量。

但是，当 θ_0 和 φ_0 取值越小时(即发生角位移越小时)，它们按不同顺序相继发生角位移所得结果的差值就越小。当(θ_0,φ_0)为$(3°,3°)$时，θ 和 θ_0，φ 和 φ_0 就已相当接近了。可以设想在 $\theta_0\to0$、$\varphi_0\to0$ 的极限情况下，将有 $\theta\to\theta_0$、$\varphi\to\varphi_0$。这可以由④、⑧两式很容易地加以证明。

令 $\theta_0\to0$、$\varphi_0\to0$ 时，则 $\cos\theta_0\to1$，$\sin\varphi_0\to0$，而 $\sin^2\varphi_0\cos^2\theta_0$ 和 1 相比可以忽略，因而由④、⑧两式有

$$\lim_{\substack{\theta_0\to0\\ \varphi_0\to0}}\varphi=\arcsin(\sin\varphi_0)=\varphi_0 \tag{⑨}$$

$$\lim_{\substack{\theta_0\to0\\ \varphi_0\to0}}\theta=\arcsin(\sin\theta_0)=\theta_0 \tag{⑩}$$

上面结果说明，当 $\theta_0\to0$、$\varphi_0\to0$ 时，即发生无限小的角位移时，其结果与位移顺序无关(也就是 A''和 A_2 的位置是重合的)，这表明无限小角位移是遵守矢量加法交换律的，因此无限小角位移是矢量。

5.4.7 刚体角动量 L 和角速度 ω 的关系是否可写成 $L=J\omega$ 的形式

一般来说，对于定点运动，刚体角动量写成 $\boldsymbol{L}=J\boldsymbol{\omega}$ 的形式是不对的。因为对于刚体的定点运动来说，当刚体质量分布对瞬时轴不对称时，刚体对定点的角动量并不沿瞬时轴。例如图 5.4.11 所示的小球 m_1 和 m_2 由一轻杆连接所组成的刚体系统，$m_2>m_1$，轻杆垂直于 z 轴且被 z 轴所平分。该系统以 z 轴上的 O 点为定点作定点转动，z 轴恰为瞬时轴，系统绕瞬时轴转动的角速度为$\boldsymbol{\omega}$，m_1 和 m_2 对 O 点的矢径分别为 $\boldsymbol{r}_1$ 和 $\boldsymbol{r}_2(r_1=r_2)$，$m_1$ 和 m_2 的速度分别为 $\boldsymbol{v}_1$ 和 $\boldsymbol{v}_2(\boldsymbol{v}_2=-\boldsymbol{v}_1)$、动量分别为 $\boldsymbol{p}_1$ 和 $\boldsymbol{p}_2(p_2>p_1)$，$m_1$ 和 m_2 对 O 点的角动量分别为 $\boldsymbol{L}_1=\boldsymbol{r}_1\times\boldsymbol{p}_1$ 和 $\boldsymbol{L}_2=\boldsymbol{r}_2\times\boldsymbol{p}_2$，此刚体系统的对 O 点的总角动量为 $\boldsymbol{L}=\boldsymbol{L}_1+\boldsymbol{L}_2$。由图中看出 $\boldsymbol{L}_1$ 和 $\boldsymbol{L}_2$ 对瞬时轴(z 轴)并不对称，所以 $\boldsymbol{L}$ 并不沿瞬时轴，而$\boldsymbol{\omega}$ 则是沿瞬时轴的，即 $\boldsymbol{L}$ 和 $\boldsymbol{\omega}$ 并不平行，因此 $\boldsymbol{L}\neq J\boldsymbol{\omega}$。

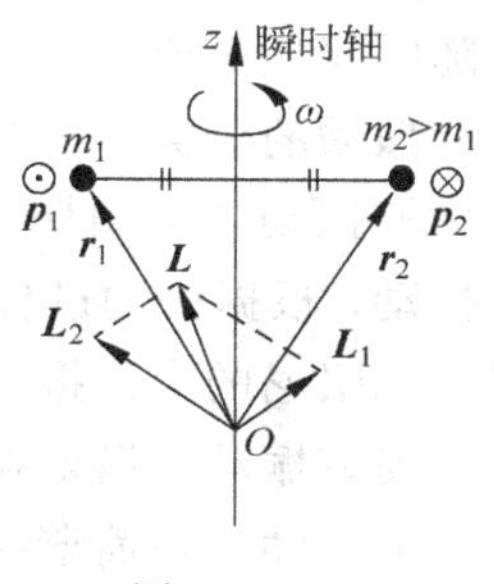

图 5.4.11

只有刚体质量分布对瞬时轴对称且定点 O 选在瞬时轴上时(例如对图 5.4.11 的系统，令 $m_1=m_2$ 的情形)，关系式 $\boldsymbol{L}=J\boldsymbol{\omega}$ (J 为刚体对瞬时轴的转动惯量)才成立，此时刚体对瞬时轴上定点的角动量等于刚体对瞬时轴的角动量。

对于定轴转动来说，刚体对轴的角动量 $\boldsymbol{L}$ 和角速度$\boldsymbol{\omega}$ 的方向的确是一致的，这虽然可以如式(5.1.6)那样写成 $\boldsymbol{L}=J\boldsymbol{\omega}$ (J 为刚体对定轴的转动惯量)的形式，但此时角动量 $\boldsymbol{L}$ 和角速度 $\boldsymbol{\omega}$ 都已退化为代数量(用正和负即可表明它们的方向)，将角动量和角速度的关系写成为代数式 $L=J\omega$ 即可，没有必要再写成矢量形式了。

振　　动

振动是一种重要的运动形式。常见的振动有机械振动，电磁振动，……，微观中的振动等。

振动　广义而言，一个物理量(如机械振动中的位移、电磁振动中的电流)在一个数值附近随时间反复变化就称作振动。

振动的分类　根据振动过程的具体特点可对振动进行分类：根据它是否有周期性，分为周期振动和非周期振动；根据振动过程中是否有消耗能量的因素，分为阻尼振动及无阻尼振动；根据振动过程中是否有外来策动力(强迫力)的作用，分为受迫振动及自由振动。对于无阻尼的自由振动，它又可以分为无阻尼自由谐振动和无阻尼自由非谐振动。

简谐振动　简谐振动是最重要最基本的振动(下面会看到，无阻尼自由谐振动和稳态下的受迫振动都是简谐振动，但这二者又有很多差别)，复杂的振动都可以看作是简谐振动的叠加。本章以机械振动为例重点讨论无阻尼自由谐振动的特点和规律(以下我们把无阻尼自由谐振动就直接称作简谐振动，把无阻尼自由谐振动系统称作简谐振动系统)。

6.1　简谐振动的基本概念

6.1.1　简谐振动的定义

简谐振动可从运动学和动力学两个方面来定义。

从运动学方面看，如果一个物体的振动位移(即相对于平衡位置的位移)按余弦函数(或正弦函数，本书采用余弦函数形式)的规律随时间变化，即有如下形式

$$x = A\cos\left(\frac{2\pi}{T}t + \varphi\right) \tag{6.1.1}$$

这样的振动就叫作简谐振动。例如，图 6.1.1 中的水平弹簧振子(坐标原点 O 选在平衡位置上)的位移就满足上式的规律，这是一个典型的简谐振动系统。式(6.1.1)是简谐振动的

运动学方程，常称作**简谐振动的表达式**。x 和 t 的关系也可用图 6.1.2 的曲线来表示，它称作振动曲线(图中画的是 φ 为 0 的振动曲线)。

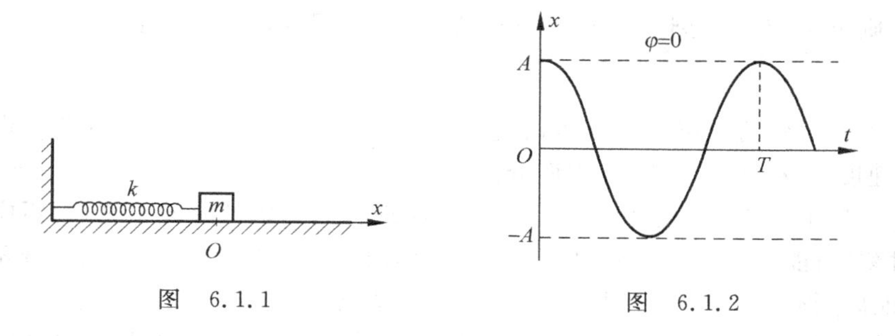

图　6.1.1　　　　图　6.1.2

从动力学方面看，位移 x 随 t 的关系满足如下方程的振动就是简谐振动

$$\frac{\mathrm{d}^2 x}{\mathrm{d}t^2}+\omega^2 x=0 \tag{6.1.2}$$

这是简谐振动的动力学方程，称作振动方程(后面我们会说它是怎样导出的)，它的解就是振动表达式(6.1.1)。

6.1.2　简谐振动的特征量

式(6.1.1)中的几个物理量分别反映了简谐振动的一定特征，它们称作简谐振动的特征量。

振幅 A　振幅反映了振动幅度的大小，振幅 A 是最大位移的绝对值，它恒为正值。简谐振动是等幅振动，振幅的大小和振动系统的能量有关。

周期 T **和频率** ν　周期和频率反映了振动的"快慢"。周期 T 是完成一次振动所需要的时间，T 越短说明振动得越"快"。简谐振动是周期振动(读者可自行验证 $t+T$ 时刻的位移 $x(t+T)$ 和 t 时刻的位移 $x(t)$ 是完全相等的)。一般情况下，若一个振动的表达式 $f(t)$ 满足 $f(t+T)=f(t)$ 的关系，它就是周期振动。频率 ν 是单位时间内所完成的振动的次数，单位是 Hz(赫兹)，1Hz=1/s。ν 和 T 的关系为 $\nu=\frac{1}{T}$。圆频率 ω 是 2π 个单位时间内的振动次数，$\omega=2\pi\nu=\frac{2\pi}{T}$，单位为 rad/s。振动表达式(6.1.1)亦可写作

$$x=A\cos(2\pi\nu t+\varphi)=A\cos(\omega t+\varphi) \tag{6.1.3}$$

一个振动系统的 T(ν，ω 亦然)的大小只决定于系统本身的内在因素，和外界因素无关，故称作固有周期(ν 称固有频率)。例如，水平和竖直弹簧振子的固有频率 $\nu=\frac{1}{2\pi}\sqrt{\frac{k}{m}}$，只决定于系统的弹性(由弹簧的劲度系数 k 反映)和惯性(由质量 m 反映)。单摆的固有频率 $\nu=\frac{1}{2\pi}\sqrt{\frac{g}{l}}$，决定于摆长 l 和重力加速度 g 的大小。

相位($\omega t+\varphi$)　某时刻的相位决定了该时刻的振动状态。($\omega t+\varphi$)是 t 时刻的振动相位，对于它主要应明确以下两点：

(1) 对应某一时刻 t 就有该时刻的相位值，不同时刻的相位不同，振动经历一个周期，相位变化 2π。

(2) 当振幅一定时，t 时刻的振动状态（由该时刻的位移 x、速度 v 及加速度 a 反映）完全取决于该时刻的相位。“相”是“相貌”之意，即相位决定了振动的“相貌”。例如，若某时刻 $\omega t+\varphi=\frac{\pi}{2}$，则可决定该时刻 $x=0, v=-\omega A, a=0$。同样，当 $\omega t+\varphi=\pi$ 时，有 $x=-A$，$v=0, a=\omega^2 A$。

初相 $t=0$ 时刻的相位 φ 叫作初相，它决定了 $t=0$ 时刻的振动状态（即决定了初始位移 x_0、初始速度 v_0 和初始加速度，它们分别是，$x_0=A\cos\varphi, v_0=-\omega A\sin\varphi, a_0=-\omega^2 A\cos\varphi$）。$\varphi$ 的数值决定于时间零点的选择。要注意 $t=0$ 应理解为开始计时的时刻，而不应理解为系统起振的时刻（可能系统早已振动起来了）。显然，对于同一振动，不同的人选择不同的时刻开始计时，他们所得的 φ 值是不同的。为了学习的方便，读者应把几个典型的 φ 值和它所反映的振动系统的起始位置（可以用水平弹簧振子为例，见图 6.1.3）以及相应的振动曲线联系起来，并在理解的基础上记忆下来（图 6.1.3 是以余弦函数表示的典型的初相值及相应的振动曲线）。

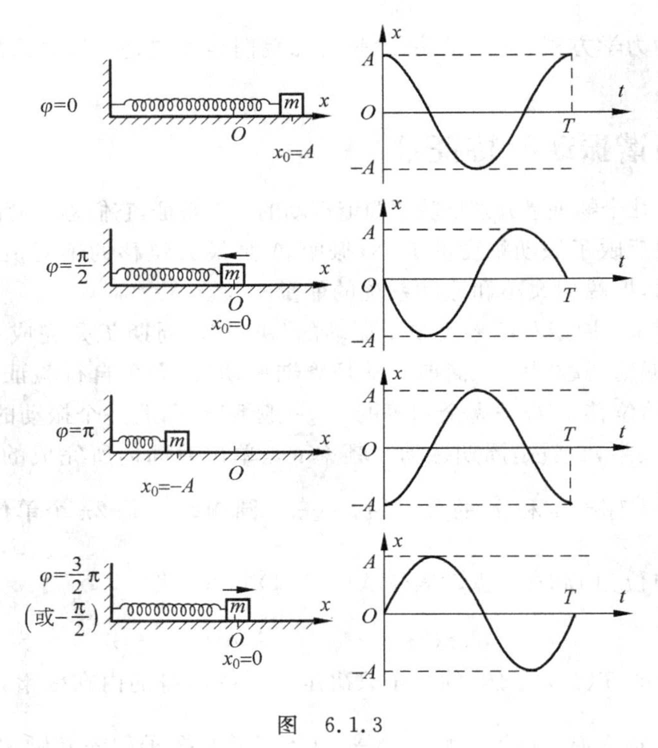

图 6.1.3

6.1.3 相位差

当同时研究两个（或多个）简谐振动时，用相位差这个概念来反映它们的步调是否相同或有何差异。

相位差 两个振动的相位差就是它们的相位之差。对于两个同频率的简谐振动，其相位差就等于它们的初相差。

$$\Delta\varphi=(\omega t+\varphi_2)-(\omega t+\varphi_1)=\varphi_2-\varphi_1$$

同相和反相 如两同频率的简谐振动的相位差为 π 的偶数倍，即

$$\Delta\varphi = \pm 2m\pi, \quad (m = 0,1,2,\cdots)$$

由图 6.1.4(a)可以看出$\left(图中\ \varphi_2 = \varphi_1 = \frac{3}{2}\pi\right)$,两振动同时达到各自的正最大,同时过平衡位置向负方向运动,又同时达到各自的负最大……,即两振动的步调相同,这称作两振动同相。如果两振动的相位差为 π 的奇数倍,即 $\Delta\varphi = \pm(2m+1)\pi$,$(m=0,1,2,\cdots)$,则可看出它们的步调相反,如图 6.1.4(b)所示$\left(图中\ \varphi_2 = \frac{\pi}{2}, \varphi_1 = \frac{3}{2}\pi\right)$,称两振动反相。

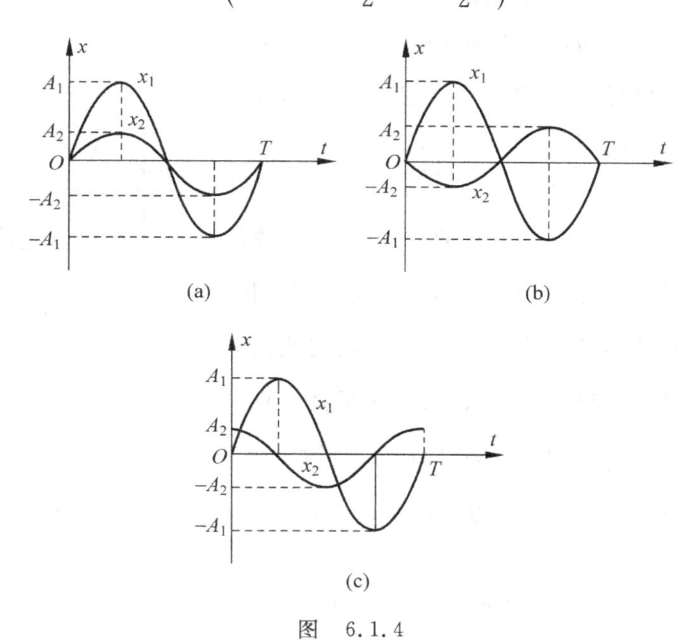

图 6.1.4

领先和落后 一般情况下,两振动不见得正好同相或反相,对此,我们常用“领先”、“落后”来反映它们步调上的差异。如两同频率的简谐振动的相位差 $\Delta\varphi = \varphi_2 - \varphi_1 > 0$,则振动 2 比 1 较早地达到正最大,称振动 2 领先(或振动 1 落后)。如图 6.1.4(c),$\varphi_1 = -\frac{\pi}{2}$,$\varphi_2 = 0$,$\Delta\varphi = \varphi_2 - \varphi_1 = \frac{\pi}{2}$,即振动 2 比 1 在相位上领先$\frac{\pi}{2}$,在时间上领先 $\Delta t = \frac{T}{4}$达到正最大$\left(图中\ x_2\ 在\ t=0\ 时即达正最大, x_1\ 在\ t=\frac{T}{4}时才达正最大\right)$。当然,如拿振动 1 在 $t=\frac{T}{4}$时的正最大和振动 2 在$t=T$ 时的正最大相比,也可认为振动 1 领先$\left(相位领先\frac{3}{2}\pi, 时间上领先\frac{3}{4}T\right)$,但领先、落后一般以小于 π 的角$\left(或以小于\frac{T}{2}的时间间隔\right)$为依据来判断,所以我们还是说振动 2 比振动 1 领先$\frac{\pi}{2}$。

6.1.4 简谐振动的运动学特点

运动学特点是指位移、速度、加速度具有的特点。位移特点已较明确,不再重述。

简谐振动的速度特点 由简谐振动位移的表达式

$$x = A\cos(\omega t + \varphi)$$

有振动速度
$$v = \frac{dx}{dt} = -\omega A\sin(\omega t + \varphi) = \omega A\cos\left(\omega t + \varphi + \frac{\pi}{2}\right)$$

写作
$$v = A_v\cos(\omega t + \varphi_v) \tag{6.1.4}$$

可见，速度 v 也是按简谐振动的规律变化的物理量，即也是简谐振动。其振幅 $A_v = \omega A$；频率和位移 x 的相同；初相 $\varphi_v = \varphi + \frac{\pi}{2}$，即 v 的相位比 x 领先 $\frac{\pi}{2}$。读者应熟悉几个特殊时刻 $\left(t=0, \frac{T}{4}, \frac{T}{2}, \frac{3T}{4}, T\right)$ 的速度值，以及几个时间区间内 $\left(t=0\sim\frac{T}{4}, \frac{T}{4}\sim\frac{T}{2}, \cdots\right)$ 速度变化的趋势，并和具体振动系统的运动情况联系起来。如在表示简谐振动的位移、速度和加速度曲线的图 6.1.5 中，$t=0\sim\frac{T}{4}$ 区间内速度为正但数值随 t 减小，这对应于水平弹簧振子从平衡位置向正向运动的情形，待 $t=\frac{T}{4}$ 时，位移达正向最大，速度为零。

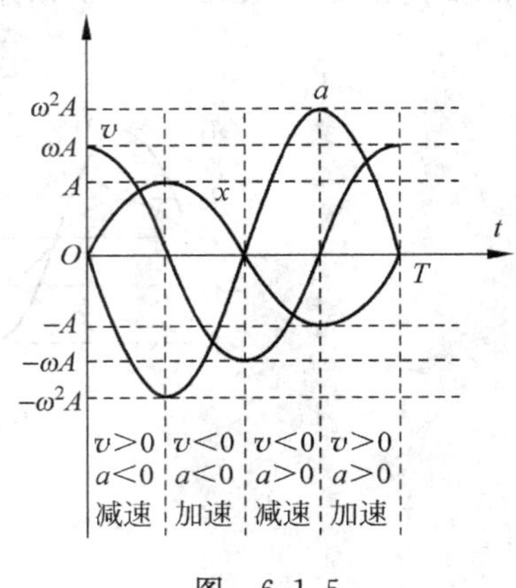

图 6.1.5

由式(6.1.1)和式(6.1.4)，可以导出速度大小和位移大小间的如下关系
$$v = \omega\sqrt{A^2 - x^2} \tag{6.1.5}$$
式中，v 和 x 是同一时刻的速度和位移。此式对任意时刻均成立，对 $t=0$ 时刻它变为
$$v_0 = \omega\sqrt{A^2 - x_0^2} \tag{6.1.6}$$

简谐振动的加速度特点　简谐振动加速度的表达式为
$$a = \frac{d^2x}{dt^2} = -\omega^2A\cos(\omega t + \varphi) = \omega^2A\cos(\omega t + \varphi + \pi)$$
写作
$$a = A_a\cos(\omega t + \varphi_a) \tag{6.1.7}$$
可见，加速度也是简谐振动，振幅 $A_a = \omega^2A$，相位 $\varphi_a = \varphi + \pi$，和 x 反相。上式也可写为
$$a = -\omega^2x \tag{6.1.8}$$
加速度和位移正比而反相（方向上也相反），这是简谐振动的一个重要特点。读者同样应熟知特殊时刻的加速度值和几个时间区间内加速度变化的趋势。如图 6.1.5 中 $t=0\sim\frac{T}{4}$ 时间内，$a<0$，加速度和速度的方向相反，所以此时间区间内系统作减速运动。

6.2　简谐振动所服从的基本定律

我们这里所涉及的简谐振动系统是机械运动系统，因此机械运动所遵从的基本定律也就是它应服从的定律。结合振动的具体情况，这主要是两条：牛顿运动定律和机械能守恒定律。

6.2.1 服从牛顿运动定律

简谐振动的受力特点 只有在线性恢复力(恢复力和位移正比而反向,具有 $F=-kx$ 的形式)作用下的物体才作简谐振动,这是受力特点,也是作简谐振动的物体所必须满足的受力条件。恢复力具体而言可以是弹性力(如弹簧振子),也可以是准弹性力(如单摆的小角度摆动)。

简谐振动的动力学方程 以水平弹簧振子为例,由牛顿第二定律

$$F=m\frac{\mathrm{d}^2x}{\mathrm{d}t^2}$$

再由恢复力特点

$$F=-kx$$

得出

$$\frac{\mathrm{d}^2x}{\mathrm{d}t^2}+\frac{k}{m}x=0$$

即

$$\frac{\mathrm{d}^2x}{\mathrm{d}t^2}+\omega^2x=0$$

这就是方程(6.1.2)的来历。

6.2.2 服从机械能守恒定律

简谐振动系统的机械能守恒 对于无阻尼自由谐振动系统来说,由于是“无阻尼”,振动过程中就没有能量损耗;由于是“自由”,振动过程中就没有外来策动力做功。因此,这样的系统其机械能必然是守恒的,其各时刻的机械能相等,大小等于起始时刻输入给系统的能量(即起始能量)。实际上,对于无阻尼自由振动系统,不管是作谐振动还是非谐振动,其机械能都是守恒的。

简谐振动系统的能量特点 以水平弹簧振子为例,能量公式有

动能
$$E_\mathrm{k}=\frac{1}{2}mv^2=\frac{1}{2}kA^2\sin^2(\omega t+\varphi) \tag{6.2.1a}$$

势能
$$E_\mathrm{p}=\frac{1}{2}kx^2=\frac{1}{2}kA^2\cos^2(\omega t+\varphi) \tag{6.2.1b}$$

平均动能
$$\overline{E_\mathrm{k}}=\frac{1}{T}\int_0^T E_\mathrm{k}\,\mathrm{d}t=\frac{1}{4}kA^2 \tag{6.2.1c}$$

平均势能
$$\overline{E_\mathrm{p}}=\frac{1}{T}\int_0^T E_\mathrm{p}\,\mathrm{d}t=\frac{1}{4}kA^2=\overline{E_\mathrm{k}} \tag{6.2.1d}$$

机械能
$$E=E_\mathrm{k}+E_\mathrm{p}=\frac{1}{2}kA^2 \tag{6.2.2}$$

图6.2.1画出了各能量随时间的变化曲线$\left(\text{图中}\ \varphi\ \text{取}\ \frac{3\pi}{2}\right)$,可见,动能、势能均随时间而变。某时刻动能的大小取决于该时刻的速度大小,势能的大小取决于该时刻弹簧形变的大小。动能势能相互转化,但二者之和即机械能是不随 t 变的,是守恒的。由式(6.2.2)可知,机械能与振幅的平方成正比,所以前面我们说振幅的大小和系统的能量有关。由式(6.2.2)有

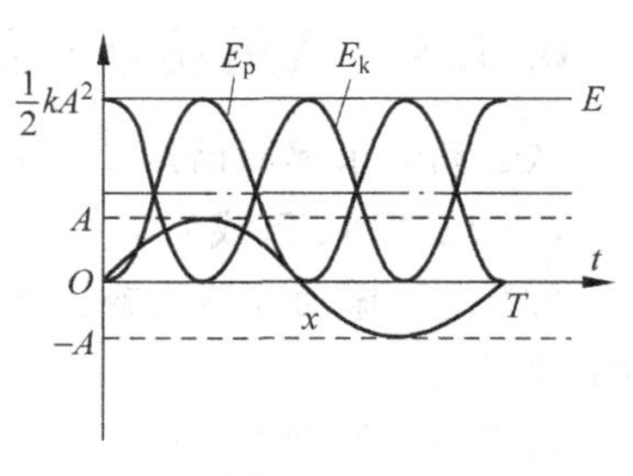

图 6.2.1

$$A=\sqrt{\frac{2E}{k}}=\sqrt{\frac{2E_0}{k}} \tag{6.2.3}$$

E_0 为起始能量。

6.3 描述和求解简谐振动的基本方法

6.3.1 描述简谐振动的方法

简谐振动可用下面三种方法描述：

用振动表达式描述(解析法) 即用式(6.1.1)或式(6.1.3)反映各时刻的位移。

用振动曲线描述(曲线法) 即用 x-t 的关系曲线反映各不同时刻的位移。

用旋转矢量描述(矢量法) 如图 6.3.1 所示，由 x 轴的原点 O 引出一矢量 $\boldsymbol{A}$，让它的长度刚好等于振幅 A，让它在 $t=0$ 时所在的位置与 x 轴的夹角刚好等于初相 φ，并让它以角速度 ω(等于圆频率 ω)逆时针匀角速旋转，它转一圈用时正好为一个周期，这样的矢量叫**旋转矢量**。在时刻 t，矢量和 x 轴的夹角为 $\omega t+\varphi$，此时矢量在 x 轴上的投影 $x=A\cos(\omega t+\varphi)$就是该时刻的振动位移。所以，用这样一个矢量可以反映出各不同时刻简谐振动的位移状况。一般在图上只画出矢量的起始位置。

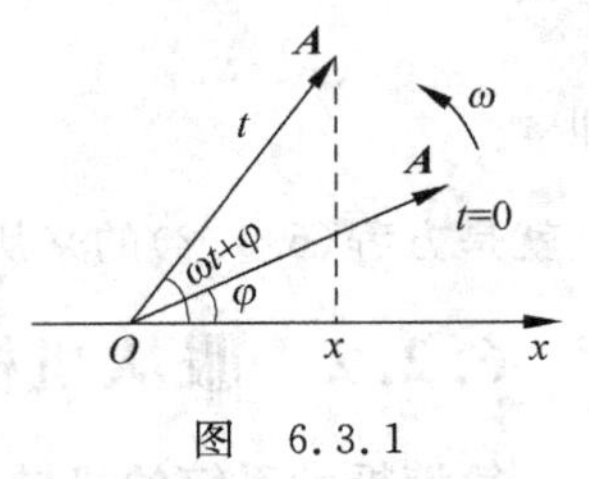

图 6.3.1

矢量法不仅可用于描写位移，还可选择适当的矢量来描述简谐振动的速度和加速度，乃至有更多的用途(参见 6.8.13 小节)，矢量法是一种常用而简便的方法。

6.3.2 判断一个振动是不是简谐振动的方法

判断一个振动是不是简谐振动的方法 一个振动是不是简谐振动，要根据简谐振动的定义和所具有的特点(运动学特点和动力学特点)来分析判断。这些归纳起来有：

(1) x,t 满足 $x=A\cos(\omega t+\varphi)$。

(2) a,x 满足 $a=-\omega^2 x$。

(3) 恢复力和位移(对于平衡位置的位移)正比而反向。

(4) x 满足$\frac{\mathrm{d}^2 x}{\mathrm{d}t^2}+\omega^2 x=0$。

由于以上各点是相通的，因此凡满足上述各点之一者即为简谐振动。

6.3.3 从运动学求解简谐振动的方法

从运动学求解简谐振动的方法这方面的问题主要有：

(1) 已知 A、T(或 ν、ω)、φ 写出振动表达式。

(2) 已知振动表达式或振动曲线，求不同时刻的 x、v、a 值，或已知 x、v、a 值求该值相应的出现时刻。

这类问题原则上由解析法、曲线法、矢量法均可求解，但旋转矢量法更为方便。因此如无特殊要求应优先选用矢量法。

6.3.4　从动力学求解简谐振动的方法

从动力学求解简谐振动的方法　这类问题主要是由动力学(受力、能量)出发,分析系统是否作简谐振动,并进而求出振动频率,最后写出表达式。具体方法有两种:

(1) 从分析受力出发

思路是:先分析振动物体在任一时刻的受力,再根据牛顿第二定律列出方程。如能得出$\frac{d^2x}{dt^2}+\omega^2x=0$形式的方程,则就一方面说明了该振动是简谐振动,同时也得出了该振动的圆频率(方程中x项的系数就是ω的平方)。再由其他条件求出A、φ,即可得出表达式。

(2) 从分析能量出发

因为将简谐振动的机械能守恒式

$$\frac{1}{2}m\left(\frac{dx}{dt}\right)^2+\frac{1}{2}kx^2=\text{常量}$$

对t求导一次即可得出振动方程(6.1.2),所以这种方法的思路是:先分析系统在任一时刻的机械能,然后对t求导一次,如能得出$\frac{d^2x}{dt^2}+\omega^2x=0$形式的方程,则既可判断是简谐振动又可求出$\omega$。

在有些问题中,特别是振动物体不能看作是质点的情况下(例如U形管中振动着的液体),用此种方法更为方便。

6.4　简谐振动的合成(叠加)

6.4.1　简谐振动合成的实质与方法

这一部分研究的问题是,当一个物体同时参与两个(或多个)简谐振动时,其合运动的情况如何?我们主要关心合运动还是不是简谐振动,如果是,其振幅、频率、初相各如何?如果不是,其合运动又是什么样的运动?

振动合成(或叠加)的实质　实质是位移的叠加,即某时刻合运动的位移应是同一时刻各分振动(参与叠加的振动称作分振动)位移的叠加。由于位移是矢量,这个叠加应是矢量叠加。但在各分振动沿同一直线的情况下,可以转化为各分振动位移在该直线方向的投影相加。

求解简谐振动合成的方法　仍为解析法、曲线法、矢量法三种。这是因为既然一个简谐振动可用这三种方法描述,当然两个振动也可如此描述,只要在每一种方法中,把所反映的两个分振动的位移设法相加即可得到合运动的位移。所以,合成的方法仍不外乎这三种。但在实用中仍以矢量法最为简便,下面主要应用这种方法。

6.4.2　两个同频率的简谐振动的合成

按照两个分振动的频率和振动方向(指是否沿同一直线方向振动)的异同,简谐振动的合成共可分为四种情形。重点是下面两种同频率的简谐振动的合成。

两个同方向同频率的简谐振动的合成

(1) 合振动的表达式

设一物体在 x 方向同时参与两个同频率的简谐振动

$$x_1 = A_1\cos(\omega t + \varphi_1)$$
$$x_2 = A_2\cos(\omega t + \varphi_2)$$

在图 6.4.1 中分别画出描述两个分振动的旋转矢量 $\boldsymbol{A}_1$、$\boldsymbol{A}_2$，它们的合矢量 $\boldsymbol{A}$ 即为描述合振动的旋转矢量，因为在任一时刻 $\boldsymbol{A}$ 在 x 轴上的投影 x(合振动位移)刚好等于同一时刻 $\boldsymbol{A}_1$、$\boldsymbol{A}_2$ 在 x 轴上的投影(两分振动的位移)之和。

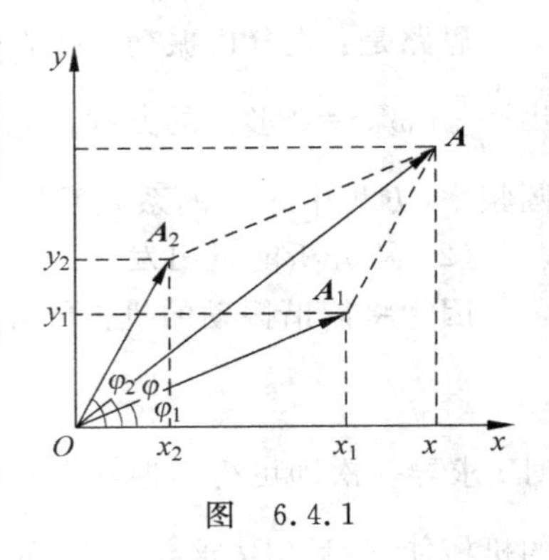

图 6.4.1

由图 6.4.1 中几何关系可得出合振动的表达式如下

$$x = A\cos(\omega t + \varphi) \tag{6.4.1}$$

其中 $$A = \sqrt{A_1^2 + A_2^2 + 2A_1A_2\cos(\varphi_2 - \varphi_1)}$$

$$\tan\varphi = \frac{A_1\sin\varphi_1 + A_2\sin\varphi_2}{A_1\cos\varphi_1 + A_2\cos\varphi_2}$$

(2) 合振动的特点

合振动仍是简谐振动，其频率与分振动的频率相同，其振幅在 A_1、A_2 确定之后主要取决于两分振动的相位差 $\varphi_2-\varphi_1$。有两种重要的特殊情形：若两个分振动同相，即 $\varphi_2-\varphi_1=\pm 2m\pi$，($m=0,1,2,\cdots$)时，有 $A=A_1+A_2$，合振动的振幅为分振动的振幅之和，这称作两分振动相互加强；若两个分振动反相，即 $\varphi_2-\varphi_1=\pm(2m+1)\pi$，($m=0,1,2,\cdots$)时，有 $A=|A_1-A_2|$，合振动振幅为两分振动振幅之差(取绝对值)，这称作两分振动相互减弱。如再有 $A_1=A_2$，则 $A=0$，两分振动完全抵消。一般情形下，A 介于 A_1+A_2 和 $|A_1-A_2|$ 之间。

两个沿垂直方向的同频率的简谐振动的合成

(1) 合运动方程

设一物体同时参与如下两个同频率的简谐振动

$$x = A_1\cos(\omega t + \varphi_1)$$
$$y = A_2\cos(\omega t + \varphi_2)$$

由解析法可得出合运动的方程为

$$\frac{x^2}{A_1^2} + \frac{y^2}{A_2^2} - 2\frac{x}{A_1}\cdot\frac{y}{A_2}\cos(\varphi_2 - \varphi_1) = \sin^2(\varphi_2 - \varphi_1) \tag{6.4.2}$$

(2) 合运动的特点

除特殊情况外，合运动不是简谐振动。式(6.4.2)就是物体合运动的轨迹方程，一般它是在 $2A_1$(x 向)、$2A_2$(y 向)范围内的一个椭圆。

(3) 椭圆的性质

椭圆的性质(方位、长短轴、左右旋)在 A_1、A_2 确定之后主要决定于两分振动的相位差 $\varphi_2-\varphi_1$。几个重要的典型情况如下：

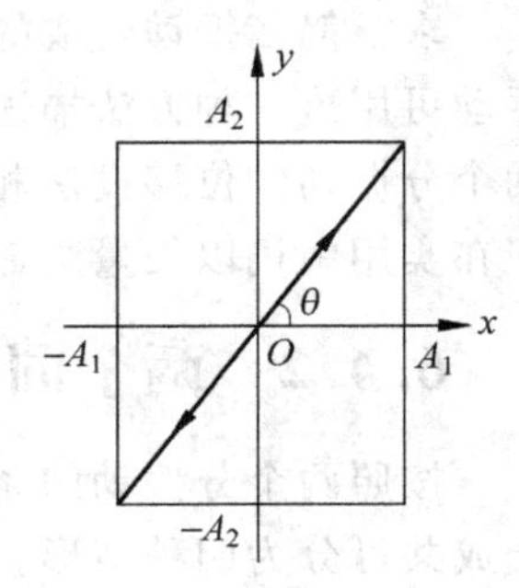

图 6.4.2

若两分振动同相，即 $\varphi_2-\varphi_1=\pm 2m\pi$，($m=0,1,2,\cdots$)时，合运动的轨迹退化为第一、三象限中的一条斜直线(见图 6.4.2)，斜率 $\tan\theta=\dfrac{A_2}{A_1}$，物体沿此直线作简谐振动，圆频率为 ω，振幅

为 $\sqrt{A_1^2+A_2^2}$。

若两分振动反相，即 $\varphi_2-\varphi_1=\pm(2m+1)\pi$，$(m=0,1,2,\cdots)$ 时，合运动的轨迹退化为第二、四象限中的一条斜直线（见表 6.4.1），物体沿此直线作简谐振动，圆频率为 ω，振幅为 $\sqrt{A_1^2+A_2^2}$。

若 y 向振动比 x 向振动领先 $\frac{\pi}{2}$，即 $\varphi_2-\varphi_1=\frac{\pi}{2}\pm 2m\pi$，$(m=0,1,2,\cdots)$ 时，合运动轨迹为一正椭圆，两主轴分别沿 x，y 轴（见表 6.4.1），如再有 $A_1=A_2$，则轨迹变为圆。表 6.4.1 中列出了一些轨迹曲线。

表 6.4.1

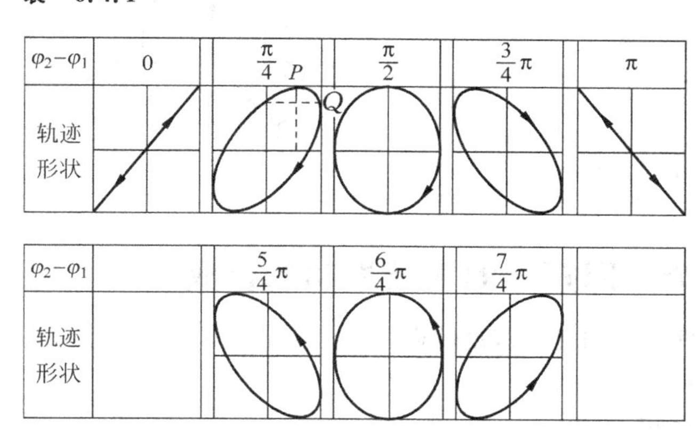

(4) 旋转方向的判断方法

当合运动的轨迹为椭圆和圆时，常常还需要判断物体（质点）在轨迹上运动时的旋转方向。一种判断方法是：在轨迹曲线上先找出 y 向达正最大的 P 点和 x 向达正最大的 Q 点，然后根据 y 向和 x 向振动的领先落后关系判断物体是先经 P 点还是先经 Q 点，进而判断出是左旋还是右旋。如表 6.4.1 中的 $\varphi_2-\varphi_1=\frac{\pi}{4}$ 的曲线，由于 y 向比 x 向振动领先 $\frac{\pi}{4}$，即 y 向领先达正最大，因而先经 P 点后经 Q 点，所以是右旋。一般规律是：当 $0<\varphi_2-\varphi_1<\pi$ 时为右旋；当 $\pi<\varphi_2-\varphi_1<2\pi$ 时为左旋。

(5) 用旋转矢量法画合运动的轨迹曲线

因有两个分振动，所以相应有两个旋转矢量。具体做法如图 6.4.3，先分别画出对应于 x 向和 y 向两个振动的旋转矢量，它们的长度分别是 A_1、A_2，起始位置与 x、y 轴的夹角分别为 φ_1 和 φ_2 $\left(\text{图中取 } \varphi_1=0, \varphi_2=\frac{\pi}{4}\right)$。由矢量的起始位置（分别记作 $1'$ 和 $1''$），可找出 x 向和 y 向的起始位移，并找出轨迹曲线上起始点的位置 1，然后让两矢量分别旋转同样的角度（例如 45°），分别到达位置 $2'$ 和 $2''$，并找出轨迹曲线上相应点 2 的位置，以此类推，让两矢量均旋转一周，即可找出曲线上其他相应点 3，4，…，8 的位置。连接各点即得轨迹曲线，且自然得知旋转方向。

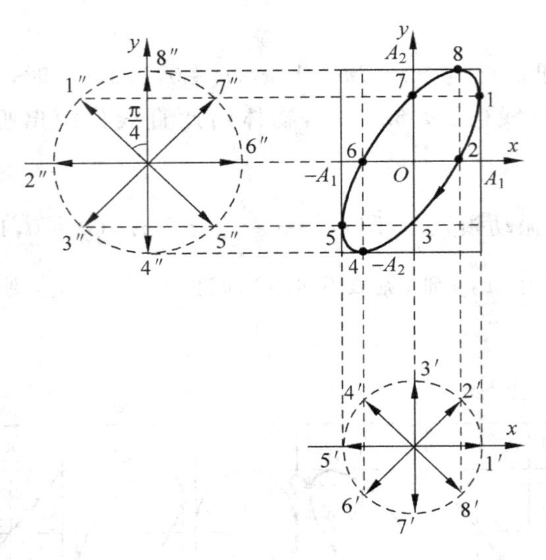

图 6.4.3

6.4.3 两个不同频率的简谐振动的合成

两个同方向不同频率的简谐振动的合成

(1) 合振动的表达式

为简单，设两个分振动为

$$x_1 = A\cos\omega_1 t$$

$$x_2 = A\cos\omega_2 t$$

由解析法可得出合振动的表达式为

$$x = 2A\cos\left(\frac{\omega_1 - \omega_2}{2}\right)t \cdot \cos\left(\frac{\omega_1 + \omega_2}{2}\right)t \tag{6.4.3}$$

一般情形下，这个结果比较复杂，通常只讨论 ω_1 和 ω_2 相近的特殊情形。

(2) 合振动的特点

合振动不是简谐振动，但当 ω_1 和 ω_2 接近时，式(6.4.3)可写作

$$x = A(t)\cos\bar{\omega}t$$

式中，$A(t)=2A\cos\left(\frac{\omega_1 - \omega_2}{2}\right)t$ 是振幅部分，它随时间作缓慢的周期性变化。

$\cos\bar{\omega}t=\cos\left(\frac{\omega_1 + \omega_2}{2}\right)t$ 则随时间变化较快。所以在 ω_1 和 ω_2 相近的情形下，合振动可近似看作是一种振幅缓变的简谐振动。其振动曲线如图 6.4.4 所示。

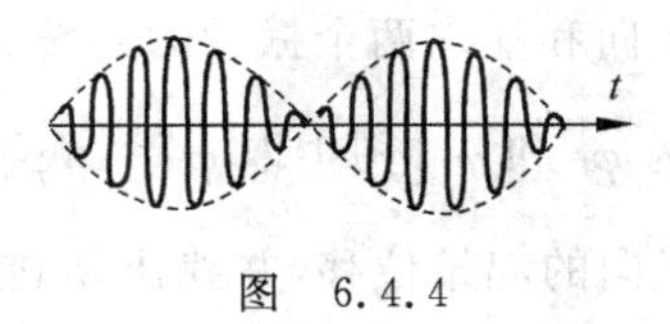

图 6.4.4

(3) 拍

由于 $A(t)$ 随时间周期性地变化，所以合振动的强弱也就随时间作周期性的变化，这种现象称作拍。每秒内强弱变化的次数叫拍频，它等于两分振动的频率之差，$\nu_b = |\nu_1 - \nu_2|$ 或 $\omega_b = |\omega_1 - \omega_2|$，拍频也就是 $|A(t)|$ 或 $A^2(t)$ 的变化频率。

两垂直方向的不同频率的简谐振动的合成 此情形比较复杂，一般合运动的轨迹不稳

定，随时间变化，且轨迹也不一定是封闭曲线。常常遇到的是两种简单情形：

(1) 两分振动频率相差很小

这时两振动的相位差 $\Delta\varphi=(\omega_2-\omega_1)t+\varphi_2-\varphi_1$ 可看作是两频率相等而 $\varphi_2-\varphi_1$ 随 t 缓慢变化，于是合运动的图形将按表 6.4.1 所给出的形状依次缓慢变化。

(2) 两分振动的频率成简单的整数比

此时合振动为稳定的闭合曲线，具体形状和两频率的比值有关，在同一频率比下还和 φ_1、φ_2 的大小有关，这种曲线称李萨如图形，其具体形状可在有关书中查到。图 6.4.5 画出了 $\frac{\omega_x}{\omega_y}=\frac{3}{2}$，$\varphi_2=0$，$\varphi_1=\frac{\pi}{4}$ 时的合运动曲线。由图可见，x 向达正最大的次数 n_x（即曲线与矩形框右边线接触的次数）和 y 向达正最大的次数 n_y（曲线与矩形框上边线接触的次数）之比正好等于 x 向与 y 向的频率之比，即 $\frac{n_x}{n_y}=\frac{\omega_x}{\omega_y}$，这在实际中是很有用的。李萨如图形也可用类似图 6.4.3 的旋转矢量法画出来，读者可以以图 6.4.5 的图形为例试画一下。

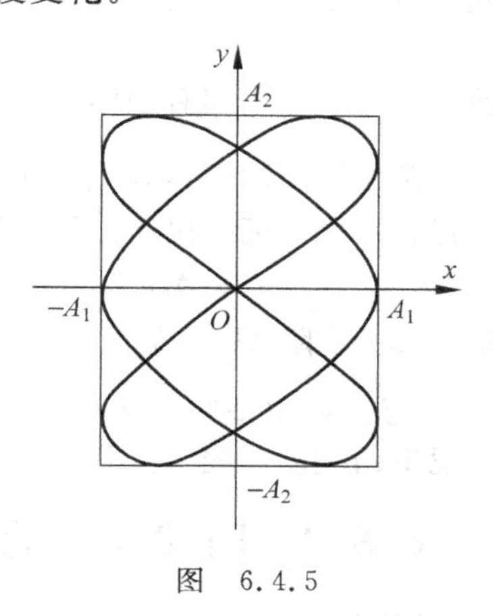

图　6.4.5

6.4.4　振动合成的逆问题——振动的分解

有合成就有分解。在学习振动合成之后，读者应联想到有如下的振动分解的概念：

(1) 一个简谐振动可以分解为两个同方向同频率的简谐振动，这是同方向同频率振动合成的逆问题。

(2) 一个简谐振动可分解为两个沿垂直方向（此二方向和振动方向不同）的同频率的振动。

(3) 一个圆运动或椭圆运动可分解为两个沿垂直方向的同频率的振动。(2)和(3)是两垂直方向同频率振动合成的逆问题。

在进一步学习之后，我们还会了解到：一个周期性振动可分解为一系列的频率分立的简谐振动；一个非周期性振动可分解为无限多个频率连续变化的简谐振动。这两种分解在数学上处理较为复杂（需利用傅里叶级数或积分），我们不做更多讨论，但具备这些概念是有益的。

6.5　阻尼振动

阻尼振动　系统在振动过程中，由于能量不断损耗，因而振幅逐渐减小。这样的振动叫作阻尼振动。

阻尼　引起能量消耗的原因称作阻尼，通常有摩擦阻尼和辐射阻尼两种。

6.5.1　阻尼振动的方程和表达式

阻尼振动的振动方程　在振动物体除受到弹性力作用还受到与速度 v 成正比的阻力 $f_{阻}=-\gamma v$ 作用时（γ 称阻力系数），由牛顿第二定律有

$$m\frac{\mathrm{d}^2x}{\mathrm{d}t^2}=-kx-\gamma\frac{\mathrm{d}x}{\mathrm{d}t}$$

变形后得

$$\frac{d^2x}{dt^2}+2\beta\frac{dx}{dt}+\omega_0^2x=0 \qquad (6.5.1)$$

此即阻尼振动的振动方程。其中，$\beta=\frac{\gamma}{2m}$，称阻尼系数，$\omega_0=\sqrt{\frac{k}{m}}$，为固有圆频率。

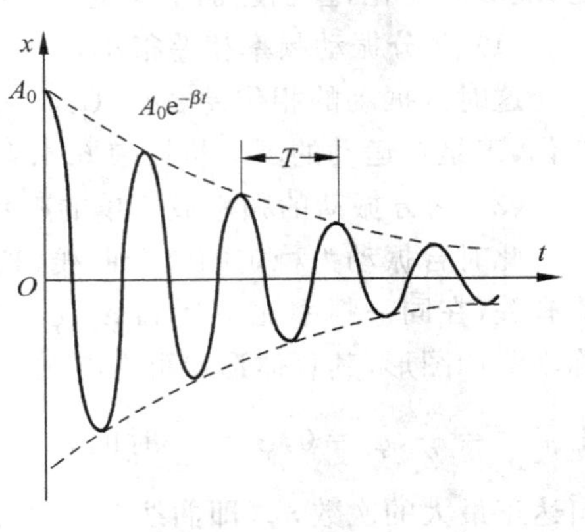

图 6.5.1

阻尼振动的表达式 在阻尼甚小（即满足 $\beta^2<\omega_0^2$）的条件下，可得振动方程的解为

$$x=A_0e^{-\beta t}\cos(\omega t+\varphi) \qquad (6.5.2)$$

这就是弱阻尼下的振动表达式（式中 $\omega=\sqrt{\omega_0^2-\beta^2}$）。根据此式画出的 x-t 关系曲线即为弱阻尼下的振动曲线（见图 6.5.1）。

6.5.2 阻尼振动的特点（重点讨论弱阻尼情形）

"周期"特点 阻尼振动不是周期振动，更不是简谐振动，它无周期可言。但它又有某种重复性，我们把连续两次达到正向极大值的时间间隔 T 叫作阻尼振动的"周期"，这也就是式(6.5.2)中余弦函数 $\cos(\omega t+\varphi)$ 的周期

$$T=\frac{2\pi}{\omega}=\frac{2\pi}{\sqrt{\omega_0^2-\beta^2}}>T_0 \qquad (6.5.3)$$

T_0 为固有周期。可见由于阻尼的作用，周期变长了。当 $\beta\to 0$ 时，$T\to T_0$。

振幅特点 振幅随 t 衰减是阻尼振动最明显的特点。衰减的快慢和 β 有关，当满足 $\beta^2<\omega_0^2$ 时，$A_0e^{-\beta t}$ 可看作阻尼振动的振幅。相继两次振动的振幅的比值为

$$\frac{A_0e^{-\beta(t+T)}}{A_0e^{-\beta t}}=e^{-\beta T} \qquad (6.5.4)$$

可见，β 越大，振幅衰减得越快。

能量特点 由振幅随时间的变化，可以得出在 $\beta^2<\omega_0^2$ 的情况下，能量随时间的变化关系为

$$E(t)=E_0e^{-2\beta t} \qquad (6.5.5)$$

E_0 为初始能量，E-t 曲线如图 6.5.2 所示。

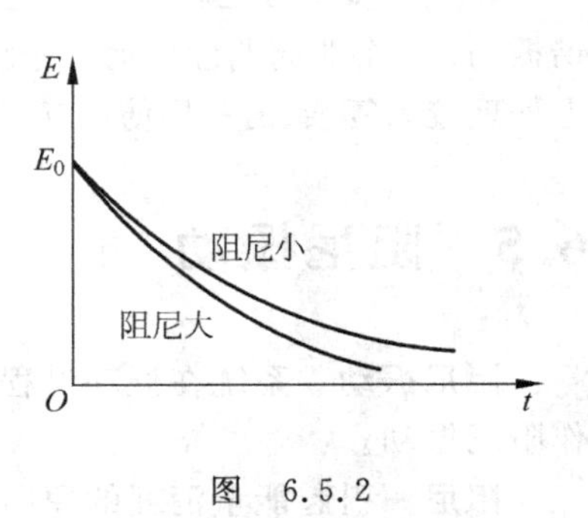

图 6.5.2

还可证明：能量随时间的变化率 $\frac{dE(t)}{dt}$（即单位时间的能量变化，它为负值），正好等于阻力做功的功率 $f_{阻}\cdot v$（它也为负值，阻力做负功），这说明能量的损耗确实是阻尼引起的（详见 6.8.14 小节）。

6.5.3 弱阻尼、过阻尼、临界阻尼

按照阻尼的大小，阻尼状态可分为三种。

弱阻尼（$\beta^2<\omega_0^2$） 正如图 6.5.1 所示，物体要振动相当多的次数才回到平衡位置。

过阻尼($\beta^2>\omega_0^2$)　物体不作振动而经较长时间才回到平衡位置，见图 6.5.3。

临界阻尼($\beta^2=\omega_0^2$)　物体刚刚不能作振动而很快回到平衡位置。与前两种阻尼状态相比，临界阻尼状态下的物体从开始运动到静下来所需的时间最短。临界阻尼的概念应用很广，一些仪器(如灵敏电流计、精密天平等)都工作在临界阻尼状态，以使指针尽快停到应指示的位置。

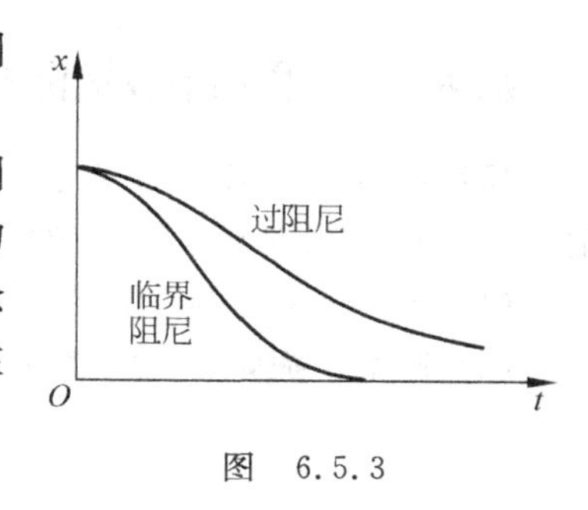

图　6.5.3

6.6　受迫振动与共振

受迫振动　系统在外来策动力作用下的振动叫作受迫振动。最常见的策动力是一种周期性变化的力。

6.6.1　受迫振动的振动方程和表达式

振动方程　受迫振动系统将受到弹性力$-kx$、阻尼力$-\gamma\dfrac{dx}{dt}$和策动力的共同作用。设策动力是按简谐规律变化的周期力，幅度为 F_0，圆频率为 ω，初相为零，即形式为$f=F_0\cos\omega t$。

由牛顿第二定律有

$$m\frac{d^2x}{dt^2}=-kx-\gamma\frac{dx}{dt}+F_0\cos\omega t$$

变形后有

$$\frac{d^2x}{dt^2}+2\beta\frac{dx}{dt}+\omega_0^2x=h\cos\omega t \tag{6.6.1}$$

其中，$\omega_0=\sqrt{\dfrac{k}{m}}$，$\beta=\dfrac{\gamma}{2m}$，$h=\dfrac{F_0}{m}$。式(6.6.1)即受迫振动满足的微分方程(动力学方程)。

振动表达式　在策动力加上去之后，系统要出现一段运动规律较为复杂的过渡过程，在这之后才变为稳态的受迫振动过程。在稳态的情况下，振动方程(6.6.1)的解为

$$x=A\cos(\omega t+\varphi) \tag{6.6.2}$$

此即受迫振动的表达式。图 6.6.1 是它的振动曲线。

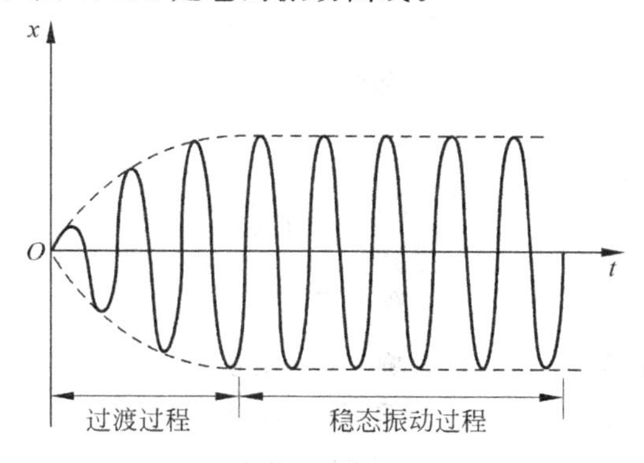

图　6.6.1

6.6.2 受迫振动的特点

振动特点 稳态时的受迫振动是简谐振动（即 x 按简谐规律变化，要注意把它和无阻尼自由谐振动区别开来），其频率、振幅、初相分别如下：

(1) 频率 受迫振动的频率等于外加策动力的频率，和固有频率及阻尼无关。

(2) 振幅 振幅 A 由系统参数(ω_0)、阻尼(β)、策动力(F_0,ω)共同决定。具体关系是

$$A=\frac{h}{\sqrt{(\omega_0^2-\omega^2)^2+4\beta^2\omega^2}} \tag{6.6.3}$$

可以看出，A 的大小特别敏感于 ω 和 ω_0 的相对大小关系。还可看出振幅 A 和初始条件(x_0、v_0 或 E_0)无关，这和无阻尼自由谐振动的情况是很不相同的。

(3) 初相 初相 φ(这里的初相实际上是位移和策动力的相位差)也是由系统参数(ω_0)、阻尼(β)、策动力(F_0,ω)共同决定的，而和初始条件无关。可以求出(请见 6.8.13 小节)φ 是在 $-\pi\sim0$ 之间的负角度，这说明受迫振动的位移总是落后于策动力的变化，两者步调不同。

能量特点 由于受迫振动同时存在策动力和阻尼力，因此在振动过程中，一方面策动力对系统做正功(实际上是在一个周期内策动力有时做正功，有时做负功，但总效果还是做正功)，向系统输入能量，同时，阻尼力做负功消耗能量。可以想到(也可证明)，在稳态振动的情况下，一个周期内输入的能量和消耗的能量数值上必然相等，因而系统维持等幅振动。

6.6.3 共振

共振是受迫振动系统在特定条件下发生的现象，有位移共振和速度共振之分。

位移共振 由式(6.6.3)，当 ω 为某个特定值时，振幅 A 会出现极大值，振动最为剧烈，这称作位移共振。共振时频率、振幅、初相的大小称作共振参量：

(1) 共振频率 由 A 为极大的条件可得出共振时的策动力的频率为

$$\omega_r=\sqrt{\omega_0^2-2\beta^2} \tag{6.6.4a}$$

(2) 共振振幅 将 ω_r 代入式(6.6.3)有

$$A_r=\frac{h}{2\beta\sqrt{\omega_0^2-\beta^2}} \tag{6.6.4b}$$

(3) 共振初相 有

$$\varphi_r=\arctan\frac{-\sqrt{\omega_0^2-2\beta^2}}{\beta} \tag{6.6.4c}$$

以上 ω_r、A_r、φ_r 均取决于系统本身的性质和阻尼的大小。当阻尼 β 很小，即 $\beta^2\ll\omega_0^2$ 时，有

$$\omega_r=\omega_0 \tag{6.6.5a}$$

$$A_r=\frac{h}{2\beta\omega_0} \tag{6.6.5b}$$

$$\varphi_r=-\frac{\pi}{2} \tag{6.6.5c}$$

在此情况下，β 的大小对振幅有很大的影响(见图 6.6.2)，当 $\beta\to0$ 时有 $A_r\to\infty$，此称尖锐共振。由于实际系统总有阻尼，β 不可能为零，所以这种情况是很难发生的。

速度共振 如图 6.6.3 所示，受迫振动的速度在一定条件下也可发生共振(表现在速度

的幅值 V 极大)，这称作速度共振。其共振频率 $\omega_r=\omega_0$，共振时速度的幅值为 $V_r=\dfrac{h}{2\beta}$，速度的初相 $\varphi_{vr}=0$，即速度共振时，速度和策动力同相，因而在一周期内策动力总做正功，此时向系统输入的能量最大。

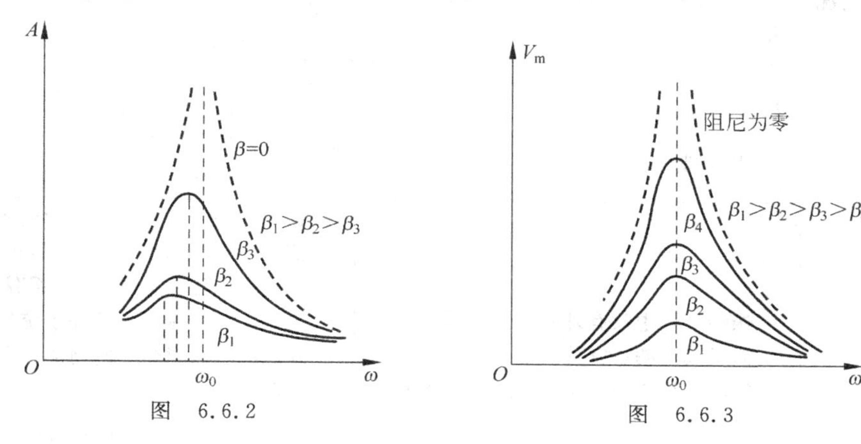

图 6.6.2　　　　图 6.6.3

6.6.4 无阻尼自由谐振动和稳态受迫振动的对比

无阻尼自由谐振动和稳态受迫振动都是简谐振动，两谐振动虽然在形式上一样，但在很多方面有差别，现列表 6.6.1 说明两者的对比。

表 6.6.1

		无阻尼自由谐振动(以弹簧振子为例)	稳态受迫振动(以弹簧振子为例)
运动学特征	表达式	$x=A\cos(\omega t+\varphi)$	$x=A\cos(\omega t+\varphi)$
	频率	ω 是固有圆频率，取决于振动系统本身，和外界因素无关，对弹簧振子 $\omega=\sqrt{\dfrac{k}{m}}$	ω 是周期性策动力 $F_0\cos\omega t$ 的圆频率，不取决于振动系统本身
	振幅	取决于系统的初始条件(初始能量 E_0 或初始位移 x_0、初始速度 v_0) $A=\sqrt{\dfrac{2E_0}{k}}$ $A=\sqrt{x_0^2+\left(\dfrac{v_0}{\omega}\right)^2}$	由系统参量(k,m)、阻尼系数 β 和策动力(F_0,ω)共同决定，和初始条件无关 $A=\dfrac{\dfrac{F_0}{m}}{\sqrt{(\omega_0^2-\omega^2)^2+4\beta^2\omega^2}}$ $\omega_0=\sqrt{\dfrac{k}{m}}$ 为系统的固有圆频率
	初相	取决于时间零点的选择，可由初始条件定出 $\varphi=\arctan\left(\dfrac{-v_0}{\omega x_0}\right)$	φ 实际上是位移 x 和策动力的相位差。由系统参量(k,m)、阻尼系数(β)和策动力(F_0,ω)共同决定，和初始条件无关 $\varphi=\arctan\left(\dfrac{-2\beta\omega}{\omega_0^2-\omega^2}\right)$
	速度	$v=\omega A\cos\left(\omega t+\varphi+\dfrac{\pi}{2}\right)$ ω：固有圆频率	$v=\omega A\cos\left(\omega t+\varphi+\dfrac{\pi}{2}\right)$ ω：策动力的圆频率
	加速度	$a=-\omega^2A\cos(\omega t+\varphi)$ $a=-\omega^2x$ ω：固有圆频率	$a=-\omega^2A\cos(\omega t+\varphi)$ $a=-\omega^2x$ ω：策动力的圆频率

续表

		无阻尼自由谐振动(以弹簧振子为例)	稳态受迫振动(以弹簧振子为例)
动力学特征	受力情况	受线性恢复力(是系统的内力)作用,恢复力与位移正比而反向。对弹簧振子,恢复力为 $F=-kx$	受弹性恢复力 $-kx$(系统内力)、阻尼力 $-\gamma\dfrac{dx}{dt}$(外力)、周期性策动力 $F_0\cos\omega t$(外力)共同作用
	振动方程	$\dfrac{d^2x}{dt^2}+\omega^2x=0$ ω: 固有圆频率	$\dfrac{d^2x}{dt^2}+2\beta\dfrac{dx}{dt}+\omega_0^2x=\dfrac{F_0}{m}\cos\omega t$ ω: 策动力的圆频率 ω_0: 固有圆频率
	能量转化情况及能量特点	• 振动过程中没有外界因素向系统输入能量或消耗系统的能量 • 振动过程中只有系统内动能、势能相互转化 • 系统机械能守恒,其大小等于初始时刻向系统输入的能量 $E_k+E_p=\dfrac{1}{2}mv^2+\dfrac{1}{2}kx^2=\dfrac{1}{2}kA^2$	• 振动过程中,策动力做功向系统输入能量(实际上策动力有时做正功,有时做负功,但总体讲是向系统输入能量),阻尼力做负功消耗系统的能量。 • 系统的机械能随时间周期性变化 $E=E_k+E_p=\dfrac{1}{2}mv^2+\dfrac{1}{2}kx^2=\dfrac{1}{4}m(\omega_0^2+\omega^2)A^2+\dfrac{1}{4}m\cdot(\omega_0^2-\omega^2)A^2\cos(2\omega t+2\varphi)$ • 在一周期内外力做功补充的能量正好等于阻尼力做功消耗的能量,故一周期内机械能的平均值是常量 $E=\dfrac{1}{4}m(\omega_0^2+\omega^2)A^2$ 系统维持等幅振动(详细讨论见6.8.13节)

6.7 典型例题(共6例)

例1 如图6.7.1(a)所示,试分析在光滑碗底上左右滑动的小球是否作简谐振动(设碗底为球面状,半径为 R)。

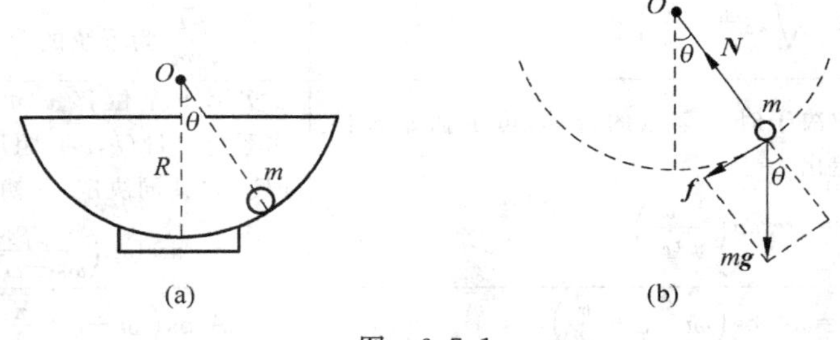

图 6.7.1

解 这是一个判断物体是否作简谐振动的问题。我们从分析小球的受力出发,如图6.7.1(a)所示,当小球位于具有正向角位移 θ(以逆时针方向的角位移为正)的任一位置时,受有切向力 $\boldsymbol{f}$(是碗底对小球的支持力 $\boldsymbol{N}$ 与 $\boldsymbol{mg}$ 的合力),其大小为 $f=mg\sin\theta$,此力虽然可以驱使小球回到平衡位置，但 f 和角位移 θ 并不成正比，因而小球不作简谐振动。仅在小球作小幅度运动时，$f=mg\sin\theta\approx mg\theta$，可看作是线性恢复力，小球才可看作是作简谐振动。

此问题也可以由小球的加速度特点来分析：由 f 知，小球的切向加速度 $a_t=g\sin\theta$，并因此可得角加速度 $\beta=\frac{a_t}{R}=\frac{g}{R}\sin\theta$。当 θ 较小时，$\beta\approx\frac{g}{R}\theta$，且 β 和 θ 方向相反（θ 若为正向角位移，β 则为负，反之亦然），具有"加速度和位移正比而反向"的特点，所以小球的小幅度运动是简谐振动。

例 2　一质量为 10 g 的物体沿 x 向作简谐振动。其振幅 $A=20$ cm，周期 $T=4$ s。$t=0$ 时物体的位移为 -10 cm，且向负 x 向运动。求（1）$t=1$ s 时物体的位移；（2）何时物体第一次运动到 $x=10$ cm 处；（3）再经多少时间物体第二次运动到 $x=10$ cm 处；（4）第一次运动到 $x=10$ cm 处的速度和加速度。

解　这是一个典型的由运动学求解简谐振动的问题，我们选用旋转矢量法去分析。

按题意可画出旋转矢量的起始位置，并可定出初相 $\varphi=\frac{2}{3}\pi$（见图 6.7.2）。

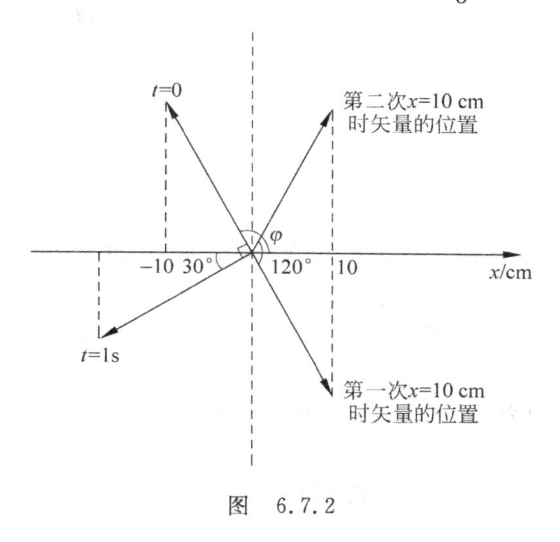

图　6.7.2

（1）因周期 $T=4$ s，所以从 $t=0$ 到 $t=1$ s 矢量应旋转 $\frac{1}{4}$ 圈，由此可定出 $t=1$ s 时位移为 $x=20\cos(\pi+30°)=-17.3$(cm)。

（2）图 6.7.2 中画出了第一次 $x=10$ cm 时矢量的位置，从 $t=0$ 起至此位置，矢量正好转过了半圈，所以此时的时刻为 $t=2$ s。

（3）由图 6.7.2，从第一次 $x=10$ cm 至第二次 $x=10$ cm，矢量转过了 120°即 $\frac{1}{3}$ 圈，相应的时间 $\Delta t=\frac{T}{3}=\frac{4}{3}$ s。

（4）将 $t=2$ s 及 A、T、φ 各数据代入 $v=-\omega A\sin(\omega t+\varphi)$ 中，可得此时速度 $v=27.2$ cm/s。由 T 及 $t=2$ s 时的位移 x 并利用 $a=-\omega^2 x$ 可得 $t=2$ s 时的加速度 $a=-24.7$ cm/s^2。

本题亦可由解析法去做，读者可比较一下哪种方法方便。

例 3　在匀加速上升的电梯中有一单摆（图 6.7.3）。设电梯的加速度大小为 a_0，单摆长为 l，摆球质量为 m，问此单摆是否仍作简谐振动，如果是，其圆频率为多大？

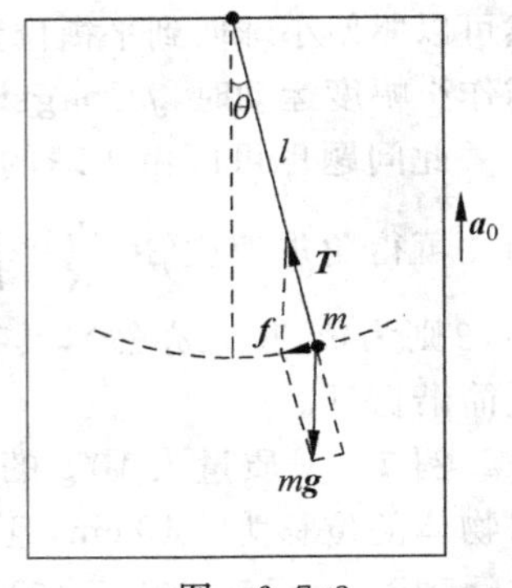

图 6.7.3

解 这是一个由动力学求解简谐振动的问题，我们由分析受力的方法去解。当摆处于任一位置时（摆线与铅垂线夹角为 θ），小球在切向受力大小为 $f=mg\sin\theta$。由牛顿第二定律有

$$-mg\sin\theta=m(a+a_0\sin\theta)$$

式中，$a_0\sin\theta$ 为 $\boldsymbol{a}_0$ 在切线方向的分量，式中左端的负号是因为 $\boldsymbol{f}$ 是恢复力。$a=l\dfrac{\mathrm{d}^2\theta}{\mathrm{d}t^2}$，由上式有

$$-mg\sin\theta=ml\frac{\mathrm{d}^2\theta}{\mathrm{d}t^2}+ma_0\sin\theta$$

$$\frac{\mathrm{d}^2\theta}{\mathrm{d}t^2}+\frac{g+a_0}{l}\sin\theta=0$$

当 θ 很小时，此式可变为

$$\frac{\mathrm{d}^2\theta}{\mathrm{d}t^2}+\frac{g+a_0}{l}\theta=0$$

这和简谐振动的振动方程的形式相同，所以在匀加速上升的电梯中，单摆的小幅度摆动仍为简谐振动，其圆频率为

$$\omega=\sqrt{\frac{g+a_0}{l}}$$

本例是在惯性系（地面）来分析加速运动的电梯中单摆小球的实际受力和运动的，得出了单摆的圆频率 ω。在本书 2.7.3 小节中也分析了同样的问题，但那里是在升降机非惯性系中，考虑了单摆物体所受的惯性力而得出单摆的周期 T 的。这是两种不同的典型分析方法，但所得结果是一致的（可由 ω、T 的换算得知）。

例4 在横截面为 s 的 U 形管中有适量的液体，质量为 m，密度为 ρ。问液面上下起伏的自由振动是不是简谐振动？如果是，圆频率是多少？（忽略液体和管壁间的摩擦）

解 这也是一个由动力学求解简谐振动的问题。由于这里液体不宜简化为一个质点，因此用能量法分析较好。

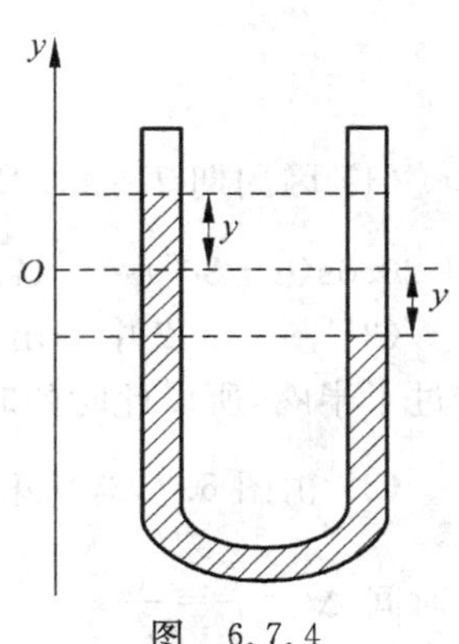

图 6.7.4

选坐标如图 6.7.4 所示，并选两液面相齐时的平衡位置为坐标原点，且取平衡时势能为零。

我们分析系统在某时刻 t 的机械能。若在时刻 t 左边液面位移为 y（即比平衡时的液面高出 y），此时右边液面下降的高度也为 y，可以认为右边降下的那段液体提升到左边平衡线以上去了。这段液体的质量为 ρsy，提升高度为 y，因而势能增加 ρsgy^2，这就是系统在时刻 t 的势能 E_{p}。

在该时刻左边液面的速度为 $\dfrac{\mathrm{d}y}{\mathrm{d}t}$，由于液体的"不可压缩性"（总体积不变），截面积又处处为 s，可知此时各处液体的速度大小相同，因而该时刻系统的动能为 $E_{\mathrm{k}}=\dfrac{1}{2}m\left(\dfrac{\mathrm{d}y}{\mathrm{d}t}\right)^2$。

由机械能守恒有

$$\frac{1}{2}m\left(\frac{\mathrm{d}y}{\mathrm{d}t}\right)^2+\rho sgy^2=\text{常量}$$

将此式对 t 求导并整理后有

$$\frac{d^2y}{dt^2}+\left(\frac{2\rho sg}{m}\right)y=0$$

可见，液柱的自由振动是简谐振动，其圆频率为

$$\omega=\sqrt{\frac{2\rho sg}{m}}$$

例 5　如图 6.7.5 所示，质量为 M 的圆盘挂在劲度系数为 k 的轻弹簧下，一质量为 m 的细圆环从距盘为 h 的高处自由落下，并和盘粘在一起作振动。设两物体相碰瞬间为 $t=0$，且规定坐标原点选在振动的平衡位置处，坐标正向朝下。写出此振动的表达式。

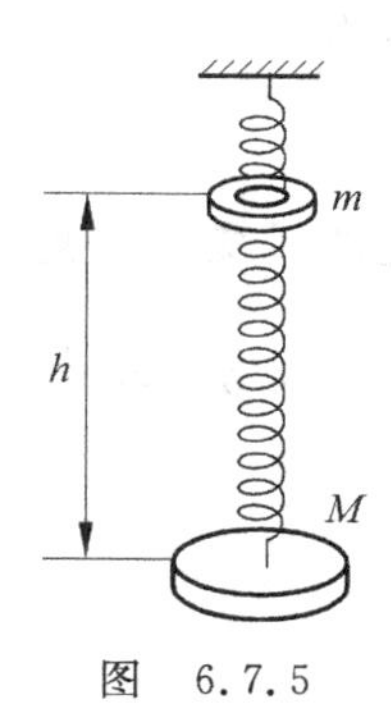

图　6.7.5

解法一　用受力法求解

(1) 由图 6.7.6(d)有，m-M 在任一位置时所受合力为

$$F=(m+M)g-k(y+y_0+y_1)$$

由图 6.7.6(c)，平衡位置处受力状况有

$$(m+M)g=k(y_0+y_1)$$

由上两式可得

$$F=-ky$$

F 和位移正比而反向，所以此振动是简谐振动。进而由牛顿第二定律

$$-ky=(m+M)a$$

得

$$\frac{d^2y}{dt^2}+\frac{k}{m+M}y=0$$

所以圆频率为

$$\omega=\sqrt{\frac{k}{m+M}}$$

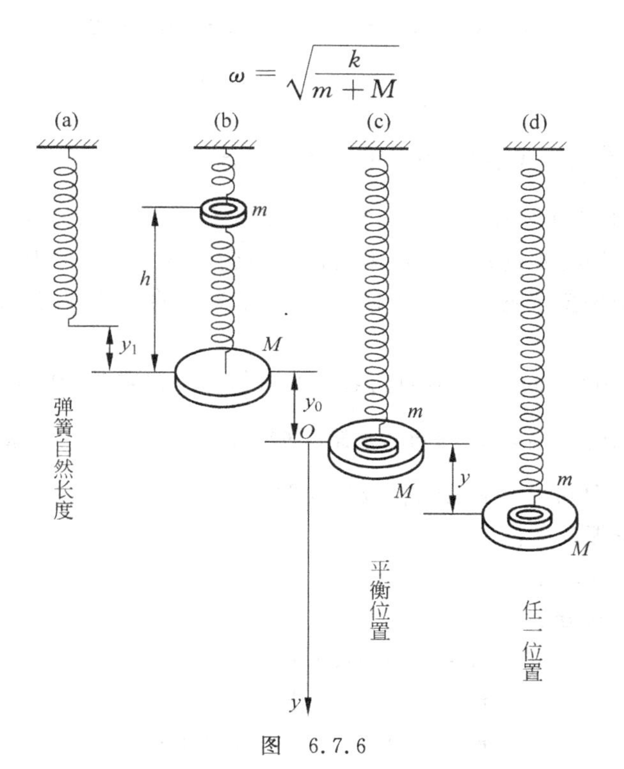

图　6.7.6

(2) 求 A、φ。由图 6.7.6(b)有 $ky_1=Mg$，再根据 $k(y_0+y_1)=(m+M)g$ 有 $ky_0=mg$，可得，$y_0=\frac{m}{k}g$。所以，起始位移为 $y=-\frac{mg}{k}$，写作 $y_0=-\frac{mg}{k}$。m 下落至和 M 碰前的速度为 $\sqrt{2gh}$，由于 m 和 M 为完全非弹性碰撞，根据动量守恒定律可得碰后两者共同运动的速度为

$$v_0=\frac{m}{m+M}\sqrt{2gh}$$

此即系统的初速度。

将 y_0、v_0 代入 $A=\sqrt{y_0^2+\left(\frac{v_0}{\omega}\right)^2}$ 和 $\varphi=\arctan\left(-\frac{v_0}{\omega y_0}\right)$ 中，可得振幅和初相为

$$A=\frac{mg}{k}\sqrt{1+\frac{2kh}{(m+M)g}}$$

$$\varphi=\arctan\sqrt{\frac{2kh}{(m+M)g}}$$

由于 $y_0<0$，$v_0>0$，φ 只可能是第三象限的角度。

(3) 表达式
$$y=A\cos(\omega t+\varphi)$$
其中 A、ω、φ 分别为上面所求各式。

解法二 用能量法求解

选平衡位置为重力势能的零点，于是系统在任一位置(位移为 y)处的机械能为

$$E=\frac{1}{2}(m+M)\left(\frac{\mathrm{d}y}{\mathrm{d}t}\right)^2+\frac{1}{2}k(y_1+y_0+y)^2-(m+M)gy$$

因为是无阻尼自由振动，其机械能守恒，将上式对 t 求导并整理可得

$$\frac{\mathrm{d}^2y}{\mathrm{d}t^2}+\frac{k}{m+M}y=0$$

同样可求出 $\omega=\sqrt{\frac{k}{m+M}}$。$A$、$\varphi$ 的求法同前，不再另述。

由上可以看到，对于本例中的竖直悬挂的弹簧振子，在振动过程中，除受弹性恢复力之外还受到恒力(这里是重力)的作用。恒力的作用不会改变振动的性质(指是否作简谐振动和振动频率)，只改变平衡位置。知道了这一点，对于类似的振动系统，可直接得出其频率而免去上述部分分析。

例 6 有两个同方向、同频率的简谐振动，其合振动的振幅为 20 cm，与第一振动的相位差为 $\frac{\pi}{6}$。若第一振动的振幅为 17.3 cm，求第二振动的振幅及第一、二振动的相位差。

解 本题是同方向同频率谐振动合成的问题，但本题不是求合振动，而是已知合振动和一个分振动求另一分振动的问题。

解法一 用解析法求解

设各振动的表达式分别为

$$x_1=A_1\cos(\omega t+\varphi_1)$$
$$x_2=A_2\cos(\omega t+\varphi_2)$$
$$x=x_1+x_2=A\cos(\omega t+\varphi)$$

本题是已知 A_1、A、$\varphi-\varphi_1$ 求 A_2 和 $\varphi_2-\varphi_1$。如直接利用公式(6.4.1)，则不易求出结果。我们可以通过如下的变换得出待求结果。

$$x_2=x-x_1=A\cos(\omega t+\varphi)-A_1\cos(\omega t+\varphi_1)$$
$$=A\cos(\omega t+\varphi)+A_1\cos(\omega t+\varphi_1+\pi)$$

此式意味着 x_2 可看作是 $A\cos(\omega t+\varphi)$ 和 $A_1\cos(\omega t+\varphi_1+\pi)$ 两个简谐振动的合振动，由公式(6.4.1)有

$$A_2^2=A^2+A_1^2+2AA_1\cos(\varphi-\varphi_1-\pi)=A^2+A_1^2-2AA_1\cos(\varphi-\varphi_1)$$

将 $A=20\ \text{cm}$、$A_1=17.3\ \text{cm}$、$\varphi-\varphi_1=\dfrac{\pi}{6}$ 代入此式，可得 $A_2=10\ \text{cm}$。再利用

$$A^2=A_1^2+A_2^2+2A_1A_2\cos(\varphi_2-\varphi_1)$$

将 A、A_1、A_2 代入可得

$$\varphi_2-\varphi_1=\frac{\pi}{2}$$

解法二 用旋转矢量法求解

在图 6.7.7 中先按已知条件画出矢量 $\boldsymbol{A}$ 和 $\boldsymbol{A}_1$（可任意假定一个 φ 或 φ_1），再由矢量合成的平行四边形法（或三角形法）即可得出矢量 $\boldsymbol{A}_2$。由图可知，$A_1=10\ \text{cm}$，$\varphi_2-\varphi_1=\dfrac{\pi}{2}$。本题若再知道 φ_1、φ 中的任何一个的数值，则三个振动 x、x_1 和 x_2 即可完全确定。

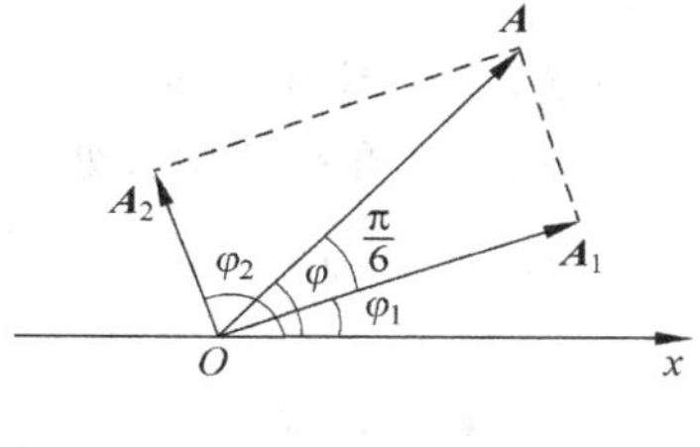

图 6.7.7

6.8 对某些问题的进一步说明与讨论

6.8.1 反相和反向

反相和反向不是一回事。在有些情况下，两个反相的振动其位移方向也相反（或说振动方向相反），但有的情况下则不是。

如果两个反相的振动其振动方向均沿同一直线方向（比如 x 方向），由图 6.1.4(b)的振动曲线可以看出，如某时刻 x_1 的位移为正，则同一时刻 x_2 的位移就为负，反之亦然，即在每一时刻两个振动的位移方向都是相反的，因此这两个振动既反相又反向。

如果两个反相的振动其振动方向不沿同一直线，例如一个沿 x 方向，一个沿 y 方向，这时两个振动反相意味着当一个向 x 的正向振动时，则另一个向 y 的负向振动，当前者达 x 向正最大时，后者正好达 y 向的负最大。显然，这种情况下反相和反向就不是一回事了。

反相是指"步调"的相反，反向是指方向的相反，对此两者应该有所区别，不能把它们混为一谈。

6.8.2 相位角和方位角

由于相位（以及相位差）是以角度表示的，因此有时会把它和反映空间方位（以及在空间上所经历的）角度相混淆，其实它们含意根本不同。

例如图 6.8.1(a)中的单摆，若其摆幅为 $\theta_0=5°$，则当摆处于最大偏角状态时，反映空间方位的角（即摆线的角位置）是 $\theta_0=5°$，而在该状态下的相位角（即 $\omega t+\varphi$）则是零，可见二者之不同。应该指出的是，相位角实际上也就是在振幅矢量图上反映振幅矢量方位的角度。

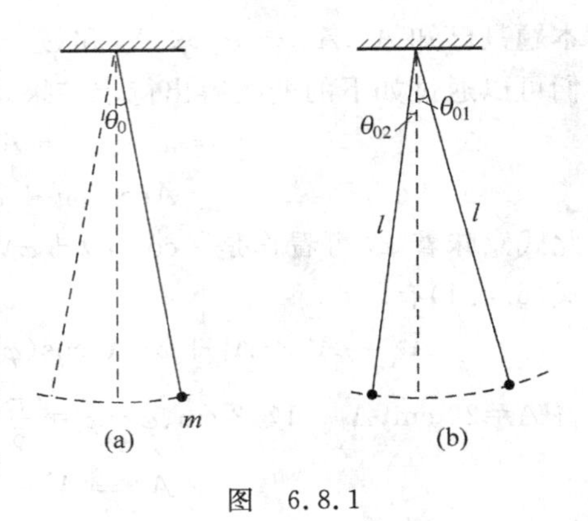

图 6.8.1

上述单摆当从最大偏角处摆至平衡位置时在空间上经历的角度（即摆线的角位移）大小为5°，而相位上却经历了$\frac{\pi}{2}$（这实际上是此二状态的相位差，也即在振幅矢量图上振幅矢量的角位移）。

其实，这两种角度是很易区分的。空间方位角可直接由空间图像看出。相位角则可由振幅矢量图，或根据振动所经历的时间 Δt，由 $\Delta\varphi=\frac{2\pi}{T}\Delta t$ 关系得出。例如，图 6.8.1(b)中的两个单摆，摆幅不同，分别是 θ_{01} 和 θ_{02}。现把它们拉至平衡位置两侧各自最大偏角处同时放手，则它们一定在平衡位置处相遇。在这过程中，它们在空间上摆过的角度不同，分别是 θ_{01} 和 θ_{02}，但因在时间上均经历了$\frac{1}{4}$周期，所以相位上均经历了$\frac{\pi}{2}$。

6.8.3 振动曲线的画法

初相 φ 不为 0、$\frac{\pi}{2}$、π、$\frac{3\pi}{2}$等典型值时的振动曲线可借助相位领先落后的概念较方便地画出。做法是：先画出一条初相为零的辅助曲线（其 A、T 均和待画曲线相同），然后再将辅助曲线平移即得所求曲线。如果待画曲线的初相$\varphi<0$，说明它比辅助曲线在相位上落后，故应将辅助曲线向右平移。反之，如 $\varphi>0$，则应将辅助曲线左移。因横轴代表时间 t，所以在横轴上移动的距离应是 $\Delta t=\frac{|\varphi|}{2\pi}T$。例如，$\varphi=-\frac{\pi}{3}$时，辅助曲线应右移$\frac{T}{6}$（见图 6.8.2）。

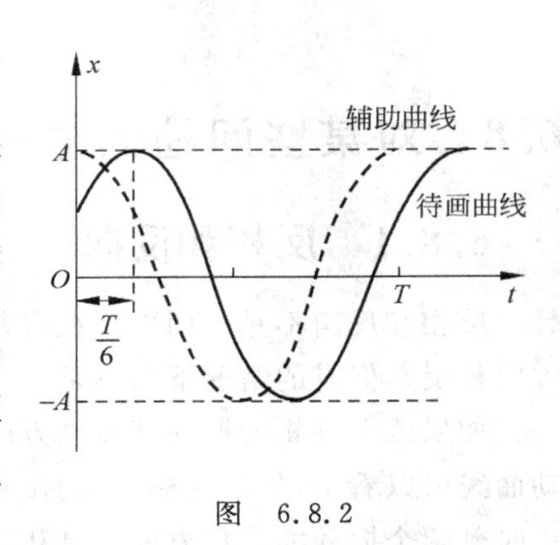

图 6.8.2

6.8.4 用旋转矢量表示简谐振动的速度和加速度

在位移的旋转矢量图上，还可引出速度矢量和加速度矢量，由它们可表示出在任一时刻简谐振动的速度和加速度。

如图 6.8.3(a)所示，在矢量 $\boldsymbol{A}$ 的端点画一矢量 $\boldsymbol{V}$ 垂直于 $\boldsymbol{A}$，其长度取作 ωA，并和 $\boldsymbol{A}$ 一起旋转，$\boldsymbol{V}$ 即为速度矢量（图中画的是各矢量在 t 时刻的位置）。在任一时刻 t，矢量 $\boldsymbol{V}$ 和 x 轴正向的夹角为 $\omega t+\varphi+\frac{\pi}{2}$，它在 x 轴上的投影

$$\omega A\cos\left(\omega t+\varphi+\frac{\pi}{2}\right)$$

即为该时刻的速度。

如图 6.8.3(b)所示，在矢量 $\boldsymbol{A}$ 的端点画一方向与 $\boldsymbol{A}$ 相反、长度 $\omega^2 A$ 并和 $\boldsymbol{A}$ 一起旋转的矢量 $\boldsymbol{a}$，此即加速度矢量，它在 x 轴上的投影 $-\omega^2 A\cos(\omega t+\varphi)$ 即是 t 时刻的加速度。

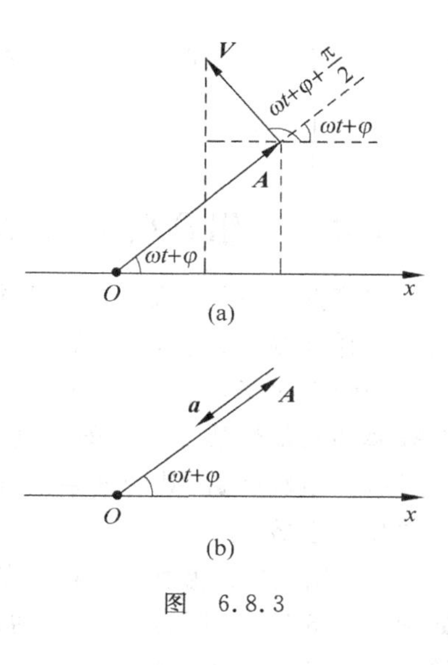

图 6.8.3

矢量 $\boldsymbol{V}$ 和 $\boldsymbol{a}$ 之所以能如上画出，我们可这样理解：矢量 $\boldsymbol{A}$ 的端点可看作是一个作匀速圆周运动的质点，它在 x 轴上的投影点即作简谐振动。对于这样一个质点，当它在圆周上匀速运动时，在任一时刻其速度矢量 $\boldsymbol{V}$ 必与其矢径(从 O 点引往质点位置的矢量，在图 6.8.3 中即为矢量 $\boldsymbol{A}$)垂直，而加速度矢量 a 则与其矢径方向相反。所以，$\boldsymbol{V}$、$\boldsymbol{a}$ 在 x 轴上的投影也就分别反映了质点的速度和加速度，也即简谐振动的速度、加速度。

6.8.5 简谐振动系统的机械能和振动能

对于水平弹簧振子，它的机械能是守恒的，等于 $\frac{1}{2}kA^2$，且其机械能中只包含动能和弹性势能两部分。但对其他简谐振动系统，情况就可能复杂一些。例如图 6.8.4 中的竖直弹簧振子，其机械能中除包含动能、弹性势能外，还应包括重力势能。它的机械能当然还是守恒的(因为它是简谐振动系统)，但是否还等于 $\frac{1}{2}kA^2$ 呢?

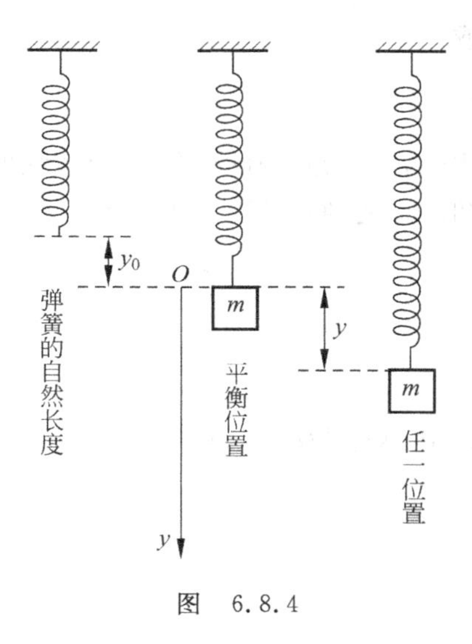

图 6.8.4

我们具体分析一下。在图 6.8.4 中选取平衡位置为重力势能零点，则系统在任一时刻的机械能为

$$E=\frac{1}{2}mv^2+\frac{1}{2}k(y_0+y)^2-mgy$$

由平衡位置处的受力关系有 $ky_0=mg$，再由

$$v=\omega\sqrt{A^2-y^2}\quad 和 \quad \omega=\sqrt{\frac{k}{m}}$$

可得机械能为

$$E=\frac{1}{2}kA^2+\frac{1}{2}ky_0^2$$

可见此情形下机械能并不等于 $\frac{1}{2}kA^2$。下面引入振动能的概念

振动能 系统的振动能是与静止于自然平衡位置时相比较而言的振动时的能量(实际上是振动过程中真正参与动能和势能间转化的那部分机械能)，它等于机械能减去系统静止于自然平衡位置时的能量 $E_{静}$，对于上面讨论的竖直弹簧振子，$E_{静}=\frac{1}{2}ky_0^2$，所以 $E_{振动能}=$

$E-E_{静}=\frac{1}{2}kA^2$。对于水平弹簧振子，$E_{静}=0$，$E_{振动能}=E=\frac{1}{2}kA^2$。可见振动能也是守恒的，且总等于$\frac{1}{2}kA^2$。

6.8.6 组合弹簧振动系统的等效劲度系数

弹簧振子是简谐振动的典型模型，也是许多实际振动系统的抽象。对由几个弹簧组成的组合弹簧振动系统，我们如何确定系统的性质呢？可以把组合弹簧振动系统等效为一个简单的弹簧振子，先求出系统的等效劲度系数 k，再利用弹簧振动的规律即可确定系统的固有频率和其他性质。求等效劲度系数的主要依据是胡克定律。现举例如下：

有一组轻弹簧，其劲度系数分别为 $k_1,k_2,\cdots$，今用这些弹簧组成组合弹簧振动系统，求等效劲度系数 k。

(1) 用劲度系数为 k_1 和 k_2 的两个轻弹簧AA_1 和BB_1 串联成一个组合弹簧振动系统，如图 6.8.5 所示，用力 F 沿 x 轴正方向拉组合弹簧的物端，达到平衡时系统受到两个外力的作用：支点 A 处的作用力为 F'，它沿 x 轴负方向；物点处作用的外力 F，沿 x 轴正方向。平衡时有 $F=F'$，由胡克定律有

$$F=k\Delta x$$

或

$$\Delta x=\frac{F}{k} \quad ①$$

式中，Δx 为系统的伸长，k 为系统的等效劲度系数。现在再来分析在外力作用下弹簧AA_1 和BB_1 的伸长情况。由于AA_1 两端也受力 F，有

$$F=k_1\Delta x_1$$

或

$$\Delta x_1=\frac{F}{k_1} \quad ②$$

式中，Δx_1 为AA_1 弹簧的伸长，k_1 为其劲度系数。对BB_1 弹簧，其两端也受力 F，有

$$F=k_2\Delta x_2$$

或

$$\Delta x_2=\frac{F}{k_2} \quad ③$$

式中，Δx_2 为BB_1 弹簧的伸长，k_2 为其劲度系数。组合系统的伸长 Δx 为AA_1 的伸长 Δx_1 与BB_1 的伸长 Δx_2 之和，故有

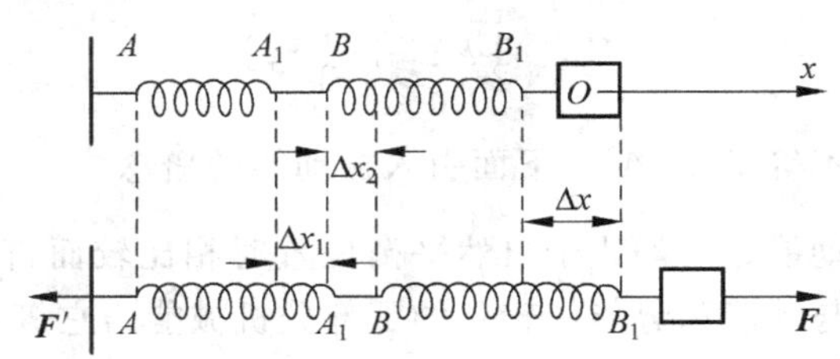

图 6.8.5

$$\Delta x = \Delta x_1 + \Delta x_2$$

对比式①、式②、式③代入得

$$\Delta x = \frac{F}{k_1} + \frac{F}{k_2} = \frac{F}{k}$$

$$k = \left(\frac{1}{k_1} + \frac{1}{k_2}\right)^{-1}$$

这就是串联弹簧系统的等效劲度系数公式。

如果系统由劲度系数分别为 $k_1, k_2, \cdots, k_n$ 的 n 个轻弹簧串联而成，则组合弹簧振动系统的等效劲度系数 k 可以用类似的分析方法求得为

$$k = \left(\frac{1}{k_1} + \frac{1}{k_2} + \cdots + \frac{1}{k_n}\right)^{-1}$$

（2）用劲度系数为 k_1 和 k_2 的两个轻弹簧AA_1 和BB_1 并联成一个组合弹簧振动系统如图 6.8.6 所示，求系统的等效劲度系数。

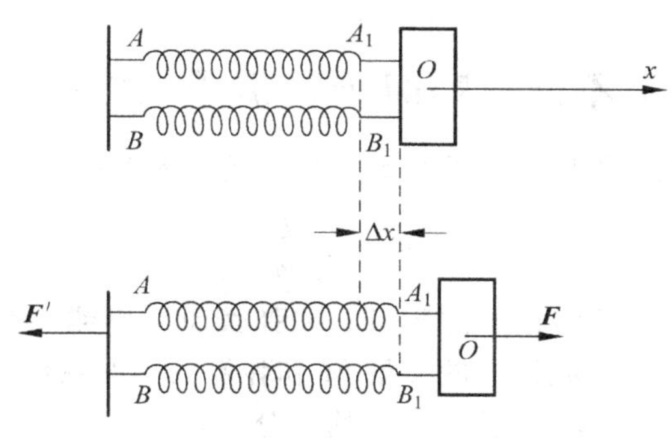

图　6.8.6

用力 F 沿 x 轴正方向拉组合弹簧振动系统的物端如图 6.8.6 所示，达到平衡时系统受到一对平衡力的作用，F 沿 x 轴的正方向，支点的作用力 F'沿 x 轴的负方向。由胡克定律有

$$F = k\Delta x \tag{4}$$

式中，Δx 为系统的伸长，k 为系统的等效劲度系数。在并联的情况下，Δx 既是系统的伸长，也分别是弹簧AA_1 和BB_1 的伸长，外力 F 要同时引起两个弹簧的形变，它必然与两个弹簧的恢复力相平衡，故有

$$F = k_1\Delta x_1 + k_2\Delta x_2 = k_1\Delta x + k_2\Delta x = (k_1 + k_2)\Delta x \tag{5}$$

对比式④与式⑤即可得出

$$k = k_1 + k_2$$

如果用劲度系数分别为 $k_1, k_2, \cdots, k_n$ 的 n 个轻弹簧并联组成组合弹簧振动系统，则系统的等效劲度系数可以用同样的分析方法求得为

$$k = k_1 + k_2 + \cdots + k_n$$

（3）用劲度系数为 k_1 和 k_2 的两个轻弹簧组成如图 6.8.7 所示的组合弹簧振动系统，求系统的等效劲度系数。

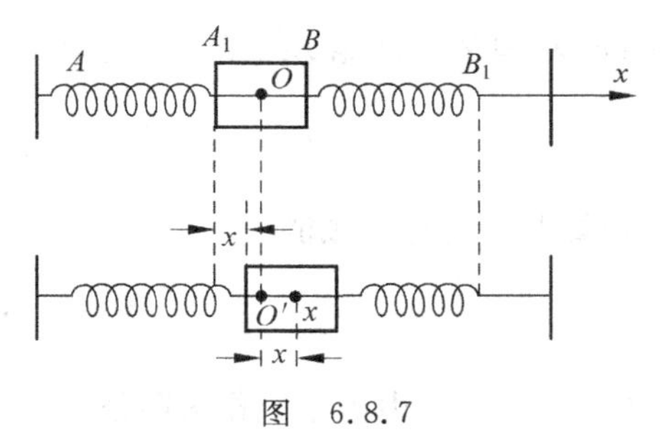

图　6.8.7

系统在不受外力作用且处于静止状态时，物体

位于坐标的原点 O 处，且弹簧 AA_1 和 BB_1 均处于自然长度状态，今用外力使物体移到 x 处，此时弹簧 AA_1 被拉伸 x，其恢复力的方向沿 x 轴负方向，

$$F_1 = -k_1 x$$

弹簧 BB_1 被压缩 x，其恢复力方向也沿 x 轴负方向，

$$F_2 = -k_2 x$$

达到平衡时，即外力和恢复力平衡时有

$$F + F_1 + F_2 = 0$$

即

$$F = (k_1 + k_2)x \tag{⑥}$$

而对组合振动系统来说，物体位移 x，有

$$F = kx \tag{⑦}$$

对比式⑥和式⑦，可得如图 6.8.7 所示的组合振动系统的等效劲度系数为

$$k = k_1 + k_2$$

6.8.7 弹簧质量不能忽略时弹簧振子的固有频率

我们已经知道弹簧质量可以忽略的轻弹簧振子的固有圆频率为

$$\omega_0 = \sqrt{\frac{k}{M}}$$

式中，k 为弹簧的劲度系数，M 为振子的质量。在弹簧质量不能忽略的情况下，弹簧振子的固有圆频率 ω_0 与弹簧的质量 m、振子的质量 M 和弹簧的劲度系数 k 的关系可以推导如下：设弹簧的总长度为 L，质量为 m，且质量沿 L 均匀分布，则单位长弹簧的质量为

$$\eta = \frac{m}{L}$$

由于我们讨论的是弹簧振子，弹簧上各部分的振动可以看作与振子的振动同相，亦即当弹簧的总伸长为 x、振子 A（见图 6.8.8）的振动速度为 v_0 时，虽然弹簧上各处的振动速度不同，但都应该与振子 A 同相，对距 O 点为 l 的一小段弹簧 Δl，其振动速度可表示为

$$v = \frac{v_0}{L} l$$

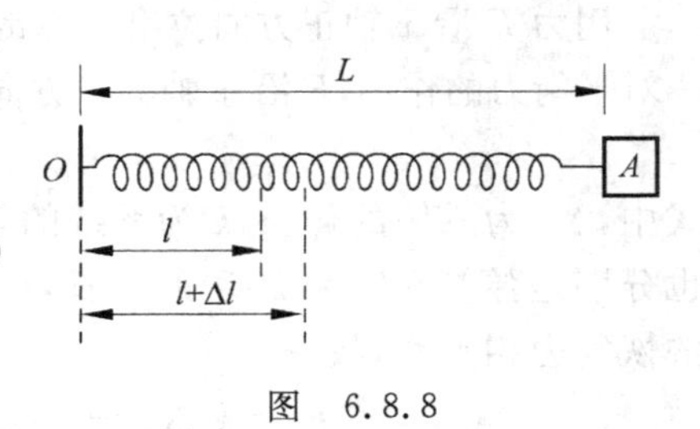

图 6.8.8

弹簧振子的总机械能由三部分组成：振子的动能 $\frac{1}{2}Mv_0^2$、弹簧的势能（设弹簧的伸长为 x）$\frac{1}{2}kx^2$ 和弹簧的动能 E_k。E_k 的值为

$$E_k = \int_0^L \frac{1}{2}\eta \mathrm{d}l \cdot v^2 = \frac{1}{2}\frac{m}{L}\left(\frac{v_0}{L}\right)^2 \int_0^L l^2 \mathrm{d}l = \frac{1}{6}mv_0^2$$

故弹簧振子的总机械能

$$E = \frac{1}{2}Mv_0^2 + \frac{1}{6}mv_0^2 + \frac{1}{2}kx^2$$

式中，$v_0 = \frac{\mathrm{d}x}{\mathrm{d}t}$。由于系统作无阻尼自由振动，系统的机械能守恒有 $\frac{\mathrm{d}E}{\mathrm{d}t} = 0$，即

$$M\frac{\mathrm{d}x}{\mathrm{d}t}\cdot\frac{\mathrm{d}^2x}{\mathrm{d}t^2}+\frac{1}{3}m\frac{\mathrm{d}x}{\mathrm{d}t}\frac{\mathrm{d}^2x}{\mathrm{d}t^2}+kx\frac{\mathrm{d}x}{\mathrm{d}t}=0$$

$$\frac{\mathrm{d}^2x}{\mathrm{d}t^2}+\frac{k}{M+\frac{m}{3}}x=0$$

这是简谐振动的动力学方程，由之可得简谐振动的圆频率为

$$\omega_0=\sqrt{\frac{k}{M+\frac{m}{3}}}$$

此即为弹簧质量不能忽略时弹簧振子的固有圆频率。

6.8.8 求振动周期举例

劲度系数为 k 的水平轻弹簧，一端固定，一端系在一质量为 m 的匀质圆柱体的轴上，使圆柱体在水平面上绕轴作无滑动的滚动。试证该圆柱体的质心作简谐振动，其振动周期为

$$T=2\pi\sqrt{\frac{3m}{2k}}$$

这是一个弹簧-刚体(圆柱体)系统，在列出动力学方程时，必须要考虑圆柱体的滚动。下面用两种方法给出这个问题的解。

解法一 分析受力，根据转动定律列方程求解

设圆柱体半径为 R，受力如图 6.8.9 所示。图中 F 为弹性力，f 为静摩擦力。在图示坐标系中

$$F=-kx_C$$

x_C 为圆柱体质心 C 的坐标。圆柱体在 F 和 f 作用下，绕瞬时轴 O'滚动，根据转动定律

$$-kx_CR=J\beta \qquad ①$$

式中，β 为圆柱体绕瞬时轴 O'转动的角加速度，J 为圆柱体对瞬时轴 O'的转动惯量，根据平行轴定理

$$J=J_C+mR^2=\frac{1}{2}mR^2+mR^2=\frac{3}{2}mR^2$$

J_C 为圆柱体对通过质心 C 的轴的转动惯量。由上式有，

$$\beta=\frac{\mathrm{d}^2\theta}{\mathrm{d}t^2}=\frac{\frac{\mathrm{d}^2x_C}{\mathrm{d}t^2}}{R}$$

将 J、β 值代入式①，则有

$$-kx_C\cdot R=\frac{3}{2}mR^2\cdot\frac{1}{R}\frac{\mathrm{d}^2x_C}{\mathrm{d}t^2}$$

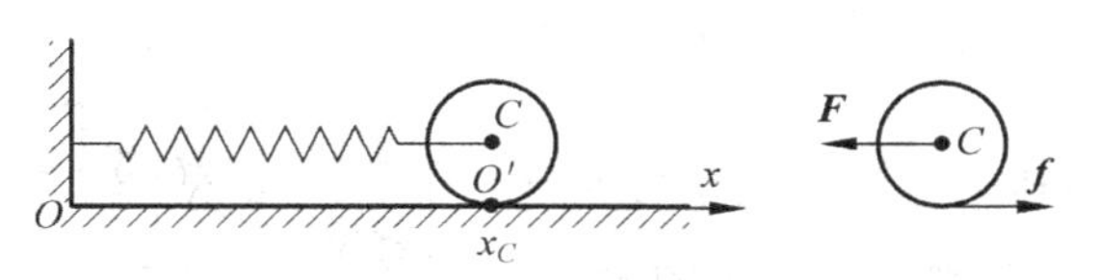

图 6.8.9

整理后得
$$\frac{\mathrm{d}^2 x_C}{\mathrm{d}t^2}+\frac{2k}{3m}x_C=0 \quad ②$$

令 $\omega^2=\dfrac{2k}{3m}$，则上式可改写为
$$\frac{\mathrm{d}^2 x_C}{\mathrm{d}t^2}+\omega^2 x_C=0$$

由上式可见，圆柱体质心 C 作简谐振动，振动周期为
$$T=\frac{2\pi}{\omega}=2\pi\sqrt{\frac{3m}{2k}} \quad ③$$

解法二 根据系统机械能守恒求解

系统机械能包括弹性势能、圆柱体质心移动动能和圆柱体绕质心 C 的转动动能，即
$$\frac{1}{2}kx_C^2+\frac{1}{2}mv_C^2+\frac{1}{2}J_C\omega^2=\text{常量}$$

式中，$J_C=\dfrac{1}{2}mR^2$，$v_C=R\omega$ 代入上式则有
$$\frac{1}{2}kx_C^2+\frac{1}{2}mv_C^2+\frac{1}{2}\left(\frac{1}{2}mR^2\right)\left(\frac{v_C}{R}\right)^2=\text{常量}$$

即
$$\frac{1}{2}kx_C^2+\frac{3}{4}mv_C^2=\text{常量}$$

将上式对时间求导
$$\frac{1}{2}k2x_C\frac{\mathrm{d}x_C}{\mathrm{d}t}+\frac{3}{4}m2v_C\frac{\mathrm{d}v_C}{\mathrm{d}t}=0$$

即
$$\frac{\mathrm{d}^2 x_C}{\mathrm{d}t^2}+\frac{2k}{3m}x_C=0$$

此式与式②完全相同，同样可求得式③。

比较两种解法，可以看出，解法二比较简便，但解法一也有优点，即滚动的动力学原因比较清楚。

6.8.9 一个组合弹簧振动系统的横向微小振动

在光滑的水平面上，有一个质量为 m 的物体被两个劲度系数为 k_0 的相同的弹簧沿水平方向拉着，每个弹簧原长均为 l_0，物体在平衡位置时，每个弹簧已拉长到 l（见图 6.8.10），使物体两边都受到大小为 T_0 的拉力。现在使物体在横向（沿 x 方向）作微小振动，则此组合弹簧振动系统的等效劲度系数和系统的固有频率可作如下推导。

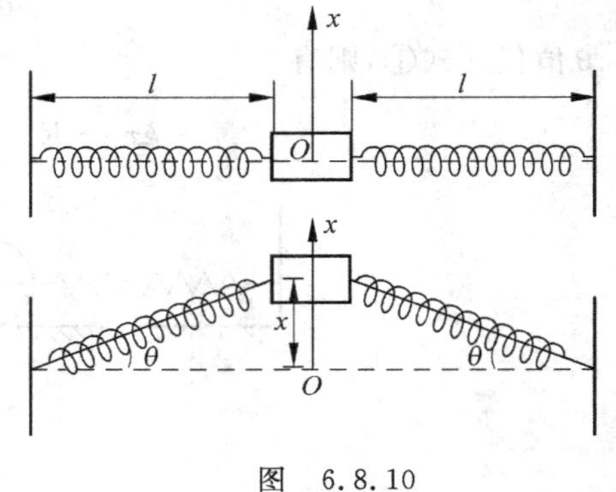

图 6.8.10

我们用受力法和能量法分别讨论这个问题。

(1) 受力法

物体沿 x 方向运动到位移为 x 的位置时，弹簧由 l 伸长至 $\sqrt{l^2+x^2}$，此时弹簧恢复力的大小为
$$T=k_0\left(\sqrt{l^2+x^2}-l_0\right)$$

物体受两边弹簧拉力的作用，两个弹簧的拉力 T

沿水平方向的分量 $T\cos\theta$ 大小相等，方向相反，恰好彼此平衡，由于初始没有水平运动，因此物体在水平方向始终没有运动。两个弹簧的拉力 T 沿 x 方向的分量为

$$F = 2T_x = -2T\sin\theta$$

式中

$$T = k_0(\sqrt{l^2+x^2}-l_0)$$

$$\sin\theta = \frac{x}{\sqrt{l^2+x^2}}$$

$$F = -2k_0\left(1-\frac{l_0}{\sqrt{l^2+x^2}}\right)x \tag{①}$$

F 即为物体振动的恢复力。由牛顿第二定律有

$$-2k_0\left(1-\frac{l_0}{\sqrt{l^2+x^2}}\right)x = m\frac{\mathrm{d}^2x}{\mathrm{d}t^2}$$

$$m\frac{\mathrm{d}^2x}{\mathrm{d}t^2}+2k_0\left(1-\frac{l_0}{\sqrt{l^2+x^2}}\right)x = 0 \tag{②}$$

这是系统振动的动力学方程。在 x 与 l 取同数量级的值时，此方程是二阶非线性微分方程。由此方程可以看出，物体 m 的横向振动不属于简谐振动。

但是当物体作微小横向振动时，则 $x\ll l$，以致有

$$\frac{l_0}{\sqrt{l^2+x^2}} = \frac{l_0}{l\sqrt{1+\frac{x^2}{l^2}}} \approx \frac{l_0}{l}\left(1-\frac{x^2}{2l^2}\right) \tag{③}$$

物体所受的合力 F 与物体的位移 x 的关系则为

$$F = 2k_0\left(1-\frac{l_0}{\sqrt{l^2+x^2}}\right)x = -2k_0\left(1-\frac{l_0}{l}\left(1-\frac{x^2}{2l^2}\right)\right)x = -2k_0\left(1-\frac{l_0}{l}\right)x - k_0\frac{l_0}{l^3}x^3 \tag{④}$$

略去 x 的高阶项，则 F 与 x 成正比，即

$$F = -2k_0\left(1-\frac{l_0}{l}\right)x = -kx \tag{⑤}$$

式中 x 是物体的横向位移，k 是系统的等效劲度系数，它等于 $2k_0\left(1-\frac{l_0}{l}\right)$。系统振动的动力学方程也化为

$$\frac{\mathrm{d}^2x}{\mathrm{d}t^2}+\frac{k}{m}x = 0 \tag{⑥}$$

这正是简谐振动的动力学方程，说明物体是在作简谐振动。由此方程可求得系统的固有圆频率为

$$\omega_0^2 = \frac{k}{m} = \frac{2k_0}{m}\left(1-\frac{l_0}{l}\right)$$

系统的固有频率
$$\nu_0 = \frac{1}{2\pi}\sqrt{\frac{2k_0}{m}\left(1-\frac{l_0}{l}\right)}$$

系统的固有频率 ν_0 不仅与振子的质量 m、弹簧的参数 l_0、k_0 有关，还与系统的初始状态 l 有关。

(2) 能量法

当如图 6.8.10 所示的系统作横向振动时，其势能为

$$E_p = \frac{1}{2}k_0(\sqrt{l^2+x^2}-l_0)^2\times 2 = k_0(\sqrt{l^2+x^2}-l_0)^2$$

其动能为
$$E_k = \frac{1}{2}m\left(\frac{dx}{dt}\right)^2$$

系统的总机械能为

$$E = E_p + E_k = k_0\left(\sqrt{l^2+x^2} - l_0\right)^2 + \frac{1}{2}m\left(\frac{dx}{dt}\right)^2$$

由于系统作无阻尼自由振动，故系统的总机械能守恒，有

$$\frac{dE}{dt} = 0$$

也即

$$2k_0\left(\sqrt{l^2+x^2} - l_0\right)\frac{x}{\sqrt{l^2+x^2}}\frac{dx}{dt} + m\frac{dx}{dt}\cdot\frac{d^2x}{dt^2} = 0$$

整理后得

$$m\frac{d^2x}{dt^2} + 2k_0\left(1 - \frac{l_0}{\sqrt{l^2+x^2}}\right)x = 0$$

这就是系统振动的动力学方程，与用受力法所得的动力学方程式②完全一样。此方程告诉我们，只有在横向位移 x 很小以致式③成立，且略去 x 的高阶项时，才会得到式⑥那样的动力学方程，系统的振动才是简谐振动。有关系统的等效劲度系数和固有频率的讨论与前面受力法的分析讨论完全相同，这里就不再重复。

本小节讨论了图 6.8.10 所示的振动系统的微小振动。本书 6.8.10 小节对物体在稳定平衡位置附近的微小振动是不是简谐振动的问题做了深入的、一般性的讨论，请参阅。

6.8.10 物体在稳定平衡位置附近的微小振动不一定都是简谐振动

有一种看法认为，对任何势能函数，物体在稳定平衡位置附近的微小振动，都可以视为简谐振动，也有的大学物理教材对此结论进一步做了论证。但实际上，此结论只是对某些形式的势能函数的情况才正确，并不是对任何形式的势能函数都成立的。

我们首先考察一个在稳定平衡位置附近做微小振动的例子：如图 6.8.11 所示，光滑水平面上两个劲度系数为 k 的轻弹簧连接一质量为 m 的小球，两弹簧的另外两端固定。小球受力平衡时，两弹簧处于自由状态，长度均为 l。现将小球沿垂直于自由状态下弹簧长度的方向，拉离平衡位置一个微小的位移 x，分析小球所受的指向平衡位置的恢复力 F(以图中 x 轴的指向为正方向)。

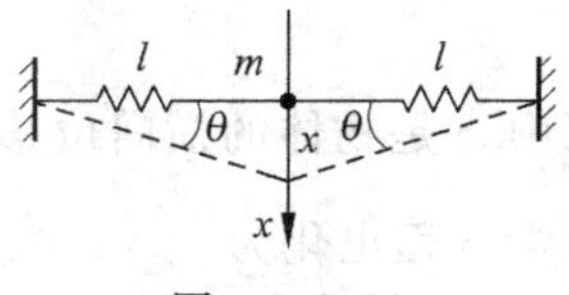

图 6.8.11

如图 6.8.11 所示，设小球有位移 x 时弹簧长度的方向与处于平衡位置时弹簧长度的方向间夹角为 θ，则

$$\sin\theta = \frac{x}{\sqrt{l^2+x^2}}$$

每个弹簧的伸长为 $\Delta l = \sqrt{l^2+x^2} - l$；于是有

$$F = -2k\Delta l\sin\theta = -2k\left(\sqrt{l^2+x^2} - l\right)\frac{x}{\sqrt{l^2+x^2}} = -2kx\left[1 - \left(1+\frac{x^2}{l^2}\right)^{-1/2}\right] \quad ①$$

质点作微小振动时，$x \ll l$，所以有

$$\left(1+\frac{x^2}{l^2}\right)^{-1/2} = 1 - \frac{x^2}{2l^2} + O\left(\frac{x^2}{l^2}\right) \quad ②$$

式中，$O\left(\frac{x^2}{l^2}\right)$为$\frac{x^2}{l^2}$的高阶无穷小量，将式②代入式①，略去$\frac{x^2}{l^2}$的高阶无穷小量，则给出恢复力

$$F=-\frac{k}{l^2}x^3$$

即 F 与 x^3 成正比而不是与 x 成正比，可见此微小振动不是简谐振动。

考虑一维的一般情况，以 $E_p(x)$表示振动系统的势能函数。设物体在 $x=x_0$ 时达到平衡，因此必有$\left(\frac{dE_p}{dx}\right)_{x=x_0}=-F=0$。

将 $E_p(x)$在 $x=x_0$ 处展开成泰勒级数，有

$$E_p(x)=E_p(x_0)+\left(\frac{dE_p}{dx}\right)_{x=x_0}(x-x_0)+\frac{1}{2!}\left(\frac{d^2E_p}{dx^2}\right)_{x=x_0}(x-x_0)^2+$$

$$\frac{1}{3!}E_p^{(3)}(x_0)(x-x_0)^3+\frac{1}{4!}E_p^{(4)}(x_0)(x-x_0)^4+\cdots$$

式中，$E_p^{(n)}(x_0)=\left(\frac{d^nE_p}{dx^n}\right)_{x=x_0}$，$n=3,4,\cdots$。

因为在平衡位置 x_0 处，$E_p(x_0)$取极小值，所以$\left(\frac{dE_p}{dx}\right)_{x=x_0}=0$，上式两端同时对 x 求导，则有

$$\frac{dE_p}{dx}=\left(\frac{d^2E_p}{dx^2}\right)_{x=x_0}(x-x_0)+\frac{1}{2!}E_p^{(3)}(x_0)(x-x_0)^2+\frac{1}{3!}E_p^{(4)}(x_0)(x-x_0)^3+\cdots \quad ③$$

稳定平衡的充分而且必要的条件是在平衡点 x_0 的微分邻域内，势能函数 $E_p(x)$（其曲线是光滑的）满足：

$$\begin{cases} x>x_0\text{ 时，}\frac{dE_p}{dx}>0 & \left(F=-\frac{dE_p}{dx}<0\right) \\ x<x_0\text{ 时，}\frac{dE_p}{dx}<0 & \left(F=-\frac{dE_p}{dx}>0\right) \end{cases} \quad ④$$

即当物体偏离平衡位置一个小距离时，所受力 F 为恢复力（指向平衡位置），或者说稳定平衡的充分必要条件是当势能函数 $E_p(x)$在 x_0 的微分邻域内不为常量的情况下，$E_p(x)$在 x_0 处取得极小值。

下面先看看“认为平衡位置附近的微小振动必然是简谐振动”是如何论证的：

由式③，当$\left(\frac{d^2E_p}{dx^2}\right)_{x=x_0}>0$ 时，$\frac{dE_p}{dx}=\left(\frac{d^2E_p}{dx^2}\right)_{x=x_0}(x-x_0)+O(x-x_0)$，这使得式④得到满足，$x_0$ 为稳定平衡位置。不仅如此，由于回复力

$$F=-\frac{dE_p}{dx}\approx-\left(\frac{d^2E_p}{dx^2}\right)_{x=x_0}(x-x_0)=-k(x-x_0),\quad k=\left(\frac{d^2E_p}{dx^2}\right)_{x=x_0}>0$$

显然，上式表明，恢复力与质点对平衡位置的位移成正比且反向，这正是简谐振动的条件。有的大学物理教材就是据此认为“平衡位置附近的微小振动必然是简谐振动”的。

但是，对于任意的势能函数 E_p 来说，在稳定平衡的情况下，$\left(\frac{d^2E_p}{dx^2}\right)_{x=x_0}>0$ 并不一定总是成立的，因为$\left(\frac{d^2E_p}{dx^2}\right)_{x=x_0}>0$ 只是稳定平衡的充分条件而不是必要条件。即使$\left(\frac{d^2E_p}{dx^2}\right)_{x=x_0}>0$ 不成立，平衡位置仍然有可能是稳定的，但是此时在稳定平衡位置附近的微小振动就不再是简谐振动了。

例如，若$\left(\frac{\mathrm{d}^2E_p}{\mathrm{d}x^2}\right)_{x=x_0}=E_p^{(3)}(x_0)=0$，而$E_p^{(4)}(x_0)>0$时，由式③有

$$\frac{\mathrm{d}E_p}{\mathrm{d}x}\approx\frac{1}{3!}E_p^{(4)}(x_0)(x-x_0)^3$$

上式亦能使式④得到满足，且x_0亦为稳定平衡位置，但是恢复力

$$F=-\frac{\mathrm{d}E_p}{\mathrm{d}x}\approx-\frac{1}{3!}E_p^{(4)}(x_0)(x-x_0)^3\propto-(x-x_0)^3$$

这个正比于质点对平衡位置位移的3次方的恢复力显然不符合简谐振动的要求。

此外，若$\left(\frac{\mathrm{d}^2E_p}{\mathrm{d}x^2}\right)_{x=x_0}=E_p^{(3)}(x_0)=E_p^{(4)}(x_0)=E_p^{(5)}(x_0)=0$，而$E_p^{(6)}(x_0)>0$时，由式③有

$$\frac{\mathrm{d}E_p}{\mathrm{d}x}\approx\frac{1}{5!}E_p^{(6)}(x_0)(x-x_0)^5$$

上式仍能使式④得到满足，且x_0仍为稳定平衡位置，但是恢复力

$$F=-\frac{\mathrm{d}E_p}{\mathrm{d}x}\approx-\frac{1}{5!}E_p^{(6)}(x_0)(x-x_0)^5\propto-(x-x_0)^5$$

这也不能形成简谐振动。

如此等等不再赘述。所以x_0为稳定平衡位置，并非一定要满足$\left(\frac{\mathrm{d}^2E_p}{\mathrm{d}x^2}\right)_{x=x_0}>0$。在$\left(\frac{\mathrm{d}^2E_p}{\mathrm{d}x^2}\right)_{x=x_0}=0$时，势能函数还可以在更高阶的导数上满足式④的要求，从而达到稳定平衡。自然，在这样的稳定平衡下，物体在平衡位置附近的微小振动就不再是简谐振动了。

现在我们再对前面的例子做个进一步的分析。该例中势能函数为

$$E_p(x)=2\times\frac{1}{2}k(\Delta l)^2=k(\sqrt{l^2+x^2}-l)^2=kl^2\left(\sqrt{1+\frac{x^2}{l^2}}-1\right)^2$$

在$x\ll l$的情况下，有

$$E_p(x)=\frac{k}{4l^2}x^4,\quad \frac{\mathrm{d}E_p}{\mathrm{d}x}=\frac{k}{l^2}x^3,\quad \frac{\mathrm{d}^2E_p}{\mathrm{d}x^2}=\frac{3k}{l^2}x^2,\quad E_p^{(3)}=\frac{6k}{l^2}x,\quad E_p^{(4)}=\frac{6k}{l^2}>0$$

在$x=0$处达到平衡，且$\left(\frac{\mathrm{d}^2E_p}{\mathrm{d}x^2}\right)_{x=0}=0$，而简谐振动要求有$\left(\frac{\mathrm{d}^2E_p}{\mathrm{d}x^2}\right)_{x=0}>0$，所以本例中的系统不满足简谐振动条件。不过由于$\left(\frac{\mathrm{d}^2E_p}{\mathrm{d}x^2}\right)_{x=0}=E_p^{(3)}(0)=0$，而$E_p^{(4)}(0)>0$，系统仍满足式④的要求，所以$x=0$处仍是稳定平衡点，小球可以围绕该平衡点做无阻尼的微小自由振动。

总之，通过以上的例子和一般的理论分析均可以证明，系统在稳定平衡位置附近的微小振动不一定都是简谐振动。而正是在任何形式的势能函数情况下，都片面地认为稳定平衡必定满足$\left(\frac{\mathrm{d}^2E_p}{\mathrm{d}x^2}\right)_{x=x_0}>0$的条件，才导致了“在平衡位置附近的微小振动一定都是简谐振动”的片面结论。

最后指出一点，6.8.9小节中的振动系统和本小节的系统样子很相似，但有差别，前者在平衡位置时，弹簧已伸长为l。若令那里的$l=l_0$（即在平衡位置时，弹簧也为自由长度），则6.8.9小节中式④等号右边的第一项变为零，从而F正比于x^3，这正是本小节的情况，其结果就不再是简谐振动了。

6.8.11 单摆是个理想化模型

实际的单摆，摆线总有一定的质量，摆球总有一定的大小，考虑到上述情况时，摆的周期如何计算呢？

设摆线长为 L、质量为 m 且均匀分布，摆球半径为 r、质量为 M。摆动过程中系统受力如图 6.8.12 所示。

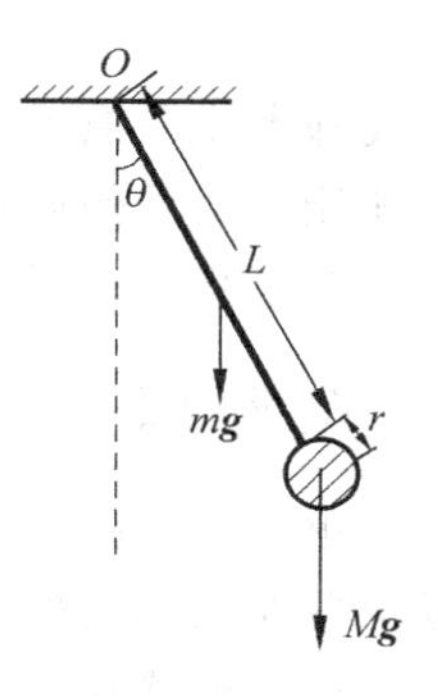

图 6.8.12

根据转动定律

$$-\left[Mg(L+r)\sin\theta+mg\frac{L}{2}\sin\theta\right]=J\frac{\mathrm{d}^2\theta}{\mathrm{d}t^2} \quad ①$$

式中，J 为系统绕 O 点摆动的转动惯量，其中包括摆线的转动惯量和摆球的转动惯量两部分，分别记作 J_1 和 J_2，即

$$J=J_1+J_2$$

$$J_1=\frac{1}{3}mL^2$$

由平行轴定理

$$J_2=J_C+M(L+r)^2=\frac{2}{5}Mr^2+M(L+r)^2$$

其中，J_C 是摆球绕通过其质心的轴的转动惯量。于是

$$J=\frac{1}{3}mL^2+\frac{2}{5}Mr^2+M(L+r)^2$$

当摆角 θ 很小时，$\sin\theta\approx\theta$，则式①可改写为

$$-\left[Mg(L+r)+\frac{1}{2}mgL\right]\theta=J\frac{\mathrm{d}^2\theta}{\mathrm{d}t^2}$$

或

$$\frac{\mathrm{d}^2\theta}{\mathrm{d}t^2}+\frac{Mg(L+r)+\frac{1}{2}mgL}{J}\theta=0$$

令

$$\omega^2=\frac{Mg(L+r)+\frac{1}{2}mgL}{J}=\frac{Mg(L+r)+\frac{1}{2}mgL}{\frac{1}{3}mL^2+\frac{2}{5}Mr^2+M(L+r)^2}$$

摆动周期

$$T=\frac{2\pi}{\omega}=2\pi\sqrt{\frac{\frac{1}{3}mL^2+\frac{2}{5}Mr^2+M(L+r)^2}{Mg(L+r)+\frac{1}{2}mgL}}$$

$$=2\pi\sqrt{\frac{L+r}{g}}\sqrt{1+\frac{\frac{1}{3}\frac{mL^2}{L+r}+\frac{2}{5}\frac{Mr^2}{L+r}-\frac{1}{2}mL}{M(L+r)+\frac{1}{2}mL}}$$

$$=2\pi\sqrt{\frac{L+r}{g}}\sqrt{1+\frac{m\left(\frac{L^2}{3(L+r)}-\frac{L}{2}\right)+\frac{2Mr^2}{5(L+r)}}{M(L+r)+\frac{1}{2}mL}} \quad ②$$

式②就是考虑到摆线质量和摆球大小时摆动的周期。公式表明，摆动周期与摆线质量、长度以及摆球大小和质量都有关系。

当忽略摆线质量和摆球大小时，即若 $m=0$、$r=0$ 时，由式②得

$$T = 2\pi\sqrt{\frac{L}{g}}$$

上式即大家所熟悉的单摆周期公式。可见单摆是个理想化模型。仅当 $r\ll L$、$m\ll M$ 时，摆球才能近似看作质点、摆线近似为无质量的轻绳，实际的摆才能近似为单摆。

对于弹簧振子也存在类似问题，即一般不考虑弹簧的质量，它也是一个理想化模型。

6.8.12 单摆大幅度摆动的周期

单摆的大幅度摆动不再是简谐振动，振动的周期也不同于单摆小幅度摆动的周期，下面导出单摆大幅度摆动的周期。

设单摆摆线长为 L，摆球质量为 m，如图 6.8.13 所示。

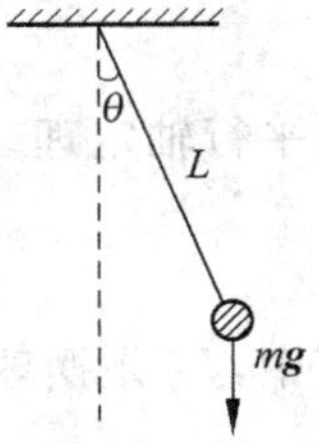

摆动过程中，根据转动定律有

$$-mgL\sin\theta = J\frac{\mathrm{d}^2\theta}{\mathrm{d}t^2} = mL^2\frac{\mathrm{d}^2\theta}{\mathrm{d}t^2}$$

化简并整理有
$$\frac{\mathrm{d}^2\theta}{\mathrm{d}t^2} = -\frac{g}{L}\sin\theta$$

θ L mg

图 6.8.13

令 $\omega^2=\frac{g}{L}$，并将等式两边同乘以 $\mathrm{d}\theta$，则

$$\frac{\mathrm{d}^2\theta}{\mathrm{d}t^2}\cdot\mathrm{d}\theta = -\omega^2\sin\theta\mathrm{d}\theta$$

改写为微分形式，则有

$$\frac{1}{2}\mathrm{d}\left(\frac{\mathrm{d}\theta}{\mathrm{d}t}\right)^2 = \omega^2\mathrm{d}\cos\theta$$

积分上式有
$$\frac{1}{2}\left(\frac{\mathrm{d}\theta}{\mathrm{d}t}\right)^2 = \omega^2\cos\theta + c$$

式中 c 为积分常量，由初始条件可定出。设 $t=0$ 时，$\theta=\theta_0$，$\frac{\mathrm{d}\theta}{\mathrm{d}t}=0$，则

$$c = -\omega^2\cos\theta_0$$

代入上式并开方有

$$\frac{\mathrm{d}\theta}{\mathrm{d}t} = \pm\omega\sqrt{2(\cos\theta-\cos\theta_0)} \qquad ①$$

$$\mathrm{d}t = \pm\frac{\mathrm{d}\theta}{\omega\sqrt{2(\cos\theta-\cos\theta_0)}} \qquad ②$$

当 t 从 $t=0$ 变化到 $\frac{T}{4}$ 时，θ 从 $\theta=\theta_0$ 变到 $\theta=0$，而 $\frac{\mathrm{d}\theta}{\mathrm{d}t}<0$，式①及式②应取负号，对式②积分，有

$$\int_0^{\frac{T}{4}}\mathrm{d}t = \int_{\theta_0}^{\theta} -\frac{\mathrm{d}\theta}{\omega\sqrt{2(\cos\theta-\cos\theta_0)}}$$

于是
$$\frac{T}{4} = \int_0^{\theta_0}\frac{\mathrm{d}\theta}{\omega\sqrt{2(\cos\theta-\cos\theta_0)}}$$

$$T = \frac{4}{\omega}\int_0^{\theta_0} \frac{d\theta}{\sqrt{2(\cos\theta - \cos\theta_0)}} \quad ③$$

式中

$$\cos\theta - \cos\theta_0 = \left(\cos^2\frac{\theta}{2} - \sin^2\frac{\theta}{2}\right) - \left(\cos^2\frac{\theta_0}{2} - \sin^2\frac{\theta_0}{2}\right) = 2\left(\sin^2\frac{\theta_0}{2} - \sin^2\frac{\theta}{2}\right)$$

引入新的变量 ϕ，使

$$k\sin\phi = \sin\frac{\theta}{2} \quad ④$$

$$k = \sin\frac{\theta_0}{2} \quad ⑤$$

则

$$\cos\theta - \cos\theta_0 = 2k^2\cos^2\phi$$

$$\sqrt{\cos\theta - \cos\theta_0} = \sqrt{2}k\cos\phi \quad ⑥$$

将式④两边微分，得

$$k\cos\phi d\phi = \cos\frac{\theta}{2}\frac{d\theta}{2}$$

$$d\theta = \frac{2k\cos\phi \cdot d\phi}{\cos\frac{\theta}{2}} = \frac{2k\cos\phi d\phi}{\sqrt{1 - k^2\sin^2\phi}} \quad ⑦$$

将式⑥，式⑦代入式③得

$$T = \frac{4}{\omega}\int_0^{\frac{\pi}{2}} \frac{d\phi}{\sqrt{1 - k^2\sin^2\phi}}$$

将分母按二项式展开，并逐项积分

$$(1 - k^2\sin^2\phi)^{-\frac{1}{2}} = 1 + \frac{1}{2}k^2\sin^2\phi + \frac{1\times 3}{2\times 4}k^4\sin^4\phi + \frac{1\times 3\times 5}{2\times 4\times 6}k^6\sin^6\phi + \cdots + \frac{1\times 3\times 5\times\cdots\times(2n-1)}{2\times 4\times 6\times\cdots\times 2n}k^{2n}\sin^{2n}\phi + \cdots$$

$$\int_0^{\frac{\pi}{2}} \sin^{2n}\phi d\phi = \frac{1\times 3\times 5\times\cdots\times(2n-1)}{2\times 4\times 6\times\cdots\times 2n}\frac{\pi}{2}$$

所以

$$T = \frac{4}{\omega}\left[\frac{\pi}{2} + \frac{1}{4}k^2\frac{\pi}{2} + \left(\frac{1\times 3}{2\times 4}\right)^2 k^4\frac{\pi}{2} + \left(\frac{1\times 3\times 5}{2\times 4\times 6}\right)^2 k^6\frac{\pi}{2} + \cdots\right]$$

将 ω 和 k 值代入，并整理得

$$T = 2\pi\sqrt{\frac{L}{g}}\left[1 + \frac{1}{4}\sin^2\frac{\theta_0}{2} + \left(\frac{1\times 3}{2\times 4}\right)^2\sin^4\frac{\theta_0}{2} + \left(\frac{1\times 3\times 5}{2\times 4\times 6}\right)^2\sin^6\frac{\theta_0}{2} + \cdots\right] \quad ⑧$$

上式即单摆大幅度摆动的周期公式。公式表明摆动幅度 θ_0 越大，周期越长。令 $T_0 = 2\pi\sqrt{\frac{L}{g}}$，则 $\theta_0 = \frac{\pi}{4}$时，可以算得 $T=1.04T_0$；$\theta_0 = \frac{\pi}{2}$时，$T=1.17T_0$。当 θ_0 很小时(一般 $\theta_0 < 5°$)，可略去高次项，则得 $T = T_0 = 2\pi\sqrt{\frac{L}{g}}$。这正是单摆小幅度摆动的周期公式。

6.8.13　用振幅矢量法研究受迫振动

大学物理教材中对受迫振动的研究需要用到较多的数学运算，读者往往不易抓住要点。

下面介绍用振幅矢量来研究受迫振动的方法，它不仅形象，而且物理概念清晰，易于掌握。

受迫振动系统所受的力有

策动力 $$F(t)=F_0\cos\omega t$$

阻力 $$f(t)=-\gamma\frac{\mathrm{d}x}{\mathrm{d}t}$$

弹性力 $$F'(t)=-kx$$

根据牛顿第二定律，有

$$F_0\cos\omega t-\gamma\frac{\mathrm{d}x}{\mathrm{d}t}-kx=m\frac{\mathrm{d}^2x}{\mathrm{d}t^2}$$

整理上式得受迫振动的动力学方程为

$$\frac{\mathrm{d}^2x}{\mathrm{d}t^2}+2\beta\frac{\mathrm{d}x}{\mathrm{d}t}+\omega_0^2x=h\cos\omega t \qquad ①$$

式中 $$2\beta=\frac{\gamma}{m},\quad \omega_0^2=\frac{k}{m},\quad h=\frac{F_0}{m}$$

方程①的稳态解为

$$x=A\cos(\omega t+\varphi) \qquad ②$$

式中 φ 为负值，详见下面说明。

我们可以用振幅矢量图来研究受迫振动的振幅等物理量与振动系统各参量以及策动力的频率之间的关系。首先用振幅矢量图来表示方程①。为下面作图直观起见，现把式②改写如下，其中 $\varphi'=-\varphi$（即 φ' 只是 φ 的大小），

$$x=A\cos(\omega t-\varphi')$$

则有

$$\frac{\mathrm{d}x}{\mathrm{d}t}=A\omega\cos\left(\omega t-\varphi'+\frac{\pi}{2}\right)$$

$$\frac{\mathrm{d}^2x}{\mathrm{d}t^2}=A\omega^2\cos(\omega t-\varphi'+\pi)$$

于是，方程①等号左边的三项可分别表示为

$$\omega_0^2x=\omega_0^2A\cos(\omega t-\varphi')$$

$$2\beta\frac{\mathrm{d}x}{\mathrm{d}t}=2\beta\omega A\cos\left(\omega t-\varphi'+\frac{\pi}{2}\right)$$

$$\frac{\mathrm{d}^2x}{\mathrm{d}t^2}=\omega^2A\cos(\omega t-\varphi'+\pi)$$

方程①右边的一项为

$$\frac{F(t)}{m}=h\cos\omega t$$

上面四项都是简谐振动，振幅分别为 ω_0^2A、$2\beta\omega A$、ω^2A 和 h，前三项的相位依次超前 $\frac{\pi}{2}$，第一项与第四项的相位差的大小为 φ'，虽然这四项的量纲都是加速度的量纲，但每项所包含的物理内容却各不相同。例如，ω_0^2x 的相位始终与位移 x 的相位一致，只是振幅在数值上是位移振幅的 ω_0^2 倍，因此在下面的讨论中我们可以用 ω_0^2x 的振幅矢量来研究受迫振动的位移 x 的大小、方向与各参量之间的关系。又如，由于代表阻力的项 $2\beta\frac{\mathrm{d}x}{\mathrm{d}t}$ 的相位时时与速度的相

位一致，只是振幅在数值上是速度幅的 2β 倍，故我们既可以用 $2\beta\frac{\mathrm{d}x}{\mathrm{d}t}$ 的振幅矢量来研究任一时刻阻力的大小、方向随各参量的变化，也可以用 $2\beta\frac{\mathrm{d}x}{\mathrm{d}t}$ 的振幅矢量来研究受迫振动速度 v 的大小、方向的变化特点。显然，$\frac{F(t)}{m}$ 的振幅矢量可以用来研究策动力的行为及策动力的功率等。

设 t 时刻受迫振动的位移振幅矢量 $\boldsymbol{A}$ 处在与 x 轴夹角为 $\omega t-\varphi'$ 的位置，如图 6.8.14(a)，则方程①中等号左边三项的振幅矢量图如图 6.8.14(b)。根据方程①三个简谐振动叠加后的合振动应为 $h\cos\omega t$，故方程左边的三个振幅矢量的合矢量应等于 $\boldsymbol{h}$，见图 6.8.14(c)。由其大小分别为 ω_0^2A、$2\beta\omega A$、ω^2A 和 h 的几个矢量组成的矢量四边形反映受迫振动系统在稳态时诸物理量之间的关系，稳态受迫振动的许多特性都可以通过研究图 6.8.14(c)而得到，故它是一个很有意义的矢量图。

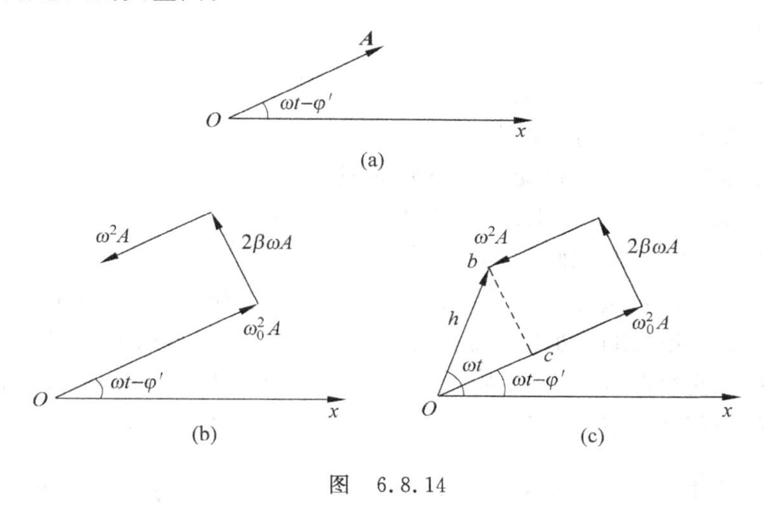

图 6.8.14

图 6.8.14(c)中的矢量三角形 ΔObc 是直角三角形，$\angle bOc$ 是策动力与受迫振动位移之间的相位差，即 φ'。由 $\tan\varphi'=\frac{\overline{bc}}{\overline{Oc}}$ 可得

$$\varphi' = \arctan\frac{2\beta\omega}{\omega_0^2-\omega^2} \tag{③}$$

又直角三角形 ΔObc 三边的关系是

$$(\overline{Oc})^2+(\overline{bc})^2=(\overline{Ob})^2$$

把 $\overline{Oc}=(\omega_0^2-\omega^2)A$，$\overline{bc}=2\beta\omega A$，$\overline{Ob}=h$ 代入上式，有

$$(\omega_0^2-\omega^2)^2A^2+(2\beta\omega)^2A^2=h^2$$

解得受迫振动的振幅为

$$A=\frac{h}{\sqrt{(\omega_0^2-\omega^2)^2+(2\beta\omega)^2}} \tag{④}$$

受迫振动的速度幅为

$$V=\omega A=\frac{\omega h}{\sqrt{(\omega_0^2-\omega^2)^2+(2\beta\omega)^2}} \tag{⑤}$$

相位差 在振幅矢量图 6.8.14(c)中，大小为 $\omega_0^2 A$ 的矢量始终落后于矢量 $\boldsymbol{h}$，即受迫振动的位移在任何情况下任何时刻总是落后于策动力，两者相位差的大小即为 φ'。

φ'的表达式③可以化为

$$\varphi' = \arctan \frac{2\beta}{\omega_0} \frac{\dfrac{\omega}{\omega_0}}{1-\left(\dfrac{\omega}{\omega_0}\right)^2} \tag{6}$$

在 β、ω_0 给定的情况下，φ' 随 ω 而单调地增长，其函数曲线如图 6.8.15 所示，$\omega=0$ 时 $\varphi'=0$，ω 增加到 ω_0 时 φ' 增大到 $\frac{\pi}{2}$，φ' 随 ω 的进一步增加而增大，当 $\omega\to\infty$ 时，φ' 逼近 π。

如果稳态解用式②的形式

$$x = A\cos(\omega t + \varphi)$$

表示，则其中的 φ 是

$$\varphi = -\varphi' = \arctan \frac{-2\beta\omega}{\omega_0^2 - \omega^2} \tag{7}$$

式中负号反映了位移比策动力的相位落后。

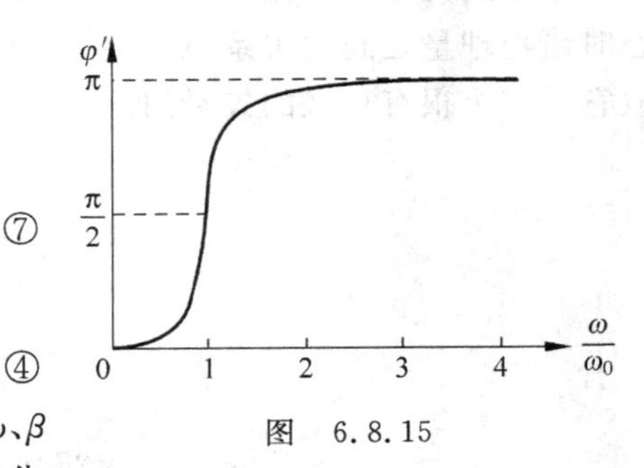

图 6.8.15

受迫振动的振幅 由受迫振动振幅 A 的表达式④知，A 与力幅 F_0 成正比（因分子上的 $h=F_0/m$），与 ω、β 和 ω_0 之间有比较复杂的关系，我们可以用振幅矢量图来分析。设振动系统给定，即 m、ω_0、β 等的值固定，力幅 F_0 也给定，研究策动力的频率 ω 对 A 的影响。

图 6.8.16 是讨论受迫振动的振幅 A 随策动力的频率 ω 变化的振幅矢量图（图中标出了各矢量大小的变化情况）。由于 $\boldsymbol{h}$ 的大小不变，当其他参数改变时，$\boldsymbol{h}$ 的矢端轨迹在振幅矢量图上为圆的一部分。图 6.8.16(a)表示 $\omega=0$ 时 $\varphi'=0$，$2\beta\omega A=0$，$\omega^2 A=0$，$\omega_0^2 A=h$ 正是系统在恒定的外力作用下产生形变的表达式 $F_0=kA$，式中 $A=\frac{F_0}{k}=\frac{h}{\omega_0^2}$。$\omega$ 由零开始增加，位移开始落后于策动力，$\omega^2 A$、$2\beta\omega A$ 也由零开始增大，由于 φ' 随 ω 的增加而单调地增大，所

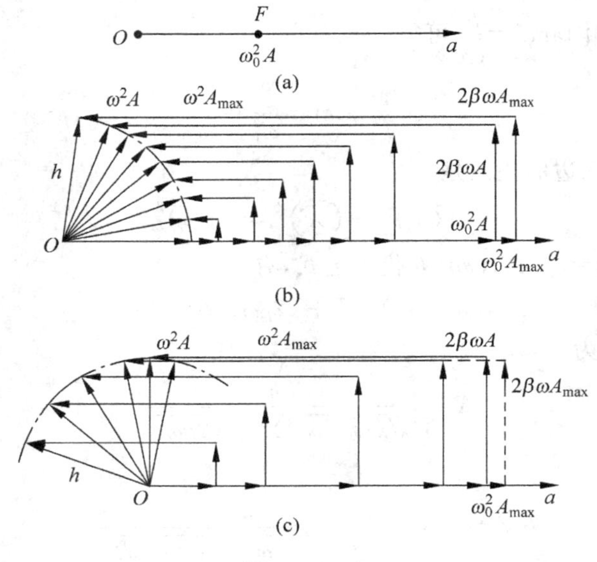

图 6.8.16

以图 6.8.16(b)所显示的 $\omega_0^2 A$ 随 φ' 的增加而增大的趋势，实际上是通过反映 $\omega_0^2 A$ 进而反映 A 随 ω 增加而增大的趋势，这种增长直至达到 A 的最大值 $A_{\max}$。随着 ω 的进一步增加，A 开始逐渐减小，这既可以从矢量 $\omega_0^2 A$ 的变化看出，也可以从矢量 $2\beta\omega A$ 的变化看出。图 6.8.16(c)表示在 φ' 趋近于 $\frac{\pi}{2}$ 时(也即 ω 逼近 ω_0 时)，$2\beta\omega A$ 逼近自己的最大值 h，φ' 超过 $\frac{\pi}{2}$，即 $\omega > \omega_0$，$2\beta\omega A$ 开始随 ω 的增加而减小，$2\beta\omega A$ 既正比于 ω，也正比于 A，ω 在单调地增加，$2\beta\omega A$ 开始减小，故 A 必然迅速地减小。A 的最大值出现在 ω 逼近 ω_0 且小于 ω_0 的某频率处，这可以从对图 6.8.16(c)的分析得到，在 φ' 逼近于 $\frac{\pi}{2}$，即 ω 逼近于 ω_0 时，ω 增加，$2\beta\omega A$ 几乎保持不变，这意味着 A 一定在减小以抵消 ω 的增加，从而维持 $2\beta\omega A$ 几乎不增加的状态。

图 6.8.17(a)是振幅 A 随策动力的频率 ω 增加而变化的函数曲线。在 ω 接近 ω_0 处 A 取最大值，此时振动最剧烈，这种现象称为共振，共振时的 A 将远大于 $\frac{h}{\omega_0^2}$。

受迫振动的速度幅　受迫振动速度的振幅 $V=\omega A$ 随 ω 变化的规律在图 6.8.16 中通过矢量 $2\beta\omega A$ 的变化很直观地显示出。图 6.8.16(a)表示 $\omega=0$ 时 $V=0$，图 6.8.16(b)表示 V 随着 ω 的增加而增大的变化趋势以及 $2\beta\omega A$ 与 h 之间的相位差逐渐减小的变化趋势。图 6.8.16(c)表示当 $\omega=\omega_0$ 时，V 达到最大值 $V_{\max}=\frac{h}{2\beta}$，$V$ 与策动力同相。当 ω 进一步增大，V 开始减小，$\omega\to\infty$ 时，$V\to 0$，图 6.8.17(b)是 V 随 ω 变化的函数曲线。

用振幅矢量法还可以讨论受迫振动系统的能量和功率等方面的问题，因过于繁复，这里不再讨论，请参看有关书籍。

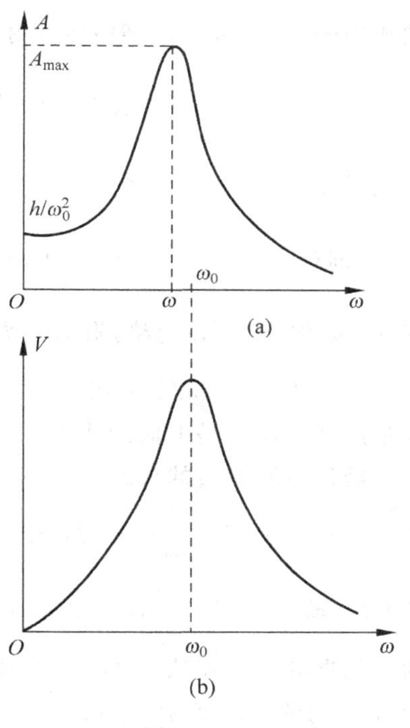

图　6.8.17

6.8.14　阻尼振动系统的能量

阻尼振动能量的表达式　阻尼振动的位移表达式为

$$x = A_0 e^{-\beta t}\cos(\omega t+\varphi) \quad ①$$

式中 β 是阻力因数；$\omega=\sqrt{\omega_0^2-\beta^2}$。其速度为

$$\frac{dx}{dt}=-\beta A_0 e^{-\beta t}\left[\cos(\omega t+\varphi)+\frac{\omega}{\beta}\sin(\omega t+\varphi)\right]$$

令

$$\frac{\omega}{\beta}=\tan\theta,\quad 有\frac{1}{\cos^2\theta}=1+\tan^2\theta=1+\frac{\omega^2}{\beta^2}=\frac{\omega_0^2}{\beta^2} \quad ②$$

把此式代入 $\frac{dx}{dt}$ 中并化简，得

$$\frac{dx}{dt}=-\beta A_0 e^{-\beta t}\cdot\frac{\omega_0}{\beta}\cos(\omega t+\varphi-\theta)=-\omega_0 A_0 e^{-\beta t}\cos(\omega t+\varphi-\theta) \quad ③$$

于是阻尼振动系统的动能为

$$E_k(t)=\frac{1}{2}m\left(\frac{dx}{dt}\right)^2=\frac{1}{2}k\,(A_0e^{-\beta t})^2\cos^2(\omega t+\varphi-\theta)$$

而系统的势能为

$$E_p(t)=\frac{1}{2}kx^2=\frac{1}{2}k(A_0e^{-\beta t})^2\cos^2(\omega t+\varphi)$$

故系统的总能量为

$$\begin{aligned}E(t)&=E_k(t)+E_p(t)\\&=\frac{1}{2}k(A_0e^{-\beta t})^2[\cos^2(\omega t+\varphi-\theta)+\cos^2(\omega t+\varphi)]\end{aligned}$$

把式中的 $\cos^2(\omega t+\varphi-\theta)$ 展开，用 $1-\cos^2\theta$ 代替 $\sin^2\theta$，用 $\frac{\beta}{\omega_0}$ 代替 $\cos\theta$，上式化为

$$E(t)=\frac{1}{2}k(A_0e^{-\beta t})^2\left[1+\frac{\beta}{\omega_0}\cos(2\omega t+2\varphi-\theta)\right]=E_1(t)+E_2(t) \qquad ④$$

由上式可见，阻尼振动系统的能量是由两项组成的，一项为 $E_1=\frac{1}{2}k(A_0e^{-\beta t})^2$，另一项为 $E_2=\frac{1}{2}k(A_0e^{-\beta t})^2\,\frac{\beta}{\omega_0}\cos(2\omega t+2\varphi-\theta)$。$E_2$ 随时间作周期性的变化，且幅值是 E_1 的 $\frac{\beta}{\omega_0}$ 倍。在 $\beta\ll\omega_0$ 时 E_2 可以忽略，阻尼振动的能量可以近似地表示为 $E(t)=E_1(t)=\frac{1}{2}k\,(A_0e^{-\beta t})^2=E_0e^{-2\beta t}$，此即式(6.5.5)；在 $\beta<\omega_0$ 但并不远小于 ω_0 的情况下，$E_2(t)$ 不能忽略，阻尼振动的能量严格地说应是上面的式④。

阻尼振动能量的衰减 会不会出现这样的现象：在 t 时刻由于 $\cos(2\omega t+2\varphi-\theta)<0$，$E(t)=E_0e^{-2\beta t}\left[1-\frac{\beta}{\omega_0}|\cos(2\omega t+2\varphi-\theta)|\right]$，在 $t'=t+\Delta t$ 时刻，由于 $\cos(2\omega t'+2\varphi-\theta)>0$，$E(t')=E_0e^{-2\beta t}\left[1+\frac{\beta}{\omega_0}|\cos(2\omega t'+2\varphi-\theta)|\right]$，结果出现 $E(t+\Delta t)>E(t)$ 的现象？不会！因为阻尼振动系统在从 t 时刻过渡到 $t+\Delta t$ 时刻的过程中，没有任何外界能源向系统提供能量，而由于阻尼的存在，系统将不断地克服阻尼做功而消耗能量，故决不会出现 $E(t+\Delta t)>E(t)$ 的现象，阻尼振动系统的能量是单调地衰减的。另一方面，阻尼振动系统的能量衰减速率并不是均匀的，这可以从对能量随时间变化规律的分析得到。

能量随时间变化的速率 $\frac{dE}{dt}$ 可以从对式④求导得出

$$\frac{dE}{dt}=-2\beta E_0e^{-2\beta t}\left\{1+\frac{\beta}{\omega_0}\left[\cos(2\omega t+2\varphi-\theta)+\frac{\omega}{\beta}\sin(2\omega t+2\varphi-\theta)\right]\right\}$$

把式②代入并化简，有

$$\frac{dE}{dt}=-2\beta E_0e^{-2\beta t}[1+\cos(2\omega t+2\varphi-2\theta)] \qquad ⑤$$

由于 $\cos(2\omega t+2\varphi-2\theta)\leqslant1$，故 $\frac{dE}{dt}\leqslant0$，这就证明了 $E(t)$ 必定单调地衰减的判断。当式⑤中的 $\cos(2\omega t+2\varphi-2\theta)=-1$ 时，即

$$2\omega t+2\varphi-2\theta=(2m+1)\pi$$

$$\omega t+\varphi=\left(m+\frac{1}{2}\right)\pi+\theta \tag{⑥}$$

时，有$\frac{\mathrm{d}E}{\mathrm{d}t}=0$，能量衰减的速率最小为零。而当$\frac{\mathrm{d}}{\mathrm{d}t}\left(\frac{\mathrm{d}E}{\mathrm{d}t}\right)=0$时，即

$\frac{\mathrm{d}^2E}{\mathrm{d}t^2}=(-2\beta)^2E_0\mathrm{e}^{-2\beta t}\left[1+\frac{\omega_0}{\beta}\cos(2\omega t+2\varphi-3\theta)\right]=0$时，有

$$\frac{\omega_0}{\beta}\cos(2\omega t+2\varphi-3\theta)=-1$$

$$\begin{aligned}&\cos(2\omega t+2\varphi-3\theta)\\&=-\frac{\beta}{\omega_0}=-\cos\theta\\&=\cos[(2m+1)\pi+\theta]\end{aligned}$$

由此得到

$$\omega t+\varphi=\left(m+\frac{1}{2}\right)\pi+2\theta \tag{⑦}$$

此时$\frac{\mathrm{d}E}{\mathrm{d}t}$取极值，能量的衰减速率最大。

在研究简谐振动时我们曾得到这样的结论：当简谐振动的相位为

$$\omega t+\varphi=m\pi,\quad (m=0,1,2,\cdots)(\text{下同})$$

时，振动的位移最大，而振动速度为零。当简谐振动的相位为

$$\omega t+\varphi=\left(m+\frac{1}{2}\right)\pi$$

时，振子在平衡位置上且具有最大的振动速度。对阻尼振动，这些结论已不成立。首先，阻尼振动的最大位移不是出现在$\omega t+\varphi=m\pi$处，若是，则阻尼振动在最大位移处必有振动速度$v=0$，因而阻力为零，系统的能量保持不变，有$\frac{\mathrm{d}E}{\mathrm{d}t}=0$。但由式⑥知，$\frac{\mathrm{d}E}{\mathrm{d}t}=0$时振动系统的相位$\omega t+\varphi$不是等于$m\pi$，而是等于$\left(m+\frac{1}{2}\right)\pi+\theta$，故阻尼振动的最大位移出现在$\omega t+\varphi=\left(m+\frac{1}{2}\right)\pi+\theta$时刻。同样，阻尼振动的振子经过平衡位置时，即$\omega t+\varphi=\left(m+\frac{1}{2}\right)\pi$时，振子并不具有最大的振动速度，若有，则此时系统克服阻力做功所消耗的能量最多，系统能量衰减速率最大，有$\frac{\mathrm{d}^2E}{\mathrm{d}t^2}=0$。但式⑦告诉我们，$\frac{\mathrm{d}^2E}{\mathrm{d}t^2}=0$出现在$\omega t+\varphi=\left(m+\frac{1}{2}\right)\pi+2\theta$，所以，振动速度取最大值的时刻不是出现在平衡位置处，而是出现在$\omega t+\varphi=\left(m+\frac{1}{2}\right)\pi+2\theta$时。因此，在一般情况下，不应把简谐振动的结论用于阻尼振动，只有当$\frac{\beta}{\omega_0}\to0$时，或$\theta\to\frac{\pi}{2}$时，简谐振动的结论才在阻尼振动中近似成立。

波　　动

振动的传播过程叫作波动，它是物质运动的一种很重要而又很普遍的形式。本章以机械波为对象，讨论波动的一般规律，重点是波的传播和波的叠加的概念及规律。

7.1　波动的基本概念

7.1.1　波的传播的概念

机械波　机械振动在媒质中的传播过程称为机械波。要产生机械波必须具备波源和媒质。我们只讨论在弹性媒质中传播的一维平面余弦波。

对波的认识　对于波动，应该弄清楚是什么在传播以及是如何传播的，这就要在如下几点上建立正确的认识。

(1) 媒质中的各质点(或质元，下同)都只在自己的平衡位置附近作振动，并未“随波逐流”，因此波的传播不是媒质质点的传播。

(2) 媒质中各不同质点的振动既有联系又有不同。这联系表现在“上游”(靠近波源的地方我们比喻作“上游”)振动着的质点，依靠媒质质点间的弹性力的作用，逐个带动起“下游”质点振动。因此，“下游”质点的振动带有“上游”质点振动的某些信息，如频率、振幅均和“上游”质点的相同(对平面波且媒质无吸收的情况)。但正因为振动是自“上游”而“下游”逐点传播开去的，因此其不同表现在质点振动的相位沿传播方向依次落后。如沿传播方向找出相距为 Δx 的 a、b 两个质点(见图 7.1.1)，则 a、b 振动的频率相同，振幅相同，但 b 比 a 相位落后$\frac{2\pi}{\lambda}\Delta x$。

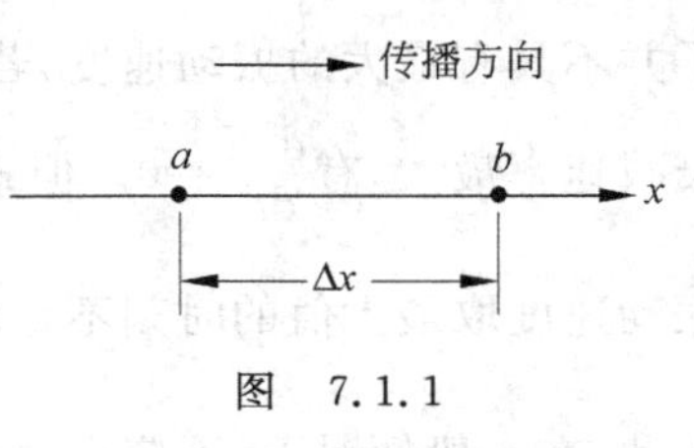

图　7.1.1

(3) 实际上是 a 点在某时刻 t 的振动状态经过时间 Δt 后传给了相距为 Δx 的 b 点，或者说 b 点在 $t+\Delta t$ 时刻的振动状态与 a 点在 t 时刻的振动状态相同$\left(\frac{\Delta x}{\Delta t}\text{即为波的传播速度}\right)$，所以说波是振动状态的传播。由于振动状态是由相位决定的，因此也可以说波是相位的传播，即 b 点在 $t+\Delta t$ 时刻的相位与 a 点在 t 时刻的相位相同。

下面我们还会看到，在外观上随着波有一个波形在传播(因而常叫行波)。此外，随着波的传播还有能量在传播。

7.1.2 波的特征量

波的频率和周期 波所经过的空间里媒质质点的振动频率称为波的频率，也可以说是单位时间内通过波线上某点完整波形的个数。一般情况下，振动在媒质中传播时频率不变，所以波的频率就等于波源的振动频率。波的周期即媒质质点振动一次所需要的时间，也可以说是一个完整波形通过波线上某点所需要的时间。自然，一般情况下，波的周期也等于波源振动的周期。

波长 在波的传播方向上，相邻的两个同相振动的质点间的距离叫作波长，或者说是在一个周期的时间内波向前传播的距离(即一个完整波形的长度)。

波速 波速即单位时间内波所传播的距离，所以有

$$v=\frac{\lambda}{T}=\nu\lambda \tag{7.1.1}$$

对于波速应注意这样几点。

(1) 波的传播速度也就是振动状态传播的速度，因而也是相位传播的速度，所以它又称作相速度。

(2) 要区别开波的传播速度和媒质质点的振动速度，后者是质点的振动位移对时间的导数，它反映质点振动的快慢，它和波的传播快慢完全是两回事。

(3) 波速主要取决于媒质的性质(弹性和惯性)和波的类型(横波、纵波)，通常和波的频率无关。例如，弹性绳上的横波的波速为 $v=\sqrt{\frac{T}{\eta}}$(T 为绳的初始张力，η 为绳的线密度)；固体细棒中的弹性纵波的波速为 $v=\sqrt{\frac{Y}{\rho}}$(Y 为材料的杨氏模量，ρ 是材料的体密度)；大块固体中的弹性横波的波速为 $v=\sqrt{\frac{G}{\rho}}$(G 为材料的剪切模量，对同一材料，G 总是小于 Y，所以横波波速比纵波波速小一些)；气体中声波的波速为 $v=\sqrt{\frac{\gamma p_0}{\rho_0}}$($\gamma$ 为比热比，即定压摩尔热容量与定容摩尔热容量的比值，p_0 和 ρ_0 分别为气体原有的也即没有波传播时的静压强和密度)。在有的情况下(例如频率很高或在某些媒质中)，波速也可能和频率有关，这称作频散现象。我们只讨论无频散的情形。

振幅 振幅也是波的特征量之一。对于平面波且在媒质对能量无吸收的情形下，各质点的振幅相同。对于球面波，在媒质无吸收的情形下，某两质点的振幅与它们距波源(球面波的波源是点波源)的距离成反比，距离波源越远的质点其振幅越小。

7.1.3 波形曲线

波形曲线 是反映某个时刻各个质点位移状况的一条曲线，它是 ξ(质点的位移)对于 x(质点平衡位置的坐标)的关系曲线，图 7.1.2 是 t_0 时刻的波形曲线。打个比方，它相当于用照相机在某个时刻对全体质点拍摄的一张“团体照”。

如果知道了某时刻的波形曲线，我们就能知道该时刻任一质点的位移(如图 7.1.2 中质点 a、b 在 t_0 时刻的位移分别为 ξ_a、ξ_b)。如果在同一坐标图上画出相继几个时刻的波形曲线，就可较直观地看出波的传播图像(见图 7.1.3)。每过一个周期的时间，波向前传播一个波长的距离。

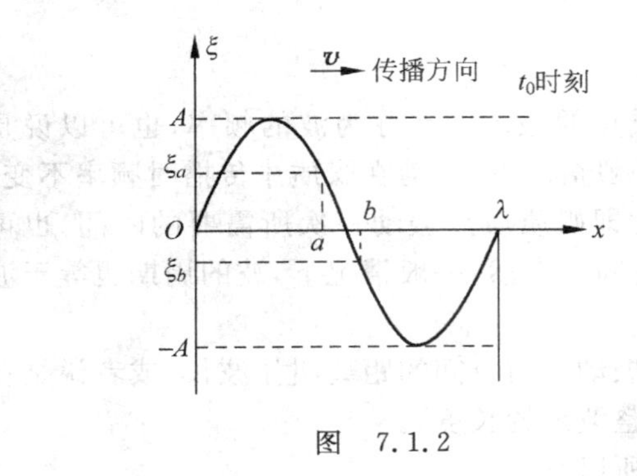

图 7.1.2

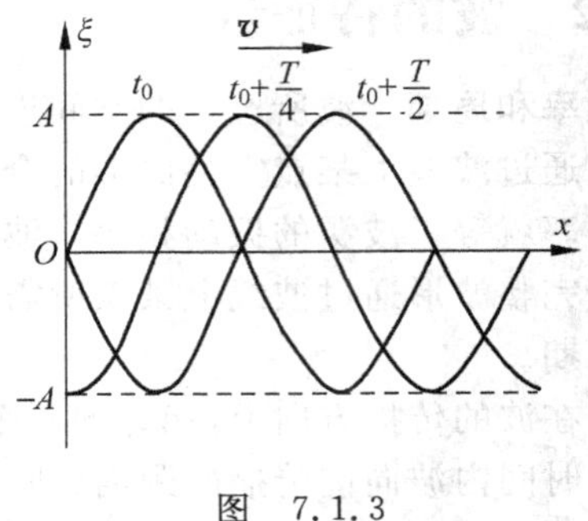

图 7.1.3

由于不同时刻各质点的位移状况一般不同，波形曲线也不同，因此在所画的波形曲线上应标明相应的时刻，同时标明波的传播方向(可用波速 $\boldsymbol{v}$ 的方向箭头表示)，这是应该注意的。

还要特别注意，不要把波形曲线和振动曲线相混淆。振动曲线是反映某一个质点在不同时刻的位移状况的曲线，它是质点位移 ξ 相对于 t 的关系曲线，相当于用电影摄影机对某一个质点连续拍摄的特写镜头。在所画的振动曲线上应标明它是哪个质点的振动曲线。图 7.1.4 画的是图 7.1.2 中质点 a 的振动曲线，在这两张图上，t_0 时刻质点 a 的位移应是相同的。

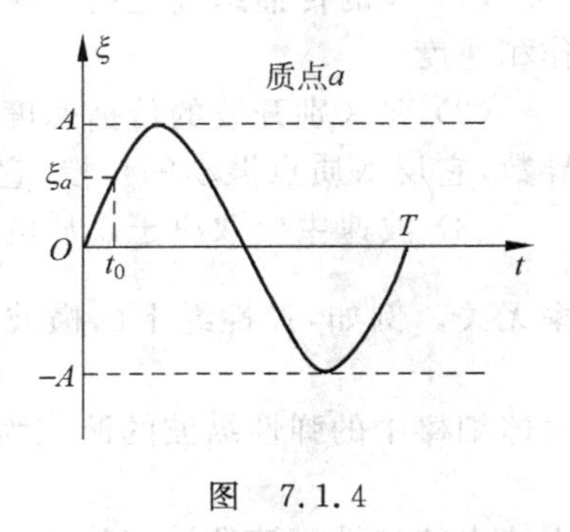

图 7.1.4

波形曲线不仅能反映横波的也能反映纵波的位移状况，只是在纵波的情形下，ξ 代表平行于波的传播方向的质点位移。

7.1.4 波的表达式

讨论一维简谐波的表达式。

波的表达式 波的表达式就是任意一个质点(位于 x 处)的振动表达式，它给出了任一个质点(位置以 x 示)在任一时刻(以 t 示)的振动位移。它是波的运动学方程式，位移 ξ 是关于 x、t 的二元函数。如何根据实际条件写出波的表达式，如何理解它的物理意义，这些都是波动部分的重要内容。

一维简谐波的表达式的写法 写的步骤是：(1)要选定坐标并明确波的传播方向；(2)要知道参考点的位置和其振动规律(振动表达式，或用文字说明其相关因素)；(3)比较位于 x 处的任一质点和参考点相位的领先落后关系，由参考点的振动表达式即可得出波的表达式。如

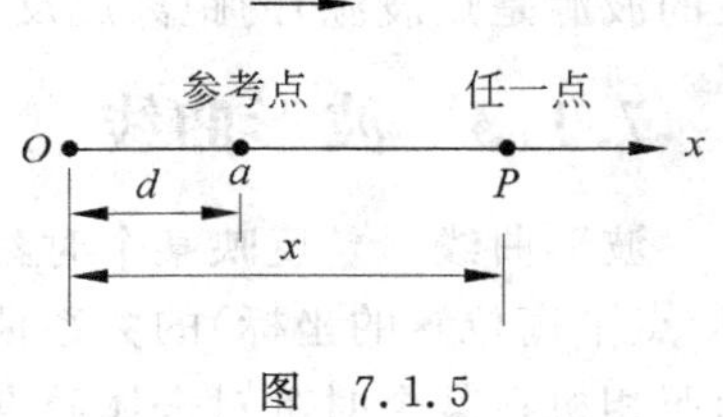

图 7.1.5

图 7.1.5 中,若已知参考点 a 的振动表达式为

$$\xi_a(t)=A\cos\left(\omega t+\frac{\pi}{2}\right)$$

由图,任一点 P 的相位应比 a 点落后$\frac{2\pi}{\lambda}(x-d)$,于是任一点 P 的振动表达式为 $\xi(x,t)=A\cos\left[\omega t+\frac{\pi}{2}-\frac{2\pi}{\lambda}(x-d)\right]=A\cos\left(\omega t-\frac{2\pi}{\lambda}x+\frac{2\pi d}{\lambda}+\frac{\pi}{2}\right)$此即波的表达式。若 P 点选在 O 点左侧或 O、a 之间,上式仍然正确,读者可自行验证。如选原点 O 为参考点,且其初相为零,则波的表达式的形式变为

$$\xi(x,t)=A\cos\left[\omega t-\frac{2\pi}{\lambda}x\right] \tag{7.1.2}$$

要注意的是,这个式子是有条件的(参考点在原点且初相为零),不要乱用。利用 ω、ν、T、λ、v 间的关系,上式可变为

$$\left.\begin{aligned}\xi(x,t)&=A\cos\omega\left(t-\frac{x}{v}\right)\\ \xi(x,t)&=A\cos2\pi\left(\frac{t}{T}-\frac{x}{\lambda}\right)\\ \xi(x,t)&=A\cos(\omega t-kx)\end{aligned}\right\} \tag{7.1.3}$$

其中,k 叫作波数,它和 λ、v、ω 的关系是

$$k=\frac{2\pi}{\lambda}=\frac{\omega}{v} \tag{7.1.4}$$

以上各表达式描述的波都是沿正 x 方向传播的,如果波沿负 x 方向传播,表达式可按同样的方法去写。写出后我们将会发现表达式中$\frac{2\pi}{\lambda}x$ 项的前面是正号而不再是负号。例如图 7.1.5 中,若传播方向改为向负 x 方向,则 P 点的相位应比 a 点领先$\frac{2\pi}{\lambda}(x-d)$,于是波的表达式为

$$\xi(x,t)=A\cos\left[\omega t+\frac{\pi}{2}+\frac{2\pi}{\lambda}(x-d)\right]=A\cos\left(\omega t+\frac{2\pi}{\lambda}x-\frac{2\pi}{\lambda}d+\frac{\pi}{2}\right)$$

可见,$\frac{2\pi}{\lambda}x$ 项的前面的符号变为正。了解了这一点,我们在见到一个表达式后,可根据$\frac{2\pi}{\lambda}x$ 这一项前面符号的正负来判断该表达式所描述的波沿什么方向传播。

波的表达式的物理意义　波的表达式有丰富的物理含义,这可从如下几个方面来分析(下面由式(7.1.2)出发来讨论)。

(1) 固定 x　如令 $x=x_0$,即看定一个质元,则表达式变为

$$\xi(x_0,t)=A\cos\left(\omega t-\frac{2\pi}{\lambda}x_0\right)$$

这实际上是 x_0 处质元的振动表达式,它反映 x_0 处的质元的位移随 t 的变化规律,$-\frac{2\pi}{\lambda}x_0$ 是它的初相。根据此式画出的 ξ—t 关系曲线是 x_0 处质元的振动曲线。

(2) 固定 t 如令 $t=t_0$，即观察一个时刻，则式(7.1.2)变为

$$\xi(x,t_0)=A\cos\left(\omega t_0-\frac{2\pi}{\lambda}x\right)$$

它反映了 t_0 时刻各不同 x 处质元的位移状况。由它画出的 ξ—x 关系曲线是 t_0 时刻的波形曲线。

(3) 表达式反映了波是振动状态的传播 可以验证有

$$\xi(x+\Delta x,t+\Delta t)=\xi(x,t)$$

其中，$\Delta x=v\Delta t$。这说明了 t 时刻 x 处质元的振动状态，在 $t+\Delta t$ 时刻传到了 $x+\Delta x$ 处。

(4) 表达式反映了相位的传播 如看定某一相位，即令 $(\omega t-kx)=$ 常量(x、t 均为变量)，则此相位在不同时刻出现于不同位置，它的传播速度(即相速度)可由它的微分得出为

$$\frac{\mathrm{d}x}{\mathrm{d}t}=\frac{\omega}{k}=v$$

(5) 表达式反映了波的时间、空间双重周期性

时间周期性 周期 T 代表了波的时间周期性。从质元的运动来看，反映在每个质元的振动周期均为 T；从整个波形看，反映在 t 时刻的波形曲线与 $t+T$ 时刻的波形曲线完全重合。

空间周期性 波长 λ 代表了波在空间上的周期性。从质元来看，反映相隔 λ 的两个质元其振动规律完全相同(两质元为同相点)；从波形来看，波形在空间以 λ 为“周期”分布着。所以波长 λ 也叫作波的“空间周期”。

7.1.5 波动方程

波动方程 通过对媒质的波动行为的动力学分析(质点受力和运动的关系、媒质受力和形变的关系等)而导出的波在媒质中传播所遵循的微分方程称作波动方程。它是波的动力学方程式，前面所说的波的表达式即是波动方程的解。

由于波动方程的推导比较麻烦，这里不拟多加讨论，但读者应知道一维平面简谐波的波动方程的一般形式为

$$\frac{\partial^2\xi}{\partial t^2}=v^2\frac{\partial^2\xi}{\partial x^2}\tag{7.1.5}$$

这是一个二阶线性偏微分方程，$\frac{\partial^2\xi}{\partial x^2}$项的系数即为波速的平方。

7.1.6 波的能量及其特点

波在媒质中传播时，媒质的每个质元都在振动，质元因有速度而有动能，因有形变而有势能，动能和势能之和就是此质元中波的能量。由于同一时刻不同质元的能量状况不同，因此能量在媒质中有一个分布，由不同时刻的能量分布状况可以知道能量还在传播。分析波的能量主要就是分析该能量是如何分布和如何传播的。

波的能量的分布 由于波的能量在媒质中是连续分布的，因此引用能量密度(即单位体积中的能量)这个概念来反映能量分布。对于一维平面余弦波 $\xi(x,t)=A\cos(\omega t-kx)$，可以得出其动能密度、势能密度及能量密度分别为

$$
\left.\begin{aligned}
w_{\mathrm{k}}(x,t) &= \frac{1}{2}\rho\omega^2 A^2 \sin^2(\omega t - kx) \\
w_{\mathrm{p}}(x,t) &= \frac{1}{2}\rho\omega^2 A^2 \sin^2(\omega t - kx) \\
w(x,t) &= w_{\mathrm{k}}(x,t) + w_{\mathrm{p}}(x,t) \\
&= \rho\omega^2 A^2 \sin^2(\omega t - kx)
\end{aligned}\right\} \tag{7.1.6}
$$

式中，ρ 为媒质的体密度。可以看出，各能量密度都是 x 和 t 的函数，而且 $w_{\mathrm{k}}(x,t)$ 和 $w_{\mathrm{p}}(x,t)$ 两个式子完全相同，为进一步理解其意义，做如下的讨论。

（1）**固定 x** 令 $x=x_0$，则 $w_{\mathrm{k}}(x_0,t)$ 和 $w_{\mathrm{p}}(x_0,t)$ 分别反映 x_0 处单位体积的媒质中动能、势能随时间的变化情况，图 7.1.6(a) 画出了此二能量密度随 t 的变化。值得注意的是，它们的变化是同相的，且在任一时刻两者都相等，可称作"同相同大"。例如，当 x_0 处质元通过平衡位置的瞬间（见图 7.1.6(a)），其速度最大因而动能最大，其形变也最大因而势能也最大。这和在一个简谐振动系统中，动能、势能相互转化而机械能守恒的情况是截然不同的。这是因为媒质中的每一个质元不是孤立的，它和周围的媒质有着弹性联系，质元之间有能量交换，每个质元只起着能量传递者的作用，其能量并不守恒。由图 7.1.6(a) 还可看出 $w_{\mathrm{k}}(x_0,t)$ 和 $w_{\mathrm{p}}(x_0,t)$ 是按照简谐振动的规律随时间变化的，其频率是 ξ 的频率的两倍。

（2）**固定 t** 令 $t=t_0$，则 $w_{\mathrm{k}}(x,t_0)$ 和 $w_{\mathrm{p}}(x,t_0)$ 反映了 t_0 时刻动能和势能在媒质中的分布状况。由图 7.1.6(b) 可见，动能密度和势能密度的分布是完全一样的，且能量比较集中在 $\xi=0$ 的各点附近，能量"一堆一堆"地储存在媒质中。

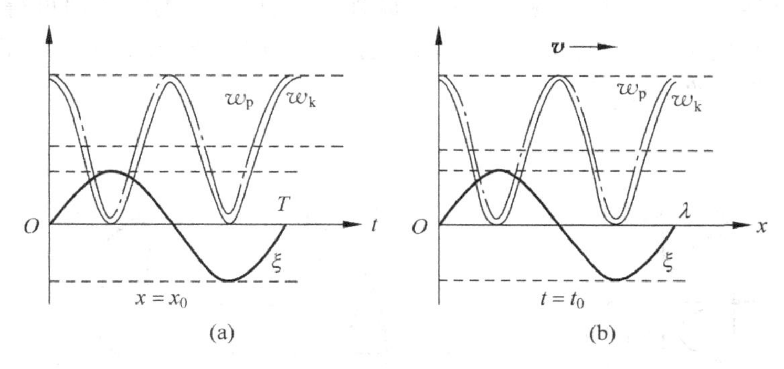

图 7.1.6

波的能量的传播 随着波的传播，能量也在传播。由图 7.1.6(b) 可以想见，如从 t_0 开始经过一个周期的时间，波形将向前推进一个波长的距离，w_{k} 和 w_{p} 曲线也将推进同样的距离。这不仅说明能量在传播，而且说明能量传播的速度和波速是一样的。反映能量传播（或流动）的物理量有如下几个：

能流 单位时间内通过垂直于波的传播方向的面积为 S 的某个面的能量称作通过该面积的能流，它可表示为

$$P = w(x,t)Sv$$

能流密度 垂直于波的传播方向的单位面积上的能流称作该处的能流密度。对于沿正 x 方向传播的一维平面余弦波，其能流密度为

$$\frac{P}{S} = w(x,t)v = \rho v\omega^2 A^2 \sin^2(\omega t - kx)$$

波的强度 能流密度的时间平均值(平均能流密度)称作波的强度。由上式可得

$$I=\overline{w(x,t)v}=\frac{1}{2}\rho v\omega^2A^2 \tag{7.1.7}$$

波的强度是用来反映波的强弱的物理量，它与 A^2 成正比，与 ω^2 成正比，与 ρv 成正比(ρv 称作媒质的**特性阻抗**，是反映媒质特性的物理量)，在国际单位制中波的强度的单位是 W/m^2。

7.2 与波的传播特性有关的原理、现象和规律

前面我们讨论的都是在无限媒质中传播的一维平面简谐波，在传播过程中波的传播方向、振幅、频率等均不改变。但在一些实际问题中，往往由于某些因素的存在，情况并非如此单纯，如遇到两媒质界面时，传播方向会改变；如波源或接收器(或二者皆有)运动时，接收频率并不等于波源的频率，等等。这就要求我们对波在传播过程中满足的基本原理、发生的一些现象以及这些现象所具有的规律做些讨论。

7.2.1 惠更斯原理

惠更斯原理是用以确定波的传播方向的一个原理，它适用于任何波动过程。

惠更斯原理 媒质中波动传到的各点，都可以看作是发射子波(次级波)的点波源，在以后任一时刻，这些子波面的包迹(包络面)就是新的波面。

(1) 若知道某时刻 t 的波面，根据惠更斯原理，由几何作图的方法即可得出以后某时刻(例如 $t+\Delta t$ 时刻)的波面，并进而定出波的传播方向，如图 7.2.1(a)(平面波的情形)和图 7.2.1(b)(球面波的情形)所示。

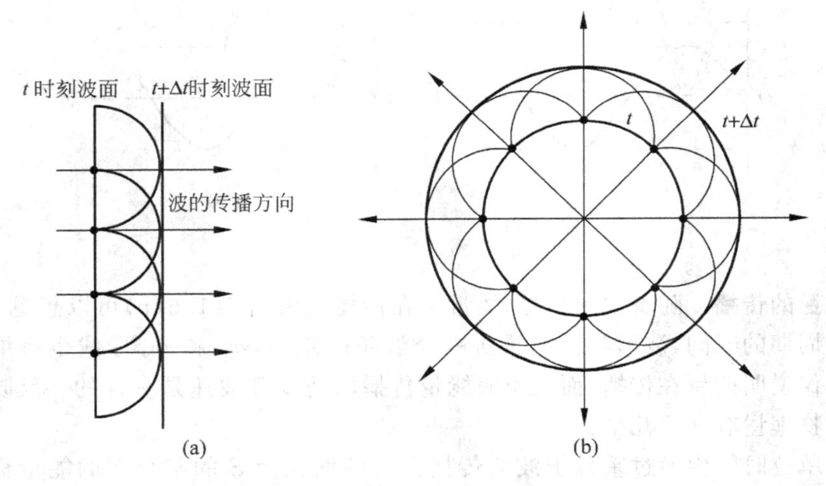

图 7.2.1

(2) 对于均匀各向同性媒质，子波在各方向传播速度都相同，子波面均为球面，因而新的波面与原波面形状相同。对于不均匀媒质，各子波扩展速度可能不同，波面在传播过程中将改变形状。对于各向异性媒质，会出现子波面不再是球面的情形，在本书下册的第 22 章中将会遇到这种情况。

(3) 惠更斯原理只涉及波的传播方向,它不能给出沿不同方向传播的波的强度分布,也没有解决子波不能倒退的问题,后来菲涅耳对它作了重要补充而成为惠更斯-菲涅耳原理(详见本书下册 21.2 节)。

惠更斯作图法 根据惠更斯原理,由作图的方法可以得出波在反射、折射时反射波和折射波的传播方向。下面以平面波的折射为例重点说明作图的几个步骤,这种方法在“光的偏振”一章中(详见本书下册 22.3.1 小节中内容)也要用到。作图法大体分为四步(以图 7.2.2 为例画折射波的传播方向):

(1) 画出入射波的波面(即图 7.2.2 中的$\overline{AB}$线所示),设在 t_1 时刻波面上的 A 点已到达界面,并设在 t_2 时 B 点到达界面,于是$\overline{BC}=v_1\Delta t=v_1(t_2-t_1)$,其中 v_1 是波在媒质 1 中的传播速度。

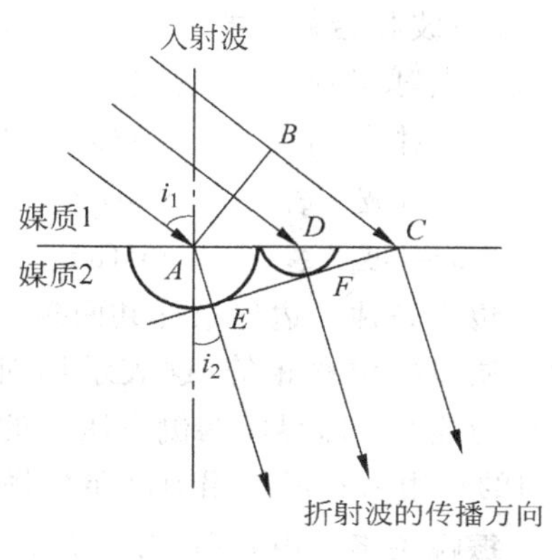

图 7.2.2

(2) 画子波的波面,具体是要画出 AB 波面上各点在到达界面时向媒质 2 中所发出的,在 B 到达界面的那个时刻即 t_2 时刻的子波面。于是有$\overline{AE}=v_2\Delta t=v_2(t_2-t_1)$,$\overline{DF}=\frac{1}{2}v_2\Delta t=\frac{1}{2}v_2(t_2-t_1)$,其中 v_2 是波在媒质 2 中的传播速度。

(3) 画子波波面的包络面(即图 7.2.2 中的$\overline{EFC}$)。

(4) 由媒质 2 的入射点画通过子波面与包络面的切点的直线,此即折射波的传播方向。由图还可得出入射角的正弦与折射角的正弦的比值

$$\frac{\sin i_1}{\sin i_2}=\frac{v_1}{v_2} \tag{7.2.1}$$

此即波的折射定律。

波的衍射 波的衍射是波动所具有的重要现象之一,它指的是当波遇到障碍物时,能绕过障碍物的边缘而传播(因而偏离了直线传播)的现象。用作图法亦可说明这种现象。设平面波入射到开有宽度为 a 的直缝的衍射屏 MN 上(见图 7.2.3(a),缝垂直于纸平面),由作图结果(作图方法同前,只是这里要画的是未被衍射屏遮住的入射波波面上的各点所发的子波)可以看出,经过衍射屏后,波面改变了形状,且波偏离了直线传播的方向。

由图 7.2.3(a)和(b)分别示意画出了缝较宽和较窄的衍射情形,可以看出,缝越窄衍射现象越明显。一般是以波长 λ 和障碍物的线度 a 作比较,长波(满足 $\lambda\gg a$)的衍射现象更为显著。

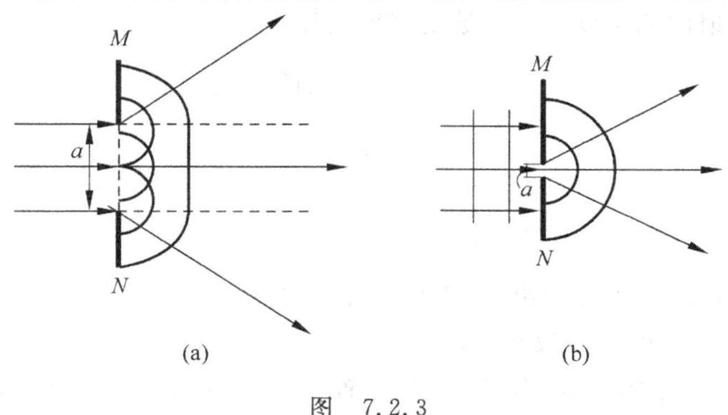

图 7.2.3

7.2.2 入射波、反射波、透射波间的振幅关系和相位关系

惠更斯原理只能解决波的传播方向的问题，它不能给出入射波、反射波、折射波的振幅之间、相位之间满足的规律和关系。由于这些波分别在界面两侧的媒质中传播，因此它们间的关系可由在边界上存在的一些物理条件(称作边界条件)来确定。下面只讨论平面波垂直入射到界面上的情形(此时折射波叫作透射波)。

各波的表达式 图 7.2.4 表示了在媒质 1 和 2 中入射波、反射波和透射波的传播方向，坐标选取如图，且适当选择时间零点，则各波的表达式为

$$\left.\begin{aligned}&\text{入射波}\quad \xi_1=A_1\cos(\omega t-k_1x),x\leqslant 0\\&\text{反射波}\quad \xi_1'=A_1'\cos(\omega t+k_1x),x\leqslant 0\\&\text{透射波}\quad \xi_2=A_2\cos(\omega t-k_2x),x\geqslant 0\end{aligned}\right\}\tag{7.2.2}$$

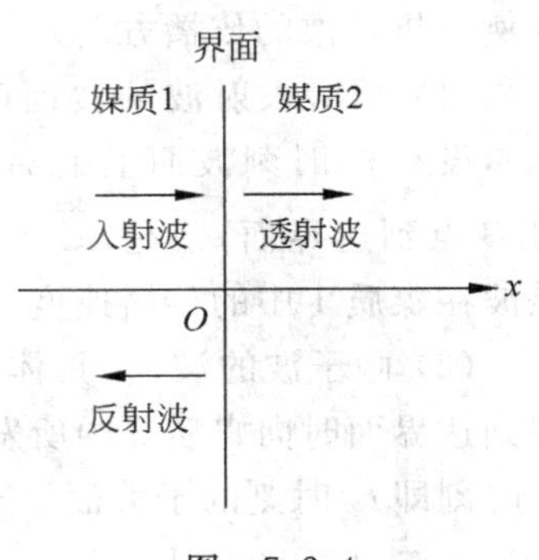

图 7.2.4

边界条件 边界条件共两条：①振动位移连续：即界面两侧质点的位移相等，这表示界面处两媒质始终保持接触。②应力连续：即界面两侧媒质中的应力相等，这表示媒质 1、2 间的作用力和反作用力满足牛顿第三定律。

振幅关系 由式(7.2.2)并利用边界条件可得

$$\left.\begin{aligned}A_1'&=\frac{Z_1-Z_2}{Z_1+Z_2}A_1\\A_2&=\frac{2Z_1}{Z_1+Z_2}A_1\end{aligned}\right\}\tag{7.2.3}$$

其中，$Z_1=\rho_1v_1$，$Z_2=\rho_2v_2$ 分别称为媒质 1、2 的特性阻抗。可见，振幅之比$\left(\text{即}\dfrac{A_1'}{A_1},\dfrac{A_2}{A_1}\right)$完全取决于 Z_1、Z_2 的大小，即完全取决于媒质的性质。

反射系数与透射系数 反射系数是反射波的强度与入射波的强度之比

$$R=\frac{I_1'}{I_1}=\frac{\frac{1}{2}\rho_1v_1\omega^2A_1'^2}{\frac{1}{2}\rho_1v_1\omega^2A_1^2}=\frac{A_1'^2}{A_1^2}$$

有

$$R=\left(\frac{Z_1-Z_2}{Z_1+Z_2}\right)^2\tag{7.2.4}$$

透射系数是透射波的强度与入射波的强度之比

$$T=\frac{I_2}{I_1}=\frac{\frac{1}{2}\rho_2v_2\omega^2A_2^2}{\frac{1}{2}\rho_1v_1\omega^2A_1^2}=\frac{Z_2A_2^2}{Z_1A_1^2}$$

有

$$T=\frac{4Z_1Z_2}{(Z_1+Z_2)^2}\tag{7.2.5}$$

由式(7.2.4)和式(7.2.5)可以看出 R 和 T 的关系如下：

(1) $R+T=1$，这反映了能量守恒。

(2) 在 R、T 的公式中，如将 Z_1、Z_2 互换位置，公式结果不变。这说明不论波是从媒质 1

射向媒质 2,还是从媒质 2 射向媒质 1,反射能量所占的百分比是一样的(透射能量占的百分比也一样)。

(3) 如果 Z_1、Z_2 相差悬殊,即 $Z_1 \gg Z_2$ 或 $Z_2 \gg Z_1$ 时,则 $R \approx 1$,$T \approx 0$,全部能量几乎都反射回来,没有波透入另一媒质中,这称作完全反射。

相位关系　在式(7.2.2)中,我们已设三个波在 $x=0$ 处的三个振动是同相的,由振幅关系式(7.2.3)知:

(1) 若 $Z_1 > Z_2$,则 A_1'和 A_1 同号,这表示反射波与入射波同相,即反射波和入射波分别引起的边界处质点的振动同相。

(2) 若 $Z_1 < Z_2$,则 A_1'和 A_1 异号,如 A_1 为正则 A_1'为负,但振幅又必须为正值,因此负号实际反映出在反射时反射波的相位变化了 π(称作**相位突变 π**),反射波的表达式因此可写作 $\xi_1' = |A_1'|\cos(\omega t + k_1 x + \pi)$,这就是说反射波与入射波所引起的 $x=0$ 处的振动是反相的。

(3) 对于透射波,A_2 和 A_1 总是同号的,所以没有相位突变的问题。

图 7.2.5 以脉冲波为例形象地表示了波在反射、透射时振幅和相位的变化情况。

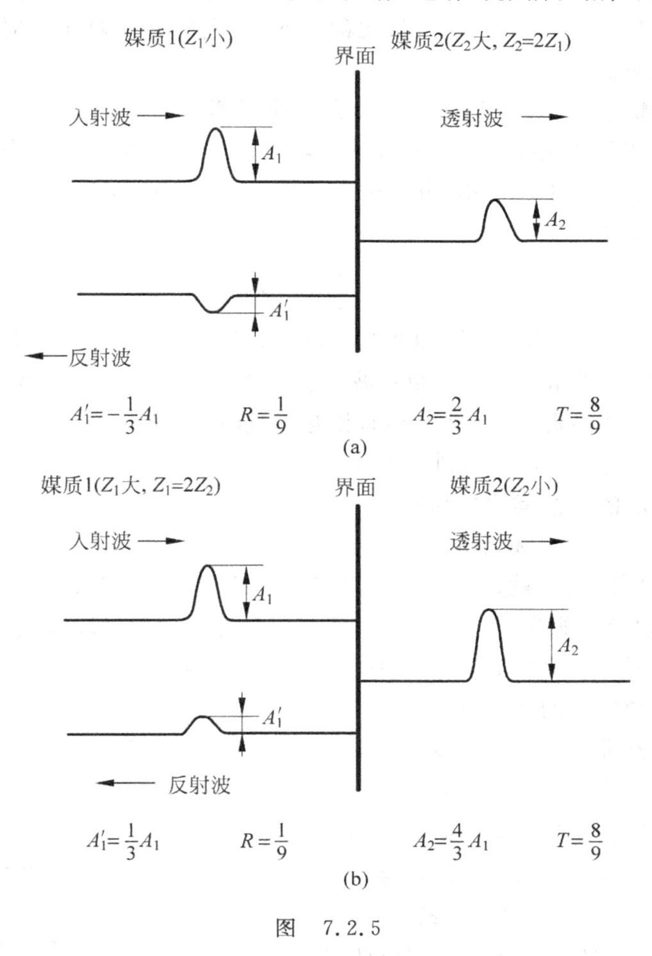

图　7.2.5

关于相位突变的理解　相位突变是个较难理解的概念,我们可从以下几点去理解它:

(1) 所谓反射波有无相位突变的问题,实质上是指由反射波引起的反射点的振动与入射波引起的该点的振动是反相还是同相的问题，如果由于反射使得前者振动与后者反相，我们就说反射波有了 π 的相位突变。

(2) 反射时有无相位突变，有突变时为什么相位变化数值是 π 而不是其他数值，这些完全是由媒质情况及边界条件所决定的。

(3) 在入射波垂直界面入射的情况下，由入射波和反射波引起的反射点的振动是两个沿同一直线方向的振动，如果反射波有相位突变 π，则这两个振动不仅相位相反而且其位移方向也是时刻相反的。由于相距半个波长的两个点的振动相位相反且位移方向也时刻相反，所以上述这种反射点的两个振动沿同一直线且反射波有相位突变 π 的情况（或者说反射点的两个振动既反相又反向的情况）又叫作反射波有半波损失。

(4) 在反射波有半波损失的情形下，如果反射点的两个振动振幅还相等（完全反射的情况即此），则反射点的合振动恒为零，即反射点总静止不动。

7.2.3 多普勒效应及其规律

多普勒效应 是指当波源和接收器（或称观察者）之间有相对运动时，所接收到的频率不等于波源振动频率的现象。

对于机械波的情形，我们以媒质为参考系，因此波源和接收器的运动都是相对于媒质而言的。一般只研究波源和接收器沿二者连线运动时的多普勒效应，这称作纵向多普勒效应。

多普勒效应的规律 可以得出（分析推导过程从略，可参见教材）接收频率 ν_R 和波源振动频率 ν_S 间有如下关系

$$\nu_R = \frac{v+u_R}{v-u_S}\nu_S \tag{7.2.6}$$

式中，v 为波速，u_R、u_S 分别为接收器和波源相对于媒质的运动速度，其符号规定如下：接收器向着波源运动时 u_R 为正，反之为负；波源向着接收器运动时 u_S 为正，反之为负。由式(7.2.6)可以看出，当波源、接收器运动而相互靠近时（这时 $u_R>0, u_S>0$）则 $\nu_R>\nu_S$，当两者相互远离时（这时 $u_R<0, u_S<0$）则 $\nu_R<\nu_S$。

有关多普勒效应的一些问题的讨论

(1) 要明确 ν_S、ν、ν_R 三个频率的意义

ν_S：波源的振动频率，也就是波源单位时间内所发出的波的个数。

ν：波的频率，也就是媒质质元的振动频率或单位时间内通过波线上一点的波的个数。

ν_R：接收频率，即单位时间内接收器所收到的波的个数。

由各频率的意义可知它们的关系是：

当波源和接收器都静止时　　$\nu_S=\nu=\nu_R$

当接收器运动而波源静止时　$\nu_S=\nu\neq\nu_R$

当波源运动而接收器静止时　$\nu_S\neq\nu=\nu_R$

当波源和接收器都运动时　　$\nu_S\neq\nu\neq\nu_R$

在各情况下的 ν_R 的数值均可由式(7.2.6)算出。

(2) 波源运动和接收器的运动都可以使得 $\nu_R\neq\nu_S$，但应注意它们引起 ν_R、ν_S 不等的机理不同。波源的运动引起的是沿运动方向上波长的缩短（见图 7.2.6），从而造成波的频

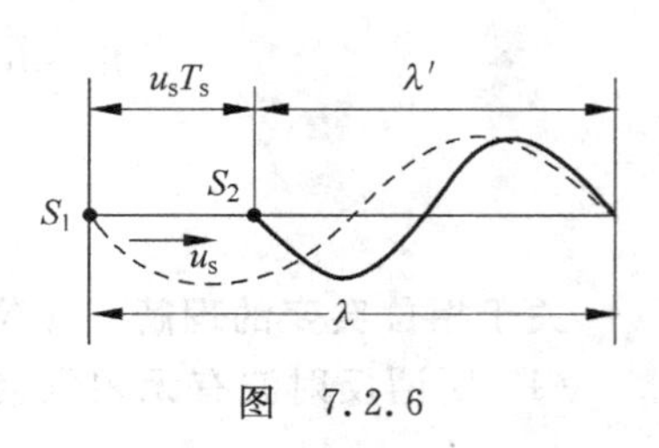

图　7.2.6

率的增加$\left(\nu=\frac{v}{\lambda'}>\nu_S\right.$，$\lambda'$为缩短后的波长，$\lambda'=\lambda-T_S u_S$，$\lambda$ 是波源静止时所发波的波长，T_S 是波源振动的周期$\left.\right)$，这样即使接收器不动，接收频率 ν_R 也必然大于ν_S；而接收器的运动所引起的是接收范围的变化。接收器静止时，单位时间接收到的是长度为 v 的范围内的波，当接收器向波源运动时，则单位时间接收到的是长度为 $v+u_R$ 范围内的波，所收到的波的个数增加，因此即使波源不动(没有波长缩短现象)，ν_R 也必大于ν_S。

(3) 波源和接收器同向运动的情形(见图 7.2.7)，读者可根据以上讨论分析一下，当波源和接收器同向运动时(具体还可分为$|u_S|$大于、等于、小于$|u_R|$三种情况)，ν_R 和 ν_S 的关系。

(4) 当波源和接收器的运动不沿二者连线时(见图 7.2.8)，可用下式计算

$$\nu_R=\frac{v+u_R\cos\theta_R}{v-u_S\cos\theta_S}\nu_S \tag{7.2.7}$$

即只要把式(7.2.6)中的 u_R、u_S 分别换为现在情况下的 u_R、u_S 在 S、R 连线上的分量就得式(7.2.7)。在 u_R、u_S 垂直于 S、R 连线情况下的多普勒效应，称作横向多普勒效应。由式(7.2.7)可见，当 u_R、u_S 垂直于 S、R 连线时，$\nu_R=\nu_S$，这说明机械波没有横向多普勒效应。

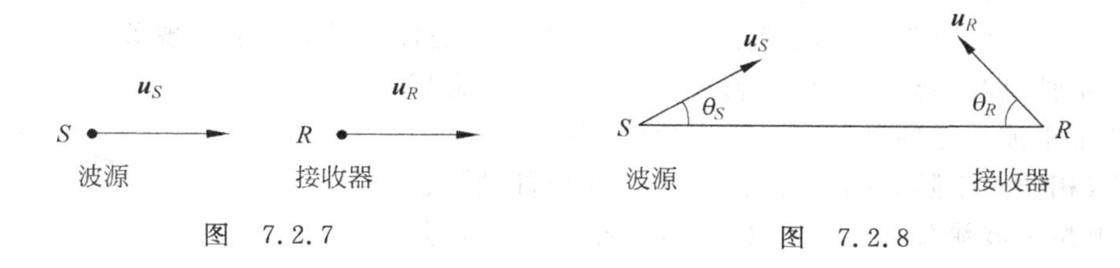

图　7.2.7　　　　图　7.2.8

7.3　与波的叠加特性有关的原理、现象和规律

当两列(或几列)波同时在空间传播时，就会产生波的叠加现象。参与叠加的波，其频率可以相同或不同，而其传播方向可以是相同、相反或有其他夹角。

下面讨论波的叠加所遵从的原理，以及在特定条件下产生的叠加现象和规律(我们只讨论同频率简谐波的叠加)。

7.3.1　叠加原理

波的传播的独立性　当空间同时有几列波在传播时，每列波都将保持其原有的特性(指传播方向、频率、波长、振动方向等)。即每列波的传播不受同时在传播的其他波的影响，和其他波不存在时是一样的。这种传播的独立性从很多实验事实中可以看到。

叠加原理　在两列(或几列，下同)波相遇而相互交叠的区域中，波场中某点的振动是各列波单独传播时在该点引起的振动的叠加(合成)。对于叠加原理应有如下两点认识：

(1) 从整个波场来看是两列波在叠加，但具体到波场中的某个点来看，则是该点振动的叠加，即每个点都同时参与由两列波分别在该点引起的两个振动。如果两列波是同频率的，则这两个振动也是同频率的。

(2) 叠加原理除说明每个点的合振动是两列波引起的振动的叠加外，更强调的是这两

个振动是每列波单独存在时在该点引起的振动。

波为什么服从叠加原理 我们知道波动方程$\frac{\partial^2\xi}{\partial t^2}=v^2\frac{\partial^2\xi}{\partial x^2}$是线性方程。根据线性方程的性质，如果$\xi_1(x,t)$和$\xi_2(x,t)$是满足波动方程的在媒质中实际传播的波，则$\xi(x,t)=\xi_1(x,t)+\xi_2(x,t)$也是满足波动方程而实际存在的波。因此，波动方程的线性决定了波服从叠加原理。应该说明的是，只有在波的幅度较小的情况下，根据质元所受恢复力的规律列出的波动微分方程才是线性的。反之，对于大幅度的波，其波动方程不再是线性的，因而叠加原理也不再成立。

7.3.2 波的干涉现象及其规律

波的干涉是在一定条件下的波的叠加现象。

波的干涉现象 当两列满足一定条件（相干条件）的波在空间相遇时，在空间某些点的振动始终加强（振幅始终为最大），某些点的振动始终减弱（振幅始终为最小），在空间形成一个稳定的叠加图样，这就是波的干涉现象。这里请注意“始终”“稳定”几个字，即加强点要永远是加强的，减弱点要永远是减弱的。如果波场中的每个点都是一会儿加强，一会儿减弱，那么在整个波场中就不会形成稳定的图样，这也就不是我们所说的干涉现象。

相干条件及其重要性 只有满足下列条件的波源发出的波才能产生干涉。这些条件是：频率相同，振动方向相同，相位差恒定（相位差不随时间改变）。满足这样条件的波源叫相干波源，由相干波源发出的波叫**相干波**。相干三条件是产生干涉的必要条件，是缺一不可的，其原因可由波场中某点P的振动情况来分析。如图7.3.1所示，S_1、S_2是两个波源，它们发的波传到P点，分别激起P点产生振动。只有S_1、S_2是同频率的且振动方向相同的（设振动方向均垂直于纸平面）波源，P点的两个振动才是同频率的且方向相同（这里的“方向相同”是指沿同一直线方向的意思）的振动。这样，求P点的合振动的问题就是同方向、同频率振动合成的问题了。为要使P点的合振动能做到始终加强（或始终减弱），那就必须使P点的两个振动的相位差恒定、不随时间改变。这个相位差同两个方面的因素有关，一方面决定于波源S_1、S_2的相位差（在S_1、S_2同频率的情况下，则决定于它们的初相差），另一方面决定于P点距两波源的距离r_1和r_2。对于确定的P点，r_1和r_2是一定的，因此要产生干涉就要求S_1和S_2的相位差非恒定不可。所以说三个相干条件缺少哪一个都不行。由上我们也看到，“叠加”虽是普遍的，但“干涉”却是有条件的。干涉是一种特殊的叠加现象。

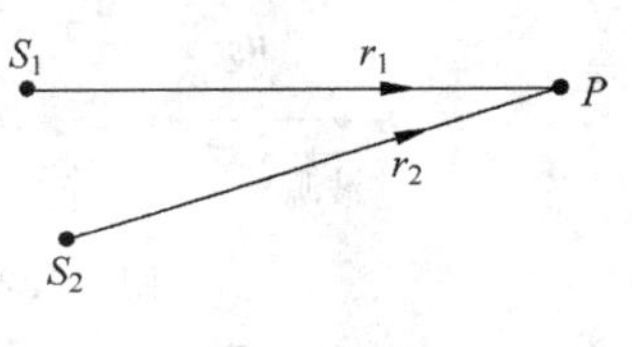

图 7.3.1

波场中的强度分布 这包含两个方面的问题，一是波场中什么地方加强、什么地方减弱；二是这些地方波的强度各为多少。

(1) ***P*点两振动的相位差** 如两波源S_1、S_2的初相分别为φ_1、φ_2，则P点的两个振动的表达式为

$$\xi_1=A_1\cos(\omega t-kr_1+\varphi_1)$$
$$\xi_2=A_2\cos(\omega t-kr_2+\varphi_2)$$

两振动的相位差为

$$\Delta\varphi=\varphi_2-\varphi_1+k(r_1-r_2) \tag{7.3.1}$$

可见，$\Delta\varphi$ 是由波源的初相差 $\varphi_2-\varphi_1$ 和波源距 P 点的波程差 r_1-r_2 两个因素共同决定的。

(2) **加强减弱条件**

加强条件 当 $\Delta\varphi=\pm 2m\pi$，$(m=0,1,2,\cdots)$时，P 点的振动加强。由式(7.3.1)，加强点的位置满足

$$r_1-r_2=\frac{1}{k}(\varphi_1-\varphi_2)\pm m\lambda \tag{7.3.2a}$$

减弱条件 当 $\Delta\varphi=\pm(2m+1)\pi$，$(m=0,1,2,\cdots)$时，$P$ 点的振动减弱。减弱点的位置满足

$$r_1-r_2=\frac{1}{k}(\varphi_1-\varphi_2)\pm(2m+1)\frac{\lambda}{2} \tag{7.3.2b}$$

如果两波源同相，即 $\varphi_2=\varphi_1$，在此特殊情况下，式(7.3.2a)和式(7.3.2b)分别变为

$$r_1-r_2=\pm m\lambda,\quad (m=0,1,2,\cdots) \tag{7.3.3a}$$

$$r_1-r_2=\pm(2m+1)\frac{\lambda}{2},\quad (m=0,1,2,\cdots) \tag{7.3.3b}$$

这说明在两波源同相的情形下，波程差等于半波长的偶数倍(或说等于波长的整数倍)的那些 P 点加强，等于半波长的奇数倍的那些 P 点则减弱。

(3) **加强点和减弱点波的强度**

对加强点 合振幅 $A=A_1+A_2$，波的强度最大，为

$$I_{\max}=I_1+I_2+2\sqrt{I_1I_2} \tag{7.3.4a}$$

对减弱点 合振幅 $A=|A_1-A_2|$，波的强度最小，为

$$I_{\min}=I_1+I_2-2\sqrt{I_1I_2} \tag{7.3.4b}$$

如果 $A_1=A_2$，则 $I_{\min}=0$，即这些点不振动。上式中 $I_1\propto A_1^2$，$I_2\propto A_2^2$，可见，由于干涉，空间的强度不是均匀分布的，有些点 $I>I_1+I_2$，有些点 $I<I_1+I_2$，即干涉引起了强度在空间的重新分布。

7.3.3 驻波的形成及特点

驻波的形成 驻波是由两列频率相同、振动方向相同、振幅相同，但传播方向相反的简谐波叠加而形成的。它也是一种特定情形下的波的叠加现象。叠加的情况可由几个不同时刻的波形曲线来表示(见图 7.3.2)。由叠加结果可见，合成波的波形(图中的实线)驻定在原地起伏变化而不传播，这样的波就是驻波。这里“驻”字的含意即指波形不传播，这是与行波的一个不同之处。

驻波的表达式 适当选择坐标原点和时间零点，沿正 x 向和负 x 向传播的两列波的表达式可分别写为

$$\xi_1(x,t)=A\cos(\omega t-kx)$$

$$\xi_2(x,t)=A\cos(\omega t+kx)$$

叠加后可得

$$\xi(x,t)=2A\cos kx\cos\omega t \tag{7.3.5}$$

此即驻波的表达式，它反映了任一 x 处的质元在任一时刻 t 的位移。

驻波的特点 由式(7.3.5)可见，媒质的质元都在作简谐振动。所谓驻波的特点，就是

指这些振动的特点，共有以下四个特点。

(1) **频率特点** 各质元的振动频率均相同，这一特点和行波的情况是一样的。每个质元的频率就等于ξ_1（或ξ_2）的频率（请想想为什么）。

(2) **振幅特点** 对于行波，各质元的振幅是相等的，但驻波的情况则不相同，其振幅$|2A\cos kx|$是x的函数，在空间按余弦规律分布。对于确定的x点，振幅是恒定的。对不同x处的质元，其振幅一般不同。有些点，其振幅始终为零，这些点称作**波节**，相邻波节间的距离为半个波长。另有些点，其振幅始终最大，幅值为$2A$（请想想为什么），这些点称**波腹**，相邻波腹间的距离也是半个波长。

(3) **相位特点** 相邻两波节间的各质元的振动相位相同，同一波节两侧的相邻的两个分段（两相邻波节间的范围为一分段）中的质元，其相位相反，这和行波中质元振动相位沿传播方向依次落后、相位在传播的情况很不相同。驻波的相位不传播，这是"驻"字的另一层含义。

(4) **能量特点** 当各质元的位移都同时达各自的最大值$\left(\text{如图 7.3.2 中}, t=0 \text{ 和 } t=\dfrac{T}{2}\text{时的情况}\right)$，其动能均为零，全部能量是势能，但波节处的质元相对形变大，弹性势能大，波腹处的质元形变为零，势能为零，因此能量主要集中在波节附近。当各质元同时通过平衡位置时$\left(\text{如图 7.3.2 中}, t=\dfrac{T}{4}\text{时的情况}\right)$，各质元均无变形，势能为零，全部能量都是动能。由于波腹处的质元速度最大，动能最大，因而能量主要集中于波腹附近。从整个振动过程看，能量是在相邻的波腹、波节间来回转移，它限制在以相邻的波腹和波节为边界的长为$\dfrac{\lambda}{4}$的小区段中，波节两侧的媒质互不交换能量，波腹两侧的媒质也互不交换能量。从能流情况来看，两列波$\xi_1(x,t)$和$\xi_2(x,t)$的平均能流相等，但方向相反，故叠加后平均能流为零，即驻波没有单向平均能流（详见 7.6.9 小节）。驻波不传播能量，这是"驻"字的第三层含义，这也是和行波的又一个不同之处。

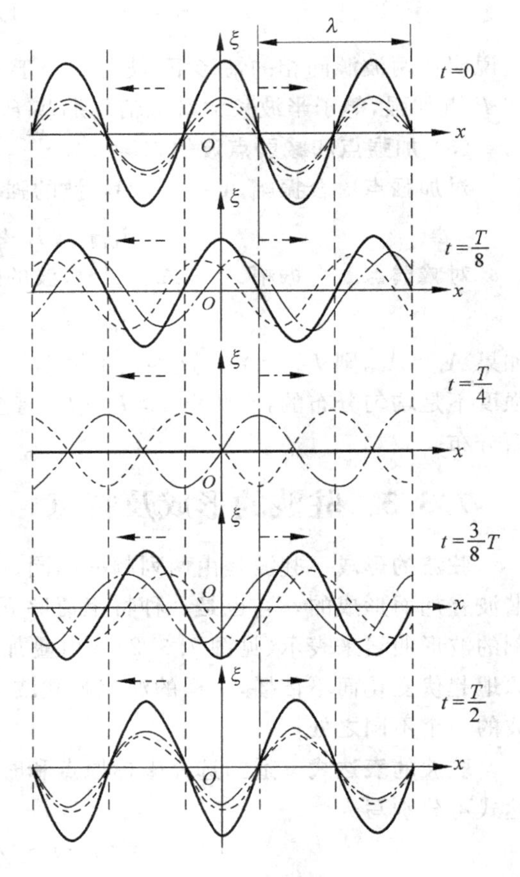

图 7.3.2

实际驻波的产生 在实际中，产生驻波的一种方法是让波在两种媒质的界面上反射，由入射波和反射波叠加而成为驻波。我们只讨论波在界面上完全反射而无透射（或几乎无透射）的情形（即两媒质特性阻抗相差悬殊的情形），这时入射波和反射波的振幅相等（或可看作相等）。具体情况还可分为以下两种。

（1）**波由波疏媒质入射，在波疏、波密媒质界面处反射**

图 7.3.3 中，$\rho_1 v_1 \ll \rho_2 v_2$ 即是这种情形。由于此情形下反射波有相位突变π，所以叠加后反射点处是波节。图 7.3.3 画出了几个时刻的入射波、反射波和由它们叠加后而得到的驻波的波形曲线（以实线所示）。

（2）**波由波密媒质入射，在波密、波疏媒质界面处反射**

图 7.3.4 画出了 $\rho_1 v_1 \gg \rho_2 v_2$ 情形下的波形曲线。此情形下由于反射波没有相位突变，所以反射点是波腹。

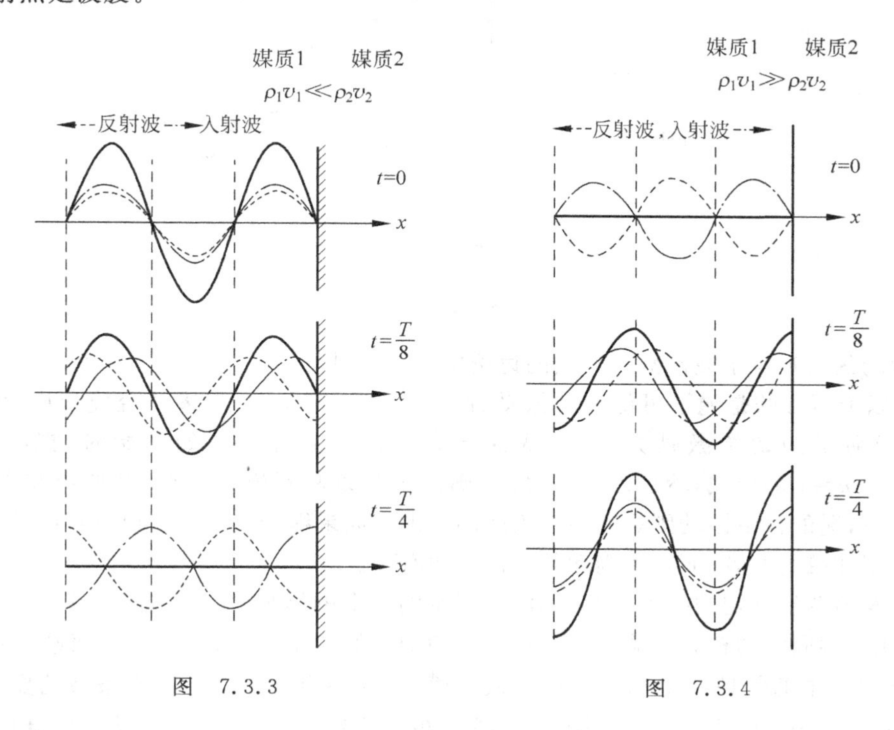

图　7.3.3　　　　图　7.3.4

7.3.4　两端固定绳的自由振动、简正模式

一根长为 L 的以一定的张力拉紧的两端固定的弹性绳，其自由振动有如下特点：

（1）在绳上只可能存在某些稳定的振动方式，这些振动方式称为这根绳的**简正模式**。每一个方式的振动就是一种形式的驻波（图 7.3.5 画出了几种振动方式）。

（2）各模式相应的频率就是绳上可能有的振动频率，其大小为 $\nu_n = n\dfrac{v}{2L}$（v 为波速，n 为正整数）。可见，绳上只可能有某些分立的、确定的频率。其中 $n=1$ 时的频率 ν_1 叫作**基频**。$n=2,3,\cdots$ 的频率 $\nu_2,\nu_3,\cdots$ 分别叫作二次、三次，…**谐频**。这些频率就是绳子所具有的一系列的固有频率，这和简谐振动系统（如弹簧振子、单摆等）只有一个固有频率的情形是很不相同的。

（3）之所以在绳上只可能有某些振动方式、只有某些频率，完全是边界条件要求的结果（对两端固定的弹性绳，其边界条件是：绳两端的位移恒为零）。这种边界条件会对振动方式和振动频率带来限制的概念在很多问题的讨论中，例如在激光谐振腔的作用的讨论中，在

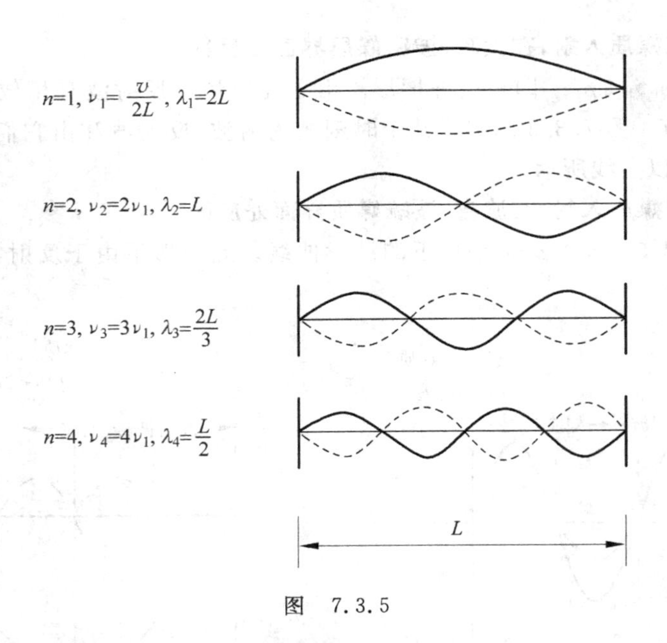

图 7.3.5

势阱中运动的微观粒子波函数的形式的讨论中，是很有用的。

(4) 以上所说的是绳子可能有的振动方式，但在一定情况下，绳子究竟以哪种方式振动，取决于绳子的初始激励方式，即取决于系统的初始条件。如起始时，把绳子弯成图 7.3.5 中 $n=1$ 的形式，然后由静止释放，则绳子就以基频模式振动，其他依此类推。在一般情况下，绳的自由振动则是其各个模式的叠加。如果绳子是一根可以发声的弦，发声的音调决定于此弦的基频，而音色则和其各次谐频有关。

对于其他两端固定的振动系统(如两端固定的棒上的纵振动)，一端固定一端自由的振动系统(如一端固定的棒；一端开口的管中的气柱)和两端自由的系统(如两端自由的棒；两端开口的管中的气柱)，也都有各自的振动模式，这些也都是因为边界条件的要求所致。图 7.3.6(a)为一端固定另一端自由的振动系统的简正模式，图 7.3.6(b)为两端开口的振动系统的简正模式。

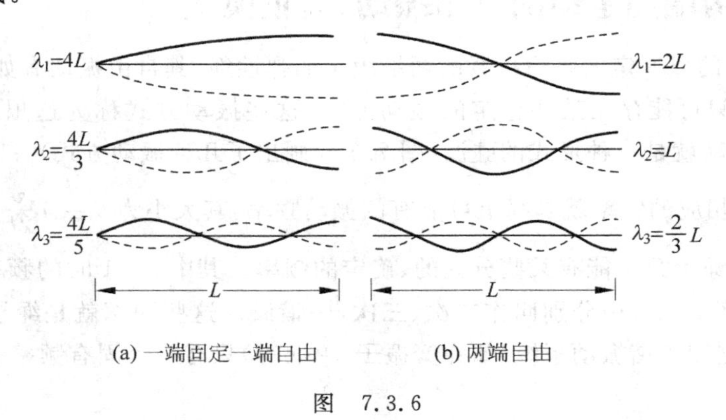

图 7.3.6

综合以上情况，我们可以得到一种认识：凡是有一定边界的振动物体，都有一定的简正模式，物体上都会形成一定形式的驻波。

7.4　电磁波

电磁波　电磁波是变化电磁场在空间的传播过程。电磁波也是振动状态的传播，只不过振动量是电场强度 $\boldsymbol{E}$ 和磁感强度 $\boldsymbol{B}$（或用磁场强度 $\boldsymbol{H}$）。

电磁波和机械波这两类波本质不同，机理不同，但其传播特性很相似，有很多共同的规律。

电磁波的产生　凡作加速运动的电荷就可以辐射电磁波。各种实际的波源都是因为有电荷在作加速运动而辐射电磁波的，最典型的是**振荡偶极子辐射**（无线电发射天线即可简化为振荡偶极子），其他有**韧致辐射**（高速运动电荷突然受阻时而发出的辐射）、**同步加速器辐射**（在同步加速器中带电粒子作圆周运动时发出的辐射），等等。此外，电磁波的传播并非一定需有媒质，它在真空中、媒质中均可传播，这和机械波的情况很不相同。

电磁波的描述及其性质

（1）真空中平面电磁波的波动方程

$$\left.\begin{aligned}\frac{\partial^2 \boldsymbol{E}}{\partial t^2} &= c^2\frac{\partial^2 \boldsymbol{E}}{\partial x^2}\\ \frac{\partial^2 \boldsymbol{B}}{\partial t^2} &= c^2\frac{\partial^2 \boldsymbol{B}}{\partial x^2}\end{aligned}\right\}\tag{7.4.1}$$

（2）真空中平面电磁波的表达式

$$\left.\begin{aligned}E(x,t) &= E_0\cos\omega\left(t-\frac{x}{c}\right)\\ B(x,t) &= B_0\cos\omega\left(t-\frac{x}{c}\right)\end{aligned}\right\}\tag{7.4.2}$$

（3）真空中平面电磁波的性质

$\boldsymbol{E}$、$\boldsymbol{B}$ 振动方向的关系　电磁波是横波，$\boldsymbol{E}$、$\boldsymbol{B}$ 均垂直于传播方向，且 $\boldsymbol{E}\perp\boldsymbol{B}$，$\boldsymbol{E}\times\boldsymbol{B}$ 的方向即传播方向。图 7.4.1 是平面电磁波在某时刻 t 的波形曲线。

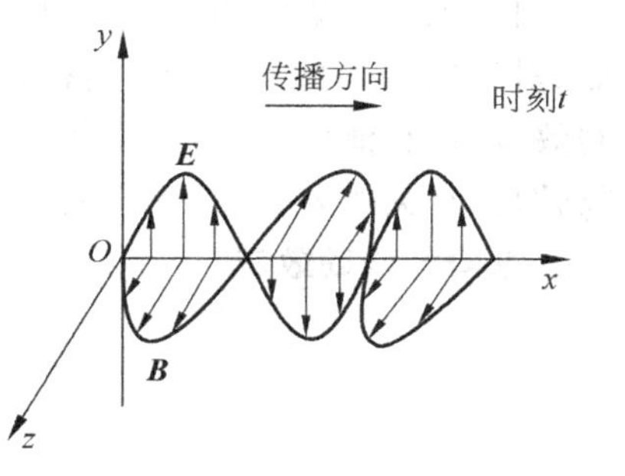

图　7.4.1

相位关系　$\boldsymbol{E}$、$\boldsymbol{B}$ 变化同相。

振幅关系　$E_0=cB_0$。

波速　真空中 $c=\dfrac{1}{\sqrt{\varepsilon_0\mu_0}}=3\times10^8\ \mathrm{m/s}$，媒质中 $v=\dfrac{1}{\sqrt{\varepsilon\mu}}=\dfrac{1}{\sqrt{\varepsilon_r\mu_r}\sqrt{\varepsilon_0\mu_0}}=\dfrac{c}{n}$。其中 $n=\sqrt{\varepsilon_r\mu_r}$ 是媒质的折射率。对一般电介质，$\mu_r\approx1$，所以 $n=\sqrt{\varepsilon_r}$（在上列式子中，ε、μ 分别为介电常量和磁导率，ε_r、μ_r 分别为相对介电常量和相对磁导率，ε_0、μ_0 分别为真空介电常量和真空磁导率）。

（4）电磁波的能量

能量密度　$$w=\frac{1}{2}\boldsymbol{D}\cdot\boldsymbol{E}+\frac{1}{2}\boldsymbol{H}\cdot\boldsymbol{B}\tag{7.4.3}$$

真空中可写为　$$w=\frac{\varepsilon_0E^2}{2}+\frac{B^2}{2\mu_0}$$

能流密度(称坡印亭矢量) $\boldsymbol{S}=\boldsymbol{E}\times\boldsymbol{H}$ (7.4.4)

真空中可写为 $\boldsymbol{S}=\frac{1}{\mu_0}\boldsymbol{E}\times\boldsymbol{B}$

强度(平均能流密度) $I=|\bar{\boldsymbol{S}}|$ (7.4.5)

真空中可写为 $I=\frac{c\varepsilon_0}{2}E_0^2$

在光学中,电场强度 $\boldsymbol{E}$ 又称作光矢量,所以光的强度与光矢量振幅的平方成正比。

与传播特性有关的一些现象和规律

(1) 电磁波的反射和折射 当平面电磁波垂直入射到两媒质(折射率分别为 n_1、n_2)的界面上时,其入射波、反射波、透射波间的振幅关系(推导方法类似于机械波,但需要利用电磁场的边界条件)为

振幅关系

$$\left.\begin{aligned}\frac{E'_{01}}{E_{01}}&=\frac{n_1-n_2}{n_1+n_2}\\ \frac{E_{02}}{E_{01}}&=\frac{2n_1}{n_1+n_2}\end{aligned}\right\}\tag{7.4.6}$$

式中,E_{01}、E'_{01}、E_{02}分别为入射波、反射波和透射波的电场强度的振幅。

相位关系 由式(7.4.6),当 $n_1<n_2$ 时,反射波会有相位突变 π(半波损失),这和机械波的情形是类似的。

反射、透射系数

$$\left.\begin{aligned}R&=\left(\frac{n_1-n_2}{n_1+n_2}\right)^2\\ T&=\frac{4n_1n_2}{(n_1+n_2)^2}\end{aligned}\right\}\tag{7.4.7}$$

(2) 光的多普勒效应 光的多普勒效应和机械波的多普勒效应主要有两点不同:第一,因为光在媒质中和真空中均可传播,所以这里波源和接收器的运动不是相对媒质而言,而是指二者间的相对运动,用相对速度 u 来描写它们的运动状况;第二,光不仅有纵向多普勒效应,还有横向多普勒效应,但横向的多普勒效应要比纵向的弱(ν_R 和 ν_S 差别小即谓“弱”)。有关的公式如下(详见 7.6.3 小节中的说明)。

纵向多普勒效应

$$\left.\begin{aligned}\nu_R&=\frac{1-\frac{u}{c}}{\sqrt{1-\left(\frac{u}{c}\right)^2}}\nu_S\\ \text{或}\quad \nu_R&=\sqrt{\frac{1-\frac{u}{c}}{1+\frac{u}{c}}}\nu_S\end{aligned}\right\}\tag{7.4.8}$$

当波源和接收器相互接近时 u 为负,相互离开时 u 为正。

横向多普勒效应 $\nu_R=\sqrt{1-\left(\frac{u_\perp}{c}\right)^2}\nu_S$ (7.4.9)

其中,$u_\perp$ 是垂直于波源、接收器连线的相对速度。

关于电磁波的叠加特性和干涉、衍射等效应将在本书下册第20、21、22各章中讨论。

7.5　典型例题(共6例)

例1　在媒质1中插入一厚为D的由媒质2做成的平板(图7.5.1)，一列平面波自左侧垂直入射到平板上，设该波引起的图中a点的振动为$\xi_a=A\cos\omega t$，并设两媒质中的波速分别为v_1、v_2(且$\rho_1 v_1<\rho_2 v_2$)，选坐标如图。

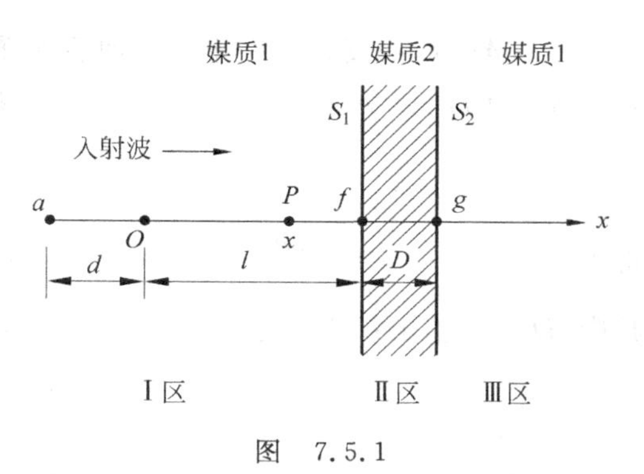

图　7.5.1

(1) 写出Ⅰ区中入射波的表达式。

(2) 写出Ⅰ区中在S_1面上反射的波的表达式(振幅写作A_1)。

(3) 写出在S_2面上反射的波透射入Ⅰ区中的波的表达式(振幅写作A_2)。

(4) 若使上述两列反射波在Ⅰ区叠加后加强，问媒质板的厚度D至少为多大？

解　写表达式的关键是能正确地比较出任意点和参考点的相位关系，由此得出的任意点的振动表达式即波的表达式。本题中还应注意两点，一是现有两种不同的媒质，在两媒质中的波速不同、波长不同。二是要注意在S_1、S_2面上反射时有无相位突变。

(1) 选取a点为参考点，由图，入射波引起的任一点P(坐标为x)的振动相位比a点的落后$\frac{2\pi}{\lambda_1}(d+x)$，所以入射波的表达式为

$$\xi(x,t)=A\cos\left[\omega t-\frac{2\pi}{\lambda_1}(d+x)\right]$$

利用$v_1=\nu\lambda_1$有

$$\xi(x,t)=A\cos\omega\left(t-\frac{d+x}{v_1}\right)\quad(x\leqslant l)$$

(2) 由S_1面上反射的波引起的任一点P的振动应这样来分析，a点的振动是先传到f点，经S_1面反射后才传到P点，所以P点的相位比a点的落后

$$\frac{2\pi}{\lambda_1}(d+l)+\frac{2\pi}{\lambda_1}(l-x)$$

再考虑到在S_1面上反射时有相位突变π(因$\rho_1 v_1<\rho_2 v_2$)，所以此反射波的表达式为

$$\xi_1(x,t)=A_1\cos\left[\omega t-\frac{2\pi}{\lambda_1}(d+l)-\frac{2\pi}{\lambda_1}(l-x)-\pi\right]$$

可化作

$$\xi_1(x,t)=A_1\cos\left[\omega t-\omega\frac{2l+d-x}{v_1}-\pi\right]\quad(x\leqslant l)$$

(3) 由S_2面反射的波引起的P点的振动：波由a点先传到f点，透入媒质2传到g点，经S_2面反射传回到f点，再透入媒质1而传到P点。所以，P点的相位比a点的落后$\frac{2\pi}{\lambda_1}(d+l)+\frac{2\pi D}{\lambda_2}+\frac{2\pi D}{\lambda_2}+\frac{2\pi}{\lambda_1}(l-x)$。

在 S_2 面上反射没有相位突变，此波的表达式为

$$\xi_2(x,t)=A_2\cos\left[\omega t-\frac{2\pi}{\lambda_1}(d+l)-\frac{2\pi(2D)}{\lambda_2}-\frac{2\pi}{\lambda_1}(l-x)\right]$$

可化作
$$\xi_2(x,t)=A_2\cos\left(\omega t-\omega\frac{2l+d-x}{v_1}-\omega\frac{2D}{v_2}\right)\quad(x\leqslant l)$$

(4) 欲使两列反射波在Ⅰ区叠加后加强，由反射波引起的任一点 P 的两个振动的相位差应等于 $\pm 2m\pi$，($m=0,1,2,\cdots$)。于是由 $\xi_1(x,t)$ 和 $\xi_2(x,t)$ 的表达式有

$$\left(-\omega\frac{2l+d-x}{v_1}-\omega\frac{2D}{v_2}\right)-\left(-\omega\frac{2l+d-x}{v_1}-\pi\right)=\pm 2m\pi$$

得出
$$D=\frac{(2m+1)\pi}{2}\frac{v_2}{\omega},\quad m=0,1,2,\cdots$$

其中，D 为负值的解因无意义已舍掉。当 $m=0$ 时有最小厚度

$$D_{\min}=\frac{\pi}{2}\frac{v_2}{\omega}$$

亦可写作
$$D_{\min}=\frac{\lambda_2}{4}$$

例 2 一列沿负 x 方向传播的平面简谐波在 $t=0$ 时的波形曲线如图 7.5.2。

(1) 说明在 $t=0$ 时，图 7.5.2 中 a、b、c、d 各质点的运动趋势。

(2) 画出 $t=\frac{3}{4}T$ 时的波形曲线。

(3) 画出 b、c、d 各点的振动曲线。

(4) 如 A、ω、λ 已知，写出此波的表达式。

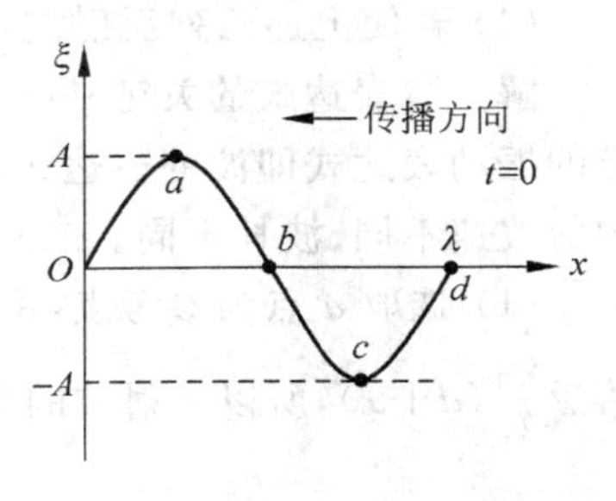

图 7.5.2

解 (1) 所谓质点在某时刻的运动趋势是指该质点在此时刻之后紧接着向哪个方向运动。为判断运动方向，可先画出 $t+\Delta t$ 时刻的波形曲线（Δt 很小），定性地将 t 时刻的波形曲线沿传播方向移动一个小距离即可看作是 $t+\Delta t$ 时刻的波形曲线（见图 7.5.3）。由图知 a、b、c、d 各点在 $t+\Delta t$ 时刻分别运动到 a'、b'、c'、d'。由此即可得出 $t=0$ 时各质点的运动趋势，如图 7.5.3 中小箭头所示。

(2) 因为波形传播一个波长的距离需一个周期的时间，所以只要将图 7.5.2 中的曲线左移 $\frac{3}{4}\lambda$ 的距离即为 $t=\frac{3}{4}T$ 时的波形曲线，如图 7.5.4 所示。

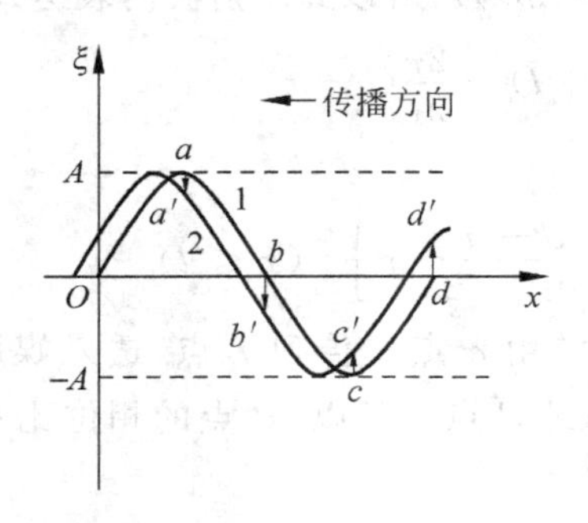

图 7.5.3

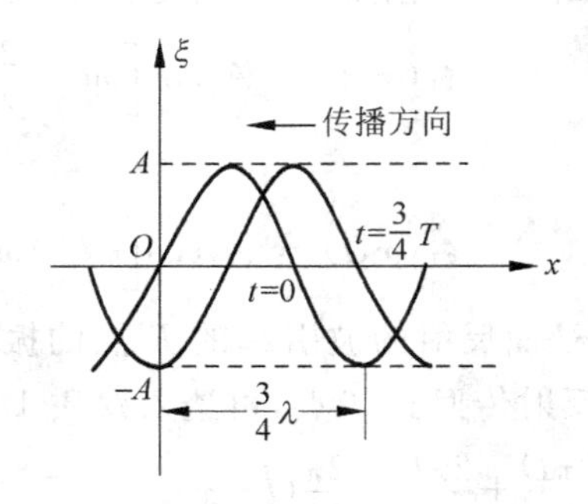

图 7.5.4

(3) 在根据波形曲线画某一质点的振动曲线时,首先要注意该质点在这两条曲线上同一时刻的位移应相等,然后再根据该质点的运动趋势即可画出振动曲线。如对 b 点来说,它在 $t=0$ 时的波形曲线上位移为零(见图 7.5.2),因此在振动曲线上 $t=0$ 时刻 b 点的位移也应为零,再由图 7.5.3,b 点在 $t=0$ 时的振动趋势是往位移为负的方向运动,这样就可画出 b 的振动曲线如图 7.5.5(a),同样也可画出 c 点和 d 点的振动曲线分别如图 7.5.5(b)和(c)所示。

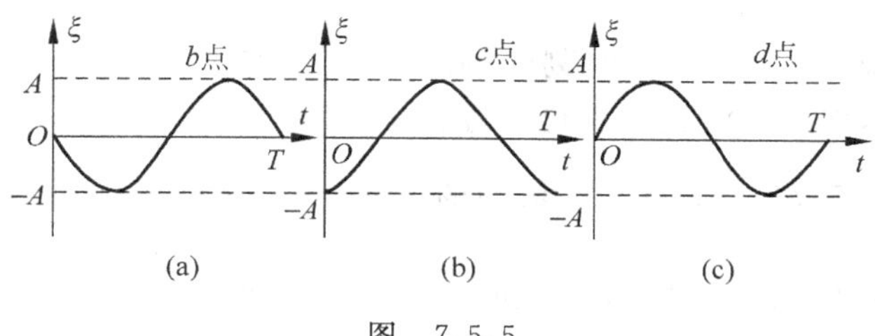

图 7.5.5

(4) 要想写波的表达式,需先找一个振动已知的点作为参考点。现 b、c、d 各点的初相已经知道(由它们的振动曲线可知),位置也已知道,因此它们中的任一点均可作为参考点。如以 b 为参考点,由图 7.5.5(a)知 b 点的初相为$\frac{\pi}{2}$,所以 b 点的振动表达式为

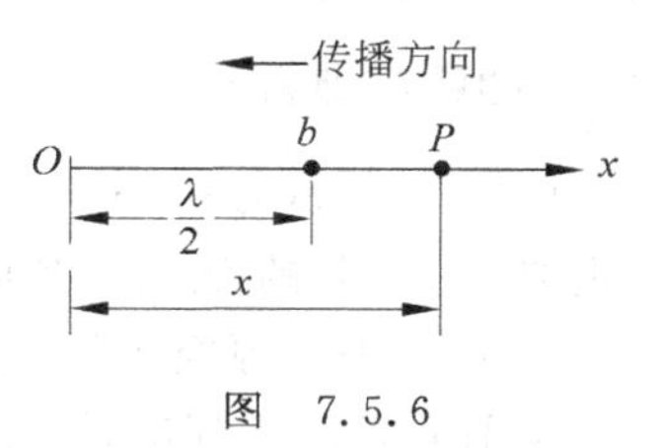

图 7.5.6

$$\xi_b = A\cos\left(\omega t + \frac{\pi}{2}\right)$$

b 点的坐标为 $x_b=\frac{\lambda}{2}$(见图 7.5.2),因此坐标为 x 的任一点 P 的振动表达式(亦可根据图 7.5.6 分析)为

$$\xi(x,t) = A\cos\left[\omega t + \frac{\pi}{2} + \frac{2\pi}{\lambda}\left(x - \frac{\lambda}{2}\right)\right] = A\cos\left(\omega t + \frac{2\pi x}{\lambda} - \frac{\pi}{2}\right)$$

此即波的表达式。如以 c 为参考点$\left(其初相为 \pi,位置 x_c=\frac{3}{4}\lambda\right)$,亦可写出波的表达式,结果与上相同(读者不妨试写一下)。

例 3　已知位于原点 O 的波源在 $t=0$ 时起振,且只振一次,振动曲线如图 7.5.7(a)所示。画出 $t=T$ 时刻的波形曲线(设波沿正 x 方向传播)。

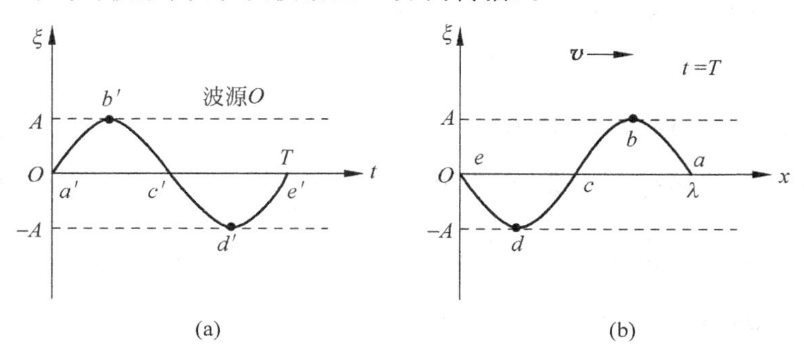

图 7.5.7

解法一 由"振动状态的传播"的概念分析，即具体分析波源 O 在几个不同时刻的振动状态于 $t=T$ 时刻传到了何处。例如波源 O 在 $t=0$ 时的状态于 $t=T$ 时刻应传到 $x=\lambda$ 的位置($\lambda=vT$)，所以图 7.5.7(b)中 a 点的状态应与振动曲线上 a' 点的状态相同。又例如波源 O 在 $t=\dfrac{T}{4}$ 时的状态于 $t=T$ 时刻传到 $x=\dfrac{3}{4}\lambda$ 的位置$\left(时间上经历了\dfrac{3}{4}T\right)$，所以 b 和 b' 的状态应相同。以此类推，c、d、e 的状态和 c'、d'、e' 的状态也分别对应相同，这样所求的波形曲线就很易画出了(图 7.5.7(b))。

解法二 先由振动曲线画出某时刻(画哪个时刻依方便而定)的波形曲线，然后再将此曲线转换为 $t=T$ 时的波形曲线。例如由图 7.5.7(a)知 $t=\dfrac{T}{4}$ 时波源的位移 $\xi=A$，依此可很方便地画出 $t=\dfrac{T}{4}$ 时的波形曲线如图 7.5.8(在此图上 $x=0$ 点的位移应为 A)，然后将此曲线沿传播方向平移 $\dfrac{3}{4}\lambda$ 的距离即得 $t=T$ 时的波形曲线(图 7.5.7(b))。

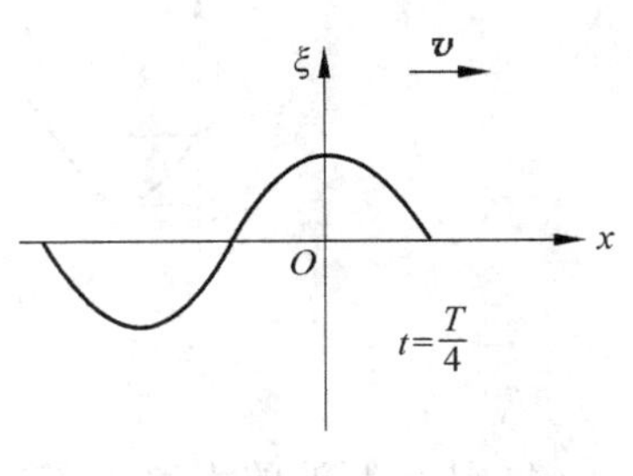

图 7.5.8

由图 7.5.7(a)和(b)还可看出，波源先经历的状态(在振动曲线上 t 值越小越为"先")，一定是先传出的状态，因而一定在波形曲线的前方(传播方向的指向为"前方")。图 7.5.7(a)中波源经历的状态按时间先后排列是 a'、b'、c'、d'、e'，则在图 7.5.7(b)中这些状态按前后顺序排列应是 a、b、c、d、e。这和我们平常的理解也是一致的。例如，我们平常发音说"中华"二字，当然是先说"中"后说"华"，从声波的角度看，因"中"字先传出应在前，而"华"字在后(关于本例更详细的讨论请见 7.6.1 小节)。

例 4 如图 7.5.9 所示，一列平面简谐波沿 $+x$ 方向传播，遇波密媒质界面 BC 时将发生完全反射。设 $t=0$ 时，由入射波引起的 O 点的振动的初相为 $-\dfrac{\pi}{2}$，振幅为 A，圆频率为 ω，图中 $\overline{OE}=\dfrac{3}{4}\lambda$，$\overline{DE}=\dfrac{\lambda}{6}$。求 D 点的合振动的表达式。

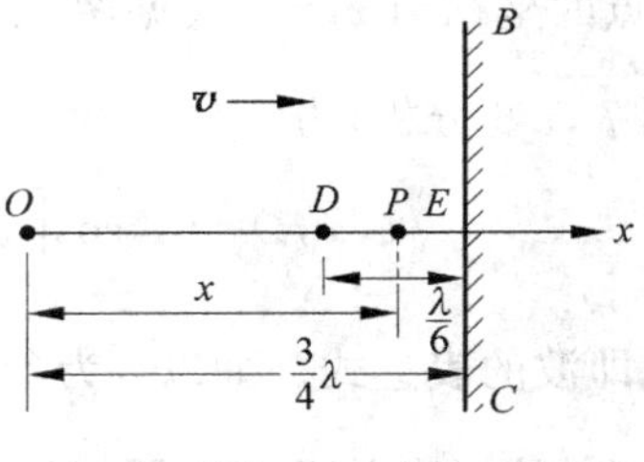

图 7.5.9

解法一 由"振动的叠加"来考虑，即先分别求出入射波和反射波引起的 D 点的振动，然后由振动的叠加求 D 点的合振动。

由题意，O 点的振动表达式为

$$\xi(0,t)=A\cos\left(\omega t-\frac{\pi}{2}\right)$$

则入射波引起的 D 点的振动表达式为

$$\xi_1(x_D,t)=A\cos\left(\omega t-\frac{\pi}{2}-\frac{2\pi}{\lambda}\overline{OD}\right)=A\cos\left[\omega t-\frac{\pi}{2}-\frac{2\pi}{\lambda}(\overline{OE}-\overline{DE})\right]$$

$$=A\cos\left[\omega t-\frac{\pi}{2}-\frac{2\pi}{\lambda}\left(\frac{3}{4}\lambda-\frac{\lambda}{6}\right)\right]=A\cos\left(\omega t+\frac{\pi}{3}\right)$$

反射波引起的 D 点的振动表达式(要考虑相位突变)为

$$\begin{aligned}\xi_2(x_D,t)&=A\cos\left(\omega t-\frac{\pi}{2}-\frac{2\pi}{\lambda}(\overline{OE}+\overline{DE})-\pi\right)\\&=A\cos\left[\omega t-\frac{\pi}{2}-\frac{2\pi}{\lambda}\left(\frac{3}{4}\lambda+\frac{\lambda}{6}\right)-\pi\right]\\&=A\cos\left(\omega t+\frac{2}{3}\pi\right)\end{aligned}$$

D 点的合振动为

$$\xi(x_D,t)=\xi_1(x_D,t)+\xi_2(x_D,t)=A\cos\left(\omega t+\frac{\pi}{3}\right)+A\cos\left(\omega t+\frac{2}{3}\pi\right)$$

由旋转矢量图 7.5.10 可得

$$\xi(x_D,t)=\sqrt{3}A\cos\left(\omega t+\frac{\pi}{2}\right)$$

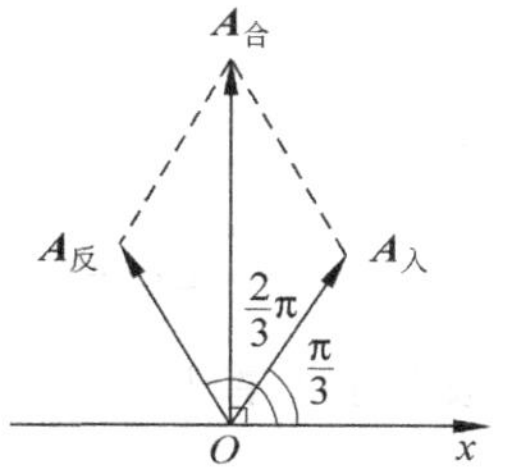

$A_合$ $A_反$ $A_入$ $\frac{2}{3}\pi$ $\frac{\pi}{3}$ O x

图　7.5.10

解法二　由“波的叠加”来考虑，即先写出入射波和反射波的表达式，然后求出合成波的表达式，再具体得出 D 点的振动表达式。

选 P 点(坐标为 x)为任一点，则可得出入射波的表达式为

$$\xi_1(x,t)=A\cos\left(\omega t-\frac{\pi}{2}-\frac{2\pi}{\lambda}x\right)$$

则反射波的表达式为

$$\begin{aligned}\xi_2(x,t)&=A\cos\left[\omega t-\frac{\pi}{2}-\frac{2\pi}{\lambda}(\overline{OE}+\overline{PE})-\pi\right]\\&=A\cos\left[\omega t-\frac{\pi}{2}-\frac{2\pi}{\lambda}\left(\frac{3\lambda}{4}+\frac{3\lambda}{4}-x\right)-\pi\right]\\&=A\cos\left(\omega t-\frac{\pi}{2}+\frac{2\pi}{\lambda}x\right)\end{aligned}$$

可求出合成波的表达式为

$$\begin{aligned}\xi(x,t)&=\xi_1(x,t)+\xi_2(x,t)\\&=A\cos\left(\omega t-\frac{\pi}{2}-\frac{2\pi}{\lambda}x\right)+A\cos\left(\omega t-\frac{\pi}{2}+\frac{2\pi}{\lambda}x\right)\\&=2A\cos\frac{2\pi x}{\lambda}\cos\left(\omega t-\frac{\pi}{2}\right)\end{aligned}$$

合成波的表达式是任意一点的合振动的表达式，所以只要代入 D 点的坐标$\left(x_D=\left(\frac{3\lambda}{4}-\frac{\lambda}{6}\right)\right)$，即可求出 D 点的合振动表达式。

$$\begin{aligned}\xi(x_D,t)&=2A\cos\frac{2\pi}{\lambda}x_D\cos\left(\omega t-\frac{\pi}{2}\right)\\&=2A\cos\frac{2\pi}{\lambda}\left(\frac{3\lambda}{4}-\frac{\lambda}{6}\right)\cos\left(\omega t-\frac{\pi}{2}\right)\\&=\sqrt{3}A\cos\left(\omega t+\frac{\pi}{2}\right)\end{aligned}$$

结果同解法一。

例5　一媒质中的两个波源位于 A、B 两点(图 7.5.11)，其振幅相同，频率均为 100 Hz，相位差为 π。若 A、B 两点相距为 30 m，波在媒质中的传播速度为 400 m/s，试求 A、B 连线

上因干涉而静止的各点的位置。

A O P B x
l x

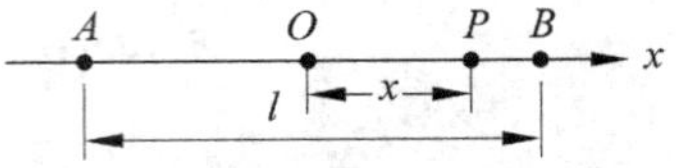

图 7.5.11

解 分析干涉场中加强减弱点的位置时，关键是要找出波场中任一点由两列波分别引起的两个振动的相位差，再根据加强减弱条件即可得到所求。

本题中选 P 为任一点(坐标 x)，且设 B 处波源的初相为 φ_B。于是 A、B 两处波源所发的波引起的 P 点的两个振动的相位分别为

$$\varphi_1 = \omega t + \varphi_B + \pi - \frac{2\pi}{\lambda}\left(\frac{l}{2} + x\right)$$

$$\varphi_2 = \omega t + \varphi_B - \frac{2\pi}{\lambda}\left(\frac{l}{2} - x\right)$$

其相位差为

$$\Delta\varphi = \varphi_2 - \varphi_1 = -\frac{2\pi}{\lambda}\frac{l}{2} + \frac{2\pi}{\lambda}x - \pi + \frac{2\pi}{\lambda}\frac{l}{2} + \frac{2\pi}{\lambda}x = \frac{4\pi x}{\lambda} - \pi$$

由减弱条件有

$$\frac{4\pi x}{\lambda} - \pi = \pm(2m+1)\pi, \quad (m = 0,1,2,\cdots)$$

得出

$$x = \begin{cases} (m+1)\dfrac{\lambda}{2} \\ -m\dfrac{\lambda}{2} \end{cases}, \quad (m = 0,1,2,\cdots)$$

据已知条件，$\lambda = \dfrac{v}{\nu} = \dfrac{400}{100} = 4\ (\text{m})$，所以

$$x = \begin{cases} 2(m+1) \\ -2m \end{cases} (\text{m}), \quad (m = 0,1,2,\cdots)$$

可得出在 A、B 间的因干涉而静止的各点的位置分别为

$x = -14, -12, -10, -8, -6, -4, -2, 0, 2, 4, 6, 8, 10, 12, 14\ (\text{m})$，共 15 个静止点。

利用加强条件亦可求出 A、B 间因干涉而加强的点的位置(请读者自己算一下)。

例 6 一声源的频率为 1080 Hz，相对地面以 30 m/s 的速率向右运动，在其右方有一反射面相对地面以 65 m/s 的速率向左运动。设空气中的声速为 331 m/s。求：

(1) 声源在空气中发出声音的波长。

(2) 每秒钟到达反射面的波的数目。

(3) 反射波的波长。

解 在处理多普勒效应的习题时，除应会用式(7.2.6)计算 ν_R 外，还应会分析波源运动和接收器运动在产生多普勒效应上所起的不同作用。在本题中还要注意一点，即反射面扮演了两种角色，对于声源发的波来说，它是接收器，而对反射波来说，它又是波源。

(1) 由于波源运动，造成了沿运动方向的波长的缩短。缩短后的波长 λ_1(波源不运动时所发波的波长记作 λ)为

$$\lambda_1 = \lambda - T_S u_S = \frac{v}{\nu_S} - \frac{u_S}{\nu_S} = \frac{331 - 30}{1080} = 0.279\ (\text{m})$$

此即声源运动时在空气中发出的声音的波长。另一做法是：设空气中有一静止的接收者，它收到的频率是 $\nu_1=\dfrac{v}{v-u_S}\nu_S$，它收到的波 $\lambda_1=\dfrac{v}{\nu_1}$ 即为所求波长。

(2) 每秒钟到达反射面的波的数目也就是反射面作为接收器而接收到的频率，它等于在 $v+u_R$ 范围内所收到的波的数目。

$$\nu_R=\frac{v+u_R}{\lambda_1}=\frac{331+65}{0.279}=1419\ (\text{Hz})$$

这一问也可直接用式(7.2.6)计算，即

$$\nu_R=\frac{v+u_R}{v-u_S}\nu_S$$

所得结果与上相同。

(3) 反射面作为反射波的波源，它的发声频率就是上面求出的 ν_R。但由于它在运动，所以又造成了反射波波长的缩短。反射波波长的一种算法是

$$\lambda_3=\lambda_2-T_R u_R=\frac{v}{\nu_R}-\frac{u_R}{\nu_R}=\frac{331-65}{1419}=0.187\ (\text{m})$$

式中，λ_2 是设反射面静止不动时(发声频率为 ν_R)在空气中的反射波的波长。

另一做法是，设空气中有一静止不动的接收者，它所收到的反射波的频率应为

$$\nu_2=\frac{v}{v-u_R}\nu_R$$

则反射波的波长即为 $\dfrac{v}{\nu_2}$，所得结果也与上法相同。

7.6　对某些问题的进一步说明与讨论

7.6.1　振动曲线和波形曲线的联系——波动概念的应用

用图线描写运动规律具有形象化的优点，在振动和波动过程的描述中经常采用。由解析式画出振动曲线或波形曲线纯属数学问题。但是从波源(或参考点)的振动曲线画出波形曲线，或从波形曲线画出空间某处的振动曲线则需要深刻理解振动和波动的联系，需要用波动概念作指导，否则极易出错。下面分两个方面来讨论。

(1) 由某一点的振动曲线画某时刻的波形曲线

例如，已知某波源 S 的振动曲线如图 7.6.1 所示，在波沿 x 轴正方向传播时，经常会把 $t=T$ 时刻波形曲线画成图 7.6.2 的样子。应用波动概念检验一下立即可知图 7.6.2 是不正确的。

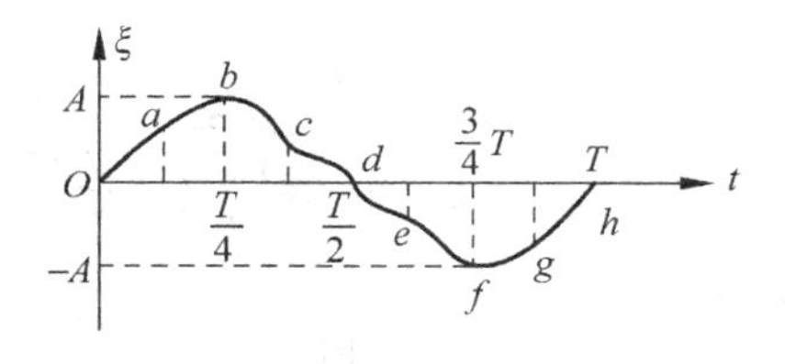

图　7.6.1

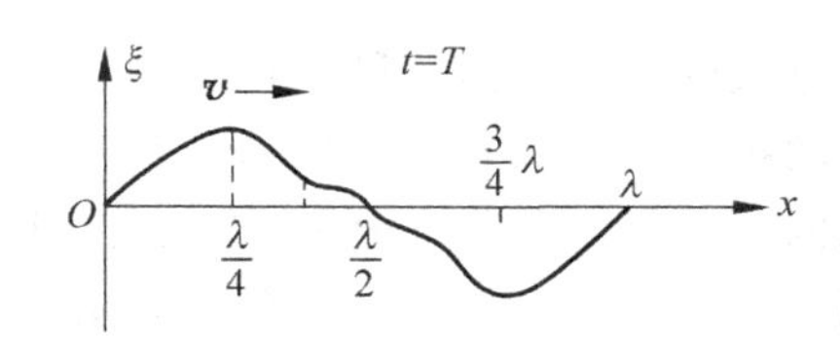

图　7.6.2

波动是振动状态的传播，这是波动的基本概念。按照这一概念我们把波源在不同时刻 t_i 的振动状态分别用 O、a、b、c、d、…符号表示。将各个振动状态从 t_1 至时刻 T 传播的距离 $x_i=v(T-t_i)$ 算出，则可知 T 时刻媒质中各质点的振动状态，从而画出波形曲线。各状态 t_1 至时刻 T 相应的传播距离列表如下（见表 7.6.1）。

表 7.6.1

$O: \xi=0, \frac{d\xi}{dt}>0$	$x_0=vT=\lambda$
$a: \xi>0, \frac{d\xi}{dt}>0$	$x_a=v\left(T-\frac{T}{8}\right)=\frac{7\lambda}{8}$
$b: \xi=A, \frac{d\xi}{dt}=0$	$x_b=v\left(T-\frac{T}{4}\right)=\frac{3\lambda}{4}$
$c: \xi>0, \frac{d\xi}{dt}<0$	$x_c=v\left(T-\frac{3T}{8}\right)=\frac{5\lambda}{8}$
$d: \xi=0, \frac{d\xi}{dt}<0$	$x_d=v\left(T-\frac{T}{2}\right)=\frac{\lambda}{2}$
$e: \xi<0, \frac{d\xi}{dt}<0$	$x_e=v\left(T-\frac{5T}{8}\right)=\frac{3\lambda}{8}$
$f: \xi=-A, \frac{d\xi}{dt}=0$	$x_f=v\left(T-\frac{3T}{4}\right)=\frac{\lambda}{4}$
$g: \xi<0, \frac{d\xi}{dt}>0$	$x_g=v\left(T-\frac{7T}{8}\right)=\frac{\lambda}{8}$
$h: \xi=0, \frac{d\xi}{dt}>0$	$x_h=0$

从表 7.6.1 中所列数值可见，波源先振动的状态，由于传播时间长，所以传播距离远，后振动的状态，传播距离近。显然图 7.6.2 是错误的，正确的波形曲线如图 7.6.3 所示（图中坐标原点 O 取在波源处）。

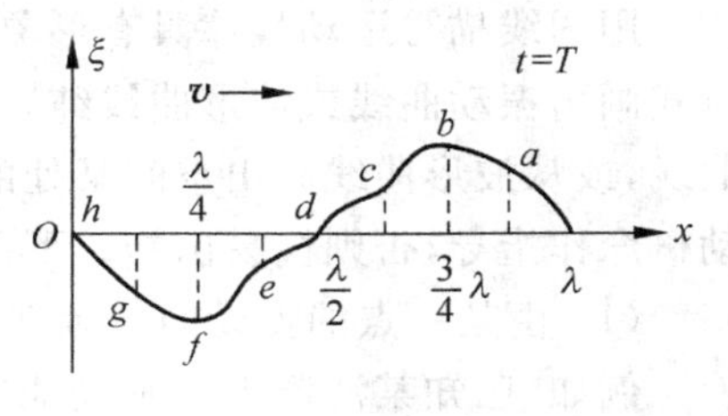

图 7.6.3

(2) 由某一时刻的波形曲线，画出空间任一点处的振动曲线。

例如，已知 $t=T$ 时刻波形曲线如图 7.6.4 所示，画出空间 $x=\frac{\lambda}{4}$ 处质点 P 的振动曲线。

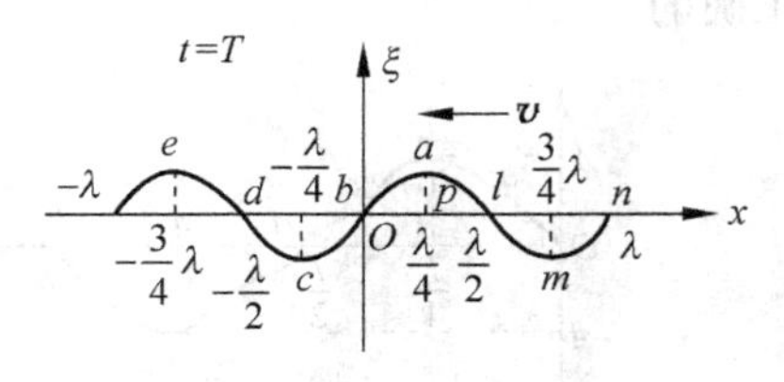

图 7.6.4

根据波的传播方向，可以由波形曲线求得 P 点在不同时刻的振动状态。T 时刻振动状态用 a 表示。在 $t<T$ 时刻的一些振动状态已通过 P 点，传到 x 的负方向，分别用 b、c、d、e 等符号表示；在 x 正方向且在 P 点右边的各振动状态，尚未传到 P 点，分别用 l、m、n 等符号

表示，它们将在 $t>T$ 时刻陆续传到 P 点。利用波传播距离和时间的关系 $t_i=T+\dfrac{x_i-\dfrac{\lambda}{4}}{v}$，可求得各振动状态通过 P 点的相应时刻(表 7.6.2)，从而求得 P 点在不同时刻的振动状态，画出振动曲线(图 7.6.5)。

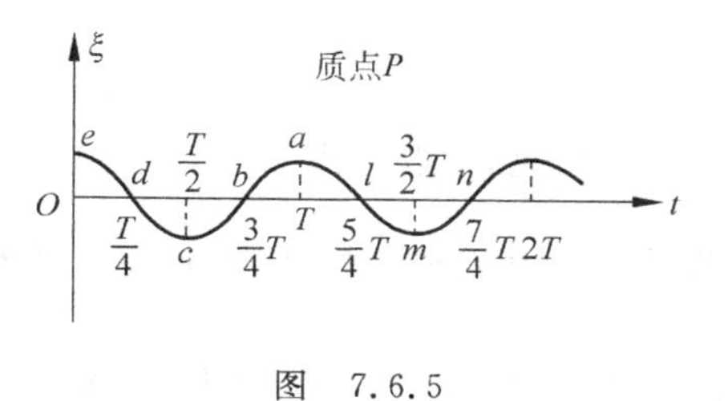

图　7.6.5

表　7.6.2

b 状态	$t_b=T+\dfrac{0-\dfrac{\lambda}{4}}{v}=\dfrac{3T}{4}$
c 状态	$t_c=T+\dfrac{-\dfrac{\lambda}{4}-\dfrac{\lambda}{4}}{v}=\dfrac{T}{2}$
d 状态	$t_d=T+\dfrac{-\dfrac{\lambda}{2}-\dfrac{\lambda}{4}}{v}=\dfrac{T}{4}$
e 状态	$t_e=T+\dfrac{-\dfrac{3\lambda}{4}-\dfrac{\lambda}{4}}{v}=0$
l 状态	$t_l=T+\dfrac{\dfrac{\lambda}{2}-\dfrac{\lambda}{4}}{v}=\dfrac{5T}{4}$
m 状态	$t_m=T+\dfrac{\dfrac{3\lambda}{4}-\dfrac{\lambda}{4}}{v}=\dfrac{3T}{2}$
n 状态	$t_n=T+\dfrac{\lambda-\dfrac{\lambda}{4}}{v}=\dfrac{7T}{4}$

7.6.2　机械波的多普勒效应公式的推导

一般的大学物理教材中对波源和接收器沿任意方向运动的多普勒效应公式(7.2.7)(见 7.2.3 小节)没有做具体的推导，下面来讨论。

设波源 S 为点波源，圆频率为 ω_S，在空间运动的速度为 $\boldsymbol{u}_S$。在 t_0 时刻波源位于 A 点，其相位为 $\phi_0=\omega_S t_0+\varphi$($\varphi$ 为波源初相)；在 $t_0+\Delta t_0$ 时刻波源运动到 A_1 点，其相位为 $\phi_0+\Delta\phi=\omega_S(t_0+\Delta t_0)+\varphi$，波源相位的变化率为

$$\frac{\Delta\phi}{\Delta t_0}=\omega_S=2\pi\nu_S \qquad ①$$

波源的相位以球面波的形式在空间传播，波速为 v。接收器 R 在空间以速度 $\boldsymbol{u}_R$ 运动。当波源在 t_0 时刻的相位 ϕ_0 于 t_1 时刻传播到 B 处时，接收器恰好也运动到 B 处并接收到这个相位 $\phi_0=\omega_S t_0+\varphi$；在 $t_1+\Delta t_1$ 时刻当接收器运动到 B_1 处时，波源在 $t_0+\Delta t_0$ 时的相位 $\phi_0+\Delta\phi=\omega_S(t_0+\Delta t_0)+\varphi$ 也恰好传播到 B_1 处，故此时接收器接收到的相位为 $\phi_0+\Delta\phi$。接收器接收到的相位的变化率为

$$\frac{\Delta\phi}{\Delta t_1}=\omega_S\frac{\Delta t_0}{\Delta t_1}=\omega_R=2\pi\nu_R \qquad ②$$

由式②可见，只要求出 Δt_1 与 Δt_0 的关系就可以求出 ν_S 与 ν_R 的关系。下面求 Δt_1 与 Δt_0 的关系。由图 7.6.6 所示，波由 A 点传至 B 点所用的时间为 $t_1-t_0=\frac{\overline{AB}}{v}$。由 A_1 点传至 B_1 点所用的时间为 $t_1+\Delta t_1-(t_0+\Delta t_0)=\frac{\overline{A_1B_1}}{v}$。

在 $\Delta t_0\to 0$ 时，由图 7.6.6 有

$$\overline{A_1B_1}=\overline{AB}-\overline{AC}-\overline{BC_1}=\overline{AB}-u_S\cos\theta_S\cdot\Delta t_0-u_R\cos\theta_R\cdot\Delta t_1$$

代入上式有

$$t_1+\Delta t_1-(t_0+\Delta t_0)=\frac{\overline{AB}}{v}-\frac{u_S}{v}\cos\theta_S\cdot\Delta t_0-\frac{u_R}{v}\cos\theta_R\cdot\Delta t_1 \qquad ③$$

把 $t_1-t_0=\frac{\overline{AB}}{v}$ 代入式③并整理后有

$$\Delta t_1-\Delta t_0=-\frac{u_S}{v}\cos\theta_S\cdot\Delta t_0-\frac{u_R}{v}\cos\theta_R\cdot\Delta t_1$$

$$\Delta t_1=\frac{1-u_S\cos\theta_S/v}{1+u_R\cos\theta_R/v}\Delta t_0$$

把 Δt_1 的表达式代入式②中得

$$\omega_R=\frac{1+u_R\cos\theta_R/v}{1-u_S\cos\theta_S/v}\omega_S \qquad ④$$

即

$$\nu_R=\frac{1+u_R\cos\theta_R/v}{1-u_S\cos\theta_S/v}\nu_S \qquad ⑤$$

式④、式⑤就是波源和接收器沿任意方向彼此接近运动时的多普勒效应公式，式⑤即 7.2 节中的式(7.2.7)。如果波源沿远离接收器的方向运动，如图 7.6.7 中由 A 移至 A_1，接收器沿远离波源的方向运动，如图 7.6.7 中由 B 移至 B_1，在 $\Delta t_0\to 0$ 时有 $\overline{A_1B_1}=\overline{AB}+\overline{A_1C}+\overline{B_1C_1}$，其余各项的分析、推导与前相同。在这样的情况下接收器测得的波的频率为

$$\nu_R=\frac{1-u_R\cos\theta_R/v}{1+u_S\cos\theta_S/v}\nu_S$$

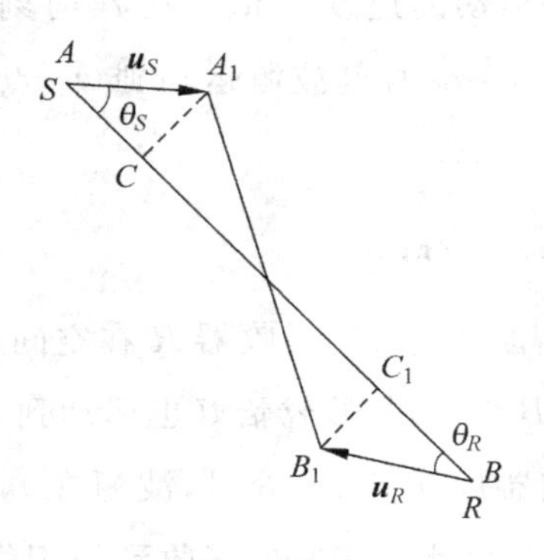

图 7.6.6

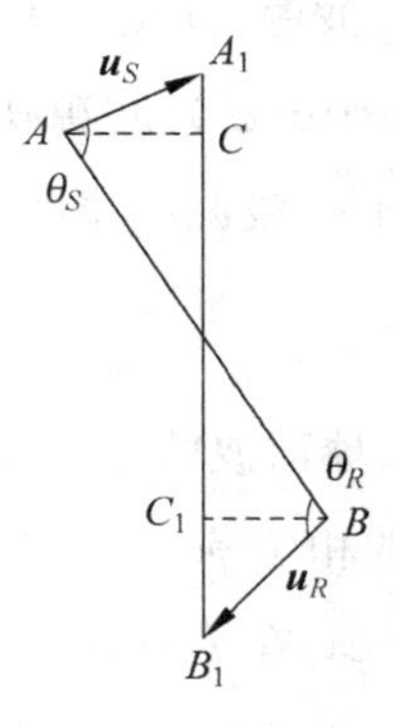

图 7.6.7

7.6.3 光的多普勒效应

光的纵向多普勒效应 光波是电磁波，它应该服从波的基本规律。光波的多普勒效应也是由波源、接收器的运动引起的，为什么光的多普勒效应公式会与机械波的多普勒效应公式不一样呢？其物理实质是什么？

机械波的传播总是离不开媒质，在机械波的多普勒效应中，波的传播速度 v、波源的运动速度 u_S 和接收器的运动速度 u_R 都是相对于媒质参考系而言的。对机械波的多普勒效应，只要知道波源的振动频率 ν_S，以及在媒质参考系中波源运动的速度 u_S 和接收器的运动速度 u_R，就可求得各种情况下接收器所接收到的频率，例如波源沿波源与接收器连线的方向运动($u_S\neq0$)、接收器静止($u_R=0$)时接收到的频率为

$$\nu_R=\frac{v}{v-u_S}\nu_S \quad ①$$

波源静止($u_S=0$)、接收器沿波源与接收器连线的方向运动($u_R\neq0$)时接收到的频率为

$$\nu_R=\frac{v+u_R}{v}\nu_S \quad ②$$

以及波源与接收器同时沿波源与接收器连线的方向运动时，接收到的频率为

$$\nu_R=\frac{v+u_R}{v-u_S}\nu_S \quad ③$$

与机械波不同，媒质的存在并不是光波传播的必要条件，光可以在真空中传播，因此不存在媒质参考系，也无法在其中来测量波源或接收器的运动。又因为不存在任何绝对静止的参考系，因此我们也无法判断波源与接收器之间谁在作绝对的运动、谁是处于绝对静止状态，我们只能在接收器参考系中测出波源相对于接收器的运动。因此，在光的多普勒效应中起作用的仅是波源相对于接收器的运动。这是光的多普勒效应和机械波的多普勒效应的基本区别。当光源相对于接收器的运动速度为 u 时，在接收器参考系中观察到的光波的物理图像与机械波波源以 $u_S=u$ 运动、接收器静止时($u_R=0$)观察到的物理图像完全相同，故在接收器参考系中测得的光波频率也应为

$$\nu_R=\frac{c}{c-u}\nu_0 \quad ④$$

式中，ν_0 为在接收器参考系中一套沿波源运动轨道排列的时钟所测得的波源的频率，如图 7.6.8 所示。在机械波的情况下波源运动的速度 u_S 总是远小于真空中光速 c，由接收器参考系中一套沿波源运动轨道排列的时钟所测得的 ν_0 与在波源的参考系中用一个时钟所测得的频率 ν_S 相等，故有式①。对光波，在 $u\ll c$ 时也有 $\nu_0=\nu_S$，此时式④与式①完全相同，如果 u 不是远小于光速 c，那么在接收器参考系中沿光源运动轨道排列的一套时钟所测得的频率与在光源参考系中用一个时钟测得的频率就不相等，在光源参考系中用一个时钟测得的周期 $T_S=\frac{1}{\nu_S}$ 是原时，而在接收器参考系中用一套时钟测得的周期 $T_0=\frac{1}{\nu_0}$ 为非原时，由狭义相对论中原时与非原时的关系式有

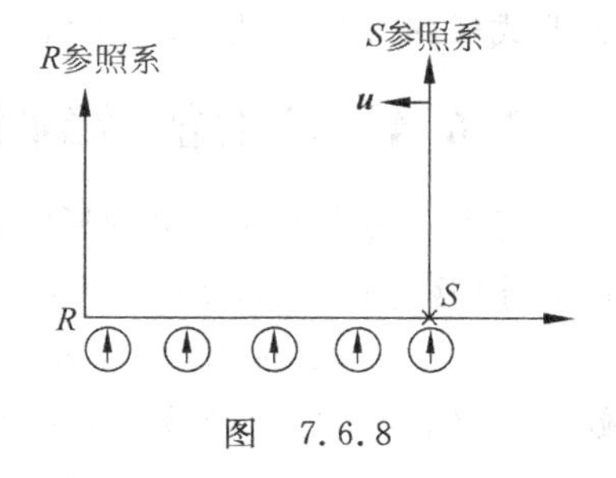

图 7.6.8

$$T_0 = \frac{T_S}{\sqrt{1-\frac{u^2}{c^2}}}$$

$$\nu_0 = \sqrt{1-\frac{u^2}{c^2}} \cdot \nu_S \qquad ⑤$$

把此式代入式④得

$$\nu_R = \frac{\sqrt{1-\frac{u^2}{c^2}}}{1+\frac{u}{c}} \cdot \nu_S = \sqrt{\frac{1-\frac{u}{c}}{1+\frac{u}{c}}} \cdot \nu_S$$

此即式(7.4.8)。由以上分析可见，光的多普勒效应公式与机械波的多普勒效应公式之所以不相同完全是由于时间的测量造成的。

光的横向多普勒效应 机械波没有横向多普勒效应，但光有横向多普勒效应，这应如何解释呢？

当机械波的波源相对于接收器作横向运动时，机械波在接收器参照系中的物理图像和光源相对于其接收器作横向运动时光波在其接收器参考系中的物理图像是完全相同的，就这一点而论，我们可以说光波也没有横向多普勒效应。但是对波源频率的测量，机械波与光波却有不同的要求。在机械波中，由于波源运动的速度 u_S 总是远小于光速 c，因此没有必要考虑原时与非原时的差别；对光波，当波源运动的速度 u 远小于光速 c 时，也无需考虑原时与非原时的差别，此时光波也没有横向多普勒效应，有 $\nu_R=\nu_S$，但当光源横向运动的速度 $u_\perp$ 不是远小于光速 c 时，原时与非原时的差别则不能忽略。如图 7.6.9 所示，在接收器参考系中沿光源运动轨道排列的一套时钟所测得的频率 ν_0 与在光源参考系中用一个时钟测得的频率 ν_S 之间的关系仍可用式⑤表示，故接收器参考系中测得的横向多普勒效应公式为

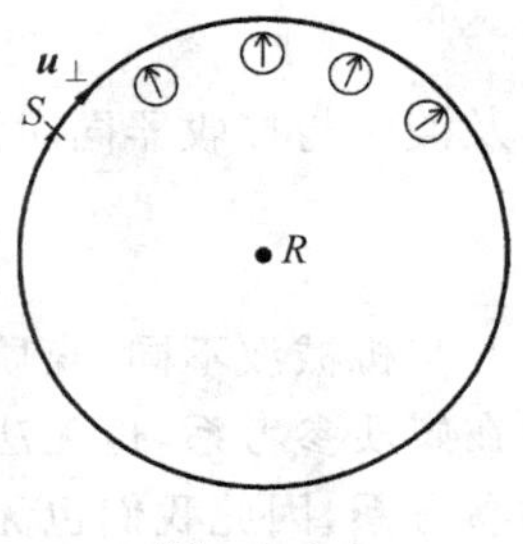

图 7.6.9

$$\nu_R = \nu_0 = \nu_S \sqrt{1-\frac{u_\perp^2}{c^2}}$$

此即式(7.4.9)，$u_\perp$ 是垂直于波源与接收器连线的相对速度。

7.6.4 波的能量到哪去了

绳上有两个反向传播的形状相同的脉冲波，波速为 2 m/s，t_0 时刻两脉冲的中心相距 6 m，每个脉冲延伸长度为 2 m，如图 7.6.10 所示。试画出 $t_0+1.5$ s 时的波形，并分析波的能量。

在 $t_0+1.5$ s 时刻，两波恰好相遇，因为形状相同，在相遇点处位移方向相反，叠加后绳处于水平直线状态，即波形为一水平直线，如图 7.6.11 所示。

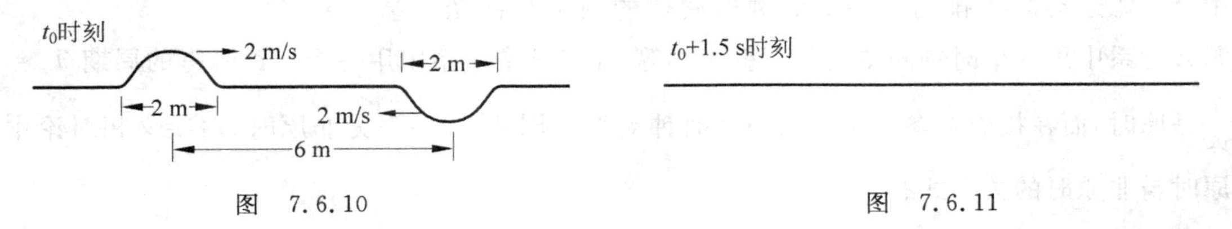

图 7.6.10　　图 7.6.11

两波叠加后合位移为零,那么波的能量是否也为零呢？果真如此的话,波的能量哪里去了呢？为了分析说明这个问题,我们画出恰好相遇时两波各自的波形,并用箭头表示各质元的速度方向(图 7.6.12)。

由图 7.6.12 可见,在两波相遇处的任一点,质元由两波引起的速度相同,由两波引起的位移大小相等,方向相反,所以其合位移为零,于是绳处于直线状态,没有形变,因而势能为零。那么动能是否也为零呢？以 AA'为界,在 AA'右侧,在把质元拉回到直线位置的过程中,右传脉冲和左传脉冲相互作用的结果是使原来的势能全部转变为动能,且各质元运动速度方向向上,如图 7.6.13 所示。

图　7.6.12　　　　图　7.6.13

同理,在 AA'左侧,原来的势能也全部转变为动能,但质元运动速度方向向下。因此绳处于直线位置时,合成波的势能为零,但动能并不为零,此时,波的能量全部以动能形式出现。此后,在相遇区域的左、右两侧,将再现右传和左传脉冲波,就像两波没有遇到过一样地传播下去。

应该注意,在波传播过程中,波的动能、势能一般是同相位变化的,即动能大时,势能也大,势能小时,动能也小。但在受到其他扰动时,不能简单搬用这一结论,而需要作细致的分析,本题就是一例。

7.6.5　关于波的相干条件中“振动方向相同”一项的讨论

干涉是波动的特征。两波相遇产生干涉的条件是:(1)频率相同;(2)相位差恒定;(3)振动方向相同。本题在条件(1)、(2)满足的情况下,对第三条做些讨论。

设有两波源 S_1 和 S_2,发出两列波,满足相干条件(1)和(2),在波场中 p 点相遇,如图 7.6.14 所示。除非是横波,并且振动方向垂直纸面的情况外,两波在相遇点 p 处,一般振动方向都不相同。方向不相同时,两列波还能干涉吗？

一种极端的情况是两波的振动方向互相垂直,波的表达式分别为

$$\xi_x = A_1\cos\left(\omega t + \phi_1 - \frac{2\pi}{\lambda}r_1\right)$$

$$\xi_y = A_2\cos\left(\omega t + \phi_2 - \frac{2\pi}{\lambda}r_2\right)$$

这种情况两波叠加应作矢量合成。令 ξ 表示 p 点的合位移,如图 7.6.15 所示。显然

$$\xi^2 = \xi_x^2 + \xi_y^2 = A_1^2\cos^2\left(\omega t + \phi_1 - \frac{2\pi}{\lambda}r_1\right) + A_2^2\cos^2\left(\omega t + \phi_2 - \frac{2\pi}{\lambda}r_2\right)$$

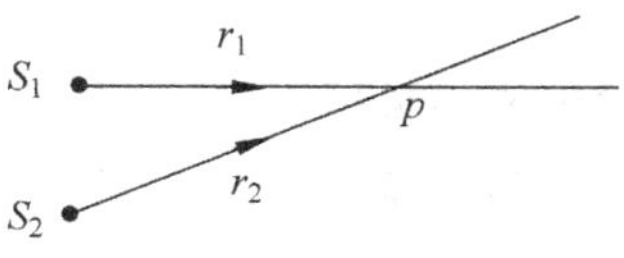

S_1　r_1　p　r_2　S_2

图　7.6.14

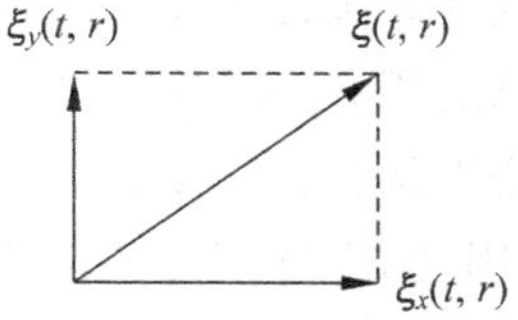

$\xi_y(t, r)$　$\xi(t, r)$　$\xi_x(t, r)$

图　7.6.15

通常观察干涉现象，观察到的是波的强度，即平均能流密度。现将上式对时间求平均，得

$$\overline{\xi^2}=\frac{1}{T}\int_0^T(\xi_x^2+\xi_y^2)\mathrm{d}t=\frac{A_1^2}{2}+\frac{A_2^2}{2}$$

于是合成波的强度为
$$I=I_1+I_2=\frac{A_1^2}{2}+\frac{A_2^2}{2}$$

即合成波的强度是两波强度的简单相加，没有干涉项，不产生干涉现象。

更一般的情况是两波振动方向有一定夹角，如两纵波相遇的情况(图 7.6.16)。

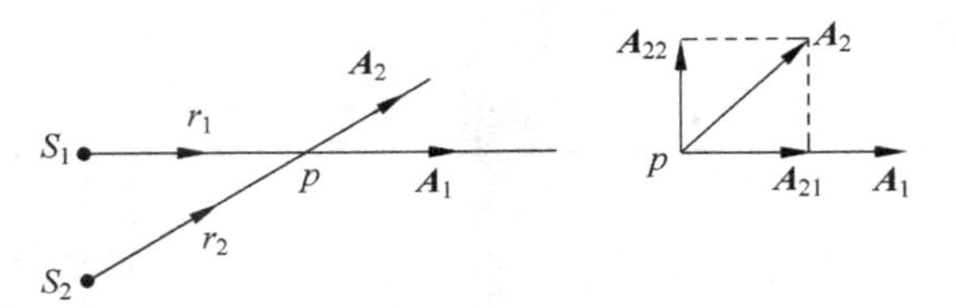

图 7.6.16

这种情况，可将其中一个振幅矢量分解为两个分量。如将 $\boldsymbol{A}_2$ 分解为 $\boldsymbol{A}_{21}$ 和 $\boldsymbol{A}_{22}$，使 $\boldsymbol{A}_{21}$ 与 $\boldsymbol{A}_1$ 方向相同，$\boldsymbol{A}_{22}$ 与 $\boldsymbol{A}_1$ 垂直。沿同一方向的振动满足相干条件，产生干涉，合强度为

$$I'=I_1+I_{21}+2\sqrt{I_1I_{21}}\cos\Delta\phi$$

剩下垂直分量的强度为

$$I''=I_{22}$$

总强度为

$$I=I'+I''=I_1+I_{21}+2\sqrt{I_1I_{21}}\cos\Delta\phi+I_{22}$$

如果在某 p 点，正好有 $I_1=I_{21}$，且 $\cos\Delta\phi=-1$ 时，$I'=0$，两个同方向振动干涉相消，则 $I=I_{22}$，p 点的光强不再为零。总体上说，这种情况将会使干涉条纹的清晰度下降。

总之，在两波振动方向有一定夹角时，可用振幅矢量分解的方法处理，其中振动方向相同的部分发生干涉，垂直的部分不干涉。如果将这种情况称为部分相干，则可以说：当两相干波满足相干条件(1)、(2)，而且所引起的振动方向相同时，两波完全相干；当振动方向互相垂直时，完全不相干；当振动方向有一定夹角时，是部分相干。可见，相干条件中，振动方向相同的要求是必要的。

7.6.6 驻波是不是波

驻波是不是波？一种看法认为驻波并不具备“振动状态传播”或“相位传播”这些波的基本特征，因此驻波不算是波，它只是媒质大量质点(或质元)的一种集体振动形态，有的地方就直接称它为驻振动。按此思想，式(7.3.5)不要称为驻波表达式，图 7.3.2 也不要称作驻波的波形曲线。总之所有“波”字均要回避掉。

但另一种看法则认为，“振动状态的传播”或“相位的传播”不能算是波的基本特征，它们只是行波的特征，因此，上述观点只能说明驻波不是行波而不能说明它不是波。在“波动方程”部分中我们已经知道，凡满足波动方程的解都是可能被激起的波，其中同时还满足波源

处振动条件及媒质边界条件的解就是实际发生的波，而波动方程的线性又决定了波服从叠加原理，这些才是波的根本所在。以此观点考察一下驻波，驻波表达式(7.3.5)确实是满足波动方程的解，实际的驻波同时也满足边界条件及波源处的振动条件，下面我们还会看到(见7.6.10节)驻波满足叠加原理，两个满足一定条件的驻波还能叠加成行波。所有这些说明驻波可以算是波。我们更倾向于这种看法。

上述两种看法虽有不同，但这并不妨碍我们对实际事物的理解，并不影响我们对驻波的规律与特点的了解和掌握，对驻波内容的学习不会因此而带来什么问题。

7.6.7 入射波和反射波振幅不等时的叠加

在实际情形中，当波被媒质界面反射时，常常也有透射波存在，即有能量透入另一媒质中，因而反射波和入射波的振幅不再相等，这时它们的叠加结果又如何呢？

设有两列行波

$$\xi_1(x,t) = A_1\cos(\omega t - kx)$$

$$\xi_2(x,t) = A_2\cos(\omega t + kx)$$

分别沿正 x 向和负 x 向传播，其振幅不等，设 $A_1 > A_2$，写作 $A_1 = A_2 + \Delta A$。现将它们叠加得

$$\begin{aligned}\xi(x,t) &= \xi_1(x,t) + \xi_2(x,t)\\ &= A_1\cos(\omega t - kx) + A_2\cos(\omega t + kx)\\ &= (A_2 + \Delta A)\cos(\omega t - kx) + A_2\cos(\omega t + kx)\\ &= A_2\cos(\omega t - kx) + A_2\cos(\omega t + kx) + \Delta A\cos(\omega t - kx)\\ &= 2A_2\cos kx\cos\omega t + \Delta A\cos(\omega t - kx)\end{aligned}$$

可见，叠加后为一驻波和一列沿正 x 方向传播、振幅为 $\Delta A = A_1 - A_2$ 的行波。正因为此行波的存在，位于驻波波节处的质元此时不再截然不动，而是有由此行波引起的微小振动(当 ΔA 很小时)。

7.6.8 在完全反射的情况下媒质边界处是否可能既不是波节又不是波腹

当由入射波和媒质界面的反射波叠加而形成驻波时，我们知道在完全反射的情况下(即无透射波存在，入射波和反射波的振幅相等)，在媒质界面处(即反射点处)要么是波节(被波密媒质反射时)，要么是波腹(被波疏媒质反射时)。每当学到此处时，总有同学要问，界面处可否既不是波节又不是波腹？我们说这是不可能的。究其原因，这和波被反射时的相位突变情况有关。由7.2.2节中的内容可知，当波被波密媒质界面反射时，反射波有相位突变 π，这时反射点的合振动为零(前已说明我们讨论的是完全反射的情况)，因而反射点是波节。当波被波疏媒质界面反射时，反射波没有相位突变，这时入射波和反射波分别引起的反射点的两个振动同相，合振幅最大，因而反射点是波腹。由于相位突变的情况仅此两种，所以反射点不是波节就是波腹，不可能有其他情况了。

至于相位突变为什么是 π 或0(即无相位突变)，而没有其他数值，这完全是由于波在界面反射时的边界条件所决定的，详见7.2.2节。

上述情况也可以通过作图看出来(见图 7.6.17 所示)。

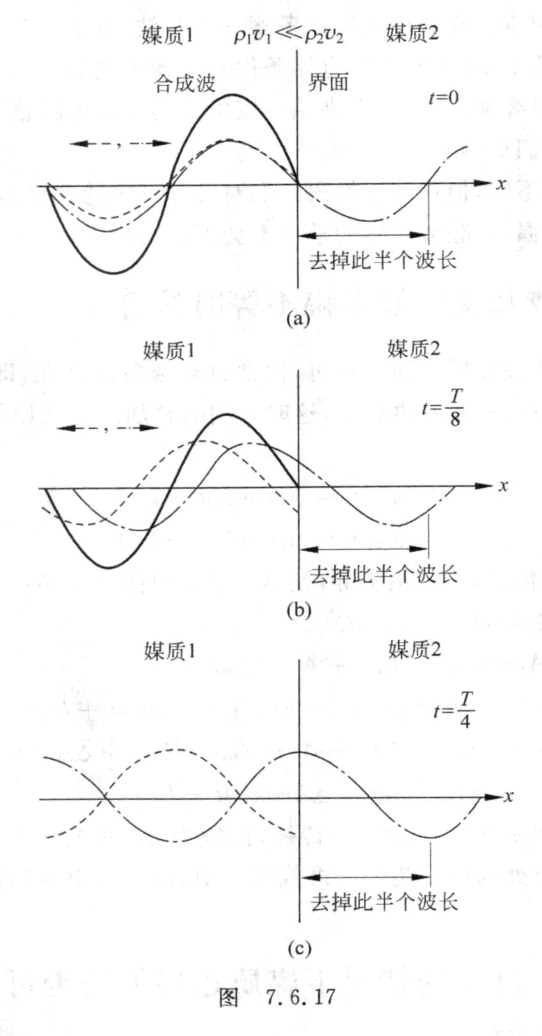

图 7.6.17

首先我们画一下有相位突变 π 的情况下,在某些时刻的入射波、反射波和叠加后所得驻波的波形曲线。在图 7.6.17 中,入射波、反射波和合成波的波形曲线分别以点画线(一·一)、虚线(---)和实线(—)表示。具体做法是(见图 7.6.17(a))先画出某一时刻(例如 $t=0$ 时)入射波在媒质 1 中的波形曲线,如果反射时没有相位突变 π,只要将此曲线在反射点往回反向延伸即为反射波的波形曲线,但在有相位突变 π 的情况下,需将入射波曲线的延伸线(延伸到媒质 2 中的部分)去掉半个波长(相当于损失掉半个波),其余的部分返回到媒质 1 中延伸即为反射波的波形曲线。由入射波、反射波曲线叠加可得驻波的波形曲线(图中实线)。依此方法还可画出 $t=\frac{T}{8},\frac{T}{4},\frac{3T}{8},\cdots$ 时刻的曲线(如图 7.6.17(b)和(c)等)。由图可见,在完全反射情况下(即 $\rho_1 v_1 \ll \rho_2 v_2$ 时),反射点处是波节,反射点总静止不动。

读者可仿此做法画一下反射波没有相位突变时的波形曲线,画完后可知反射点是波腹。

7.6.9 关于驻波能量的讨论

能量分布 从媒质中有驻波存在时的能量密度的特点,可以反映能量分布的状况。设驻波是由

$$\xi_1(x,t) = A\cos(\omega t - kx)$$

$$\xi_2(x,t) = A\cos(\omega t + kx)$$

两列行波叠加而成的,驻波的表达式为

$$\xi(x,t) = \xi_1(x,t) + \xi_2(x,t) = 2A\cos kx\cos\omega t$$

因为能量密度的表示式(可参见一般的大学物理教材)为

$$w(x,t) = \frac{1}{2}\rho\left(\frac{\partial\xi}{\partial t}\right)^2 + \frac{1}{2}Y\left(\frac{\partial\xi}{\partial x}\right)^2$$

式中,ρ 为媒质的密度,Y 为杨氏模量。将 $\xi(x,t)$ 代入此式,即可得到驻波的能量密度。代入后并经化简有

$$w(x,t) = c(1 - \cos 2\omega t\cos 2kx) \quad ①$$

其中,常数 $c=\rho\omega^2 A^2$。表 7.6.3 给出了在几个不同时刻 $w(x,t)$ 的分布。

表 7.6.3 不同时刻 $\omega(x,t)$ 的分布

t	波形曲线	$w(x,t)$	$\omega(x,t)$的分布								
			$x=-\lambda$(腹)	$-\frac{3}{4}\lambda$(节)	$-\frac{2}{4}\lambda$(腹)	$-\frac{\lambda}{4}$(节)	0(腹)	$\frac{\lambda}{4}$(节)	$\frac{2}{4}\lambda$(腹)	$\frac{3}{4}\lambda$(节)	λ(腹)
0		$c(1-\cos 2kx)$	0	$2c$	0	$2c$	0	$2c$	0	$2c$	0
$\frac{T}{4}$		$c(1+\cos 2kx)$	$2c$	0	$2c$	0	$2c$	0	$2c$	0	$2c$
$\frac{T}{2}$		$c(1-\cos 2kx)$	0	$2c$	0	$2c$	0	$2c$	0	$2c$	0

由表 7.6.3 可见,在 $t=0$ 时能量主要集中于波节附近,由于这时各质元都不运动,没有动能,所以这时的能量均为势能。在 $t=\frac{T}{4}$ 时,能量主要集中于波腹附近,这时各质元都没有形变,没有势能,因而这时的能量全为动能。此后,能量就在波节、波腹间来回转移。

能流密度的特点 为了考察能量转移的具体情况,可分析一下能流密度的特点。由能流密度的概念,上述驻波的瞬时能流密度为

$$I_{瞬} = w_1 v - w_2 v = \rho\omega^2 A^2 v[\sin^2(\omega t - kx) - \sin^2(\omega t + kx)]$$

化简后有

$$I_{瞬} = -c'\sin 2\omega t\sin 2kx \quad ②$$

式中,常数 $c'=\rho\omega^2 A^2 v$。根据此式,我们用列表的方法具体说明在几个不同的时间区间内、

不同的地段中瞬时能流密度的方向，如果所得 $I_{瞬}$ 为正值，则能量沿正 x 方向传播，反之则沿负 x 方向传播(见表 7.6.4)。

表 7.6.4 瞬时能流密度的方向

时间间隔	$\sin 2\omega t$ 的正负	各地段中 $\sin 2kx$ 和 $I_{瞬}$ 的正负															
		$-\lambda\sim-\frac{3}{4}\lambda$		$-\frac{3\lambda}{4}\sim-\frac{2\lambda}{4}$		$-\frac{2\lambda}{4}\sim-\frac{\lambda}{4}$		$-\frac{\lambda}{4}\sim 0$		$0\sim\frac{\lambda}{4}$		$\frac{\lambda}{4}\sim\frac{2}{4}\lambda$		$\frac{2}{4}\lambda\sim\frac{3}{4}\lambda$		$\frac{3}{4}\lambda\sim\lambda$	
		$\sin 2kx$	$I_{瞬}$	$\sin 2kx$	$I_{瞬}$	$\sin 2kx$	$I_{瞬}$	$\sin 2kx$	$I_{瞬}$	$\sin 2kx$	$I_{瞬}$	$\sin 2kx$	$I_{瞬}$	$\sin 2kx$	$I_{瞬}$	$\sin 2kx$	$I_{瞬}$
$0\sim\frac{T}{4}$	正	正	负	负	正	正	负	负	正	正	负	负	正	正	负	负	正
$\frac{T}{4}\sim\frac{T}{2}$	负	正	正	负	负	正	正	负	负	正	正	负	负	正	正	负	负

为更明显起见，我们根据此表做出如图 7.6.18 所示的两个图，图中小箭头所指方向为该地段中瞬时能流密度的方向。

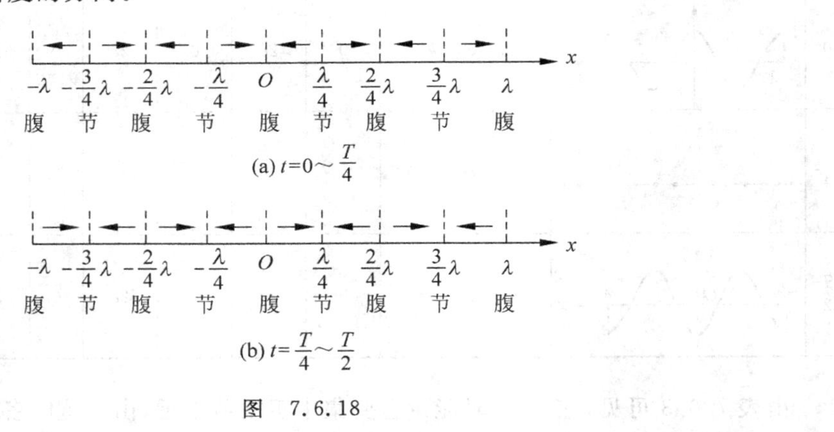

图 7.6.18

此外，由式②知，在波节和波腹处，不管什么时刻，$I_{瞬}$ 恒为零，这说明能量不能通过波节和波腹而转移。综合以上可知，能量只能在 $\frac{\lambda}{4}$ 的范围内(即相邻的波腹和波节之间的范围)，由波节处转移到波腹处，又由波腹处转移到波节处，如此反复不已。

平均能流密度 由式②还可得出能流密度的平均值为零，即

$$I=\overline{w_1}v-\overline{w_2}v=0$$

这就是说，对驻波的情形，在一定范围内虽有瞬时能流，但平均能流密度为零，驻波没有单向平均能流，也就是说驻波不能传播能量。

在 7.3.3 节中关于驻波能量的定性讨论，其根据就在于上述各分析。

结合之前驻波的讨论，可以说，驻波的“驻”字有三层含义，即驻波的波形不传播、相位不传播、能量不传播。

7.6.10　由驻波叠加为行波

驻波和行波各具不同的特点，但它们之间有着密切的联系。我们已经知道两列满足一定条件的行波可叠加为驻波，其实，两列满足一定条件的驻波也可叠加为一列行波。下面先举例说明这种叠加情况，然后对满足什么条件的驻波才可叠加为行波的问题做些一般性的讨论。

两列驻波的叠加　设有两列驻波

$$\xi_1(x,t) = A\cos kx\cos\omega t$$

$$\xi_2(x,t) = A\sin kx\sin\omega t$$

它们的 A、λ、ω 各量均分别对应相等，媒质质元的振动方向也相同，现将它们叠加

$$\xi(x,t) = \xi_1(x,t) + \xi_2(x,t) = A\cos kx\cos\omega t + A\sin kx\sin\omega t$$

利用三角函数公式 $\cos(\alpha-\beta)=\cos\alpha\cos\beta+\sin\alpha\sin\beta$ 可得

$$\xi(x,t) = A\cos(\omega t - kx)$$

可见，上面两列驻波叠加后成为一列振幅为 A 的沿正 x 方向传播的行波。叠加情况也可用不同时刻的波形曲线形象地表示出来。由图 7.6.19 可见，合成波 $\xi(x,t)$ 的波形确实随时间逐渐向正 x 方向移动，每过 $\frac{1}{8}$ 周期的时间，它移动 $\frac{1}{8}\lambda$ 的距离。

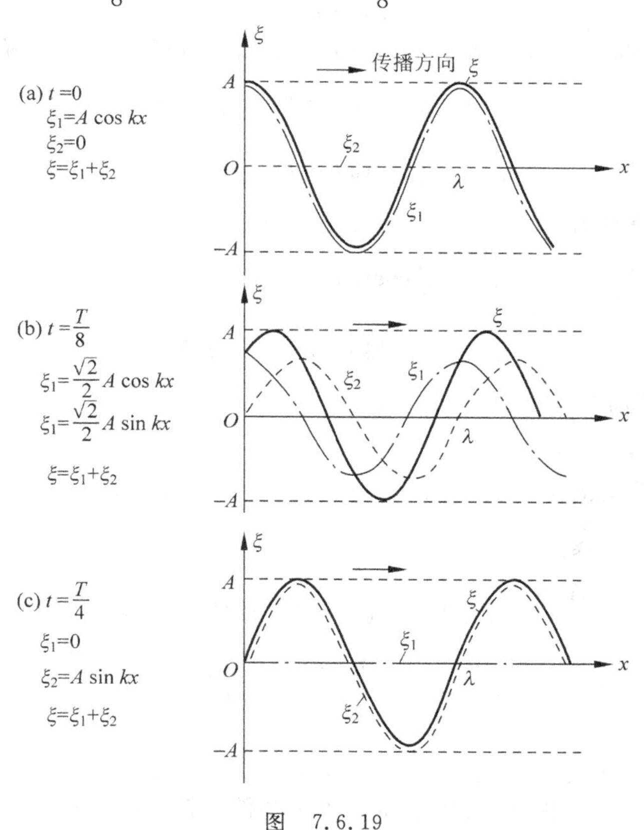

图　7.6.19

两列驻波可叠加为行波的条件 设有两列 A、ω、λ 振动方向均各相同的驻波 ξ_1 和 ξ_2，现把它们叠加

$$\xi=\xi_1+\xi_2 \tag{①}$$

我们知道，每列驻波是由两列传播方向相反的满足一定条件的行波叠加而成的，写作

$$\begin{aligned}\xi_1&=\xi_{1正}+\xi_{1反}\\ \xi_2&=\xi_{2正}+\xi_{2反}\end{aligned} \tag{②}$$

其中，$\xi_{1正}$、$\xi_{2正}$ 为沿正 x 方向传播的行波，$\xi_{1反}$、$\xi_{2反}$ 为沿负 x 方向传播的行波。由式①和式②有

$$\begin{aligned}\xi&=\xi_1+\xi_2=(\xi_{1正}+\xi_{1反})+(\xi_{2正}+\xi_{2反})\\ &=(\xi_{1正}+\xi_{2正})+(\xi_{1反}+\xi_{2反})\\ &=\xi_{正}+\xi_{反}\end{aligned} \tag{③}$$

其中，$\xi_{1正}$、$\xi_{2正}$ 为沿正 x 方向传播的同频率的行波，它们叠加后的 $\xi_{正}$ 仍为一列沿正 x 方向传播的同频率的行波。同样，$\xi_{反}$ 为一列沿负 x 方向传播的同频率的行波（由下面可知，在假定了驻波 ξ_1、ξ_2 的具体形式后，$\xi_{1正}$、$\xi_{2正}$、$\xi_{正}$、$\xi_{1反}$、$\xi_{2反}$、$\xi_{反}$ 均为余弦波，因此 $\xi_{1正}$、$\xi_{2正}$ 的叠加是两列传播方向相同的同频率余弦波的叠加，叠加后仍为沿此方向传播的同频率的余弦波，$\xi_{反}$ 也类似）。由式③知，欲使 ξ 成为行波，必须使 $\xi_{正}=0$ 或者 $\xi_{反}=0$。

为稍具普遍性，我们假定驻波 ξ_1 和 ξ_2 的形式为

$$\xi_1=A\cos(kx+\alpha_1)\cos(\omega t+\varphi_1) \tag{④}$$

$$\xi_2=A\cos(kx+\alpha_2)\cos(\omega t+\varphi_2) \tag{⑤}$$

其中，α_1、α_2、φ_1、φ_2 为相应的相位角。利用三角函数公式可将驻波 ξ_1 分解为两列行波

$$\xi_{1正}=\frac{A}{2}\cos(\omega t-kx+\varphi_1-\alpha_1) \tag{⑥}$$

$$\xi_{1反}=\frac{A}{2}\cos(\omega t+kx+\varphi_1+\alpha_1) \tag{⑦}$$

同样，驻波 ξ_2 也可分解为

$$\xi_{2正}=\frac{A}{2}\cos(\omega t-kx+\varphi_2-\alpha_2) \tag{⑧}$$

$$\xi_{2反}=\frac{A}{2}\cos(\omega t+kx+\varphi_2+\alpha_2) \tag{⑨}$$

现在再把 $\xi_{1正}$、$\xi_{2正}$ 叠加有

$$\begin{aligned}\xi_{正}&=\xi_{1正}+\xi_{2正}\\ &=\frac{A}{2}\cos(\omega t-kx+\varphi_1-\alpha_1)+\frac{A}{2}\cos(\omega t-kx+\varphi_2-\alpha_2)\\ &=A_{正}\cos(\omega t-kx+\varphi_{正})\end{aligned} \tag{⑩}$$

其中，

$$A_{正}^2=\left(\frac{A}{2}\right)^2+\left(\frac{A}{2}\right)^2+2\left(\frac{A}{2}\right)\left(\frac{A}{2}\right)\cos[(\varphi_2-\alpha_2)-(\varphi_1-\alpha_1)] \tag{⑪}$$

$$\varphi_{正}=\arctan\frac{\sin(\varphi_1-\alpha_1)+\sin(\varphi_2-\alpha_2)}{\cos(\varphi_1-\alpha_1)+\cos(\varphi_2-\alpha_2)} \tag{⑫}$$

由式⑪可见，只要

$$(\varphi_2-\alpha_2)-(\varphi_1-\alpha_1)=\pm(2m+1)\pi,\quad m=0,1,2,\cdots \tag{⑬}$$

就有 $A_{正}=0$，从而 $\xi_{正}=0$。因此式⑬就是 $\xi_{正}=0$ 的条件。满足此条件时，$\xi_{正}=0$，$\xi=\xi_{反}$，即驻波 ξ_1 和 ξ_2 叠加后就成为一列沿负 x 方向传播的行波 $\xi_{反}$ 了。对 $\xi_{1反}$ 和 $\xi_{2反}$ 也可做同样的叠加，有

$$
\begin{aligned}
\xi_{反} &= \xi_{1反} + \xi_{2反} \\
&= \frac{A}{2}\cos(\omega t + kx + \varphi_1 + \alpha_1) + \frac{A}{2}\cos(\omega t + kx + \varphi_2 + \alpha_2) \\
&= A_{反} \cos(\omega t + kx + \varphi_{反})
\end{aligned} \tag{14}
$$

其中

$$
A_{反}^2 = \left(\frac{A}{2}\right)^2 + \left(\frac{A}{2}\right)^2 + 2\left(\frac{A}{2}\right)\left(\frac{A}{2}\right)\cos[(\varphi_2 + \alpha_2) - (\varphi_1 + \alpha_1)] \tag{15}
$$

$$
\varphi_{反} = \arctan\frac{\sin(\varphi_1 + \alpha_1) + \sin(\varphi_2 + \alpha_2)}{\cos(\varphi_1 + \alpha_1) + \cos(\varphi_2 + \alpha_2)} \tag{16}
$$

由式⑮可见，只要

$$
(\varphi_2 + \alpha_2) - (\varphi_1 + \alpha_1) = \pm(2m + 1)\pi, \quad m = 0,1,2,\cdots \tag{17}
$$

就有 $A_{反}=0$，从而 $\xi_{反}=0$，因此式⑰就是 $\xi_{反}=0$ 的条件，满足此条件时，$\xi_{反}=0$，$\xi=\xi_{正}$，即驻波 ξ_1 和 ξ_2 叠加后就成为一列沿正 x 方向传播的行波。

总之，满足条件 $(\varphi_2-\alpha_2)-(\varphi_1-\alpha_1)=\pm(2m+1)\pi$，$(m=0,1,2,\cdots)$ 和条件 $(\varphi_2+\alpha_2)-(\varphi_1+\alpha_1)=\pm(2m+1)\pi$，$(m=0,1,2,\cdots)$ 二者之一时，两列驻波叠加后就会成为一列行波。

本段开始所举的两列驻波之所以叠加后成为一列沿正 x 方向传播的行波，是因为它们满足条件式⑰的缘故。为了看清这一点，将它们改写一下：

$$
\xi_1(x,t) = A\cos kx\cos\omega t
$$

$$
\xi_2(x,t) = A\sin kx\sin\omega t = A\cos\left(kx - \frac{\pi}{2}\right)\cos\left(\omega t - \frac{\pi}{2}\right)
$$

把此二式和一般形式式④和式⑤对照知

$$
\alpha_1 = 0, \quad \varphi_1 = 0
$$

$$
\alpha_2 = -\frac{\pi}{2}, \quad \varphi_2 = -\frac{\pi}{2}
$$

所以 $(\varphi_2+\alpha_2)-(\varphi_1+\alpha_1)=\left(-\frac{\pi}{2}-\frac{\pi}{2}\right)=-\pi$。可见，它满足式⑰，因而有 $\xi_{反}=0$，叠加后就只有 $\xi_{正}$ 了。

7.6.11 有趣的“拍”现象

用音叉演示拍现象时，演示者用小锤敲击两个频率相近的音叉，坐在不同位置的听众都能听到时强时弱的拍音。细致讲，坐在不同位置的听众，在同一时刻，所听到的拍音的强弱不全相同，有人听到最强时，有人恰好听到的是最弱。这是因为波的强度不仅随时间是周期变化的，而且在空间也是周期分布的。

设有两列沿同方向传播，振动方向相同，等振幅的简谐波：

$$
\xi_1 = A\cos(\omega_1 t - k_1 x)
$$

$$
\xi_2 = A\cos(\omega_2 t - k_2 x)
$$

式中 ω_1 和 ω_2 相近，叠加后

$$
\xi = \xi_1 + \xi_2 = 2A\cos\left(\frac{\omega_1 - \omega_2}{2}t - \frac{k_1 - k_2}{2}x\right)\cos\left(\frac{\omega_1 + \omega_2}{2}t - \frac{k_1 + k_2}{2}x\right) \tag{1}
$$

t 时刻波形曲线如图 7.6.20 所示。图中虚线是按 $2A\cos\left(\frac{\omega_1-\omega_2}{2}t-\frac{k_1-k_2}{2}x\right)$ 的规律缓

慢变化的，虚线下的小波形是按 $\cos\left(\frac{\omega_1+\omega_2}{2}t-\frac{k_1+k_2}{2}x\right)$ 规律变化的。

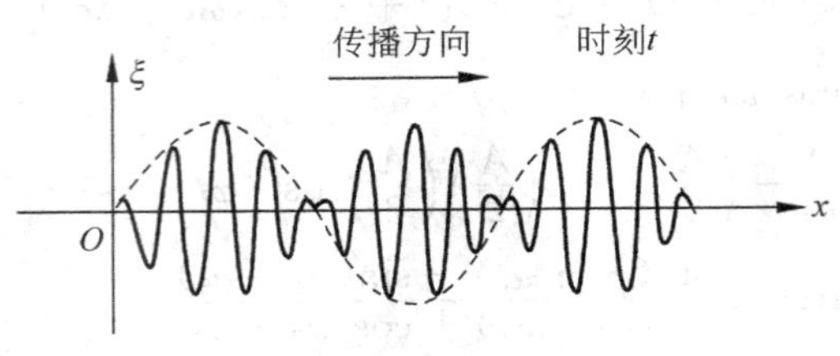

图 7.6.20

令 $\omega_m=\frac{\omega_1-\omega_2}{2}$，$k_m=\frac{k_1-k_2}{2}$，$A_m=2A\cos(\omega_m t-k_m x)$，$\bar{\omega}=\frac{\omega_1+\omega_2}{2}$，$\bar{k}=\frac{k_1+k_2}{2}$，则式①可改写为

$$\xi = A_m\cos(\bar{\omega}t-\bar{k}x) \quad ②$$

式中 A_m 是缓慢变化的，所以合成波可以看成是振幅 A_m 缓慢变化的余弦波。听到的拍音的强度与 A_m^2 成正比，

$$A_m^2 = 4A^2\cos^2(\omega_m t-k_m x) \quad ③$$

很明显，t 一定时，A_m^2 是在空间周期分布的，即强度是在空间周期分布的，这种现象称为**空间拍**。其空间周期称为一个拍长，记作 s。由式③可求得

$$k_m s = \pi$$

$$s=\frac{\pi}{k_m}=\frac{\pi}{\frac{k_1-k_2}{2}}=\frac{2\pi}{\frac{2\pi}{\lambda_1}-\frac{2\pi}{\lambda_2}}=\frac{\lambda_1\lambda_2}{\lambda_2-\lambda_1} \quad ④$$

相距一个拍长的听众，在同一时刻听到的拍音强度相同。

x 一定时，A_m^2 是随时间变化的，即强度是随时间时强时弱变化的，这种现象称为**时间拍**。其时间周期记作 τ，同样可由式③求得

$$\omega_m\tau = \pi$$

$$\tau=\frac{\pi}{\omega_m}=\frac{\pi}{\frac{\omega_1-\omega_2}{2}}=\frac{2\pi}{\frac{2\pi}{T_1}-\frac{2\pi}{T_2}}=\frac{T_1T_2}{T_2-T_1} \quad ⑤$$

拍频为
$$\nu=\frac{1}{\tau}=\nu_1-\nu_2$$

因此，坐在任一位置的听众都会听到时强时弱的拍音。

“拍”是一种既有趣而又重要的物理现象。式②表示的幅度变化的余弦波称为**调幅波**。当 A_m 变化的规律不同时，接收者就听到不同的信号规律。如果 A_m 按照歌唱家演唱的动人歌声调制，听众听到的将是优美的歌声。

7.6.12 相速度与群速度

相速度 振动状态在空间的传播速度称为波速，又称相速度。如沿 x 轴正方向传播的平面简谐波的表达式为

$$\xi = A\cos(\omega t-kx)$$

式中 $(\omega t-kx)$ 称为波相，当 $(\omega t-kx)$ 一定时，则 ξ 值一定。若 t 增大，x 必须增大，才能保持

$(\omega t-kx)$不变。这意味着用$(\omega t-kx)$描述的振动状态随着时间的推移向 x 的正方向传播。相速度即波相传播的速度，等于 x 对 t 的变化率。令

$$\omega t-kx=常量$$

将上式两边微分，经整理可得

$$u=\frac{\mathrm{d}x}{\mathrm{d}t}=\frac{\omega}{k} \qquad ①$$

u 即所求相速度。这里 $\omega=2\pi\nu, k=\frac{2\pi}{\lambda}$，代入则得

$$u=\lambda\nu=\frac{\lambda}{T}$$

此即大家熟悉的求相速度的公式。

从根本上讲，相速度的大小取决于媒质的性质。弹性波的相速度由弹性媒质的力学性质决定，在媒质中传播的电磁波的相速度由媒质的折射率决定。

色散　实验和理论证明，相速度的大小还与波的频率有关。光的色散现象就是波速与频率有关的明显例证。通常把相速度与频率无关的媒质称为**无色散媒质**；把相速度随频率而变的媒质称为**色散媒质**。

在无色散媒质中，只用相速度描述波的传播即可。但是在色散媒质中，要描述任意一种波的传播只有相速度就不够了，需要引入群速度的概念，如图 7.6.21 所示的非简谐波就是如此。

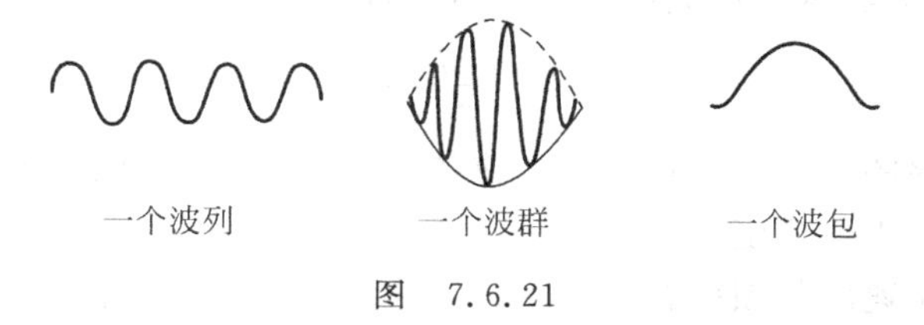

图　7.6.21

根据傅里叶分析，任何一个复杂的波，都可以分解成许多不同频率成分的简谐波的叠加。在色散媒质中，不同频率的简谐波传播速度不同，那么这许多简谐波合成的波是以什么速度传播呢？

为方便，以两个频率相近的等振幅简谐波的合成波的传播为例说明群速度的概念。

设

$$\xi_1=A\cos(\omega_1 t-k_1 x)$$

$$\xi_2=A\cos(\omega_2 t-k_2 x)$$

其合成波为

$$\xi=\xi_1+\xi_2=2A\cos\left(\frac{\omega_1-\omega_2}{2}t-\frac{k_1-k_2}{2}x\right)\cos\left(\frac{\omega_1+\omega_2}{2}t-\frac{k_1+k_2}{2}x\right) \qquad ②$$

t 时刻合成波波形曲线如图 7.6.22 所示。式②中 $\omega_1-\omega_2\ll\omega_1$ 或 ω_2，$k_1-k_2\ll k_1$ 或 k_2，所以 $\cos\left(\frac{\omega_1-\omega_2}{2}t-\frac{k_1-k_2}{2}x\right)$变化缓慢，如图中虚线所示的包络线；而 $\cos\left(\frac{\omega_1+\omega_2}{2}t-\frac{k_1+k_2}{2}x\right)$表示图中一个个小的波形。

令 $\omega_{\mathrm{m}}=\frac{\omega_1-\omega_2}{2}, k_{\mathrm{m}}=\frac{k_1-k_2}{2}, \bar{\omega}=\frac{\omega_1+\omega_2}{2}, \bar{k}=\frac{k_1+k_2}{2}$，则式②可改写为

$$\xi=2A\cos(\omega_{\mathrm{m}}t-k_{\mathrm{m}}x)\cos(\bar{\omega}t-\bar{k}x)$$

在波传播过程中，一个个小的波峰在向前传播的同时，整个波形即包络线也在向前移动。二

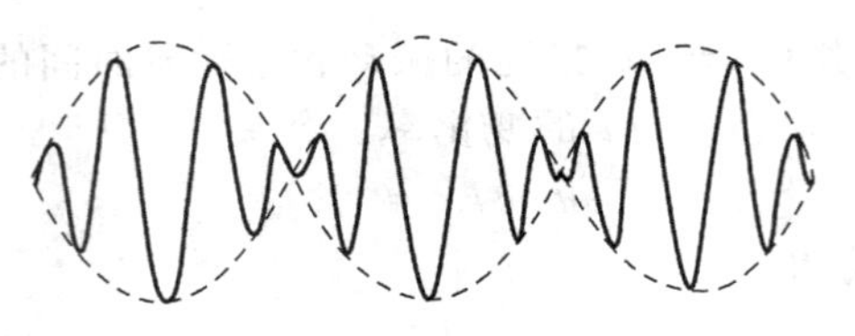

图 7.6.22

者移动速度可如下求得，

令
$$\bar{\omega}t-\bar{k}x=常量$$
等式两边微分，可求得小波形移动的速度为

$$u=\frac{\mathrm{d}x}{\mathrm{d}t}=\frac{\bar{\omega}}{\bar{k}} \quad ③$$

同样可求得包络移动的速度或称波群移动的速度为

$$U_g=\frac{\mathrm{d}x}{\mathrm{d}t}=\frac{\omega_m}{k_m}=\frac{\omega_1-\omega_2}{k_1-k_2}=\frac{\Delta\omega}{\Delta k}$$

一般表示为
$$U_g=\frac{\mathrm{d}\omega}{\mathrm{d}k} \quad ④$$

群速度 包络线（称作波群或波包）移动的速度 U_g 即称作群速度。

群速度和相速度的关系 在无色散媒质中，相速度与频率无关，由 $\omega=uk$ 可求得

$$U_g=\frac{\mathrm{d}\omega}{\mathrm{d}k}=u$$

这种情况下，不同频率的简谐波以相同的波速传播，整个波群也以相同的速度传播，并保持波形不变，即群速度等于相速度。

在色散媒质中，相速度与频率有关。在 $\omega=uk$ 中 u 是频率的函数，这样

$$U_g=\frac{\mathrm{d}\omega}{\mathrm{d}k}=u+k\frac{\mathrm{d}u}{\mathrm{d}k}$$

又 $k=\frac{2\pi}{\lambda}$，所以 $\mathrm{d}k=-\frac{2\pi}{\lambda^2}\mathrm{d}\lambda$，代入上式则有

$$U_g=u-\lambda\frac{\mathrm{d}u}{\mathrm{d}\lambda} \quad ⑤$$

当已知 u 与 λ 的关系时，即可求得 U_g。可见，此情形下，群速度已不再等于相速度。

下面再用图形来说明群速度和相速度的区别，如图 7.6.23 所示。为了方便，图中只画出与说明问题有关的部分波形曲线。图的上半部表示 t_1 时刻 ξ_1、ξ_2 和 ξ 的波形曲线。此时 ξ_1 的一个波峰（用×标记）和 ξ_2 的一个波峰（用○标记）恰好重合，重合处应是合成波的最大值即波形包迹的最高点（以▲标记）。图的下半部表示在另一时刻 t_2 的波形曲线。与 t_1 时刻比较，ξ_1、ξ_2 和 ξ 都沿 x 正方向传播了一段距离。适当选择 t_2-t_1，使得带标记的波峰之后的一对波峰在 t_2 时刻重合，这样包迹的最高点恰好移到新的重合处（下半图的▲处）。由图可见，波群以群速度 U_g 移动，移过距离为 $U_g(t_2-t_1)$，小波峰以相速度 u 移动，移过距离为 $u(t_2-t_1)$。显然，群速度不同于相速度。

在色散很厉害的媒质中，由于不同频率的波的相速度差别很大，波群在传播过程中很快变形，甚至解体。此时群速度已失去意义，关于 U_g 的公式也就失效了。因此，群速度的概念，仅适用于色散不很厉害的情形。

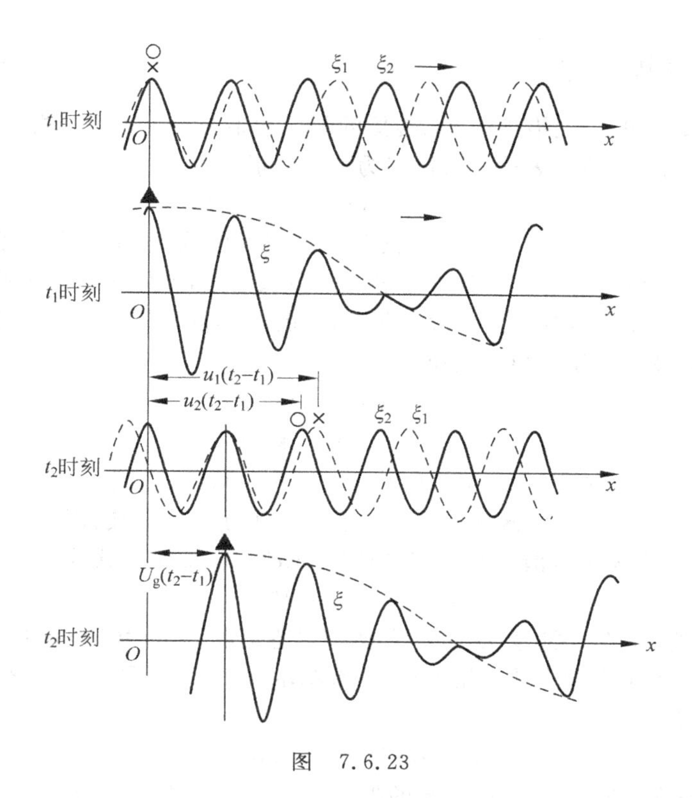

图 7.6.23

波的强度 $I\propto A^2$，所以在波群传播过程中，波的能量的绝大部分被振幅最大部分所携带，因而当包络的最大值传到时，观察者才接收到波，所以群速度也就是波的能量的传播速度。

光波的情形 对于光波，由式 $u=\frac{c}{n}$ 算得的是相速度；实验测得的是群速度。

微观粒子情形 微观粒子也具有波动性。德布罗意把微观粒子的波粒二象性统一表示在由他提出的德布罗意公式中

$$p=mv=\frac{h}{\lambda}$$

式中，p 为粒子动量，h 为普朗克常量，λ 为表示粒子波动性的波长，v 是粒子运动速度。粒子具有能量，是能量的携带者，所以粒子运动速度 v 是德布罗意波的群速度。而德布罗意波的相速度为

$$u_{相}=\lambda\nu$$

不难证明，$u_{相}$ 与 v 不同。将德布罗意波长 λ 代入相速度公式，则

$$u_{相}=\frac{h\nu}{mv}$$

又粒子能量 $E=h\nu=mc^2$，代入上式则有

$$u_{相}=\frac{c^2}{v}$$

式中 c 为真空中光速。光速是一切物质运动速度的极限，所以 $v<c$，因而有 $u_{相}>c$，即相速度大于光速，这并不与相对论相矛盾。相对论是指物质运动速度或信号传播速度不能大于光速；而相速度既不表征信号速度，也不表征能量传播速度，而是如前所述的相位的传播速度。

7.6.13 复振幅法

由 7.1.4 小节可知，一列沿 $+r$ 方向传播的平面简谐波在其波源初相为零、且以波源所在处为参考点的情形下，波的表达式可以写为如下的形式：

$$\xi(P,t)=A\cos(\omega t-kr) \quad ①$$

式中 P 代表波场中的任意一点。这种用三角函数表示的式子，有关的运算一般都比较繁杂，例如在讨论两列波的叠加时，其计算已经有点令人生烦，若用它讨论多列波的叠加，计算会更加麻烦。但如果采用复数形式来表示平面简谐波，不仅计算方便，而且物理概念清晰。

平面简谐波的复数表示 根据欧拉公式

$$e^{ix}=\cos x+i\sin x$$

$$e^{-ix}=\cos x-i\sin x$$

式①可以写为 $\xi(P,t)=A\cos(\omega t-kr)=\mathrm{Re}[Ae^{\pm i(\omega t-kr)}]$

式中符号 Re[ ]是对[ ]中的函数取实部的意思。实际的简谐波就是这个函数的实部，一般约定：在用复数形式表示简谐波时，省略掉符号 Re[ ]，而把上式写为

$$\xi(P,t)=Ae^{\pm i(\omega t-kr)}$$

式中指数 e 的“肩膀”上有个符号“±”，不管取“+”还是取“−”，$\xi(P,t)$ 的实部均相同，代表同一列简谐波。为考虑光学中的应用习惯，一般都取“−”号，于是平面简谐波的表达式写为如下复函数的形式：

$$\xi(P,t)=Ae^{-i(\omega t-kr)}=Ae^{ikr}\cdot e^{-i\omega t} \quad ②$$

它代表平面简谐波在空间任一点 P 引起的振动的情况。式中 A 表示实际的振幅，因子 e^{ikr} 表示振动的相位随空间位置而变化的部分，称为**相位变化的空间因子**，因子 $e^{-i\omega t}$ 表示振动的相位随时间 t 而变化的部分，称为**相位变化的时间因子**。

复振幅 在研究干涉、衍射问题时，我们处理的都是相同频率的多列平面简谐波的叠加，它们具有相同的时间因子 $e^{i\omega t}$。我们把时间因子与空间因子分开，把平面简谐波表示为

$$\xi(P,t)=U(P)e^{-i\omega t} \quad ③$$

其中 $U(P)=Ae^{ikr}$

在计算和讨论干涉、衍射问题时，起决定作用的部分是 $U(P)$，现把它突出出来，以便于问题的分析解决，我们把

$$U(P)=Ae^{ikr} \quad ④$$

称为**复振幅**，式中 A 是复振幅的模，也是实际振动的振幅，e^{ikr} 中的 kr 代表所研究的场点的相位比参考点相位落后的数值。

类似的分析可得出球面简谐波的复振幅为

$$U(P)=\frac{a}{r}e^{ikr} \quad ⑤$$

波的强度 波的强度正比于振幅的平方，也即正比于复振幅模的平方，在只需要知道波的强度的相对分布时，可令波的强度 I 等于复振幅模的平方，即

$$I(P)=U(P)\cdot U(P)^{*}=|U(P)|^{2}=Ae^{ikr}\cdot Ae^{-ikr}=A^{2} \quad ⑥$$

用复振幅法讨论波的干涉问题

在讨论简谐波的叠加时，用简谐波的复数表示（也称复振幅法）有明显的好处。下面我们用波的余弦函数表示法和复振幅法求解干涉场中的强度分布，通过两种方法的对比来介

绍复振幅法的优点。

当简谐波用余弦函数表示时,波的叠加就会遇到若干余弦函数的相加。先看最简单的情况,若两列相干波其表达式分别为

$$\xi_1(P,t) = A_1\cos(\omega t - kr_1)$$

$$\xi_2(P,t) = A_2\cos(\omega t - kr_2)$$

式中 A_1、A_2 分别为两列波引起的 P 点的振动的振幅,r_1、r_2 分别为两列波的波源距 P 点的距离。

空间任一点 P 的合振动为

$$\xi(P,t) = \xi_1(P,t) + \xi_2(P,t) = A_1\cos(\omega t - kr_1) + A_2\cos(\omega t - kr_2)$$

经过一些三角函数的数学运算可以求出 P 点合振动的振幅 A,再由 $I = A^2$ 即可求出 P 点的波的强度如下(计算过程较麻烦,这里从略,读者可自己计算):

$$I(P) = A^2 = A_1^2 + A_2^2 + 2A_1A_2\cos k(r_2 - r_1) \quad ⑦$$

这就是两列波叠加后空间的强度分布。由上面有关的计算过程可以知道,两个余弦函数的相加已较为麻烦,如果是多列波甚至无限多列波的叠加(在讨论光的干涉和衍射等问题时,会遇到无限多列波的叠加),那就会有多个甚至是无限多个余弦函数相加,可以想见,这样的叠加计算将会非常非常困难。

如果简谐波用复数表示,则两列波可表示为

$$\xi_1(P,t) = U_1(P)e^{-i\omega t}$$

$$\xi_2(P,t) = U_2(P)e^{-i\omega t}$$

其中 $U_1(P)=Ae^{ikr_1}$,$U_2(P)=Ae^{ikr_2}$ 分别为两列波在 P 点引起的振动的复振幅。

空间任一点 P 的合振动写成复数形式为

$$\xi(P,t) = U(P)e^{-i\omega t}$$

式中 $U(P)$ 是 P 点合振动的复振幅。

而 $$\xi(P,t) = \xi_1(P,t) + \xi_2(P,t) = [U_1(P) + U_2(P)]e^{-i\omega t}$$

可见 $$U(P) = U_1(P) + U_2(P) \quad ⑧$$

式⑧的意义就是,对空间任一点 P,由两列波引起的合振动的复振幅等于该点各分振动的复振幅之和。如有多列波(例如 N 列)叠加,同样可有

$$U(P) = U_1(P) + U_2(P) + U_3(P) + \cdots + U_N(P) = \sum_{i=1}^{N} U_i(P) \quad ⑨$$

空间波的强度分布为

$$I(P) = U(P)\cdot U^*(P) \quad ⑩$$

对两列波叠加的情形有

$$\begin{aligned} I(P) &= U(P)\cdot U^*(P) = [U_1(P) + U_2(P)][U_1^*(P) + U_2^*(P)] \\ &= |U_1(P)|^2 + |U_2(P)|^2 + U_1(P)U_2^*(P) + U_1^*(P)U_2(P) \end{aligned}$$

将 $U_1(P)=Ae^{ikr_1}$、$U_2(P)=Ae^{ikr_2}$ 代入并取实部得

$$\begin{aligned} I(P) &= A_1^2 + A_2^2 + A_1A_2e^{ik(r_1-r_2)} + A_1A_2e^{ik(r_2-r_1)} \\ &= A_1^2 + A_2^2 + 2A_1A_2\cos k(r_2 - r_1) \end{aligned}$$

这和式⑦结果相同。

由上可见,几列波相干叠加后所得合成波的复振幅即为各列波的复振幅之和,而合成波的强度为合成波复振幅的模的平方。因此,在有多列波相干叠加的情形下,用复振幅法求叠加后的强度很为简便。

狭义相对论基础

8.1 狭义相对论的基本原理

8.1.1 狭义相对论的基本假设

狭义相对论的基本假设有两条：狭义相对性原理和光速不变原理。

狭义相对性原理 一切物理规律对所有的惯性系都相同，不存在任何一个特殊的惯性系。狭义相对性原理是对力学相对性原理的扩展，力学相对性原理说的是一切力学规律对所有惯性系都相同，不存在任何一个特殊的惯性系。

狭义相对性原理是指物理量之间的物理规律对不同惯性系都是相同的，但是各个物理量本身对不同的惯性系是可以有不同的值的。例如，系统的动量对不同的惯性系就可以有不同的值，但是动量守恒定律对于不同的惯性系却是完全相同的。

力学相对性原理与古典时空观相呼应。古典时空观的数学表达即伽利略变换

$$\begin{cases} t' = t \\ x' = x - ut \\ y' = y \\ z' = z \end{cases} \quad 或 \quad \begin{cases} t = t' \\ x = x' + ut' \\ y = y' \\ z = z' \end{cases} \tag{8.1.1}$$

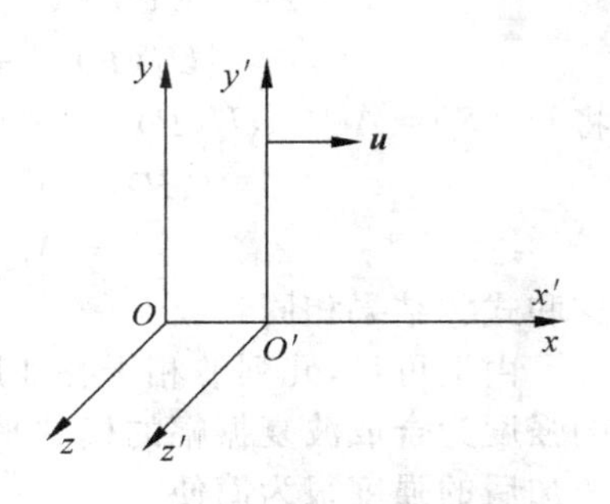

图 8.1.1

此变换式对应着这样的规定：如图 8.1.1 所示，x'轴与 x 轴重合，y'轴和 y 轴平行，z'轴和 z 轴平行，O'点相对于O 点沿 x 方向以匀速度 $\boldsymbol{u}$ 运动，O'与 O 重合的时刻 $t'=t=0$。

由式(8.1.1)可得到伽利略速度变换为

$$\begin{cases} v'_x = v_x - u \\ v'_y = v_y \\ v'_z = v_z \end{cases} \quad 即 \quad \boldsymbol{v}' = \boldsymbol{v} - \boldsymbol{u} \tag{8.1.2}$$

或

$$\begin{cases} v_x = v'_x + u \\ v_y = v'_y \\ v_z = v'_z \end{cases} \quad 即 \quad \boldsymbol{v} = \boldsymbol{v}' + \boldsymbol{u} \tag{8.1.3}$$

由上式可得伽利略加速度变换为

$$\boldsymbol{a}' = \boldsymbol{a}$$

牛顿力学认为力和质量是不随参考系改变的，即力 $\boldsymbol{F}'=\boldsymbol{F}$，质量 $m'=m$。显然，若牛顿第二定律 $\boldsymbol{F}=m\boldsymbol{a}$ 对某一惯性系成立，则对另一惯性系牛顿第二定律 $\boldsymbol{F}'=m'\boldsymbol{a}'$ 也必然成立(牛顿第一定律和第三定律也同样成立)。

由于牛顿力学的其他规律一概源于牛顿运动定律，所以牛顿力学的规律对所有的惯性系都成立，此即力学的相对性原理。可见，古典时空观、牛顿力学和力学相对性原理三者是和谐统一的。

狭义相对性原理是对力学相对性原理的发展，它使相对性原理不仅适用于力学规律而且适用于所有物理规律。1864—1865 年，麦克斯韦建立了完整的电磁场方程组，该方程组对于伽利略变换(反映的是古典的时空观)是不满足相对性原理的。在解决麦克斯韦方程组同相对性原理的矛盾时，一些物理学家曾不惜牺牲相对性原理，而提出一些假设(例如认为存在一个绝对静止的参考系，而麦克斯韦方程组只对此参考系成立等等)以维持古典的绝对时空观，但是这些假设与实验和观测都有矛盾。与此相反，爱因斯坦却坚信相对性原理是自然界的一条根本的法则，一切正确的物理规律都应该满足相对性原理。爱因斯坦还坚持认为麦克斯韦电磁场方程组是正确的，它应该满足相对性原理，即对所有惯性系都成立，而它对伽利略变换不能保持形式不变，说明伽利略变换必须修改，而与之相应的古典的时空观也要加以修改，从而去建立一种新的时空观，这就是相对论的时空观。据爱因斯坦回忆，他正是从麦克斯韦电磁场方程组对古典时空观不满足相对性原理这个矛盾中萌发了相对论的思想。

光速不变原理　这是爱因斯坦提出的另一基本假设，光速不变原理的内容是：在任何惯性系中，光在真空中的速率都相等。这不仅意味着光在真空中的速率与惯性系的选择无关，同时还意味着在真空中光沿任何方向传播时的速率都相等，而且与光源的运动无关。

光速不变原理的主要实验依据是著名的迈克尔孙—莫雷实验，但是爱因斯坦认为，该原理并不仅仅是个具体的实验结果，而是自然界的一条基本法则。光速不变原理也是与伽利略变换相矛盾的，如果承认光速不变原理的正确，就必须修改伽利略变换，从而也就必须修改古典的时空观。

我们知道，光也是一种电磁波。由麦克斯韦电磁场方程组可以得出电磁波在真空中的速率为 $c=\dfrac{1}{\sqrt{\varepsilon_0\mu_0}}\approx 3\times 10^8\ \mathrm{m/s}$($\varepsilon_0$ 和 μ_0 分别为真空的介电常量和磁导率)，它与电磁波发射方向及波源速度皆无关。如果承认麦克斯韦电磁场方程组满足相对性原理，那么由此必然就得到了光速不变原理。可见，要求麦克斯韦方程组满足相对性原理和承认光速不变原理是相一致的。

必须指明的是，光速不变原理和相对性原理是两个彼此独立的基本原理。虽然由麦克斯韦方程组满足相对性原理可以得到光速不变的结果，但是这必须要以麦克斯韦电磁场方程组满足相对性原理这一假定为前提，而麦克斯韦方程组是否满足相对性原理(即麦克斯韦方程组是否正确)，这并不能由相对性原理本身给出。也就是说，单单靠相对性原理是得不出光速不变原理的。

相对性原理和光速不变原理是狭义相对论的两条基本假设，在这两条基本假设的基础上建立起的狭义相对论，使物理学发生了一次深刻的革命。

8.1.2 相对论是对古典时空观和牛顿力学的彻底革命

相对论是对古典时空观的革命 古典时空观认为，伽利略速度变换 $\boldsymbol{v}'=\boldsymbol{v}-\boldsymbol{u}$ 对电磁波也是适用的，即 $\boldsymbol{c}'=\boldsymbol{c}-\boldsymbol{u}$。但光速不变原理认为 $c'=c$。显然，光速不变原理首先否定了伽利略速度变换，而伽利略速度变换是古典时空观的必然结论，故光速不变原理必然否定了古典时空观。

古典时空观的两个基本出发点是：其一，任何过程所经历的时间不因参考系不同而异；其二，任何物体的长度不因参考系不同而异。光速不变原理对这两个基本出发点做出了如下截然不同的结论。

(1) 同时性的相对性

设有甲乙两个彼此存在相对运动的惯性参考系，若在甲参考系中是同时发生的两个事件，则在乙参考系中就不再是同时的了，而是沿甲参考系相对于乙参考系运动的后方的那个事件先发生，此即同时性的相对性。

同时性的相对性与古典时空观是格格不入的，而爱因斯坦却认为这正是相对论时空观的精髓。他在1905年发表的《论动体的电动力学》这篇论文中指出：凡是时间在里面起作用的一切判断，总是关于同时的事件的判断。比如我说："那列火车7点钟到达这里"，这就是说："我的表的短针指到7同火车的到达是同时的事件"。

(2) 空间量度的相对性

因为量度运动物体的长度必须对物体沿运动方向的两端同时进行测量，所以由同时性的相对性，必然会导致空间量度的相对性。根据同时性的相对性可以得出，在与物体有相对运动的惯性参考系中测得的物体沿运动方向的长度，要比在与物体相对静止的惯性参考系中测得的长度短，此即空间量度的相对性。

需要指明的是，在垂直于相对运动的方向上，同时性和长度的测量是不具有相对性的。

相对论是对牛顿力学的革命 牛顿力学对古典时空观是满足相对性原理的，但其对相对论时空观却不满足相对性原理，而正确的力学规律对相对论的时空观必须满足相对性原理。既然牛顿力学对相对论时空观不满足相对性原理，那么就必须对它进行彻底改造，这就产生了相对论力学。

相对论对麦克斯韦电磁场方程组和对牛顿力学处理的原则是不同的：由麦克斯韦电磁场方程组对古典时空观不满足相对性原理，而否定了古典时空观；由牛顿力学对相对论时空观不满足相对性原理，而否定了牛顿力学。但二者的精神却是相同的，即确保相对性原理和光速不变原理的成立。

需要指出的是，实践证明在低速情况下牛顿力学是正确的，而狭义相对论又是对牛顿力学的继承和革命，所以在低速情况下，相对论必须要能够回到古典时空观和牛顿力学。即古典时空观和牛顿力学都是相对论在低速情况下的特例。

爱因斯坦敢于向传统的时空观挑战，进而对体系严谨的牛顿力学进行革命，没有敏锐的洞察力和无畏的创新思维是不可能的，爱因斯坦不愧为20世纪最伟大的物理学家。

8.2 相对论的时空观

8.2.1 洛伦兹变换

事件 某一时刻 t 在某一空间点(x,y,z)所发生的一个现象称为一个事件，它可以用一个时空坐标点(x,y,z,t)来表示。

时间和空间的均匀性 两个事件的时间间隔和空间间隔与时间起点和坐标原点的选择无关。

洛伦兹变换 由相对性原理和光速不变原理再附加上时间和空间的均匀性的假设可得到洛伦兹变换。洛伦兹变换所反映的是同一个事件在两个参考系 S 和 S'中所对应的时空坐标(x,y,z,t)及(x',y',z',t')之间的关系，它是相对论时空的数学表达，包含了相对论时空的全部内容，是解决时空问题的主要依据。当用它解决问题时，一定要把已知的条件化为“事件”（即明确时间和空间的坐标）。

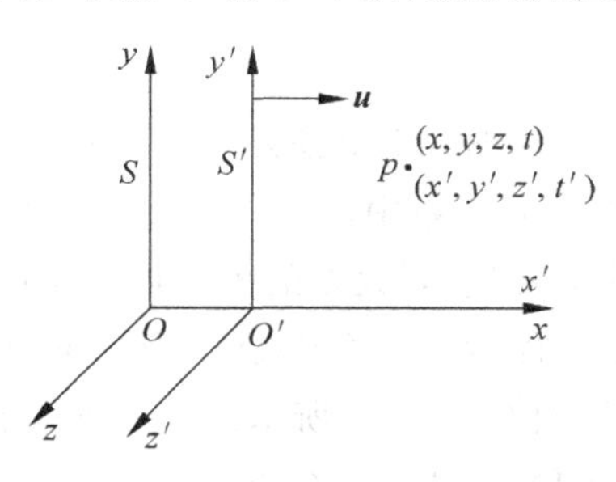

图 8.2.1

如图8.2.1所示，S 和 S'两惯性参考系的坐标轴 x 和 x'重合，y 和 y'同方向，z 和 z'同方向；S'系以匀速度 $\boldsymbol{u}$ 沿 x 轴相对于 S 系运动，当两参考系坐标的原点 O 和 O'重合时，对好两参考系中的时钟的零点，即使得 $t=t'=0$，则洛伦兹变换为

$$\begin{cases} x' = \dfrac{x-ut}{\sqrt{1-\dfrac{u^2}{c^2}}} \\ y' = y \\ z' = z \\ t' = \dfrac{t-\dfrac{ux}{c^2}}{\sqrt{1-\dfrac{u^2}{c^2}}} \end{cases} \quad 和 \quad \begin{cases} x = \dfrac{x'+ut'}{\sqrt{1-\dfrac{u^2}{c^2}}} \\ y = y' \\ z = z' \\ t = \dfrac{t'+\dfrac{ux'}{c^2}}{\sqrt{1-\dfrac{u^2}{c^2}}} \end{cases} \tag{8.2.1}$$

当 $u \ll c$ 时，洛伦兹变换便回到了伽利略变换

$$\begin{cases} x' = x-ut \\ y' = y \\ z' = z \\ t' = t \end{cases} \quad 和 \quad \begin{cases} x = x'+ut' \\ y = y' \\ z = z' \\ t = t' \end{cases}$$

可见，伽利略变换只不过是 $u \ll c$ 时洛伦兹变换的一个特例。

当 $u \geqslant c$ 时，洛伦兹变换出现无穷大或出现虚数，这是无意义的。因此，洛伦兹变换表明两参考系之间的相对运动速度不可能等于或大于光速。参考系是建立在实物物体（由分子原子组成的物体）之上的，这就表明两个实物物体之间的相对运动速度不可能等于或大于光速，即光速是一切物体的极限速度（注意：光子是场粒子而不是实物粒子，它不能作为参考系的参考物，理由见 8.5.4 小节的说明）。

8.2.2 同时性的相对性

由下面的洛伦兹时间变换式知，同一事件在两个参考系中发生的时刻与事件发生的位置有关。即

$$\begin{cases} t = \dfrac{t' + \dfrac{ux'}{c^2}}{\sqrt{1 - \dfrac{u^2}{c^2}}} \\[2ex] t' = \dfrac{t - \dfrac{ux}{c^2}}{\sqrt{1 - \dfrac{u^2}{c^2}}} \end{cases}$$

如图 8.2.2 所示，S'系以匀速 $\boldsymbol{u}$ 相对于 S 系运动，当然 S 系便以匀速 $-\boldsymbol{u}$ 相对于 S'系运动。在 S'系中 a'、b'、c'三点同时发生的事件，在 S 系中由洛伦兹时间变换式知，x'小处的事件早发生，x'大处的事件迟发生（如图 8.2.2(a)所示）。在 S 系中 a、b、c 三点同时发生的三个事件，在 S'系中观测，由洛伦兹时间变换式知，x 大处的事件早发生，x 小处的事件迟发生（如图 8.2.2(b)所示），正如前面曾经指出过的，同时性的相对性是相对论时空观的精髓，它是理解高速运动物理过程的一把钥匙。

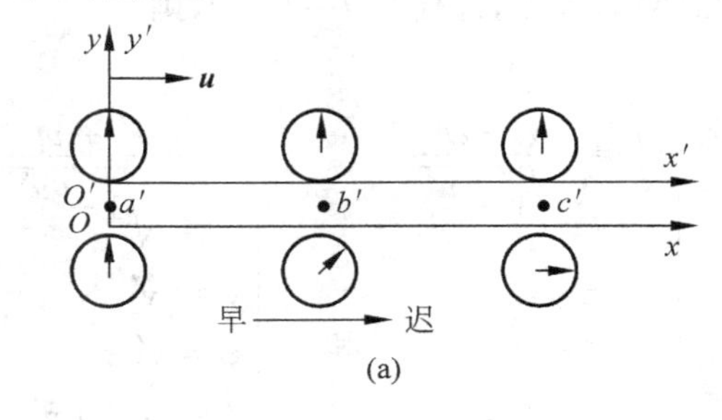

(a)

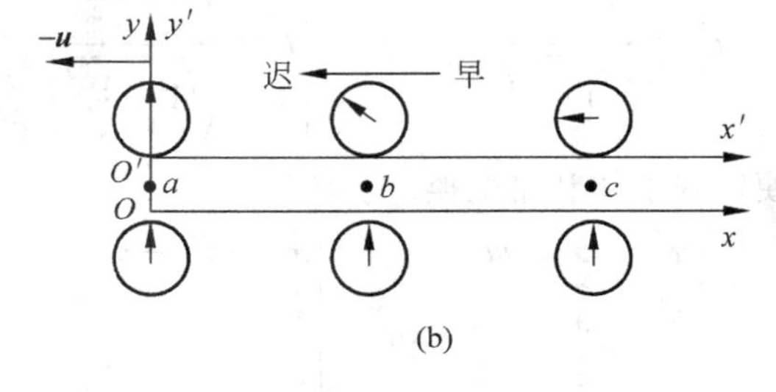

(b)

图 8.2.2

若在 S' 系中的 x_1' 与 x_2' 处，于 t' 时刻同时发生了两个事件，则在 S 系中这二事件发生的时刻分别为

$$t_1=\frac{t'+\frac{ux'_1}{c^2}}{\sqrt{1-\frac{u^2}{c^2}}},\quad t_2=\frac{t'+\frac{ux'_2}{c^2}}{\sqrt{1-\frac{u^2}{c^2}}}$$

故两个事件发生的时间差为

$$t_2-t_1=\frac{\frac{u}{c^2}(x'_2-x'_1)}{\sqrt{1-\frac{u^2}{c^2}}}\neq 0$$

显然在 S' 系中同时发生的两个事件，在 S 系中观测并不同时，而是 S' 系相对于 S 系运动的后方的事件先发生，且事件的时间差与运动方向上的位置差成正比。

8.2.3 时序

在 S 系中于不同的地点先后发生了两个事件，在 S' 系中观测这两个事件的时间间隔与 S 系中会有所不同，但是事件发生的先后顺序会不会颠倒过来呢？例如，如图 8.2.3 所示，在地面上，x_1 处有一门炮，x_2 处有另一门炮，若两门炮毫无约定地乱发炮弹，设 x_1 处的炮于 t_1 时刻先发了一枚炮弹，x_2 处的炮于 t_2 时刻后发了一枚炮弹。试问在飞船上观测，是 x_1 处的炮先发炮弹呢，还是 x_2 处的炮先发炮弹呢？

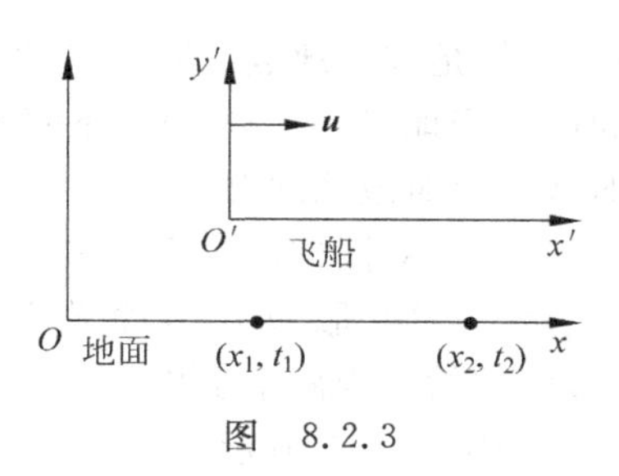

图 8.2.3

由 $t_2'-t_1'=\dfrac{(t_2-t_1)-\frac{u}{c^2}(x_2-x_1)}{\sqrt{1-\frac{u^2}{c^2}}}$ 知：当 $\frac{u}{c^2}(x_2-x_1)<(t_2-t_1)$ 时，则 $t_2'-t_1'>0$，即仍是 x_1 处的炮先发炮弹，x_2 处的炮后发炮弹。当 $\frac{u}{c^2}(x_2-x_1)=(t_2-t_1)$ 时，则 $t_2'-t_1'=0$，即 x_1 处的炮和 x_2 处的炮是同时发炮弹。当 $\frac{u}{c^2}(x_2-x_1)>(t_2-t_1)$ 时，则 $t_2'-t_1'<0$，即 x_1 处的炮后发炮弹，x_2 处的炮先发炮弹。

可见，对于两门炮毫无约定地乱发炮弹这两个彼此独立的事件来说，时序是可以颠倒的。

若 x_1 处的炮和 x_2 处的炮有这样的约定：x_1 处的炮发射炮弹的声音传到 x_2 处的炮时它才发射炮弹，或 x_1 处的炮发射炮弹时的闪光传到 x_2 处的炮时它才发射炮弹。试问在这种情况下时序还能颠倒吗？

在这种情况下有

$$t'_2-t'_1=\frac{(t_2-t_1)-\frac{u}{c^2}(x_2-x_1)}{\sqrt{1-\frac{u^2}{c^2}}}=\frac{(t_2-t_1)\left[1-\frac{u}{c^2}\cdot\frac{x_2-x_1}{t_2-t_1}\right]}{\sqrt{1-\frac{u^2}{c^2}}}=\frac{(t_2-t_1)\left[1-\frac{uv_s}{c^2}\right]}{\sqrt{1-\frac{u^2}{c^2}}}$$

式中，$v_s=\frac{x_2-x_1}{t_2-t_1}$为声或光传播的速率，或更一般地说 $v_s=\frac{x_2-x_1}{t_2-t_1}$是联系两个事件的信号传播速率。

因 $u<c$，$v_s\leqslant c$，故必有

$$t_2'-t_1'>0$$

即从飞船上观测仍是 x_1 处的炮先发炮弹，x_2 处的炮后发炮弹。

可见，对于有因果关系的两个事件，时序是不会颠倒的，即因果关系不因参考系的不同而改变。

8.2.4 时间延缓

如图 8.2.4 所示，在 S'系中的同一点 x'处，于 t_1'和 t_2'时刻先后发生了两个事件，它们在 S 系中发生的时刻为 t_1 和 t_2，由洛伦兹变换得

$$t_2-t_1=\frac{t_2'-t_1'}{\sqrt{1-\frac{u^2}{c^2}}}>t_2'-t_1' \tag{8.2.2}$$

$(t_2'-t_1')$是同一地点的同一只钟测出的先后发生的两个事件之间的时间间隔，称作固有时或原时或当地时；(t_2-t_1)是不同地点的两只钟测出的两个事件之间的时间间隔，称作非固有时或非原时或两地时。

显然，对同样两个事件的时间间隔来说，固有时最短。固有时相对于非固有时来说是“延缓”(或“膨胀”)了，这个效应就是所谓的运动时钟的时间延缓或时间膨胀。对一个过程(过程的始末为两个事件)来说，时间延缓即过程变慢，所以时间延缓也称为运动时钟变慢。

如图 8.2.5 所示，让一只运动的钟与一系列静止的钟来比对时间，结果会怎样呢？在同一只运动的钟上指针前后的两个位置，便是两个事件，这两个事件在运动的钟这个参考系上是发生在同一地点的，故同一只运动的钟，其指针前后两个位置的读数之差便是固有时。由于固有时比非固有时短，故一只运动的钟与一系列沿运动方向排列且彼此校准了的静止的钟相比是变慢了。

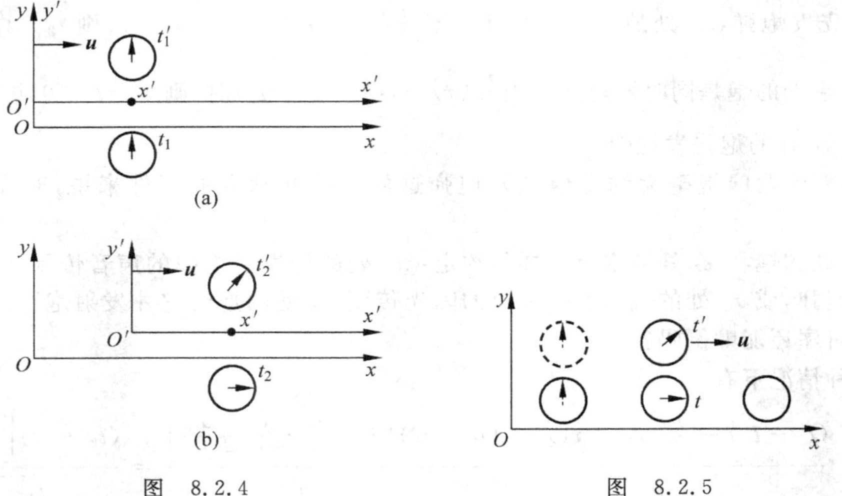

图 8.2.4　　图 8.2.5

8.2.5　长度缩短

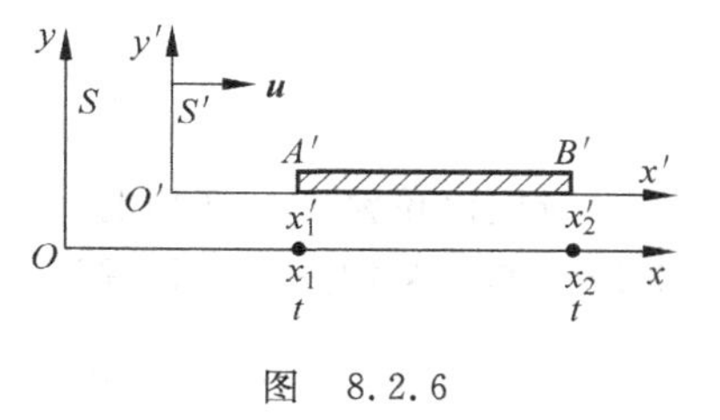

图　8.2.6

如图 8.2.6 所示，杆 $A'B'$ 静止于 S' 系中，其长度为 $l_0=x_2'-x_1'$，因杆静止，故 x_1' 和 x_2' 不要求同时测量。静止时测的杆的长度 l_0 称为杆的固有长度或静长或原长。在 S 系中杆的长度为 $l=x_2-x_1$，因杆在运动，x_1 和 x_2 必须同时测量。l 称为杆的动长。设在 S 系中测量时刻为 t，因为

$$x_1'=\frac{x_1-ut}{\sqrt{1-\frac{u^2}{c^2}}},\quad x_2'=\frac{x_2-ut}{\sqrt{1-\frac{u^2}{c^2}}}$$

所以

$$x_2'-x_1'=\frac{x_2-x_1}{\sqrt{1-\frac{u^2}{c^2}}}$$

于是有

$$l=l_0\sqrt{1-\frac{u^2}{c^2}}<l_0 \tag{8.2.3}$$

显然，运动物体沿运动方向的长度(动长)比固有长度短，也就是说固有长度最长，这种效应叫作运动的杆在运动方向上的长度收缩。正如前面曾指出过的，这是同时性的相对性的必然结果(在 S' 系中观察，S 系中对杆的测量是 B' 端在先、A' 端在后)。由于在垂直于运动方向上同时性不具有相对性，故不具有长度收缩效应。

8.2.6　洛伦兹速度变换

一个运动的质点于某一时刻(所谓时间坐标)到达某一位置(所谓空间坐标)便是一个事件，故洛伦兹变换对一个运动质点的时间和空间坐标是成立的。由洛伦兹变换可得到洛伦兹速度变换

$$\begin{cases} v_x'=\dfrac{v_x-u}{1-\dfrac{uv_x}{c^2}} \\ v_y'=\dfrac{v_y}{1-\dfrac{uv_x}{c^2}}\sqrt{1-\dfrac{u^2}{c^2}} \\ v_z'=\dfrac{v_z}{1-\dfrac{uv_x}{c^2}}\sqrt{1-\dfrac{u^2}{c^2}} \end{cases} \quad 和 \quad \begin{cases} v_x=\dfrac{v_x'+u}{1+\dfrac{uv_x'}{c^2}} \\ v_y=\dfrac{v_y'}{1+\dfrac{uv_x'}{c^2}}\sqrt{1-\dfrac{u^2}{c^2}} \\ v_z=\dfrac{v_z'}{1+\dfrac{uv_x'}{c^2}}\sqrt{1-\dfrac{u^2}{c^2}} \end{cases} \tag{8.2.4}$$

式中，v_x'、v_y'、v_z' 为质点在 S' 系中的运动速度 $\boldsymbol{v}'$ 分别在 x'、y'、z' 轴上的三个投影，v_x、v_y、v_z 为同一质点在 S 系中的运动速度 $\boldsymbol{v}$ 分别在 x、y、z 轴上的三个投影。

y、z 方向的速度投影竟然与 x 方向的速度投影有关，其原因在于时间和空间是密不可分的(即洛伦兹时间变换与 x 坐标密不可分)，这是洛伦兹速度变换与伽利略速度变换的截然不同之处。

当 u 和 v 或 v' 远远小于 c 时，则洛伦兹速度变换便回到了伽利略速度变换

$$\begin{cases} v'_x = v_x - u \\ v'_y = v_y \\ v'_z = v_z \end{cases} \quad \text{和} \quad \begin{cases} v_x = v'_x + u \\ v_y = v'_y \\ v_z = v'_z \end{cases}$$

在应用洛伦兹速度变换时，常遇到 $v_x = v, v_y = v_z = 0$ 或 $v'_x = v', v'_y = v'_z = 0$ 这两种情况，因此应该熟练掌握这两种情况下的速度变换关系式

$$v' = \frac{v - u}{1 - \frac{uv}{c^2}} \quad \text{和} \quad v = \frac{v' + u}{1 + \frac{uv'}{c^2}} \tag{8.2.5}$$

需要提醒的是，式(8.2.5)中的 v 和 v' 都是代数量而非速度的绝对值。

下面从洛伦兹速度变换讨论一下光速不变原理。由洛伦兹速度变换可得到

$$v'^2 = v'^2_x + v'^2_y + v'^2_z = c^2\left[1 - \frac{\left(1 - \frac{v^2}{c^2}\right)\left(1 - \frac{u^2}{c^2}\right)}{\left(1 - \frac{vu}{c^2}\right)^2}\right] \tag{8.2.6}$$

上式表明，当 $v = c$ 时亦有 $v' = c$，这与光速不变原理是一致的。

从式(8.2.6)还可看到当 $v < c$ 时，必有 $v' < c$。这就是说，不可能通过变换参考系来得到大于光速 c 的速度。

再看一个例子。如图 8.2.7 的实线所示，有一光线在 S' 系中沿 y' 方向传播，试看这条光线在 S 系中的传播情况。

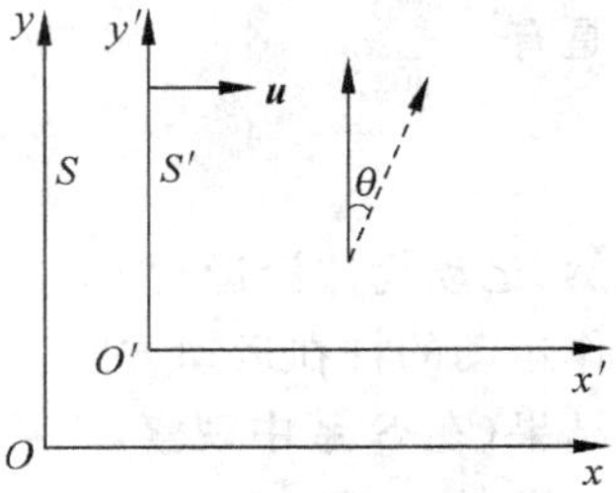

图 8.2.7

这条光线的速度在 S' 系中的三个投影为

$$v'_x = 0, \quad v'_y = c, \quad v'_z = 0$$

由洛伦兹速度变换得到这条光线的速度在 S 系中的三个投影为

$$\begin{cases} v_x = \dfrac{0 + u}{1 + \dfrac{u \cdot 0}{c^2}} = u \\ v_y = \dfrac{c}{1 + \dfrac{u \cdot 0}{c^2}} \cdot \sqrt{1 - \dfrac{u^2}{c^2}} = \sqrt{c^2 - u^2} \\ v_z = \dfrac{0}{1 + \dfrac{u \cdot 0}{c^2}} \cdot \sqrt{1 - \dfrac{u^2}{c^2}} = 0 \end{cases}$$

这条光线在 S 系中传播的速率为

$$v = \sqrt{v_x^2 + v_y^2 + v_z^2} = \sqrt{u^2 + c^2 - u^2} = c$$

显然这条光线在 S 系和 S' 系中的传播速率同为 c，这与光速不变原理是一致的。但这条光线在 S 系中的传播方向与在 S' 系中的传播方向却不同了，如图 8.2.7 中的虚线所示，它在 S 系中的传播方向与 y 轴的夹角为 θ

$$\theta = \arctan\frac{v_x}{v_y} = \arctan\frac{u}{\sqrt{c^2 - u^2}}$$

通过这个例子可以看到，光速不变原理指的是光的传播速率不变，而并非光的传播方向也不变。

8.2.7 洛伦兹加速度变换

由洛伦兹速度变换可得到洛伦兹加速度变换

$$\begin{cases} a'_x = \dfrac{\left(1-\dfrac{u^2}{c^2}\right)^{\frac{3}{2}}}{\left(1-\dfrac{uv_x}{c^2}\right)^3} a_x \\ a'_y = \dfrac{1-\dfrac{u^2}{c^2}}{\left(1-\dfrac{uv_x}{c^2}\right)^3}\left[a_y + \dfrac{u}{c^2}(a_x v_y - a_y v_x)\right] \\ a'_z = \dfrac{1-\dfrac{u^2}{c^2}}{\left(1-\dfrac{uv_x}{c^2}\right)^3}\left[a_z + \dfrac{u}{c^2}(a_x v_z - a_z v_x)\right] \end{cases} \tag{8.2.7}$$

式中，a_x、a_y、a_z 为质点在 S 系中加速度 $\boldsymbol{a}$ 的三个投影，a'_x、a'_y、a'_z 为质点在 S' 系中加速度 $\boldsymbol{a}'$ 的三个投影。

上式表明，非但 $\boldsymbol{a}' \neq \boldsymbol{a}$，而且一个惯性系中质点的加速度除了与它在另一个惯性系中的加速度有关外，竟然还与它在另一惯性系中的速度有关，这与伽利略加速度变换是截然不同的。

上式还表明，当 u 和 v 远远小于 c 时，洛伦兹加速度变换便回到了伽利略加速度变换

$$\begin{cases} a'_x = a_x \\ a'_y = a_y \\ a'_z = a_z \end{cases}$$

8.3 相对论力学

相对论认为动量守恒定律、能量守恒定律和功能原理是自然界的普遍规律，它们对洛伦兹变换应该满足相对性原理，由此便可导出相对论力学的一系列重要的关系式。

8.3.1 相对论质量

牛顿力学认为物体的质量是不随其运动状态的变化而变化的，而相对论力学则认为物体的质量是随其运动状态的变化而变化的，质量 m 随速率 v 的变化关系为

$$m = \frac{m_0}{\sqrt{1-\dfrac{v^2}{c^2}}} \tag{8.3.1}$$

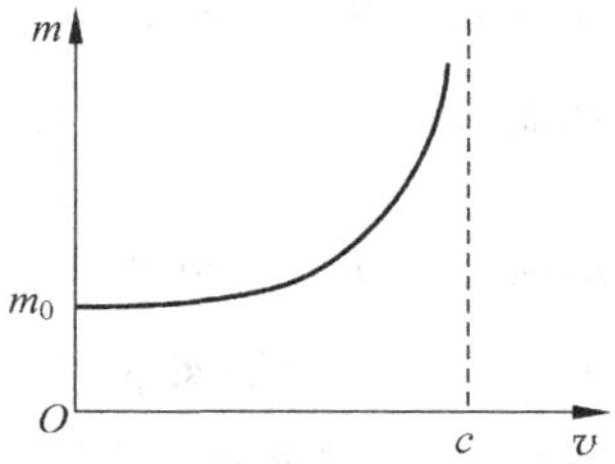

式中 m_0 为物体相对参考系静止时的质量，称为静止质量。m 是物体相对参考系运动时的质量，称为相对论质量或运动质量。m 随 v 的变化规律如图 8.3.1 所示。当 $v \ll c$ 时，则 $m = m_0$，这就回到了牛顿力学的情况。

图 8.3.1

对于 $m_0 \neq 0$ 的物体（由分子原子组成）：

当 $v \to c$ 时，则 $m \to \infty$；

当 $v=c$ 时，$m=\infty$，这是不可能的；

当 $v>c$ 时，m 为虚数，质量为虚数是无物理意义的，这表明 $v>c$ 也是不可能的。

对于光子来说，由于 $v=c$，所以只可能 $m_0=0$。也就是说，如果让光子静止，那么它就不存在了。

8.3.2 相对论动量

在相对论中，保留了牛顿力学中动量的表达式，即相对论动量为

$$\boldsymbol{p} = m\boldsymbol{v}$$

值得注意的是，上式虽然与牛顿力学的动量表达式相同，但对式中质量 m 的看法却不同，式中的质量应为相对论质量 $m=\dfrac{m_0}{\sqrt{1-\dfrac{v^2}{c^2}}}$，于是有

$$\boldsymbol{p} = m\boldsymbol{v} = \frac{m_0 \boldsymbol{v}}{\sqrt{1-\dfrac{v^2}{c^2}}} \tag{8.3.2}$$

8.3.3 相对论动量变化率

在牛顿力学中，由于质量是不变的，所以牛顿第二定律的形式 $\boldsymbol{F}=\dfrac{\mathrm{d}\boldsymbol{p}}{\mathrm{d}t}$ 和 $\boldsymbol{F}=m\boldsymbol{a}$ 是一致的。由洛伦兹加速度变换式(8.2.7)可以看出 $\boldsymbol{F}=m\boldsymbol{a}$ 对洛伦兹变换不能满足相对性原理。为了保持与动量守恒定律(质点不受力时动量不变)的一致，相对论力学保留了牛顿力学中质点所受的合力等于质点的动量变化率这个力的定义，即

$$\boldsymbol{F} = \frac{\mathrm{d}\boldsymbol{p}}{\mathrm{d}t} = \frac{\mathrm{d}(m\boldsymbol{v})}{\mathrm{d}t} \tag{8.3.3}$$

这既是力的定义，又是牛顿第二定律，在这一点上，相对论力学和牛顿力学是一致的，但相对论力学得到的加速度 $\boldsymbol{a}$ 与力 $\boldsymbol{F}$ 的关系为

$$\boldsymbol{a} = \frac{\boldsymbol{F}}{m} - \frac{\boldsymbol{v}(\boldsymbol{v}\cdot\boldsymbol{F})}{mc^2} \tag{8.3.4}$$

而牛顿力学给出的加速度 $\boldsymbol{a}$ 与力 $\boldsymbol{F}$ 的关系为

$$\boldsymbol{a} = \frac{\boldsymbol{F}}{m}$$

这二者有很大的差异：前者表明，质点不仅沿力 $\boldsymbol{F}$ 的方向有加速度，而且沿速度 $\boldsymbol{v}$ 的方向也有加速度；而后者表明，质点仅在力 $\boldsymbol{F}$ 的方向有加速度。对恒力 $\boldsymbol{F}$ 作用下沿力方向的直线运动而言，当 $v \to c$ 时，前者因 $m \to \infty$，而有 $\boldsymbol{a}=\dfrac{\boldsymbol{F}}{m}-\dfrac{v^2\boldsymbol{F}}{mc^2} \to 0$，这表明物体在接近光速时很难被加速；后者却因 m 不变，而有 $\boldsymbol{a}=\dfrac{\boldsymbol{F}}{m}=$ 恒量 $\neq 0$，即加速度与速度高低无关，质点在力的作用下可以一直被加速下去。但当 $v \ll c$ 时，则前者就变成了后者，即相对论力学又回到了牛顿力学，这应该是必然的。因为在低速下，实践已经证明牛顿力学是正确的了。另外，当 $\boldsymbol{v} \perp \boldsymbol{F}$ 时，从形式上看前者亦变成了后者，不过此时前者中的 m 并非是不变的常量而是速率

v 的函数。

值得一提的是，当 $\boldsymbol{F}=0$ 时，由式(8.3.4)和 $\boldsymbol{F}=m\boldsymbol{a}$ 都得到 $\boldsymbol{a}=0$，这表明牛顿第一定律对相对论力学和牛顿力学是相同的。

至于牛顿第三定律，由于相对论力学承认动量守恒定律是自然界的普遍规律，而在3.6.2小节中已指出了动量守恒定律和牛顿第三定律的等价性，所以牛顿第三定律对相对论力学来说也是成立的，这和牛顿力学也是相同的。

综上所述可知，牛顿三定律对相对论力学和牛顿力学在形式上都是相同的，只是在相对论力学中与牛顿第二定律相应的规律应表示为 $\boldsymbol{F}=\frac{\mathrm{d}(m\boldsymbol{v})}{\mathrm{d}t}$，而不能表示为 $\boldsymbol{F}=m\boldsymbol{a}$。

8.3.4　相对论动能

由质点的动能定理得到的质点的相对论动能为

$$E_{\mathrm{k}}=mc^2-m_0c^2=\frac{m_0c^2}{\sqrt{1-\frac{v^2}{c^2}}}-m_0c^2 \tag{8.3.5}$$

值得指出的是，由上式看出，相对论动能和牛顿力学的动能并不像相对论的动量和牛顿力学的动量那样具有相同的表达形式。因为，即使把 m 理解为 $m=\frac{m_0}{\sqrt{1-\frac{v^2}{c^2}}}$，也不能把相对论动能写成为 $\frac{1}{2}mv^2$ 的形式。但是当 $v\ll c$ 时，由于

$$\frac{1}{\sqrt{1-\frac{v^2}{c^2}}}=1+\frac{1}{2}\frac{v^2}{c^2}+\cdots\approx 1+\frac{1}{2}\frac{v^2}{c^2}$$

故有

$$E_{\mathrm{k}}=\frac{m_0c^2}{\sqrt{1-\frac{v^2}{c^2}}}-m_0c^2=m_0c^2\left(1+\frac{1}{2}\frac{v^2}{c^2}\right)-m_0c^2=\frac{1}{2}m_0v^2$$

这就又回到了牛顿力学的结果。

8.3.5　相对论能量

质能关系　动能公式(8.3.5)中的各项皆具有能量的量纲，爱因斯坦把式中的 mc^2 称作具有速度 v 时质点的总能量或相对论能量，用符号 E 表示，即质点的总能量和质量的关系式为

$$E=mc^2 \tag{8.3.6}$$

式(8.3.6)就是著名的质能关系式，它的提出导致人类迈入了利用原子能的时代，这是爱因斯坦对物理学和人类进步的巨大贡献。

静止能量　爱因斯坦把动能公式(8.3.5)中的 m_0c^2 称作质点的静止能量，简称静能，用符号 E_0 表示。即静止能量和静止质量的关系式为

$$E_0=m_0c^2 \tag{8.3.7}$$

由式(8.3.5)、式(8.3.6)和式(8.3.7)给出

$$E_k = E - E_0 \quad 或 \quad E = E_0 + E_k \tag{8.3.8}$$

即质点的静止能量和动能之和就是质点的总能量。

注意：对于一个不具有内部结构的质点来说，静止能量是确定不变的。但是对于一个具有内部结构的物体或系统来说，静止能量包括除整体动能之外的物体内部的各种能量，如质点的静止能、质点相对于质心的动能、热运动能、分子间的势能、化学能、原子内部的能……。当物体内的各种能量发生变化时，物体的静止能量就会相应变化。

质量守恒与能量守恒的一致性 相对论力学承认能量守恒定律是自然界的普遍规律，即对孤立系统有总能量

$$E = 常量$$

若系统的总质量为 m 的话，则有

$$E = mc^2 = 常量$$

所以，系统的总质量

$$m = 常量$$

可见，一个孤立系统的能量守恒，其质量也必守恒。能量守恒定律与质量守恒定律是一致的、不可分割的。需要注意的是，这里的质量是指的相对论质量，并非静止质量。

相对论的质能关系是对古典观念的一个突破。古典观念认为，质量是物质的量度，它通过物体的惯性和物体间的万有引力来显示；能量是运动的量度，它通过做功和传热来显示。在古典观念里质量守恒定律和能量守恒定律也是彼此无关的，质量守恒定律是由拉瓦锡的化学实验确立的，能量守恒定律是由焦耳的热功当量实验确立的。而相对论却把质量和能量、质量守恒定律和能量守恒定律紧密地联系在一起了。

质量亏损 由关系式 $m_0 = \dfrac{E_0}{c^2}$ 知，当一个系统的静止能量改变时，其静止质量也应改变。例如：当压缩一个弹簧或给一杯水加热时，其静止质量应该增加，至于实际上测不出此增量，那是因为它太微小。爱因斯坦曾指出："用那些所含能量是高度可变的物质来验证这个理论，不是不可能成功的。"

为了解释核反应过程中释放出来的原子能，我们以发生粒子反应的两粒子孤立系统为例进行说明。令 m_{01} 和 m_{02} 分别表示反应粒子和生成粒子的总的静止质量，E_{k1} 和 E_{k2} 分别表示反应粒子和生成粒子的总动能，则由能量守恒定律，对该系统有

$$m_{01}c^2 + E_{k1} = m_{02}c^2 + E_{k2}$$

所以有

$$E_{k2} - E_{k1} = (m_{01} - m_{02})c^2$$

此式表明，一个孤立系统的动能与静止能量之间是可以相互转化的。

在上述核反应过程中，$\Delta E = E_{k2} - E_{k1}$ 是可以释放给外界的，这就是所谓的原子能。$\Delta m_0 = m_{01} - m_{02}$ 表示核反应后系统总的静止质量的减少，称为（静）质量亏损。释放原子能要以质量亏损为代价，即

$$\Delta E = \Delta m_0 c^2 \tag{8.3.9}$$

在原子反应堆中，由于 ΔE 非常之大，故 Δm_0 已达到可测量的地步，实验表明相对论的质能关系是正确的。

有人从 $\Delta m_0=\dfrac{\Delta E}{c^2}$ 得出结论说：质量变成了能量。这种说法是错误的，实际上 $\dfrac{\Delta E}{c^2}$ 正是运动质量的增加。因此，正确的说法是：系统的静止质量转变成了运动质量，若 ΔE 释放给外界，则外界的质量便增加了 $\dfrac{\Delta E}{c^2}$。

8.3.6　相对论动量和能量的关系

一个运动粒子的相对论动量和能量的关系为

$$E^2 = p^2c^2 + m_0^2c^4 \tag{8.3.10}$$

式中 E、pc、m_0c^2 三者的关系可以用图 8.3.2 的直角三角形表示。

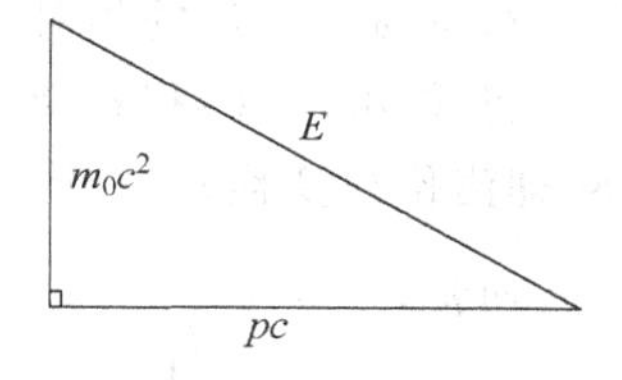

图　8.3.2

一个运动粒子的相对论动量和动能的关系为

$$E_k^2 + 2E_km_0c^2 = p^2c^2 \tag{8.3.11}$$

当 $v\ll c$ 时，因粒子的动能 E_k 比其静止能量 m_0c^2 小得多，E_k^2 与 $2E_km_0c^2$ 相比可以忽略，故得

$$E_k = \frac{p^2}{2m_0}$$

这又回到了牛顿力学的结果。

光子是一种很重要的基本粒子。由量子理论知，光子的能量为

$$E = h\nu \tag{8.3.12}$$

式中，ν 为光子的频率，$h\approx 6.63\times10^{-34}\ \mathrm{J\cdot s}$，是普朗克常量。

由质能关系得光子的质量为

$$m = \frac{E}{c^2} = \frac{h\nu}{c^2} \tag{8.3.13}$$

由运动质量 m 与静止质量 m_0 的关系可得光子的静止质量为

$$m_0 = m\sqrt{1-\frac{v^2}{c^2}} = \frac{h\nu}{c^2}\sqrt{1-\frac{c^2}{c^2}} = 0 \tag{8.3.14}$$

可见，光子无静止质量，这意味着光子不可能静止，若让光子静止，它就不存在了（即质量为零了）。

由式（8.3.10）和式（8.3.14）得光子的动量为

$$p = \frac{E}{c} = mc \quad 或 \quad p = \frac{h\nu}{c} = \frac{h}{\lambda} \tag{8.3.15}$$

式中，$\lambda=\dfrac{c}{\nu}$ 为光子的波长。

8.3.7　相对论动量和能量变换

我们仍如 8.2.1 小节所设的那样，有两个惯性参考系 S 和 S'，S' 系相对 S 系沿 x 轴以匀速度 $\boldsymbol{u}$ 运动。若质点在 S 和 S' 系中的动量分别为 $\boldsymbol{p}$ 和 $\boldsymbol{p}'$，能量分别为 E 和 E'，则利用洛伦兹速度变换可求得在 S 和 S' 系中质点的动量和能量的相对论变换关系式为

$$\begin{cases} p'_x=\dfrac{1}{\sqrt{1-\dfrac{u^2}{c^2}}}\left[p_x-\dfrac{uE}{c^2}\right] \\ p'_y=p_y \\ p'_z=p_z \\ E'=\dfrac{1}{\sqrt{1-\dfrac{u^2}{c^2}}}[E-up_x] \end{cases} \quad 和 \quad \begin{cases} p_x=\dfrac{1}{\sqrt{1-\dfrac{u^2}{c^2}}}\left[p'_x+\dfrac{uE'}{c^2}\right] \\ p_y=p'_y \\ p_z=p'_z \\ E=\dfrac{1}{\sqrt{1-\dfrac{u^2}{c^2}}}[E'+up'_x] \end{cases} \tag{8.3.16}$$

式(8.3.16)表明，在相对论中，动量和能量在变换时是紧密地联系在一起的。这一点实际上是相对论时空度量的相对性以及时空度量紧密相关的反映。

将式(8.3.16)和式(8.2.1)比较，我们看到 p_x,p_y,p_z 和 E/c^2 的变换与 x,y,z 和 t 的变换(即洛伦兹变换)是相同的。

通常，令 $\gamma=\dfrac{1}{\sqrt{1-\dfrac{u^2}{c^2}}}$，$\beta=\dfrac{u}{c}$，则式(8.3.16)成为如下常见的形式

$$\begin{cases} p'_x=\gamma\left[p_x-\dfrac{\beta E}{c}\right] \\ p'_y=p_y \\ p'_z=p_z \\ E'=\gamma[E-\beta cp_x] \end{cases} \quad 和 \quad \begin{cases} p_x=\gamma\left[p'_x+\dfrac{\beta E'}{c}\right] \\ p_y=p'_y \\ p_z=p'_z \\ E=\gamma[E'+\beta cp'_x] \end{cases} \tag{8.3.17}$$

8.3.8 相对论动量变化率的变换

前面已经谈到，在相对论中力的定义为 $\boldsymbol{F}=\dfrac{\mathrm{d}\boldsymbol{p}}{\mathrm{d}t}$，显然知道了动量变化率 $\dfrac{\mathrm{d}\boldsymbol{p}}{\mathrm{d}t}$ 的变换关系，也就知道了力 $\boldsymbol{F}$ 的变换关系。

利用相对论的动量能量变换式(8.3.17)、洛伦兹变换式(8.2.1)和动量能量关系式(8.3.10)，可以导出相对论力(动量变化率)的变换式为

$$\begin{cases} F_x=\dfrac{F'_x+\dfrac{\beta}{c}\boldsymbol{F}'\cdot\boldsymbol{v}'}{1+\dfrac{\beta}{c}v'_x} \\ F_y=\dfrac{F'_y}{\gamma\left(1+\dfrac{\beta}{c}v'_x\right)} \\ F_z=\dfrac{F'_z}{\gamma\left(1+\dfrac{\beta}{c}v'_x\right)} \end{cases} \quad 和 \quad \begin{cases} F'_x=\dfrac{F_x-\dfrac{\beta}{c}\boldsymbol{F}\cdot\boldsymbol{v}}{1-\dfrac{\beta}{c}v_x} \\ F'_y=\dfrac{F_y}{\gamma\left(1-\dfrac{\beta}{c}v_x\right)} \\ F'_z=\dfrac{F_z}{\gamma\left(1-\dfrac{\beta}{c}v_x\right)} \end{cases} \tag{8.3.18}$$

上述变换式有一个重要的特例：我们选择这样一个惯性参考系 S'，使得质点在此参考系中的瞬时速度为零(或很小)，即 $\boldsymbol{v}'=\boldsymbol{0}$，这样上述公式就给出下面的简单结果

$$F_x=F'_x,\quad F_y=\frac{1}{\gamma}F'_y,\quad F_z=\frac{1}{\gamma}F'_z \tag{8.3.19}$$

由于 $\boldsymbol{v}'=0$，所以 $\boldsymbol{u}$ 也就等于质点相对于 S 系的速度 $\boldsymbol{v}$。考虑到 S'、S 两惯性参考系的相对

速度的方向沿 x 方向，故式(8.3.19)又可以这样理解：若在质点瞬时静止于其中的 S' 参考系内测得质点受的力是 $\boldsymbol{F}'$，而在观察到质点以速度 $\boldsymbol{v}$ 运动的参考系 S 中测量的力是 $\boldsymbol{F}$，则 $\boldsymbol{F}$ 沿质点运动方向的分量与 S' 系中测量的结果相同，而沿垂直于运动方向的分量减少到在 S' 系中测量结果的 $\dfrac{1}{\gamma}$ 倍。

8.4 典型例题(共6例)

例1 O 惯性系中固定两只同步的钟 C_1、C_2，相距为 3×10^7 m，O' 系相对 O 系沿 x 方向以匀速率 $u=0.6c$ 运动，其中固定两只同步的钟 C_1'、C_2'。某时刻，O 系中看到 C_1 与 C_1'，C_2 与 C_2' 同时相遇，且 C_1、C_1' 指示皆为零，如图 8.4.1 所示。试问：

(1) 从 O 系中看 C_2、C_2' 的指示是否也都为零？若不都为零的话，具体读数是多少？

(2) 在 O' 系中 C_1'、C_2' 的距离是多少？从 O' 系中看是否可能有 C_1、C_1'、C_2、C_2' 同时相遇？当 C_1' 与 C_1 相遇时，C_2 在 O' 系中的位置如何。

解 (1) 首先要明确，一个钟的指示在任何参考系中看都是相同的，故从 O 系中是可以看 C_2' 的指示的。

C_1、C_1' 相遇为一事件，C_2、C_2' 相遇为另一事件。此二事件在 O 系中既然是同时发生的，那 C_2 与 C_1 的指示当然相同，因 C_1 的指示为零，故 C_2 的指示也必为零。但此二事件对 O' 系来说并非同时发生，而是 C_1、C_1' 相遇的事件迟发生，C_2、C_2' 相遇事件早发生。既然 C_1、C_1' 相遇时 C_1' 的指示为零，那 C_2、C_2' 相遇时 C_2' 的指示必小于零。

图 8.4.2 中的 (x_1, t_1)、(x_2, t_2) 和 (x_1', t_1')、(x_2', t_2') 为 C_1、C_1' 相遇与 C_2、C_2' 相遇这两个事件分别在 O 系和 O' 系中发生的地点、时间。

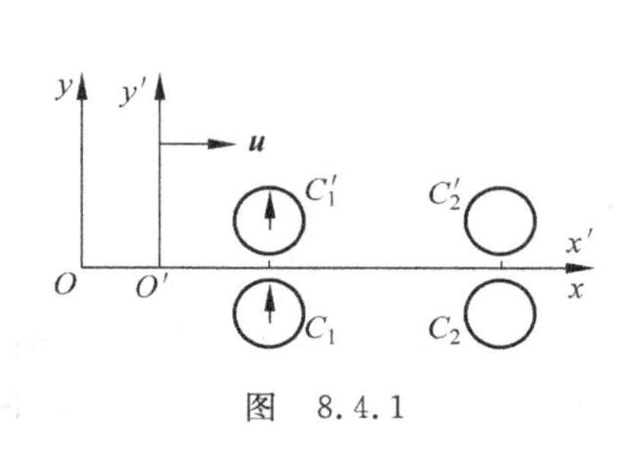

图 8.4.1

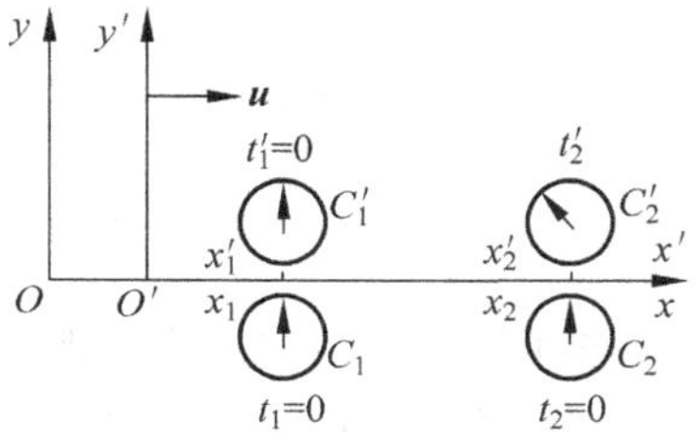

图 8.4.2

由洛伦兹变换得

$$t_2'-t_1'=\frac{(t_2-t_1)-\dfrac{u}{c^2}(x_2-x_1)}{\sqrt{1-\dfrac{u^2}{c^2}}}$$

因为 $\quad t_1'=0,\quad t_1=0,\quad t_2=0,\quad x_2-x_1=3\times10^7\ \text{m},\quad u=0.6c$

所以
$$t_2'=\frac{-\dfrac{u}{c^2}(x_2-x_1)}{\sqrt{1-\dfrac{u^2}{c^2}}}=\frac{-\dfrac{0.6c}{c^2}\times3\times10^7}{\sqrt{1-\left(\dfrac{0.6c}{c}\right)^2}}\text{s}=\frac{-\dfrac{0.6\times3\times10^7}{3\times10^8}}{0.8}\text{s}=-0.075\text{s}$$

故 C_2' 的读数为 $-0.075\ \mathrm{s}$。

(2) C_1' 和 C_2' 在 O' 系中是静止的，在 O' 系中测量 C_1' 和 C_2' 之间的距离并不要求同时测量它们的坐标，故 C_1、C_1' 相遇和 C_2、C_2' 相遇这两个事件在 O' 系中的距离便是 C_1' 和 C_2' 在 O' 系中的距离。由洛伦兹变换得 C_1' 和 C_2' 在 O' 系中的距离为

$$x_2'-x_1'=\frac{(x_2-x_1)-u(t_2-t_1)}{\sqrt{1-\frac{u^2}{c^2}}}=\frac{x_2-x_1}{\sqrt{1-\frac{u^2}{c^2}}}=\frac{3\times10^7\ \mathrm{m}}{0.8}=3.75\times10^7\ \mathrm{m} \quad ①$$

C_1 和 C_2 在 O 系中是静止的，它们之间在 O 系中的距离相当于一个静止于 O 系中的杆的长度，但在 O' 系中看来 C_1 和 C_2 是运动的，它们之间的距离与运动的杆的长度类似；故在 O' 系中 C_1 和 C_2 之间的距离为

$$l'=(x_2-x_1)\sqrt{1-\frac{u^2}{c^2}}=3\times10^7\ \mathrm{m}\times0.8=2.4\times10^7\ \mathrm{m} \quad ②$$

因在 O' 系中 C_1'、C_2' 之间的距离 $(x_2'-x_1')$ 大于 C_1、C_2 之间的距离 l'，故从 O' 系中看 C_1、C_1'、C_2、C_2' 是不能同时相遇的。

l' 既为 C_1、C_2 在 O' 系中的距离，当然也就是当 C_1'、C_1 相遇时在 O' 系中 C_2 相对于 C_1' 的距离，即在 O' 系中 C_2 相对于 C_1' 的距离为 $l'=2.4\times10^7\ \mathrm{m}$。

讨论 本题涉及到了杆长在两个参考系中的变换和在某一参考系中同时发生的两个事件之间的距离在两个参考系中的变换，这是一个容易搞混的问题。

如图 8.4.3 所示，杆 AB 静止在 O 系中。在 O 系中测量杆的静长 l 不要求同时记下 x_A 和 x_B；但在 O' 系中测量杆的长度 l' 则要同时记下 x_A' 和 x_B'。由洛伦兹变换得

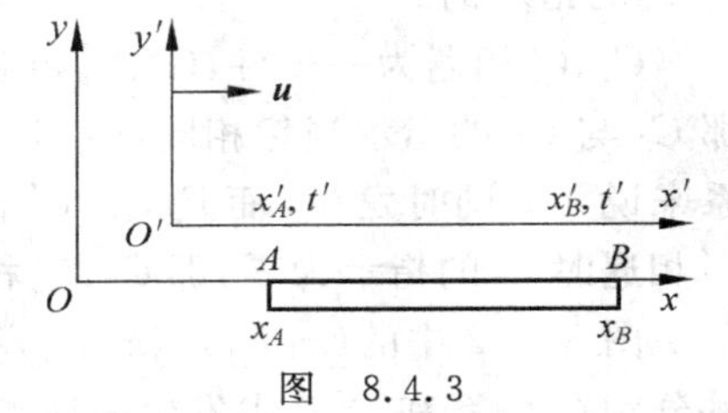

图 8.4.3

$$x_B-x_A=\frac{x_B'-x_A'}{\sqrt{1-\frac{u^2}{c^2}}} \quad ③$$

所以

$$l'=l\sqrt{1-\frac{u^2}{c^2}}$$

此即杆的动长与静长的关系式。式②即类似于此。

如图 8.4.4(a)所示，在 O 系中的 x_A 处和 x_B 处于 t 时刻同时发生了两个事件；但在 O' 系中看这两个事件并非同时发生，而是 t_B' 在先，t_A' 在后，即先记下 x_B' 后再记下 x_A'，如图 8.4.4(b)、(c)所示。由洛伦兹变换得

$$x_B'-x_A'=\frac{x_B-x_A}{\sqrt{1-\frac{u^2}{c^2}}} \quad ④$$

此即在某一参考系中同时发生的两个事件之间的距离在两个参考系中的变换，式①即类似于此。

虽然式③和式④中 (x_B-x_A) 与 $(x_B'-x_A')$ 的关系正好相反，但是它们都表明，若两个事件在某一参考系中是同时发生的，则它们之间在这个参考系中的距离比在其他参考系中的距离要短（其他参考系相对于“某一参考系”是运动的）。

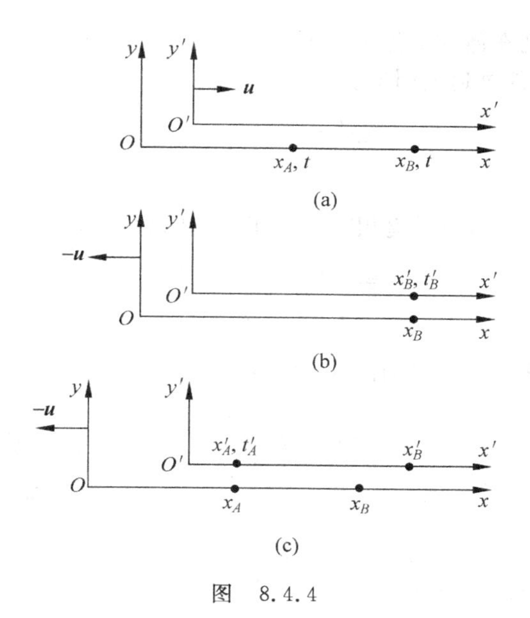

图 8.4.4

例 2 如图 8.4.5 所示，一列火车以匀速 $\boldsymbol{v}$ 通过隧道，设二者静长均为 l_0，从地面上看，当火车的前端 b 到达隧道的 B 端的同时，有一道闪电正击中隧道的 A 端，试问此闪电能否在火车的 a 端留下痕迹？

解 先从地面上看，火车的长度为 $l=l_0\sqrt{1-\frac{v^2}{c^2}}<l_0$。如图 8.4.6 所示，当火车的前端 b 到达隧道的 B 端时，火车的末端 a 已进入隧道内了，故此时隧道 A 端的闪电绝不会在火车的 a 端留下痕迹。

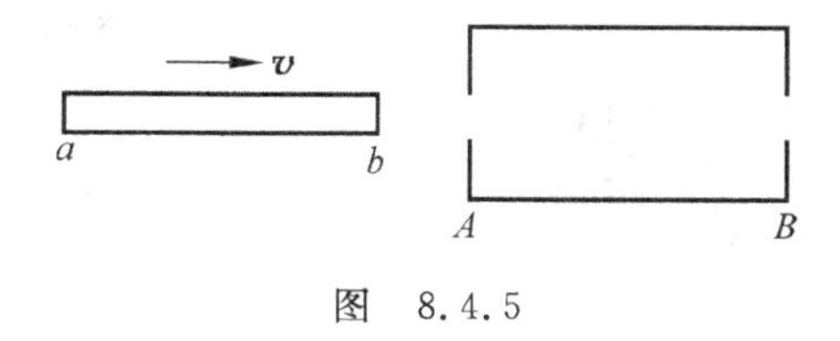

图 8.4.5

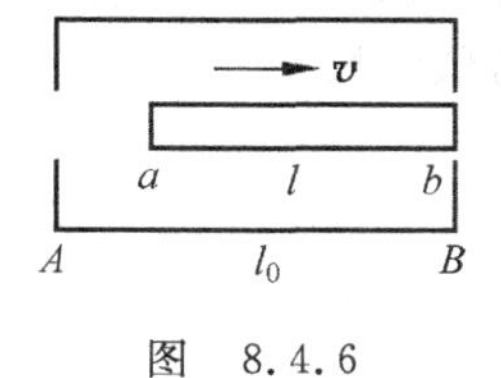

图 8.4.6

再从火车上看，有两种解法：

解法一 隧道的长度为 $l=l_0\sqrt{1-\frac{v^2}{c^2}}<l_0$。从图 8.4.7(a) 上看，似乎会造成 A 处的闪电能击中火车的假象。但要注意，从火车上看隧道的 B 端运动到火车的 b 端这个事件与 A 处发生闪电这个事件并非同时发生，而是 B、b 相遇的事件在前，A 处发生闪电的事件在后。如图 8.4.7(b)所示，当 A 处发生闪电时，隧道的 B 端已退至火车 b 端的后面了。A 处的闪电能否击中火车，关键在于发生闪电这个时刻 A 与 a 之间的相对位置，若 a 在隧道内则闪电不能击中火车，若 a 在隧道外则闪电能击中火车。下面就分析这个问题。

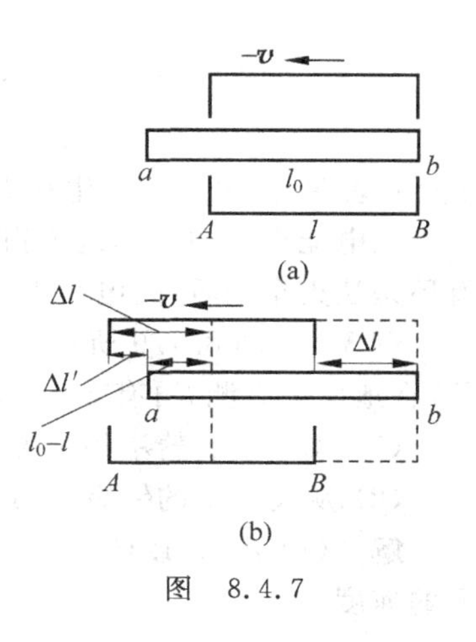

图 8.4.7

在 B 与 b 相遇时，列车露在隧道外的长度是 l_0-l。由洛伦兹变换求得 A 处发生闪电的事件比 B、b 相遇的事件推迟的时间为

$$\Delta t'=\frac{l_0 v}{c^2\sqrt{1-\frac{v^2}{c^2}}}$$

如图 8.4.7(b)所示，在 $\Delta t'$ 期间隧道相对于火车后退的距离为

$$\Delta l=v\Delta t'=\frac{l_0 v^2}{c^2\sqrt{1-\frac{v^2}{c^2}}}$$

A 处发生闪电时，A、a 之间的距离为图 8.4.7(b)中的 $\Delta l'$。

$$\Delta l'=\Delta l-(l_0-l)=\frac{l_0 v^2}{c^2\sqrt{1-\frac{v^2}{c^2}}}-\left(l_0-l_0\sqrt{1-\frac{v^2}{c^2}}\right)=l_0\left[\frac{v^2}{c^2\sqrt{1-\frac{v^2}{c^2}}}-1+\sqrt{1-\frac{v^2}{c^2}}\right]$$

$$=l_0\frac{v^2-c^2\sqrt{1-\frac{v^2}{c^2}}+c^2-v^2}{c^2\sqrt{1-\frac{v^2}{c^2}}}=l_0\frac{1-\sqrt{1-\frac{v^2}{c^2}}}{\sqrt{1-\frac{v^2}{c^2}}}=l_0\left[\frac{1}{\sqrt{1-\frac{v^2}{c^2}}}-1\right]>0$$

$\Delta l'>0$ 表明，在火车上看，A 处发生闪电时火车的 a 端已经在隧道内，即图 8.4.7(b)所示的情况正确，故闪电不会在火车的 a 端留下痕迹。

解法二 如图 8.4.8 所示，在隧道上建坐标 xAy，在火车上建坐标 $x'ay'$。在 xAy 中看，B、b 相遇的事件和 A 处发生闪电的事件是两个同时发生的事件，B、b 相遇的事件发生在 $x_B=l_0$ 处，闪电事件发生在 $x_A=0$ 处。从 $x'ay'$ 中看，B、b 相遇的事件发生在 $x'_B=l_0$ 处，闪电事件发生在 x'_A 处。

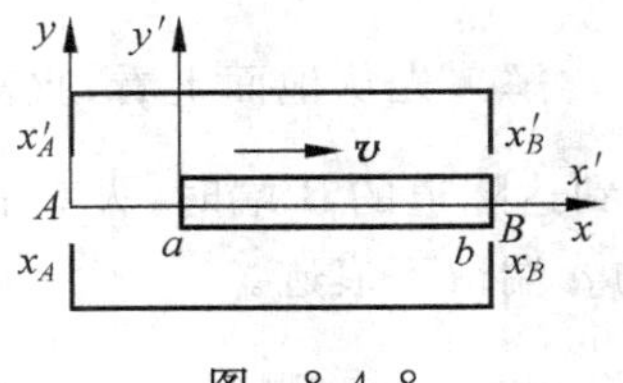

图 8.4.8

由洛伦兹变换得

$$x'_B-x'_A=\frac{x_B-x_A}{\sqrt{1-\frac{v^2}{c^2}}}$$

所以

$$x'_A=x'_B-\frac{x_B-x_A}{\sqrt{1-\frac{v^2}{c^2}}}=l_0-\frac{l_0}{\sqrt{1-\frac{v^2}{c^2}}}=l_0\left[1-\frac{1}{\sqrt{1-\frac{v^2}{c^2}}}\right]<0$$

$x'_A<0$ 表明，闪电事件发生在火车尾部 a 的后面，故闪电不会击中火车。

闪电能否击中火车这个物理事实是不因参考系的不同而异的，在本题中，无论从地面上看还是从火车上看，闪电都不会击中火车。

例 3 如图 8.4.9 所示，一艘飞船和一颗彗星分别对地面以 $0.6c$ 和 $0.8c$ 的速率相向而行，在地面上观测，再有 5 s 二者就要相撞。问

(1) 飞船上看彗星的速度是多少？

(2) 从飞船上的钟看，经过多少时间二者相撞？

解 (1) 图 8.4.10 中的 $\boldsymbol{v}'$ 为彗星相对于飞船的速度，$\boldsymbol{u}$、$\boldsymbol{v}$ 分别为飞船、彗星相对于地面的速度。

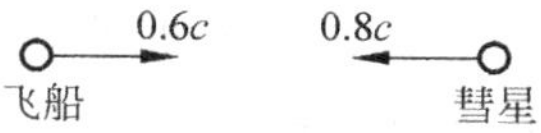

图　8.4.9

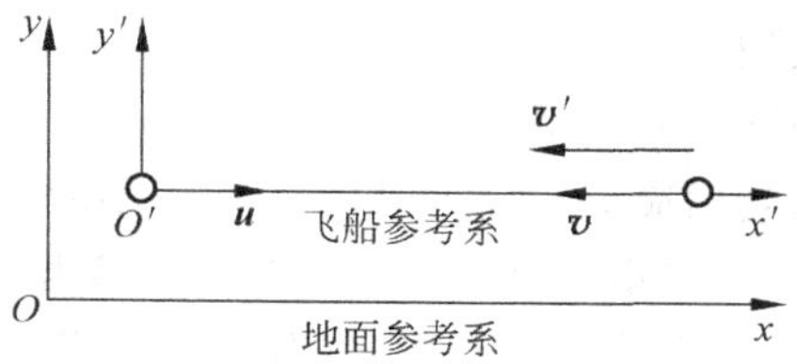

图　8.4.10

由洛伦兹速度变换式(8.2.5)得

$$v'=\frac{-v-u}{1+\frac{vu}{c^2}}=-\frac{0.8c+0.6c}{1+\frac{0.8c\times 0.6c}{c^2}}=-\frac{1.4c}{1+0.48}\approx -0.946c$$

式中，负号表示$\boldsymbol{v}'$与x'轴的正方向相反。

(2) 求从飞船上的钟看，经过多少时间飞船和彗星相撞。这有两种解法：

解法一　飞船上是用同一只钟来测量时间的，它测量的时间为固有时(原时)，固有时最短，从飞船上看二者相撞所经过的时间为

$$\Delta t'=\Delta t\sqrt{1-\frac{u^2}{c^2}}=5\ \text{s}\sqrt{1-\left(\frac{0.6c}{c}\right)^2}=5\ \text{s}\times 0.8=4\ \text{s}$$

解法二　如图 8.4.11 所示，在地面上看，于 t_0 时刻观测到飞船在 x_1 处为事件 1，于 t_0 时刻观测到彗星在 x_2 处为事件 2(这是两个同时发生的事件)，于 t 时刻飞船和彗星在 x_3 处相撞为事件 3。设想在飞船参考系上有一系列的钟(飞船参考系与飞船是不同的，它是飞船的延拓)，则这三个事件在飞船参考系上发生的时刻分别为 t'_1、t'_2、t'_3。1、2 两个事件在地面参考系中是同时发生的，在飞船参考系中并非同时发生，而是事件 1 迟发生，事件 2 早发生，即 $t'_1>t'_2$。

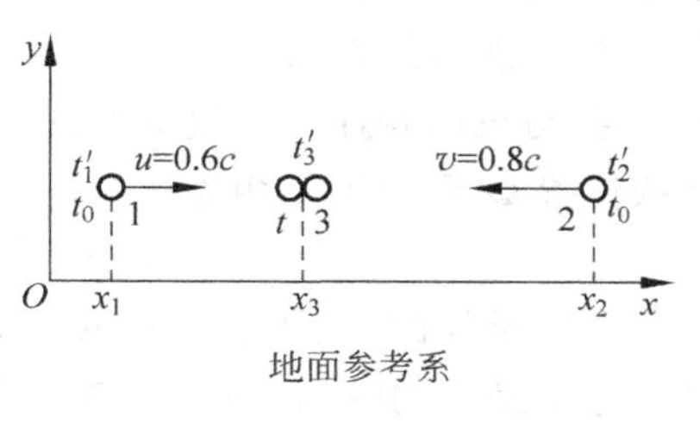

图　8.4.11

由洛伦兹变换可以给出在飞船参考系中看事件 3 和事件 1 的时间差

$$t'_3-t'_1=\frac{(t-t_0)-\frac{u}{c^2}(x_3-x_1)}{\sqrt{1-\frac{u^2}{c^2}}}=\frac{(t-t_0)-\frac{u^2}{c^2}(t-t_0)}{\sqrt{1-\frac{u^2}{c^2}}}$$

$$=(t-t_0)\sqrt{1-\frac{u^2}{c^2}}=5\ \text{s}\times\sqrt{1-(0.6)^2}=5\ \text{s}\times 0.8=4\ \text{s}\qquad ①$$

在飞船参考系中看事件 3 和事件 2 的时间差

$$t'_3-t'_2=\frac{(t-t_0)-\frac{u}{c^2}(x_3-x_2)}{\sqrt{1-\frac{u^2}{c^2}}}=\frac{(t-t_0)+\frac{uv}{c^2}(t-t_0)}{\sqrt{1-\frac{u^2}{c^2}}}$$

$$=(t-t_0)\frac{1+\frac{uv}{c^2}}{\sqrt{1-\frac{u^2}{c^2}}}=5\ \text{s}\times\frac{1+0.6\times 0.8}{0.8}=5\ \text{s}\times\frac{1.48}{0.8}=9.25\ \text{s}\qquad ②$$

由式①和式②看出，$t'_3-t'_1\neq t'_3-t'_2$，这是由于$(t'_3-t'_1)$是飞船上的同一只钟所测的时间间隔，而$(t'_3-t'_2)$是飞船参考系上的不同两只钟所测的时间间隔。从飞船上看彗星和飞船相撞所经过的时间，当然应该是$(t'_3-t'_1)=4\ \mathrm{s}$，而不应该是指$(t'_3-t'_2)=9.25\ \mathrm{s}$。

以上问题也可以这样来理解：在地面参考系中是于 t_0 时刻同时发现了彗星和飞船的，但在飞船参考系中看，这两个事件并非同时发生的，由洛伦兹变换得

$$t'_2-t'_1=\frac{1}{\sqrt{1-\frac{u^2}{c^2}}}\left[\left(t_0-\frac{u}{c^2}x_2\right)-\left(t_0-\frac{u}{c^2}x_1\right)\right]$$

$$=-\frac{\frac{u}{c^2}(x_2-x_1)}{\sqrt{1-\frac{u^2}{c^2}}}=-\frac{\frac{u}{c^2}(t-t_0)(u+v)}{\sqrt{1-\frac{u^2}{c^2}}}=-5.25\ \mathrm{s}$$

即在飞船参考系上看，地面上发现飞船时是在t'_1时刻，而早在5.25 s前的t'_2时刻地面就发现了彗星。如图8.4.12所示，从t'_2时刻地面发现彗星到t'_1时刻地面发现飞船这段时间里，彗星从位置Q'运动到了位置P'。彗星和飞船于t'_3时刻在坐标原点O'处相撞。彗星从位置Q'运动到位置P'所经过的时间为$(t'_1-t'_2)=5.25\ \mathrm{s}$，彗星从位置$P'$到与飞船相撞所经过的时间为$(t'_3-t'_1)=4\ \mathrm{s}$，而彗星从位置$Q'$到与飞船相撞所经过的时间恰为

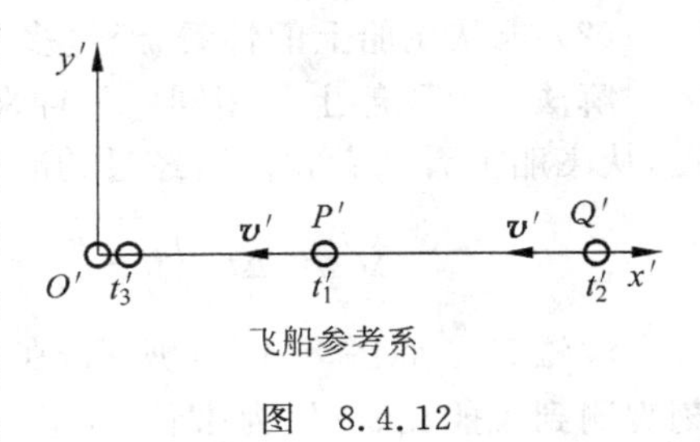

图 8.4.12

$$t'_3-t'_2=(t'_1-t'_2)+(t'_3-t'_1)=5.25\ \mathrm{s}+4\ \mathrm{s}=9.25\ \mathrm{s}$$

本题所问的“从飞船上的钟看，经过多少时间二者相撞”，应该是彗星从位置P'到与飞船相撞所经过的时间，而不应该是彗星从位置Q'到与飞船相撞所经过的时间。

例4 如图8.4.13所示，O'系以匀速$\boldsymbol{u}$相对于O惯性系沿x方向运动，当O'与O重合时，在O'系中的$x'=l'$处发现了一导弹正以匀速v'相对于O'系沿x'方向运动，此时立刻从O'点朝导弹发射一枚激光炮弹。求：

(1) 在O系中激光炮弹在何时何地击中导弹？

(2) 从发射激光炮弹到击中导弹这段时间里导弹在O系中运动的距离是多少？

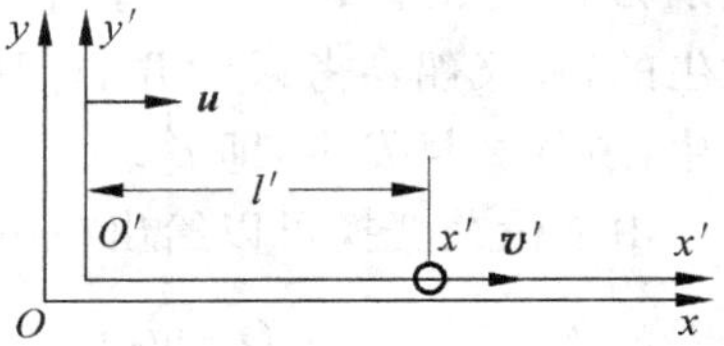

图 8.4.13

解 (1) 先求出在O'系中激光炮弹击中导弹的时间、地点(t'_1,x'_1)，然后用洛伦兹变换便可求出在O系中激光炮弹击中导弹的时间和地点。

在O'系中观测，当O'与O重合时，既发现了导弹又同时发射了激光炮弹，显然发现导弹和发射激光炮弹这两个事件发生的时刻同为t'，设$t'=0$。从发射激光炮弹（或发现导弹）到击中导弹这段时间t'_1里，激光炮弹运动的距离为ct'_1，导弹运动的距离为$v't'_1$，如图8.4.14所示。由运动学关系可得

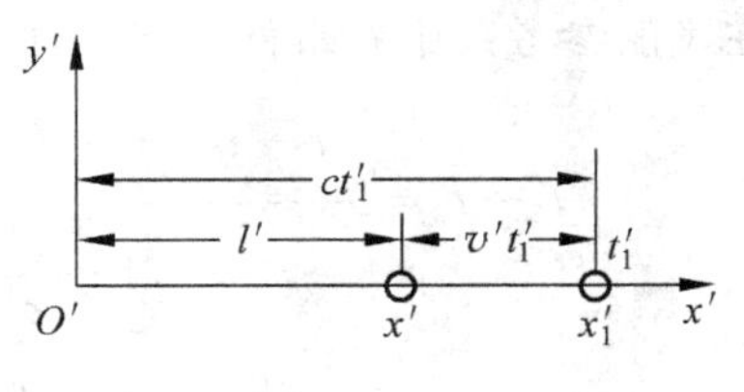

图 8.4.14

$$t'_1=\frac{l'}{c-v'}$$

$$x'_1 = ct'_1 = \frac{cl'}{c-v'}$$

由洛伦兹变换可得在 O 系中激光炮弹击中导弹的时间、地点为

$$t_1 = \frac{t'_1 + \frac{u}{c^2}x'_1}{\sqrt{1-\frac{u^2}{c^2}}} = \frac{\frac{l'}{c-v'} + \frac{u}{c^2}\frac{cl'}{c-v'}}{\sqrt{1-\frac{u^2}{c^2}}} = \frac{l'(c+u)}{c(c-v')\sqrt{1-\frac{u^2}{c^2}}}$$

$$x_1 = \frac{x'_1 + ut'_1}{\sqrt{1-\frac{u^2}{c^2}}} = \frac{\frac{cl'}{c-v'} + u\frac{l'}{c-v'}}{\sqrt{1-\frac{u^2}{c^2}}} = \frac{l'(c+u)}{(c-v')\sqrt{1-\frac{u^2}{c^2}}}$$

(2) 从 O 系中看，激光炮弹是在 $t=0$ 时刻发射的，是在 $t_1 = \frac{l'(c+u)}{c(c-v')\sqrt{1-\frac{u^2}{c^2}}}$ 时刻击中导弹的。若知道了导弹在 O 系中的速率 v，那自然就可求出从发射激光炮弹到击中导弹这段时间里导弹在 O 系中运动的距离。由洛伦兹速度变换可得

$$v = \frac{v'+u}{1+\frac{uv'}{c^2}}$$

故从发射激光炮弹到击中导弹这段时间里，导弹在 O 系中运动的距离为

$$\Delta s = vt_1 = \frac{v'+u}{1+\frac{uv'}{c^2}} \cdot \frac{l'(c+u)}{c(c-v')\sqrt{1-\frac{u^2}{c^2}}}$$

讨论　在 O' 系中发现导弹的时间、地点为 $(t'=0, x'=l')$，此事件在 O 系中发生的时间、地点为 (t, x)；在 O' 系中激光炮弹击中导弹的时间、地点为 $\left(t'_1 = \frac{l'}{c-v'}, x'_1 = ct'_1 = \frac{cl'}{c-v'}\right)$，此事件在 O 系中发生的时间、地点为 $\left[t_1 = \frac{l'(c+u)}{c(c-v')\sqrt{1-\frac{u^2}{c^2}}}, x_1 = \frac{l'(c+u)}{(c-v')\sqrt{1-\frac{u^2}{c^2}}}\right]$。那么，从发射激光炮弹到击中导弹这段时间里导弹在 O 系中运动的距离是否等于 $(x_1 - x)$ 呢？

虽然在 O' 系中发现导弹和发射激光炮弹这两个事件是同时 $(t'=0)$ 发生的，但在 O 系中这两个事件并非是同时发生的，而是发现导弹在后，发射激光炮弹在先。因此，$(x_1 - x)$ 为 O 系中从发现导弹（与在 O' 系中的 $x'=l'$ 处发现导弹的事件相对应，地点在 x）到击中导弹（发生在 x_1 处）这段时间里导弹运动的距离，它不等于从发射激光炮弹到击中导弹这段时间里导弹在 O 系中运动的距离 Δs，而是 $(x_1 - x) < \Delta s$。为了加强对这个问题的理解，让我们做个具体的计算：

在 O 系中与在 O' 系中的 $x'=l'$ 处发现导弹相对应的时刻为

$$t = \frac{t' + \frac{u}{c^2}x'}{\sqrt{1-\frac{u^2}{c^2}}} = \frac{ul'}{c^2\sqrt{1-\frac{u^2}{c^2}}} > 0$$

但在 O 系中发射激光炮弹的时刻为 $t=0$。显然，发现导弹在后，发射激光炮弹在先。

在 O 系中与在 O' 系中发现导弹的事件相对应的地点为

$$x=\frac{x'+ut'}{\sqrt{1-\frac{u^2}{c^2}}}=\frac{l'}{\sqrt{1-\frac{u^2}{c^2}}}$$

所以

$$\begin{aligned}x_1-x&=\frac{l'(c+u)}{(c-v')\sqrt{1-\frac{u^2}{c^2}}}-\frac{l'}{\sqrt{1-\frac{u^2}{c^2}}}\\&=\frac{l'(u+v')}{(c-v')\sqrt{1-\frac{u^2}{c^2}}}<\frac{v'+u}{1+\frac{uv'}{c^2}}\cdot\frac{l'(c+u)}{c(c-v')\sqrt{1-\frac{u^2}{c^2}}}=\Delta s\end{aligned}$$

例 5 如图 8.4.15 所示，在光源静止的惯性参考系 S 中光的频率为 ν，接收器随惯性参考系 S' 以速率 u 沿光源和接收器连线向着光源匀速运动。求接收器接收到的光的频率 ν'。

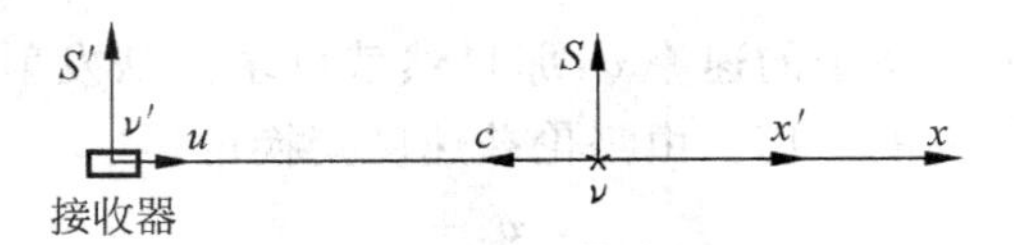

图 8.4.15

解　方法一　利用洛伦兹变换求解

把光的一个周期 T 的始、末分别作为事件 1、2。设在 S 系中事件 1、2 发生的时刻分别为 t_1、t_2，在 S' 系中事件 1、2 发生的时刻分别为 t_1'、t_2'。在 S 系中事件 1、2 发生在同一点，$t_2-t_1=T$ 是固有时，在 S' 系中 $t_2'-t_1'$ 是相应的非固有时，因此有

$$t_2'-t_1'=\gamma(t_2-t_1)=\frac{T}{\sqrt{1-\frac{u^2}{c^2}}}$$

但是要注意，$t_2'-t_1'$ 并不是 S' 系中观察到的光的周期 T'，因为事件 1、2 发的光先后到达接收器的时间差才是 T'。如图 8.4.16 所示，对光源和接收器相接近的情况，在 S' 系中事件 1、2 发生的空间距离为 $x_1'-x_2'=u(t_2'-t_1')$，接收器接收到事件 1 发的光的时刻为 $t_1'+\frac{x_1'}{c}$，接收到事件 2 发的光的时刻为 $t_2'+\frac{x_2'}{c}$，故接收器测到的光的周期应为

$$\begin{aligned}T'&=t_2'+\frac{x_2'}{c}-\left(t_1'+\frac{x_1'}{c}\right)=(t_2'-t_1')+\frac{x_2'-x_1'}{c}=(t_2'-t_1')-\frac{x_1'-x_2'}{c}\\&=(t_2'-t_1')-\frac{u(t_2'-t_1')}{c}=(t_2'-t_1')\left(1-\frac{u}{c}\right)=\frac{T\left(1-\frac{u}{c}\right)}{\sqrt{1-\frac{u^2}{c^2}}}=T\sqrt{\frac{c-u}{c+u}}\end{aligned}$$

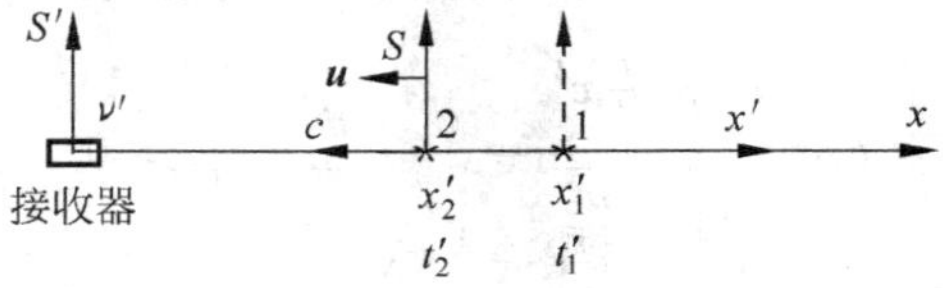

图 8.4.16

由 $\nu=\dfrac{1}{T}$ 和 $\nu'=\dfrac{1}{T'}$，给出接收器接收到的频率为

$$\nu'=\frac{T}{T'}\nu=\sqrt{\frac{c+u}{c-u}}\nu>\nu$$

方法二 利用光子的能量和动量变换求解

如图 8.4.17 所示，设 S 系中沿 $-x$ 方向发出的光子的动量为 $\boldsymbol{p}$，能量为 E。由光子的动量能量关系式(8.3.15)，有

$$p_x=-\frac{E}{c},\quad p_y=p_z=0$$

在 S' 系中，由动量和能量的变换关系式(8.3.16)，有

$$E'=\frac{1}{\sqrt{1-\dfrac{u^2}{c^2}}}(E-up_x)=\frac{1}{\sqrt{1-\dfrac{u^2}{c^2}}}\left(E+u\frac{E}{c}\right)=\frac{1+\dfrac{u}{c}}{\sqrt{1-\dfrac{u^2}{c^2}}}E=\sqrt{\frac{c+u}{c-u}}E$$

由 $E=h\nu$ 和 $E'=h\nu'$，给出接收器接收到的频率为

$$\nu'=\sqrt{\frac{c+u}{c-u}}\nu>\nu$$

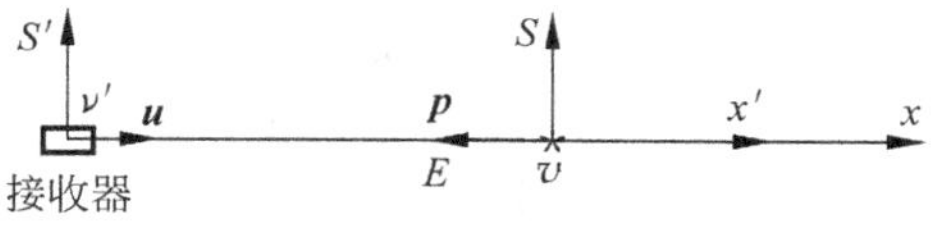

图 8.4.17

以上结果表明，光源和接收器有相对运动时，测量的频率不同于发射频率，该现象称为“多普勒效应”(参看 7.2.3 小节)，这是一种重要的物理效应。读者可以考虑，如果光源和接收器彼此远离，多普勒效应的结果如何？

例 6 设有一 π^+ 介子，在静止下来后衰变为 μ^+ 子和中微子 ν，三者的静止质量分别为 m_π、m_μ 和 0。求 μ^+ 子和中微子 ν 的动能。

解 中微子 ν 的静止质量为零，和光子类似，中微子不能静止(一旦静止它就不存在了)，故中微子必有动量。由动量守恒定律知 μ^+ 子也必有动量，如图 8.4.18 所示。

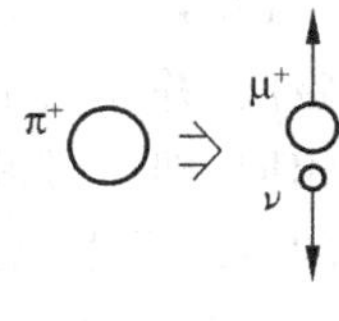

图 8.4.18

π^+ 介子在衰变为 μ^+ 子和中微子 ν 的过程中动量是守恒的，故有

$$p_\mu=p_\nu \qquad ①$$

π^+ 介子在衰变为 μ^+ 子和中微子 ν 的过程中能量是守恒的，故有

$$E_\mu+E_\nu=m_\pi c^2 \qquad ②$$

E_μ、E_ν、p_μ、p_ν 是四个未知量，单靠式①和式②是无法求解的。利用动量与能量的关系式 $c^2p^2=E^2-m_0^2c^4$，又可建立两个方程：

对 μ^+ 子有 $$c^2p_\mu^2=E_\mu^2-m_\mu^2c^4 \qquad ③$$

对中微子 ν 有 $$c^2p_\nu^2=E_\nu^2-0 \qquad ④$$

由式①～式④便可求出 E_μ、E_ν、p_μ、p_ν。

由式①、式③、式④，有

$$E_{\mu}^2 - m_{\mu}^2 c^4 = E_{\nu}^2$$

所以

$$(E_{\mu} + E_{\nu})(E_{\mu} - E_{\nu}) = m_{\mu}^2 c^4 \tag{5}$$

式⑤÷式②得

$$E_{\mu} - E_{\nu} = \frac{m_{\mu}^2 c^2}{m_{\pi}} \tag{6}$$

式②+式⑥得

$$E_{\mu} = \frac{1}{2}\left(m_{\pi}c^2 + \frac{m_{\mu}^2 c^2}{m_{\pi}}\right) = \frac{(m_{\pi}^2 + m_{\mu}^2)c^2}{2m_{\pi}}$$

式②－式⑥得

$$E_{\nu} = \frac{1}{2}\left(m_{\pi}c^2 - \frac{m_{\mu}^2 c^2}{m_{\pi}}\right) = \frac{(m_{\pi}^2 - m_{\mu}^2)c^2}{2m_{\pi}}$$

有了总能量，再根据动能与总能量、静止能量的关系式 $E_k = E - m_0 c^2$，就可求出动能了。μ^+ 子的动能为

$$E_{k\mu} = E_{\mu} - m_{\mu}c^2 = \frac{(m_{\pi}^2 + m_{\mu}^2)c^2}{2m_{\pi}} - m_{\mu}c^2 = \frac{(m_{\pi} - m_{\mu})^2 c^2}{2m_{\pi}}$$

中微子 ν 的动能为

$$E_{k\nu} = E_{\nu} - 0 = \frac{(m_{\pi}^2 - m_{\mu}^2)c^2}{2m_{\pi}}$$

8.5 对某些问题的进一步说明与讨论

8.5.1 狭义相对论的起源

(1) 古典观念中的电磁波

1864—1865 年麦克斯韦建立了完整的电磁场理论，这个理论认为变化的电磁场是一种电磁波，并算出了电磁波在真空中的传播速率与当时已经测出的光在真空中的传播速率完全相同，即电磁波在真空中的传播速率为 $c \approx 3\times10^8$ m/s。这个结果是很重要的，它揭示了光的本质是电磁波。

在麦克斯韦电磁场理论形成之前，人们对机械波已经研究得很多了，知道机械波是机械振动在弹性媒质中的传播。把牛顿力学规律用于弹性媒质便可得到机械波的波动方程，由此方程可解出机械波在弹性媒质中的传播速率为 $V = \sqrt{\frac{Y}{\rho}}$（$Y$ 为媒质的杨氏弹性模量，ρ 为媒质的密度）。

在麦克斯韦电磁场理论形成之初，人们自然便把电磁波与熟知的机械波进行了类比。认为电磁波的传播也要借助于被称为“以太”的弹性媒质，这种“以太”充满整个宇宙；电磁波在真空中的“以太”中传播的速率为 c；由于电磁波的速率极大，故“以太”的弹性模量很大，密度很小；由于机械波的方程只对弹性媒质这个参考系成立，故麦克斯韦电磁场理论也只对“以太”这个参考系成立。

对机械波来说，在均匀的各向同性的媒质中，其朝各个方向传播的速度大小是相同的；又因波动一旦产生，它便脱离波源而在媒质中独立传播，故其传播的情况与波源是否相对于媒质运动无关；当波源相对于媒质运动时，由伽利略速度变换知，波相对于波源朝各个方向传播的速度的大小是不同的，这些结论与实验相符。

既然古典观点认为电磁波类似于机械波，那就自然认为上面的那些结论对电磁波也是成立的。如图 8.5.1 所示，若光源以速度 $\boldsymbol{u}$ 相对于真空中的“以太”运动，光源于 t_0 时刻在 P_0 点激发的振动在 t 时刻便传到了图中的球面上，而光源于 t 时刻运动到了 P 点。显然，在 t 时刻，球面上各点到光源 P 的距离是不同的，即从光源上看光波朝各个方向传播的速度的大小是不同的。

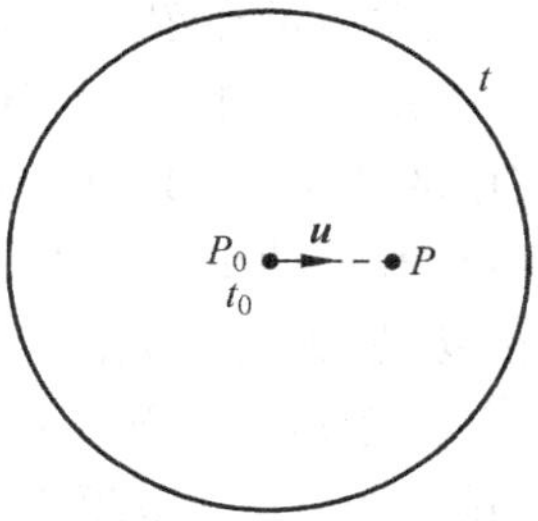

图 8.5.1

由伽利略速度变换，得光波相对于光源的速度为

$\boldsymbol{c}' = \boldsymbol{c} - \boldsymbol{u}$，（$\boldsymbol{c}$ 为光波在真空中的“以太”里传播的速度）

在光源运动的方向上 $\boldsymbol{c}'$ 的数值为

$$c' = c - u$$

在光源运动的反方向上 $\boldsymbol{c}'$ 的数值为

$$c' = c + u$$

在光源运动的垂直方向上 $\boldsymbol{c}'$ 的数值为

$$c' = \sqrt{c^2 - u^2}$$

古典观念的结论是：麦克斯韦电磁场理论只对“以太”这个参考系成立，光的速率 $c \approx 3 \times 10^8$ m/s 只对真空中的“以太”成立，即麦克斯韦电磁场理论不满足相对性原理，光速应该与参考系的选择有关。

(2) 迈克耳孙—莫雷实验的指导思想

1887 年迈克耳孙和莫雷做的实验就是在古典观念的支配下进行的。按照古典观念看来，地球是在“以太”中运动的，若地面上的光源朝各个方向发出光来，则光波相对于地面的速率朝各个方向是不同的。若能测出各个方向上光波相对于地面的速率，那就知道了地球相对于“以太”的运动速度，也就找到了“以太”这个“绝对静止”的参考系。探明“以太”这个“绝对静止”的参考系，当然对古典理论来说是一件大事。

下面先用古典理论分析一下地球相对于“以太”的运动情况。

在图 8.5.2 中，$\boldsymbol{V}$ 为太阳相对于“以太”的速度，$\boldsymbol{v}$ 为地球绕太阳运动的速度，地球相对于“以太”的速度为

$$\boldsymbol{u} = \boldsymbol{V} + \boldsymbol{v}$$

从图 8.5.2 可以看出，地球运动到不同的位置时 $\boldsymbol{u}$ 的数值不同，当地球运动到位置 P 时，$\boldsymbol{u}$ 的数值最大，为

$$u_{\max} = V + v$$

我们可以估算一下 $u_{\max}$ 的下限，此时应有 $\boldsymbol{V} = 0$，于是 $u_{\max}$ 的下限为

$$u_{\max} = v \approx 29.8 \times 10^3 \text{ m/s}$$

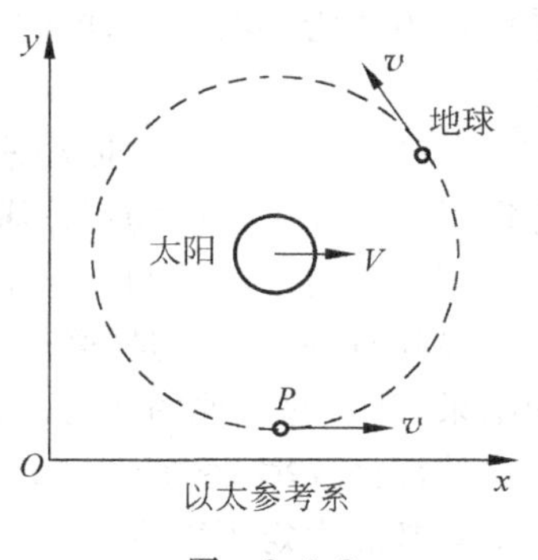

图 8.5.2

下面用古典理论分析一下光波相对于地面的传播速度。

地球上虽有大气，但因其折射率很接近于1，故仍可视为真空。当地球运动到位置 P 时，在地球运动的方向上光相对于地面的速率为 $c'=c-u_{max}$，在地球运动的反方向上光相对于地面的速率为 $c'=c+u_{max}$，在地球运动的垂直方向上光相对于地面的速率为 $c'=\sqrt{c^2-u_{max}^2}$。

现在简单介绍一下迈克耳孙—莫雷实验的思想：

地球相对于"以太"的最大速率的下限 $u_{max}=v\approx 29.8\times 10^3$ m/s，与光在真空中的"以太"中的速率 $c\approx 3\times 10^8$ m/s 相比是很小的。因此，要观测到 $c-u_{max}$ 和 $c+u_{max}$ 的差异，并不是一件容易的事。迈克耳孙和莫雷设计了一个巧妙的光学实验，按照理论计算，通过干涉条纹的移动，即便是 $u_{max}\approx 29.8\times 10^3$ m/s 也是可以被测出的。当然，u 更大时就更可以被测出了(关于迈克耳孙—莫雷实验的具体装置，请参阅张三慧编著《大学物理学》光学、量子物理(第三版)22.8 节迈克耳孙干涉仪)。

迈克耳孙等人在一年四季中进行了长时间的观察(这就保证了一定能观察到地球运动到位置 P 的情况)，但却未看到干涉条纹的任何移动。即得到的结论是

$$u_{max}=0$$
$$c'=c$$

地球相对于"以太"的速率为零，地球参考系就是"绝对静止"的参考系！这显然与人们已知的天体运行规律是相矛盾的，因而也是难以被人们接受的。

为了解释迈克耳孙—莫雷实验的"零"结果，坚持古典观念的一些科学家曾经提出过许多理论和假说，其中有代表性的是所谓"以太拖曳理论"、"微粒说"和"收缩假说"。这些理论和假说虽然分别从不同的角度解释了迈克耳孙—莫雷实验，但是却与其他的实验和理论相矛盾。总之，迈克耳孙—莫雷的实验结果使古典理论处在了捉襟见肘的境地。英国物理学家开尔文曾把这个矛盾说成是物理学晴朗天空边际的"一朵乌云"。

(3) 相对论的诞生

1905 年爱因斯坦发表了狭义相对论。在古典观念看来麦克斯韦电磁场理论只对"以太"这个参考系成立，即它不满足相对性原理。据爱因斯坦回忆说，他正是从这里萌发了相对论的思想。爱因斯坦认为自然界的一切基本运动规律都应当满足相对性原理，既然麦克斯韦电磁场理论是电磁运动的基本规律，它就应该满足相对性原理。在爱因斯坦看来，"以太"是不存在的，电磁波与机械波在本质上是不同的，电磁波不需要赖以传播的弹性媒质。爱因斯坦认为，麦克斯韦电磁场理论对古典时空观不满足相对性原理，这表明古典时空观是错的。

电磁波在真空中的传播速率 $c\approx 3\times 10^8$ m/s 是麦克斯韦电磁场理论的必然结论，既然肯定了麦克斯韦电磁场理论满足相对性原理，那就必然肯定了光速不变原理。

有了相对性原理和光速不变原理就自然产生了相对论。

另外有一种说法是，爱因斯坦在形成相对论的观念之前已经知道迈克耳孙—莫雷实验的结果，并引起了他的注意。他从这个实验结果形成了光速不变原理的思想。因为光在真空中的传播速率 $c\approx 3\times 10^8$ m/s 是麦克斯韦电磁场理论的必然结论，故肯定了光速不变原理也就必然肯定了麦克斯韦电磁场理论满足相对性原理。

这两种说法有共同之处：相对论的诞生与电磁学有密切的关系。

爱因斯坦并未把相对性原理和光速不变原理仅仅局限于电磁运动，他认为这两个基本

原理是自然界的普遍法则，由此所形成的相对论是自然界的普遍规律。

8.5.2　双生子效应（双生子佯谬）

爱因斯坦在1905年发表的文章中曾指出：如果A处有两只同步的钟，其中一只以恒定的速率沿一条闭合曲线运动，经历一段时间后回到A。那么，比起那只在A处始终未动的钟来，这只钟在它到达A时，要慢一些时间。这个结论被人们用通俗的例子说明如下：一对双生子，哥哥乘飞船离开地球，在太空遨游一阵之后回到弟弟的跟前时，发现地球上的弟弟比他老了，而弟弟也看到旅行回来的哥哥比自己年轻了。

这个问题曾引起人们的争论，这是因为有人这样分析问题：根据相对论运动时钟变慢的结论，弟弟看到哥哥是运动的，哥哥的钟比他自己的钟慢。当哥哥返回时，哥哥就要比他自己年轻一点。但是，“根据相对性原理”，在哥哥看来，弟弟也是运动的，弟弟的钟也要慢些，两人再相遇时，哥哥应该发现弟弟要年轻些。这两种说法是互相矛盾的，因此若避免矛盾，似乎正确的结果只应该是哥哥弟弟再次相遇时，二人还应该是同龄的，这样就否定了相对论的运动时钟变慢的效应。似乎爱因斯坦的说法是荒谬的，但是实际上理论和实验都可以证明爱因斯坦的说法是正确的，这就是该问题曾被称作“双生子佯谬”的理由。既然爱因斯坦的说法并非谬误，而只是个“佯谬”，那么将该问题称之为“双生子效应”则更为贴切。

实际上，爱因斯坦原来的说法之所以正确，关键在于并不是任何相对运动之间都能应用相对性原理（这里指的是狭义相对论的相对性原理）进行比较。相对性原理只能应用于相对做匀速直线运动的惯性系。对上述一对双生子来说，两个参考系是不对等的，弟弟所在的地球可以粗略地看作是惯性系，他可以根据相对论时间延缓效应发现哥哥旅行一周返回时哥哥的钟比自己的钟慢了，但是哥哥不能用同样的道理来说明弟弟的钟比自己的钟慢了。原因是哥哥在其中静止的参考系不是惯性系，飞船在往返的启动和停下来乃至转圈的过程中是有加速度的，而且乘飞船的人自己能判断出这一点，正像我们坐在汽车中能感受到汽车起动、停下来或转弯时的加速运动一样。这就是说，对哥哥在其中静止的加速参考系来说，已经超出了狭义相对论的使用范围，需要进一步运用广义相对论来讨论，即哥哥和弟弟在应用相对性原理上并不处于等同的地位。上一段推理中所说“根据相对性原理”这一句话是不成立的，狭义相对论和广义相对论的结论都是哥哥要年轻一些。这个结论可以更简明地说成是：双生子问题中自己感到有加速度的那个人要年轻一些。

下面我们简单地用狭义相对论的方法讨论一下双生子问题。

我们用钟C和C'分别代表静止在地球上的双生子弟弟和乘飞船进行宇宙旅行的双生子哥哥。设地球惯性系为S，飞船以高速u匀速远离地球时所在的惯性系为S'，飞船以匀速$-u$高速返航时所在的惯性系为S''。以地球参考系衡量，返航处离地球的距离为L，我们忽略飞船的加速阶段，认为飞船返航是直接由S'系跳转到S''系的，然后飞船又以速度$-u$返回地球使钟C和C'再次相遇。整个过程以S系的时间同步的观察角度来看，如图8.5.3(a)、(b)、(c)、(d)所示。

对于S系的观察者来说，如图8.5.3(a)、(b)所示，根据运动时钟变慢，有

$$t''-t'=(t_1-t)\sqrt{1-\frac{u^2}{c^2}}=\frac{L}{u}\sqrt{1-\frac{u^2}{c^2}} \qquad ①$$

如果略去跳转所花费的时间（从图8.5.3(b)到(c)，钟C'的读数t''不变），那么如图8.5.3(c)、

(d)所示，飞船由折返点到飞临地球时，在 S'' 系中经历时间为 $(t'''-t'')$，在 S 系中经历时间为 (t_2-t_1)，由运动时钟变慢效应，有

$$t'''-t''=(t_2-t_1)\sqrt{1-\frac{u^2}{c^2}}=\frac{L}{u}\sqrt{1-\frac{u^2}{c^2}} \qquad ②$$

式①+式②有

$$t'''-t'=\frac{2L}{u}\sqrt{1-\frac{u^2}{c^2}}$$

上式中 $t'''-t'=T_{C'}$ 是飞船往返过程中 C' 钟经历的时间，$\frac{2L}{u}=T_C$ 是飞船往返过程中 C 钟经历的时间，即从 S 系的角度观察应该有如下的关系式

$$T_{C'}=T_C\sqrt{1-\frac{u^2}{c^2}} \qquad ③$$

现在我们再从运动时钟 C' 所在的参考系来观察钟 C 的情况。对于与钟 C' 一起运动的观察者从 S' 系的角度来看，S 系中的一系列时钟并未同步（未彼此校准），在 C' 与 C_1 相遇时，以 S' 系时间的同步标准，根据同时性的相对性（S' 相对于 S 运动后方的事件先发生），C 的读数应比 C_1 的读数小。设此时 C 的读数为 t_3（图中未标出），则根据洛伦兹变换式(8.2.1)，并注意到在 S' 系中观察折返点到地球的距离应是 $L\sqrt{1-\frac{u^2}{c^2}}$（即 L 所相对应的“动长”），于是有

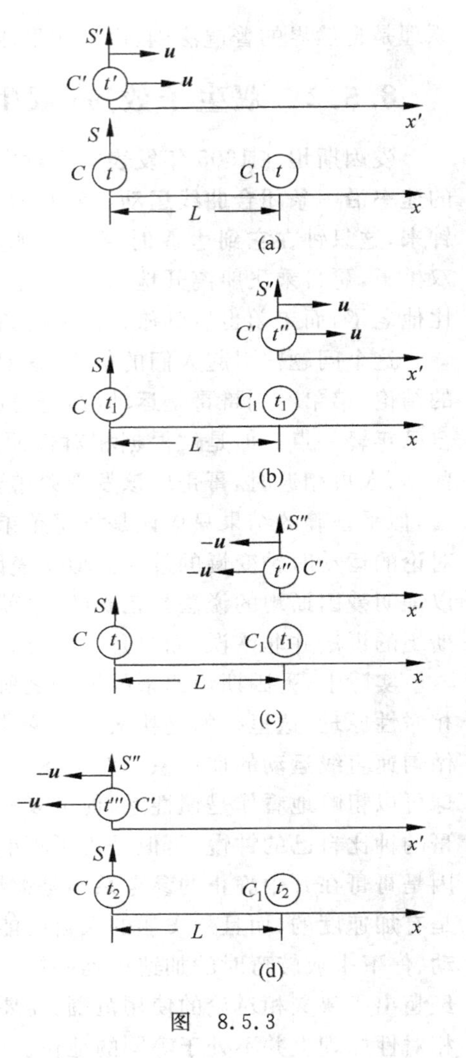

图 8.5.3

$$\Delta t=t_1-t_3=\frac{(t''-t'')+\frac{u}{c^2}L\sqrt{1-\frac{u^2}{c^2}}}{\sqrt{1-\frac{u^2}{c^2}}}=\frac{u}{c^2}L$$

上式中的 Δt 就是 C' 与 C_1 相遇时，S' 系中认为的钟 C 读数比钟 C_1 读数小的数值。当 C' 由 S' 系跳转到 S'' 系时，那么按照 S'' 系的时钟同步标准，根据同时性的相对性（S'' 相对于 S 运动后方的事件先发生），钟 C 的读数应比钟 C_1 的读数大 $\Delta t=\frac{u}{c^2}L$。这表明，钟 C' 由 S' 系跳转到 S'' 系的瞬间，它代表的双生子哥哥认为 C 的读数从比 C_1 的读数小 Δt 突然变到比 C_1 的读数大 Δt，即 C 的指针突然向较晚的时候跃变了 $2\Delta t=\frac{2u}{c^2}L$，也就是说与 C' 一起运动的观察者认为 C 的显示在 C' 跳转的瞬间突然增加了 $\frac{2u}{c^2}L$ 这么多时间。

如果我们用 T'_C 表示和 C' 一起运动的观察者认为 C 所显示的飞船往返时间，那么 T'_C 应该是两个时间之和，其一为运动时钟 C 的变慢效应给出的时间 $T'_C\sqrt{1-\frac{u^2}{c^2}}$，其二为 C' 跳转

时由时钟同步问题产生的 C 的时间跃变 $\frac{2u}{c^2}L$，即

$$T'_C = T_{C'}\sqrt{1-\frac{u^2}{c^2}}+\frac{2u}{c^2}L$$

考虑到式③和 $T_C=\frac{2L}{u}$，由上式有

$$\begin{aligned}T'_C &= \left(T_C\sqrt{1-\frac{u^2}{c^2}}\right)\sqrt{1-\frac{u^2}{c^2}}+\frac{2u}{c^2}L \\ &= T_C - T_C\frac{u^2}{c^2}+\frac{2u}{c^2}L = T_C-\frac{2L}{u}\cdot\frac{u^2}{c^2}+\frac{2u}{c^2}L = T_C \qquad ④\end{aligned}$$

式④表明，与钟 C' 一起运动的观察者认为飞船往返在地球上经历的时间 T'_C 和地球上的观察者经历飞船往返的时间 T_C 相同。

由式③和式④的关系，有

$$T_{C'} = T_C\sqrt{1-\frac{u^2}{c^2}} = T'_C\sqrt{1-\frac{u^2}{c^2}}$$

由此给出

$$T'_C = T_C > T_{C'}$$

这表明双生子中不管是哥哥还是弟弟，都认为哥哥乘飞船高速宇航再返回地球后，地球上所经历的时间比飞船上所经历的时间要长，也就是哥哥要比弟弟年轻了，从而说明双生子效应是正确的。

验证双生子效应的实验是 1971 年 10 月完成的。当时是将铯原子钟放在喷气客机上，分别沿赤道向东和向西绕地球一周，回到原处后与静止在地面上的铯原子钟做比较。由于地球以一定角速度自西向东自转，赤道表面自转加速度约为 3.4×10^{-2} m/s^2，所以地面也并非惯性系。如果忽略地球绕太阳公转和太阳绕银河系转动的加速度(分别约为 6.0×10^{-3} m/s^2 和 1.8×10^{-10} m/s^2)那么地心参考系就可认为是惯性系。而飞机的速度是小于赤道地面转动的线速度的(喷气客机的速度大约是 1000 km/h，赤道地面对地心的线速度大约是 1700 km/h)，所以无论飞机向东还是向西飞行，相对于地心这个惯性系来说都是向东转动的，只是向东飞的飞机转速大，向西飞的飞机转速小，而地面向东的转速则介于两者之间。按广义相对论计算，相对于惯性系转动得越快的钟走得越慢。也就是说，相对于地心惯性系的钟，向东飞的飞机上的钟变慢最多，地面上的钟变慢次之，向西飞的飞机上的钟变慢最少。这样，相对于地面上的钟来说，向东飞的飞机上的钟要变慢，而向西飞行的飞机上的钟要变快。实验结果是向东飞行一周落地回到原处的钟比静止在地面上的钟慢了 59 ns，而向西飞行一周落地回到原处的钟比静止在地面上的钟快了 273 ns。实验结果与狭义、广义相对论理论(运动学效应和引力效应)的计算结果在实验误差范围内是相符的(关于此试验的报告载于 *Science*. 177(1972)，166-171)。

双生子效应并非仅仅是理论上的问题，在现代科技应用中有时也必须加以考虑。例如卫星定位系统中，卫星在大约 2 万～3 万 km 的高空以大约 3～4 km/s 的速度运行，其上携带的原子钟与地面的原子钟相比，就会有双生子效应产生。由相对论的运动学效应和引力效应给出的“天地”时间差，在一天中的累积值可达数十微秒的量级，它所引起的以光速传播的无线电定位信号所给出的定位距离误差可达十数千米，这是绝对不可忽视的。所以在卫星

定位系统的设计中，必须把时间的修正计算在内，使卫星上的原子钟调整到与地面同步，从而给出地面上正确的定位。

8.5.3 高速运动物体的视状

相对论的时空效应是一种“测量”效应，它与我们“看到”的情景不是一回事。但是在相对论诞生后的半个世纪的时间内，人们并没有搞清两者的区别。例如，人们把运动长度缩短，理解为是可以用眼看得见的，“运动的球看起来扁了”。洛伦兹在 1922 年曾说过，长度缩短可以拍出照片来。这样的理解长期以来未曾引起人们的怀疑。直到 1959 年特瑞耳(J. Terrell)的一篇文章(J. Terrell，*Phys. Rev.* 116(1959)，1041)才纠正了这个长期的误解。实际上对物体运动长度缩短的“测量”和“观看”(或拍照)是两回事。原因在于，在 S 系(观测者在其中静止)中运动的物体，沿运动方向的长度是由其首尾两端同一时刻在 S 中的位置决定的。为了测定物体首尾的位置，必须对同一时刻从物体首尾两端发出的光进行测量，所以运动长度缩短是一种测量结果。而用眼睛看物体(或用照相机拍照)则是另一种过程。观看(或拍照)时，在视网膜上(或底片上)成的像，是由同时到达它上面的光形成的，而这些光并不一定都是同时从运动物体的各点上发出的。简言之，对于运动物体而言，“测量”是物体上某些点同时发光的效应；“视状”是物体上某些点发光同时到达眼睛的结果。

下面我们以一个边长为 l(静长)的立方体为例，讨论它以高速 u 沿 x 方向运动时，当它经过观看者正前方、从垂直立方体某个面和立方体运动方向看过去的视觉形状(简称“视状”)，如图 8.5.4 所示。

为简单起见，假设观看者离立方体足够远或者立方体边长 l 足够小，以至于可以认为图 8.5.4 中从立方体上各点发出的光均平行 z 方向(垂直运动方向)而到达观看者的眼睛。当 $u=0$ 时，立方体处在观看者正前方时，只能看到 $ABCD$ 平面，如图 8.5.5 所示。

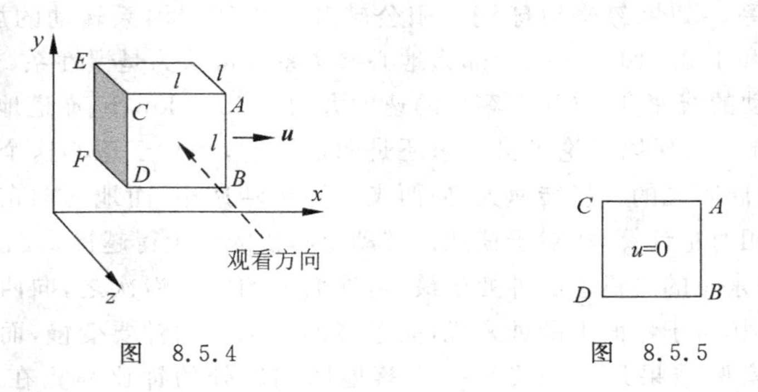

图 8.5.4　　　　图 8.5.5

当 $u\neq 0$ 时，边 $\overline{AC}$ 和 $\overline{BD}$ 将缩短 $\sqrt{1-\frac{u^2}{c^2}}$ 倍，同时由于 $CDEF$ 面一直在前进，该平面上远离观看者的各点向观看者发的光将不会被靠近观看者的部分所遮挡，这样 $CDEF$ 面也能被完全看到。下面我们做个具体分析。

若离观看者最远的 EF 边在经过 $E'F'$ 位置时向观看者发的光与 $ABCD$ 面上各点发的光同时到达观看者的眼睛，则整个 $CDEF$ 面也都能被看到。EF 边在经过 $E'F'$ 位置时，它发的光若正好到达 $ABCD$ 所在平面的话，应历时 $\frac{l}{c}$，在此时间内 EF 边由 $E'F'$ 的位置前进

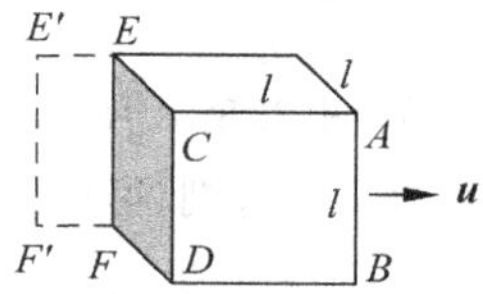

了$\frac{l}{c}u$的距离而到达了图 8.5.6 所示的位置，即

$$\overline{EE'}=\overline{FF'}=\frac{l}{c}u$$

由于运动长度缩短效应，对 $ABCD$ 面的 AC 边和 BD 边应该有

$$\overline{AC}_{动长}=\overline{BD}_{动长}=l\sqrt{1-\frac{u^2}{c^2}}$$

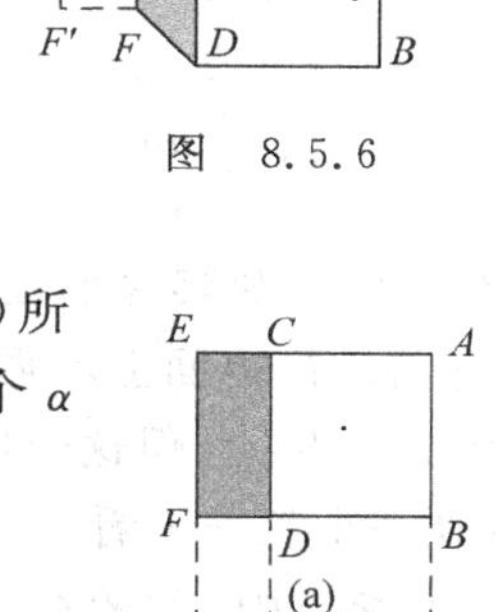

图 8.5.6

于是从远处沿$-z$方向观看到的立方体的“视状”应如图 8.5.7(a)所示。这相当于立方体在水平面内沿逆时针(对于俯视来说)转了一个α角度，如图 8.5.7(b)所示。该α角满足如下关系

$$\cos\alpha=\frac{\overline{AC}_{动长}}{l}=\sqrt{1-\frac{u^2}{c^2}}$$

$$\sin\alpha=\frac{u}{c}$$

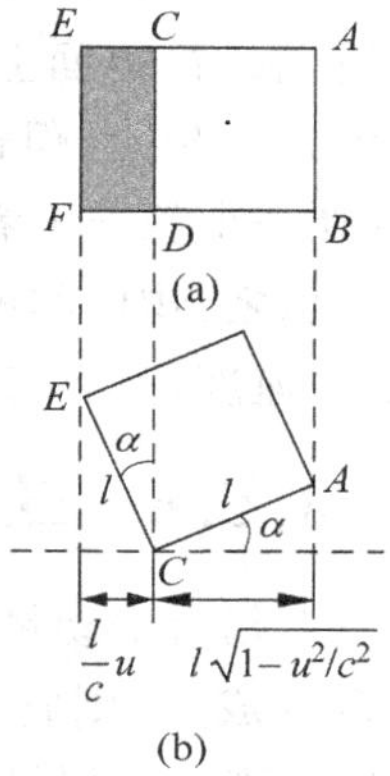

图 8.5.7

观看的结果是，当立方体以高速经过观看者的正前方时，他提前看到了立方体的后侧面 $CDEF$，也提前看不到了立方体的前侧面。当立方体的速度 u 接近于光速 c 时，AC 边的动长趋于 0，α 角趋于 90°，立方体从观看者正前方经过时，只能看到后侧面 $CDEF$ 了。

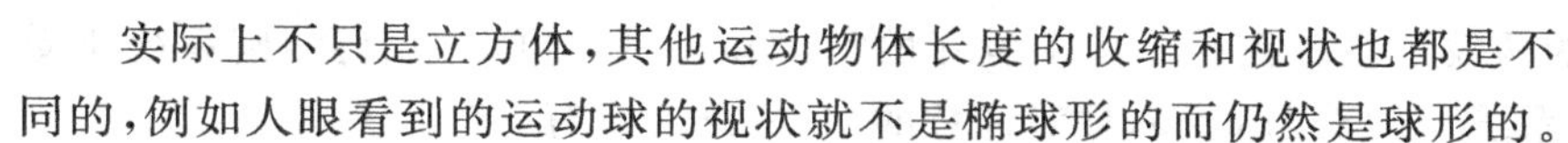

实际上不只是立方体，其他运动物体长度的收缩和视状也都是不同的，例如人眼看到的运动球的视状就不是椭球形的而仍然是球形的。不过人眼这时看到的球的表面不是正朝着观看者的那个半球面，而是球沿逆时针(俯视的情况下)转过了α角$\left(\sin\alpha=\frac{u}{c}\right)$后观看到的半球面，当$u\to c$时，人眼看到的就几乎是运动后方的半个球面了(详细分析可参阅 David Hollenbach, *Am. J. Phys.* 44,91(1976))。

一般地说，当物体高速运动时都会看到物体的某些转动甚至变形，实际观看到的情况，与观看的视角和物体运动速度有关。

从以上讨论可以知道，在涉及相对论时，应当把测量和观看两者分开。测量结果和视状并不是一回事。我们一般说的“观察者”应该指的是“观测者”或“测量者”，而不是“观看者”。

8.5.4 能否选光子为参考系

光子是一种静止质量为零的特殊粒子。静止质量为零意味着光子不能静止，一旦静止它就不存在了。选光子为参考系就意味着光子在这个参考系中不存在了，故不能选光子为参考系。另一方面，若选光子为参考系，即使假设光子还能存在，那么光子相对于这个参考系的速度就为零了，这是违背光速不变原理的，因而是不可能的。

8.5.5 光速 c 是否是宇宙间的极限速度

物体的速度不能超过真空中的光速 c，或者说能量的传播速度不能超过光速 c，这是相对论的必然结论。但光在透明物体中传播时，在反常色散的情况下，其相速度是大于真空中的光速 c 的，这与相对论的结论是否矛盾呢？不是的。因为相速不是能量传播的速度，群速才是能量传播的速度(关于“相速”和“群速”，请参看 7.6.12 小节)，而群速却是小于光

速 c 的。

如图 8.5.8 所示，若两个粒子都以速率 0.9c 相对于地面运动，则两粒子间的相对运动的速率为

$$v'=\left|\frac{v_x-u}{1-\frac{uv_x}{c^2}}\right|=\left|\frac{-0.9c-0.9c}{1+\left(\frac{0.9c}{c}\right)^2}\right|=0.994c$$

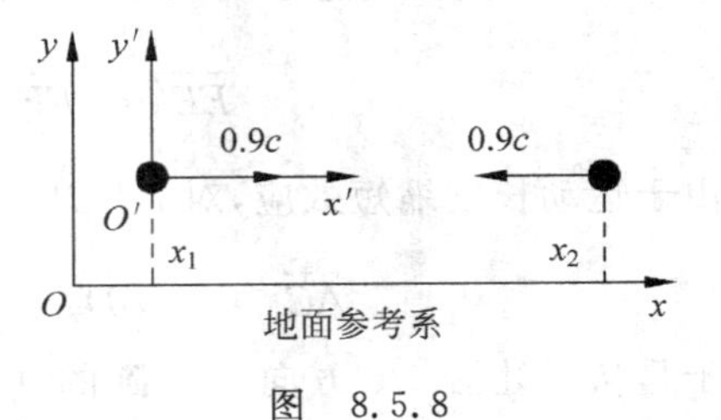

图 8.5.8

而在地面上观察两个粒子彼此接近的速率是 1.8c（更确切地说是在地面上看两个粒子之间的距离对时间的变化率为 1.8c）。但这个速率既非每个粒子相对于地面的速率，又非两个粒子之间的相对速率（在一个粒子上看另一个粒子的速率才是相对速率），故与相对论也是不矛盾的。

总之，物体间的相对运动的速度或能量的传播速度是不能超过光速 c 的，但其他的速度（如相速度）是有可能超过光速 c 的。

8.5.6 动量守恒定律和能量守恒定律同时满足相对性原理

由相对论动量和能量变换式(8.3.17)可以证明，若动量守恒定律和能量守恒定律对惯性系 S 成立，则它们对惯性系 S' 也必成立，即动量守恒定律和能量守恒定律二者都满足相对性原理。现以沿 x 轴运动的两个粒子的碰撞为例，证明如下：

若沿 x 轴运动的两粒子系统在 S 系中动量守恒定律和能量守恒定律成立，则系统所受外力 $\boldsymbol{F}_{外}=\boldsymbol{0}$，外界对系统做的功 $A_{外}=0$，且对任意的初、末态皆应有

$$p_{1x}(初)+p_{2x}(初)=p_{1x}(末)+p_{2x}(末) \quad ①$$

$$E_1(初)+E_2(初)=E_1(末)+E_2(末) \quad ②$$

由式(8.3.17)得

$$p'_{1x}(初)+p'_{2x}(初)=\gamma\left[p_{1x}(初)-\frac{\beta}{c}E_1(初)\right]+\gamma\left[p_{2x}(初)-\frac{\beta}{c}E_2(初)\right]$$

$$=\gamma[p_{1x}(初)+p_{2x}(初)]-\gamma\frac{\beta}{c}[E_1(初)+E_2(初)] \quad ③$$

$$p'_{1x}(末)+p'_{2x}(末)=\gamma\left[p_{1x}(末)-\frac{\beta}{c}E_1(末)\right]+\gamma\left[p_{2x}(末)-\frac{\beta}{c}E_2(末)\right]$$

$$=\gamma[p_{1x}(末)+p_{2x}(末)]-\gamma\frac{\beta}{c}[E_1(末)+E_2(末)] \quad ④$$

$$E'_1(初)+E'_2(初)=\gamma[E_1(初)-\beta cp_{1x}(初)]+\gamma[E_2(初)-\beta cp_{2x}(初)]$$

$$=\gamma[E_1(初)+E_2(初)]-\gamma\beta c[p_{1x}(初)+p_{2x}(初)] \quad ⑤$$

$$E'_1(末)+E'_2(末)=\gamma[E_1(末)-\beta cp_{1x}(末)]+\gamma[E_2(末)-\beta cp_{2x}(末)]$$

$$=\gamma[E_1(末)+E_2(末)]-\gamma\beta c[p_{1x}(末)+p_{2x}(末)] \quad ⑥$$

考虑到式①、式②，分别比较上面的式③、式④、式⑤和式⑥可得

$$p'_{1x}(初)+p'_{2x}(初)=p'_{1x}(末)+p'_{2x}(末)$$

$$E'_1(初)+E'_2(初)=E'_1(末)+E'_2(末)$$

而根据力的变换式(8.3.18)，由 $\boldsymbol{F}_{外}=\boldsymbol{0}$ 可得 $\boldsymbol{F}'_{外}=\boldsymbol{0}$，进而给出 $A'_{外}=0$。显然，动量守恒定律和能量守恒定律在 S'系中亦成立，这就证明了动量守恒定律和能量守恒定律都是满足相对性原理的。

第2篇　热　学

前　言

1. 热学的研究对象和方法

热学的研究对象、热运动　热学是物理学研究热现象的分支,它的研究对象是与热现象有关的宏观物体,也称为热学系统。按人们现代的物理知识,宏观物体都是由无数微观粒子(如分子、原子)组成的,一个宏观物体包含的粒子数可用阿伏伽德罗常量($N_A=6.02\times10^{23}/\mathrm{mol}$)表征,而热现象就是大量微观粒子作无规则运动的宏观表现。因此,通常亦称大量微观粒子的无规则运动为热运动。

统计物理学　对于宏观物体,由于粒子数巨大,完全按力学的一般方法来研究,实际上有不可克服的困难。不过粒子数巨大又带来了新的可能:可以使用统计规律大大简化对问题的研究。以力学等基本原理为基础,对大量粒子使用统计规律来研究宏观物体的热现象,这就是统计物理学(或统计力学)。大学物理学课程里热学中的"分子动理论"是统计物理学的雏形。

热力学　另一种独立于统计物理而发展起来的唯象地研究热现象的理论体系称为热力学。它针对宏观物体,直接通过实验总结出热力学第一、第二定律等基本实验规律,并以此为基础,用逻辑推理的方法进一步研究宏观物体的热现象。由于基于基本的实验规律,热力学的特点是具有普适性和可靠性,但却不能揭示热现象的微观本质。

两种方法相辅相成 一般情况下，从组成系统的物质的个别热学性质（热力学函数），通过热力学方法可以得出系统其他的热学性质。例如从自由能函数可以得到状态方程、定压比热乃至发动机循环的热效率等。而这些个别的热学性质，原理上由物质的微观结构、微观粒子的相互作用决定，原则上也可以通过统计物理求得。但是，由于计算困难，实际上只有少数简单系统能通过简化模型或数学近似被求解，多数时候这些基本热力学函数是用实验测量的。

说明 为了提高学习效率，本书不严格拘泥于统计物理和热力学的划分，而以叙述方便为原则。例如内能的概念，虽然热力学对其有独立的定义，但在本书的基本部分中还是通过统计物理引入的，这样简单、直观得多。

2. 统计规律

统计规律就是大量偶然（随机）事件在整体上的必然性所表现的规律，无论是自然现象还是社会现象，在大量的偶然事件中都有统计规律。

由于大量的分子彼此频繁地碰撞着，故每个分子的运动状态和变化情况都是偶然的。也就是说，每个分子的速度的大小和方向都是随机的和突变的，无法人为地控制。但是“分子动理论”却可以通过统计方法找出大量分子无规则运动的统计规律，也就是人们在宏观尺度上观察到的热学规律。

统计规律只有对大量的偶然事件才有意义：偶然事件越多，统计规律越稳定，偶然事件越少，实际情况对统计规律的涨落（偏差）越大，当涨落大到一定的程度时，统计规律便失去意义了。因此，热学系统必须包含足够多的微观粒子，在实际宏观系统中这总是成立的。

3. 热学系统的微观描述和宏观描述

热学系统是由大量微观粒子组成的宏观系统，其描述方法有两种。

(1) **微观描述方法** 用微观量（属于组成系统的每个粒子的物理量）来描述系统的热学状态。大学物理学中微观描述方法主要出现在“分子动理论”部分。例如：对 N 个微观粒子组成的系统，用每个粒子的位置矢量 $\boldsymbol{r}$ 和速度矢量 $\boldsymbol{v}$（都是微观量）来描述系统的状态。

（2）**宏观描述方法** 用宏观量（表征系统宏观特征的物理量）来描述系统的热学状态。例如，常见的氧气瓶里的氧气，可以用温度 T、压强 p 和体积 V 三个状态参量（都是宏观量）来描述其热学状态。

热学系统大多数的宏观量是其对应的微观量的统计平均值，是热运动的宏观效果。

4. 平衡态

定义：在恒定的外界条件下，热力学系统内部没有宏观的粒子流动和热流、宏观状态不随时间改变的状态叫作平衡态。

平衡态是个宏观概念，作为必要条件，系统处在平衡态时，其大量分子的微观量及其各种函数的统计平均值是稳定的（不随时间改变）。但从微观上看每个分子并未处在力学意义上的平衡状态（合外力为零、静止等），它们都在作着无规则的运动。

与非平衡态比，平衡态的性质较简单，而且往往只需要少数几个称为状态参量的宏观量就足以描述平衡态。

力学研究从简单的质点开始。类似地，热学研究也以较简单的平衡态研究做基础。

5. 热力学第零定律、温度、温标

热力学第零定律 与同一个热学系统处于热平衡的所有热学系统彼此也必定处于热平衡。

温度 按热力学第零定律，所有与同一个处在特定平衡态的参考物实现热平衡的热学系统，都有一个共同的热学特性：彼此处于热平衡。这个特性定义为有相同的温度，这就是热力学对温度的定义。

不过按这样的定义，人们可以说这个物体与那个物体温度相同或不相同，但不能定量地说这个物体的温度是多少（像日常生活中那样），甚至不能定性地说哪个物体温度高！

温标 为了使用方便、符合习惯，人们用不同的数值来标记不同的温度，温度的数值表示法叫作温标。利用某种测温物质的测温属性建立起来的温度数值标度法，就对应于一种温标。例如，以理想气体为测温物质的温标称理想气体温标。国际单位制中的温标为热力学温标 T

（又称绝对温标），它不依赖于任何测温物质的特性。热力学温标指示的数值叫热力学温度（又称绝对温度），其单位为 K（"开尔文"，简作"开"）。在理想气体温标有效的范围内，它和热力学温标是一致的，所以理想气体温标也用 T 表示。

6. 几个问题

对温度的定义的讨论 温度，中文字面意义是冷热程度的量度，这种定义不是很好吗？为什么要通过热力学第零定律引入这么抽象的温度概念呢？问题是，"冷热程度"这样的定义虽然看起来直观形象，但过于依赖主观感受。不同的人、甚至是同一人在不同的状态或心态下，在同一时间去摸处于同一热学状态下的同一物体，其冷热的感觉都可能是不一样的。因此，靠"冷热程度"这样的定义，是难以给出既客观又重复性好的测量方法的。而前面给出的热学对温度的定义就没有这些问题。而且，热学对温度的定义虽然看起来抽象，但实际使用时总是与具体的温标结合在一起的，这正是我们日常用温度计测量温度的真实写照。温度计就是那个"参考物"，温度计的读数，比如水银温度计中水银柱的高度，就唯一地标示了那个"特定的热平衡态"。这里的讨论用日常生活的话来说就是：要知道一个物体的温度，需用温度计来量，用手摸是靠不住的。

平衡态的特点、状态参量 初学者容易混淆平衡态和稳定态的概念。这里，我们称宏观状态不随时间改变的状态为稳定态。平衡态一定是稳定态，但稳定态不一定是平衡态。例如：将一个侧面包有绝热层的铁棍的一端插入火炉内，另一端处在大气中，经过足够长时间后，铁棍上就实现了稳定的温度分布。我们说，这铁棍处在稳定态，但不能说处在平衡态，因为铁棍中有宏观的热流。

系统处在平衡态时，其各部分的温度必须相等，这是一个最基本的特征，但压强却可以不相等。例如在重力场中的一桶水，在平衡态时，不同高度处的水中压强不同。否则，压强相同的话，在重力作用下，水会流动，这就不是平衡态了。

在大学物理学课程中遇到的大多数系统（例如气体），重力场造成的压强差都很小，处在平衡态时各部分的压强可以认为是相同的，当然各部分的温度也是相同的，在这种情况下，描述系统平衡态，通常只需要称为状态参量的压强 p、温度 T 和体积 V 这三个宏观量。可见平衡态是最简单的状态，它最容易描述。今后如无特别说明，本书讨论的都是平衡态的情况。

状态方程　在热力学中，系统的平衡态可以用一组状态参量来描述。对于气体，通常用三个状态参量 p、V、T 来描述平衡态，这三个状态参量满足一个称为“状态方程”的关系式：

$$f(p, V, T) = 0$$

这样，平衡态的三个状态参量中，只有两个是独立的，问题更简单了。

V、p、T 的常用单位及换算

(1) 体积 V 的国际单位为 $\mathrm{m^3}$(立方米)。常用单位有 L(升)和 mL(毫升，即 $\mathrm{cm^3}$)。

$$1\ \mathrm{m^3} = 10^3\ \mathrm{L} = 10^6\ \mathrm{mL}$$

(2) 压强的国际单位为 Pa(帕斯卡)，$1\ \mathrm{Pa} = 1\ \mathrm{N/m^2}$。常用单位有 atm(标准大气压)和 at(工程大气压)、mmHg(毫米汞柱)等。

$$1\ \mathrm{atm} = 760\ \mathrm{mmHg} \approx 1.013 \times 10^5\ \mathrm{Pa}$$

$$1\ \mathrm{at} = 1\ \mathrm{kgf/cm^2}(\text{公斤力 / 厘米}^2) \approx 0.981 \times 10^5\ \mathrm{Pa}$$

(3) 温度 T 的国际单位为 K(开)，对应于热力学温标 T。常用的还有摄氏温标 t，其单位为℃(摄氏度)，数值上摄氏温标 t 与热力学温标 T 的关系为：

$$t = T - 273.15$$

在英美等国家还常用到一种华氏温标 t_F，其单位为℉(华氏度)，数值上华氏温标 t_F 与摄氏温标 t 的关系为：

$$t_F = 32 + \frac{9}{5}t$$

例如在 1 atm 下，水的沸点 100℃所相应的华氏温度

$$t_F = \left(32 + \frac{9}{5} \times 100\right) {}^\circ\mathrm{F} = 212 {}^\circ\mathrm{F}。$$

气体分子动理论

9.1 概述

9.1.1 基本概念

经典分子动理论的基本观念为：

(1) 宏观物体由大量存在间隙、作无规则运动(热运动)的分子组成；

(2) 分子之间有相互作用力；

(3) 单个分子服从牛顿定律，分子集体行为服从统计规律；

(4) 物体宏观热学性质是大量分子热运动的结果。

从这些基本观念，可以引入内能的概念。但在大学物理学范围内，温度这个宏观量不能在纯分子动理论的理论框架内引入，必须借助来自热力学的理想气体状态方程。

9.1.2 主要研究内容

大学物理学中，气体分子动理论主要研究最简单的平衡态理想气体，对范德瓦尔斯气体和非平衡态理想气体的输运过程也略有分析和介绍。对理想气体，主要结果有：

(1) 给出压强和温度的统计解释；

(2) 得到重要的麦克斯韦速度、速率分布函数及若干相关概念和结果；

(3) 给出分子平均碰撞频率、平均自由程的概念和估算公式；

(4) 给出输运过程的若干概念和估算公式。

需要指出，在气体分子动理论中，对于理想气体分子能量，只能得到其平均平动动能。其总能量的计算必须使用来自统计物理(而非气体分子动理论)的能量均分定理。

对平衡态理想气体问题，最核心的结果是麦克斯韦速度分布函数，大多数问题都可以根据它来解决。

9.2 主要模型和假设

9.2.1 理想气体状态方程

理想气体状态方程为：

$$pV = \nu RT, \quad 或\ pV_{\mathrm{m}} = RT, \quad 或\ p = nkT \tag{9.2.1}$$

式中，ν 是气体的摩尔数；V_{m} 是气体摩尔体积；$R=8.31\ \mathrm{J/(mol\cdot K)}$，是对各种理想气体都相同的常量，称摩尔气体常量(旧称普适气体常量)；$k=\dfrac{R}{N_{\mathrm{A}}}=1.38\times10^{-23}\ \mathrm{J/K}$，称玻耳兹曼常量；$N_{\mathrm{A}}=6.022\times10^{23}/\mathrm{mol}$，是阿伏伽德罗常量；$n$ 为分子数密度，即单位体积中的分子数。注意：数密度在国际单位下往往有很大的数值(例如在标准状态下空气的数密度 n 约为 $2.69\times10^{25}/\mathrm{m}^3$)，它与一般力学里的密度(单位体积里的质量，而不是分子数)有很大的不同。

从热力学角度看，满足理想气体状态方程的气体定义为理想气体，理想气体是真实气体的一种理想化近似(理想化模型)。

9.2.2 理想气体的微观模型

理想气体的微观模型是：

(1) 分子本身的线度与分子之间的平均距离相比可以忽略不计。

注意，这并不是说任何情况下都可以忽略分子的大小。例如，讨论碰撞问题时就必须考虑分子的大小。由于是在不同的前提下讨论问题，所以这两者并不矛盾。

(2) 除碰撞的瞬间外，分子之间和分子与器壁之间无相互作用力。

(3) 分子之间和分子与器壁之间的碰撞是完全弹性的，即气体分子的动能之和不因碰撞而损失。

实验表明，由以上模型得到的结果在压强比较低、温度比较高时与实际情况较符合，高压、低温时偏差比较大。

9.2.3 苏则朗模型

苏则朗模型是比理想气体的微观模型更接近于许多常见真实气体(空气、二氧化碳等)的一种模型。

苏则朗模型认为，气体分子为一群有吸引力的彼此作弹性碰撞的刚球。该模型可用图 9.2.1 中的 E_{p}-r 曲线来表示。图中，E_{p} 为两个分子之间相互作用的势能，r 为两个分子质心之间的距离，d 为分子的有效直径。当两个分子的质心接近到 d 时就发生碰撞。在 $r=d$ 处，势能曲线的斜率为负无穷大，这意味着分子碰撞时有无限大的斥力。当 $r>d$ 时，势能曲线的斜率为正值，这意味着分子未相碰时有相互吸引力。

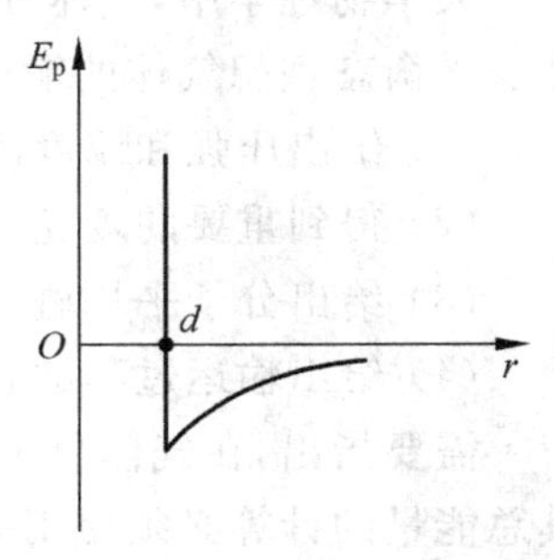

图 9.2.1

9.2.4 平衡态理想气体分子运动的统计假设

平衡态理想气体分子运动的统计假设又称无序性假设，是关于大量分子集体行为的假设，不能从牛顿运动定律导出。该假设有以下三点：

(1) 由于分子之间的频繁碰撞，出现各种速度的机会(概率)都有。分子的速率可以取$0\sim\infty$之间的任何值。

(2) 每个分子朝各个方向运动的机会(概率)相同，或分子的速度按方向的分布是均匀的。即，与分子的速度分量v_x、v_y、v_z有关的各种平均值都相等，例如：三个速度分量的平方的平均值是相等的，即

$$\overline{v_x^2}=\overline{v_y^2}=\overline{v_z^2}$$

(3) 每个分子在容器内的空间中的各点出现的机会(概率)相同，或分子按位置的分布是均匀的(忽略重力)，即

$$n=\frac{\mathrm{d}N}{\mathrm{d}V}=\frac{N}{V}$$

式中，n为分子数密度，$\mathrm{d}N$为宏观体元$\mathrm{d}V$中的分子数，N为分子的总数，V为容器容积。

9.3 气体分子动理论的几个重要结果

9.3.1 压强的统计解释与理想气体压强公式

压强的微观本质是大量的气体分子对单位面积器壁的冲击力的平均值。

从微观上看，分子由于无规则的运动必与器壁相碰撞，这种碰撞所产生的冲击力是间断的。从宏观上看，用测压计测压强时，测量的时间Δt再短也是宏观意义上的短，与分子相继两次碰撞或碰壁的时间间隔相比仍然是非常之大；测压计的面积Δs再小也是宏观意义上的小，与分子的截面积相比也是非常之大。这种宏观小微观大的概念，在研究分子运动的统计规律时经常要用到，是非常重要的。在测压计的面积Δs上、在Δt时间内遭受了无数分子的无数次碰撞，故测压计所测的压强就是这大量分子多次碰撞的平均效果。测压计测到的压强，在稳定态的情况下是稳定不变的；在非稳定态的情况下是随时间变化的。

由气体分子动理论可以得到，理想气体处在平衡态时的压强为

$$p=\frac{2}{3}n\bar{\varepsilon}_t=\frac{1}{3}nm\,\overline{v^2}\tag{9.3.1}$$

式中，n、m、v、$\bar{\varepsilon}_t$分别为分子的数密度、质量、速率和平均平动动能。式(9.3.1)即理想气体的压强公式，说明宏观量压强p由分子数密度n和微观量分子平动动能的平均值$\bar{\varepsilon}_t$所决定。

9.3.2 温度的统计解释

对比式(9.2.1)和式(9.3.1)，可得

$$\bar{\varepsilon}_t=\frac{3}{2}kT\tag{9.3.2}$$

可见，温度是分子平均平动动能的量度，这便是温度的统计解释(或称温度的统计意义)。

9.3.3 麦克斯韦速率分布律

平衡态速率分布函数的概念 由于大量分子之间频繁地相碰，每个分子的速率都在频繁地改变。从微观上看，每一瞬间，可以认为分子具有各种速率的可能性都有，也就是从概率上来说，分子是按速率连续分布的。问题是数学上如何表述。分子动理论中，人们采用概率论描写连续分布的方法，引入速率分布函数 $f(v)$来解决这个问题。

定义：分子速率处在 $v\sim v+\mathrm{d}v$ 区间的概率为

$$\mathrm{d}w = f(v)\mathrm{d}v \tag{9.3.3}$$

由于是描写平衡态的分布函数，分布不随时间改变，所以 $f(v)$与时间无关。按概率 $\mathrm{d}w$ 的定义，对 N 个相同分子组成的系统，速率处在 $v\sim v+\mathrm{d}v$ 区间的平均分子数为

$$\mathrm{d}N = Nf(v)\mathrm{d}v \tag{9.3.4}$$

所以速率处在 $v_1\sim v_2$ 区间的平均分子数为

$$N' = N\int_{v_1}^{v_2} f(v)\mathrm{d}v \tag{9.3.5}$$

每个分子速率分布在 $0\sim\infty$内的概率应为 1，即

$$\int_0^{\infty} f(v)\mathrm{d}v = 1 \tag{9.3.6}$$

式(9.3.6)叫作速率分布函数的归一化条件。

几点说明：

1) 关于统计涨落

式(9.3.4)中的 $\mathrm{d}N$ 是统计平均值，严格说，不是任一时刻速率在 $v\sim v+\mathrm{d}v$ 区间的分子数 $\mathrm{d}\widetilde{N}$。按统计假设，$\mathrm{d}\widetilde{N}$会以平均值 $\mathrm{d}N$ 为中心随时间变化而随机变化，称统计涨落。因为 N 很大很大，一般 $\mathrm{d}N$ 也是很大的数，即所谓宏观无穷小（对 N 而言）、微观足够大（保证服从统计规律），所以统计涨落常常可以忽略，但概念上的区分还是必要的。

2) 注意区分概率和概率密度

式(9.3.3)中 $\mathrm{d}w$ 是概率，而 $f(v)$被称作概率密度，是分子速率在 v 附近的单位速率间隔内的概率。正如质量和密度是不同的概念，$\mathrm{d}w$ 和 $f(v)$两者也是不同的概念。当 $\mathrm{d}v=0$ 时，$\mathrm{d}w=0$，这表明分子严格具有速率 v 的概率为 0，即使 $f(v)\neq 0$。对此，初学者可能会感到迷惑。比如，我们盯住一个分子，在某时刻 t 它的速率总有一个确定值 v_0 吧，即使我们不知道 v_0 具体是多少，但它终归是一个确定的值。那么，这个分子速率为 v_0 的概率怎么可能是 0 呢？我们可以从两个角度解释这个结果：

(1) 单看这个分子，由于频繁的碰撞，它处在这个速率的时间 δt 是极其短暂的，与系统存在的时间 T（平衡态，$T\to\infty$）相比，$\delta t/T\to 0$，而 $\delta t/T$ 正是它速率为 v_0 的概率；

(2) 同一时刻看全部 N 个分子，则分子速率为 v_0 的概率为 N_{v_0}/N，N_{v_0} 是速率为 v_0 的分子数。直观上不难想象，其他分子速率严格地也是 v_0 的可能性可以忽略，粗略地说，$N_{v_0}=1$。由于 $N\to\infty$，所以 $N_{v_0}/N\to 0$。

3) 关于连续函数 $f(v)$

式(9.3.3)中 $f(v)$是连续函数，于是 $\mathrm{d}w$ 与 $\mathrm{d}v$ 成正比。换言之，当速率区间长度足够小时，分子速率出现在该区间的概率与区间长度成正比，这是连续分布的性质，严格地说是

连续分布的定义——满足此关系的才称作连续分布。就像数学里，满足一定条件的函数才能称作连续函数。

4）关于分布函数的形式

分布函数 $f(v)$ 的具体形式与系统有关，对平衡态下单组分的经典理想气体，$f(v)$ 就是著名的麦克斯韦速率分布律。

下面讨论一个问题：使用分立数值的分布函数不行吗？

数学上采用连续分布函数来描写平衡态下分子速率的分布，符合其自然本性，所以简单明了。但是初学者往往对连续分布问题缺乏经验和了解，而喜欢从熟悉的离散分布的角度来分析考虑问题，所以有必要讨论一下这个问题。

例如，我们给出从小到大排列的 m 个速率的数值 $v_i(i=1,2,\cdots,m)$，然后给出在每个速率处的平均分子数 N_i。这样来描述分子速率的分布不行吗？

回答是不行。因为在任意两个相邻的速率 v_i 和 v_{i+1} 之间，还有无穷多个速率的值，按照分子速率可连续取值的本性，分子速率取 $0\sim\infty$ 区间中的任何一个值的可能性都有，光给出有限个 N_i 是不足以描写整个情况的。即使 $m\to\infty$，以致 v_i 和 v_{i+1} 之差无穷小也不行。因为两个无穷靠近的实数中间还是有无穷多个实数。

退一步说，即使能够给出分立数值的速率分布 $N_i(i=1,2,\cdots)$，其弊端也是显而易见的：一是由于分子数目极其庞大，速率又是可以取值连续，这种描述必然异常烦琐；二是由于频繁碰撞的原因，分子数不为零的速率 $v_i(i=1,2,\cdots)$ 不可能总是一些固定不变的值，也就是说分立的速率分布 N_i 必然要不断地随机地变化着。因此这种分立的描述无法表现出平衡态下系统不随时间改变的特点，也不能很好地体现出系统在平衡态下的统计规律性。

麦克斯韦速率分布律　对于温度为 T 的平衡态单组分理想气体，从气体分子动理论及理想气体状态方程可以导出麦克斯韦速度分布律并进而得到麦克斯韦速率分布律

$$f(v)=4\pi\left(\frac{m}{2\pi kT}\right)^{3/2}v^2\mathrm{e}^{-mv^2/2kT} \tag{9.3.7}$$

式中 m 是分子质量。

图 9.3.1 是同种分子不同温度的麦克斯韦速率分布律曲线的示意图。从图 9.3.1 可见，麦克斯韦速率分布律的函数曲线是“两头小中间大”，在速率 v_p 处有一峰值，表明分子处在速率小和速率大处的概率密度小，处在中等速率处的概率密度大。对这个问题我们可以这样理解：因为只有几乎每次碰撞分子速率都减小，最后分子的速率才能很小；只有几乎每次碰撞分子速率都增大，最后分子的速率才能很大；这两种情况出现的概率当然都会很小。而碰撞后允许速率增大，也允许速率减小，这对碰撞的要求就比较低，概率就较大。这样的碰撞是容易取得中间速率的，所以中间速率出现的概率就比较大。由于在 v_p 处的概率密度最大，故称 v_p 为最概然速率（也称最可几速率）。

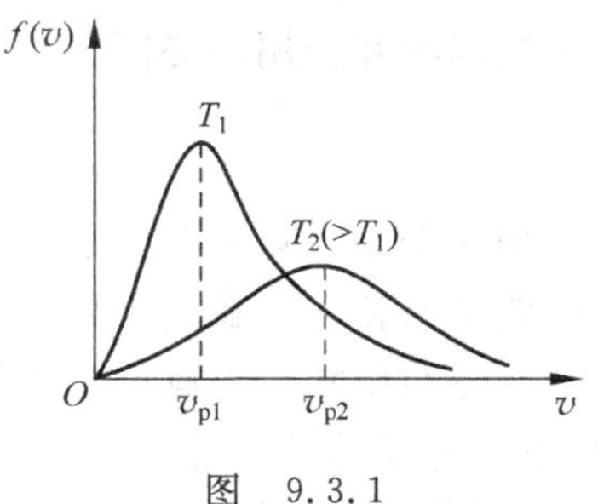

图　9.3.1

必须指出，分子速率严格处在 v_p 的概率为 0，虽然这时的概率密度最大。这里要再次强调，必须区分概率和概率密度。

从图 9.3.1 可见，T 越大，则 v_p 越大，峰值越小，曲线越平坦。

由麦克斯韦速率分布律可以求出最概然速率 v_p、平均速率 $\overline{v}$ 与方均根速率 v_{rms} $(=\sqrt{\overline{v^2}})$：

(1) 最概然速率 v_p

最概然速率为 $f(v)$的极大值对应的速率。记摩尔质量为 M，令 $df/dv=0$ 可解得

$$v_p=\sqrt{\frac{2kT}{m}}=\sqrt{\frac{2RT}{M}}\approx 1.41\sqrt{\frac{RT}{M}} \tag{9.3.8}$$

(2) 平均速率 $\overline{v}$

$$\overline{v}=\int_0^\infty vf(v)\mathrm{d}v=\sqrt{\frac{8kT}{\pi m}}=\sqrt{\frac{8RT}{\pi M}}\approx 1.60\sqrt{\frac{RT}{M}} \tag{9.3.9}$$

在常温常压下，中等质量的分子平均速率的数量级为 10^2 m/s。

(3) 方均根速率 v_{rms}

$$\overline{v^2}=\int_0^\infty v^2 f(v)\mathrm{d}v=\frac{3kT}{m}$$

$$v_{rms}=\sqrt{\frac{3kT}{m}}=\sqrt{\frac{3RT}{M}}\approx 1.73\sqrt{\frac{RT}{M}} \tag{9.3.10}$$

以上三式表明，$v_p<\overline{v}<v_{rms}$，但三者都与$\sqrt{T}$成正比，而且数值上也比较接近，它们从不同角度反映热运动。一般做粗略估算时，三者无须严格区分。但三者定义毕竟不同，严格使用时是要区分的。例如：在碰撞和输运的公式中常用到$\overline{v}$，在压强和温度的统计解释中用到的是 v_{rms}。

9.3.4 内能

内能 从微观的角度看，热学系统都可以看作由许多分子、原子组成的力学系统。内能就是组成热学系统的所有分子、原子热运动的动能与它们间（包括同一分子不同原子间）相互作用的势能之和。

理想气体的内能 理想气体的分子之间除碰撞瞬间外无相互作用力，所以理想气体的分子之间相互作用的势能为 0。从麦克斯韦速率分布函数可以求出分子平均动能为

$$\overline{\varepsilon}=\int_0^\infty\left(\frac{1}{2}mv^2\right)f(v)\mathrm{d}v=\frac{3}{2}kT$$

但这个结果只对单原子分子理想气体成立，对其他组分的理想气体在通常情况下都与实验明显不符。问题出在哪里？原来，在整个大学物理学的气体分子动理论中（包括麦克斯韦速率分布函数），除碰撞外理想气体分子都被看成质点，但是大多数分子都由多个原子组成，整个分子的动能等于质心动能加所有原子相对质心运动的动能（力学柯尼希定理，见 4.5.1 小节）。因为把分子看作质点，上式给出的应该是分子的平均质心动能，也称分子的平均平动动能。那么，组成一个分子的所有原子相对分子质心运动的平均动能具体是多少、是否可以忽略？这些问题气体分子动理论难以处理，必须通过经典统计物理的“能量均分定理”（全称“能量按自由度均分定理”）来解决。

自由度 在力学里，自由度指的就是完全决定力学系统位置所需的独立变量的个数。

分子自由度就是决定分子中每个原子位置所需的独立坐标数。在《大学物理学》能量均分定理部分的基本要求范围内，每个原子都视为质点，由原子组成的分子被视为刚体。按自

由度对应的运动的特点，可以将描写刚体的自由度分为平动自由度 t 和转动自由度 r。

平动自由度决定于质心坐标数，对应于质心运动，$t=3$。

各原子相对质心的运动就是转动（定点转动，不是定轴转动），按刚体运动学的知识，描写这样的转动一般需要3个独立变量（例如，3个转角，即过一固结在刚体的一直线的两个方位角和一个绕该直线转动的自转角），但是当所有原子排成一条直线时，绕这根直线的转动（自转）就消失了，只要2个独立变数（两个方向角）就够了。因此，一般情况下，$r=3$；当所有原子排成一条直线时（所有的双原子分子和二氧化碳分子这样的多原子分子）$r=2$。归纳起来：

单原子分子只有平动，$t=3$。

双原子分子和排成一条直线的多原子分子有平动和转动（无自转），$t=3$，$r=2$。

原子不都在一条直线上的多原子分子有平动和转动（有自转），$t=3$，$r=3$。

能量均分定理　在温度为 T 的平衡态下，分子的每一个自由度都具有相同的平均动能 $\frac{1}{2}kT$，这就是能量均分定理。

刚性分子的总自由度 $i=t+r$，按能量均分定理，一个刚性分子的平均动能为

$$\bar{\varepsilon}=\frac{1}{2}ikT$$

ν 摩尔理想气体的内能为

$$E=N\bar{\varepsilon}=\frac{1}{2}\nu N_{\mathrm{A}}ikT=\frac{1}{2}\nu iRT \tag{9.3.11}$$

式(9.3.11)表明，理想气体的内能仅是温度的函数，这是一个十分重要且常用的结论。

真实气体的内能　真实气体的分子之间是有相互作用力的，故分子之间有相互作用的势能。分子之间相互作用的势能与分子间的距离有关，因而真实气体的内能 E 除与温度 T 有关，还应与体积 V 有关，即

$$E=f(T,V)$$

内能函数的具体形式与系统有关。对 ν 摩尔范德瓦尔斯气体，统计物理基于前述苏则朗模型推导出其内能

$$E(T,V)=\frac{1}{2}\nu iRT-\nu^2\frac{a}{V} \tag{9.3.12}$$

式中的 a 就是范德瓦尔斯方程中反映分子间相互吸引作用的常量，不同气体常量 a 也不同。

以上关于气体内能的讨论仅限于大学物理学教学基本要求范围内，一般只适用于常温或普通低温下的气体，更一般的情况可参看9.5.1小节“对内能的进一步讨论”。

9.3.5　范德瓦尔斯气体和范德瓦尔斯方程

范德瓦尔斯气体　（简称范氏气体）该气体是采用苏则朗分子模型做近似的一种真实气体模型。

范德瓦尔斯方程　用有吸引力的刚球分子模型对理想气体的状态方程进行修正，便得到了范德瓦尔斯气体的状态方程，它被称为范德瓦尔斯方程。1 mol范氏气体的范德瓦尔斯方程为

$$\left(p+\frac{a}{V_{m}^{2}}\right)(V_{m}-b)=RT \tag{9.3.13}$$

式中，a、b 为范德瓦尔斯常量，V_m 是摩尔体积，$\frac{a}{V_m^2}$ 为因分子之间有相互吸引力而产生的修正量，b 为因分子有固有体积而产生的修正量。对不同的气体，a、b 的数值不同，一般可由实验测得。

对 ν 摩尔范德瓦尔斯气体，其体积 $V=\nu V_m$，将其代入式(9.3.13)可得：

$$\left(p+\nu^{2}\frac{a}{V^{2}}\right)(V-\nu b)=\nu RT \tag{9.3.14}$$

对真实气体而言，范德瓦尔斯方程仍然是近似的，但对许多常见真实气体(空气、二氧化碳等)，范德瓦尔斯气体模型由于考虑了分子的体积和分子之间的作用力，比理想气体模型更真实，特别是摩尔体积较小(密度较大)的情形。例如，0℃、500 atm 下的氮气，用理想气体来近似，误差已经很大，但用范德瓦尔斯气体来近似，误差仍然不大(详见张三慧编著的《大学物理学》(第三版)力学、热学)。而且，范德瓦尔斯方程还能描写液态、气液相变、气液相变临界温度、过饱和蒸汽、过热液体等，这些都是理想气体状态方程做不到的。

9.3.6 碰撞频率和自由程

气体分子在频繁地碰撞着，每一个分子隔多长时间再与别的分子相碰，这个相隔时间称为分子“自由飞行时间”τ。单位时间内一个分子和其他分子发生碰撞的次数称为“碰撞频率”z，$z=\frac{1}{\tau}$。分子两次相邻的碰撞间自由飞行的路程称为分子“自由程”λ。分子的 z、λ 的大小都是完全偶然的，但对特定的系统、在给定平衡态下的大量分子来说，平均碰撞频率 $\bar{z}$ 和平均自由程 $\bar{\lambda}$ 都是确定的。

平均碰撞次数和平均自由程 理想气体处在平衡态的情况下，由分子动理论得到同种气体分子的平均碰撞次数和平均自由程为

$$\bar{z}=\sqrt{2}\pi d^{2}\,\bar{v}n=\sqrt{2}\sigma\bar{v}n \tag{9.3.15}$$

$$\bar{\lambda}=\frac{\bar{v}}{\bar{z}}=\frac{1}{\sqrt{2}\pi d^{2}n}=\frac{1}{\sqrt{2}\sigma n} \tag{9.3.16}$$

式中，$\sigma=\pi d^2$ 为分子的碰撞截面，d 为分子的有效直径，一般 d 的数量级为 10^{-10} m。

$\bar{z}$ 越大，分子碰撞得越频繁；$\bar{\lambda}$ 越小，分子碰撞得越频繁，可见两者都是反映分子碰撞的频繁程度的物理量。

将 $p=nkT$ 和 $\bar{v}=\sqrt{\frac{8kT}{\pi m}}$ 代入 $\bar{z}$、$\bar{\lambda}$ 表示式中，得

$$\bar{z}=\frac{4\sigma p}{\sqrt{\pi mkT}} \tag{9.3.17}$$

$$\bar{\lambda}=\frac{kT}{\sqrt{2}\sigma p} \tag{9.3.18}$$

在常温常压下，中等质量分子的 $\bar{z}$ 的数量级为 $10^{10}\ \text{s}^{-1}$，$\bar{\lambda}$ 的数量级为 10^{-7} m。

分子数按自由程的分布 对处在平衡态的理想气体，由分子动理论得到分子数按自由程的分布公式

$$N_x = Ne^{-x/\bar{\lambda}}$$

式中，N 为系统的分子总数，N_x 是自由程大于 x 的平均分子数。N_x 随 x 的增大作指数衰减，当$x=0$ 时，则 $N_x=N$，即所有的分子的自由程都大于零。上式也可以写成微分形式

$$-\mathrm{d}N_x = \frac{1}{\bar{\lambda}}Ne^{-x/\bar{\lambda}}\mathrm{d}x$$

式中$-\mathrm{d}N_x$ 为自由程介于 $x \sim x+\mathrm{d}x$ 区间中的平均分子数。

9.3.7　输运过程

系统处在非平衡态时，各部分的宏观性质就不再均匀了，这种不均匀将导致某些物理量的迁移，此即输运过程。

输运过程的宏观规律　输运过程分以下几种：

(1) 黏滞现象(内摩擦现象)　参看图 9.3.2，在 $\mathrm{d}S$ 面两侧流体彼此的内摩擦力为

$$\mathrm{d}f = \eta\left|\frac{\mathrm{d}u}{\mathrm{d}x}\right|\mathrm{d}S$$

定向运动动量输运的公式为

$$\mathrm{d}P = -\eta\frac{\mathrm{d}u}{\mathrm{d}x}\mathrm{d}S\mathrm{d}t \qquad (9.3.19)$$

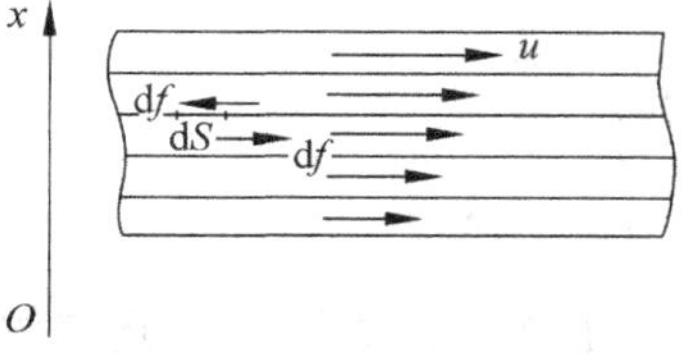

图　9.3.2

(2) 热传导现象　热量输运的公式为

$$\mathrm{d}Q = -\kappa\frac{\mathrm{d}T}{\mathrm{d}x}\mathrm{d}S\mathrm{d}t \qquad (9.3.20)$$

(3) 扩散现象　质量输运的公式为

$$\mathrm{d}M = -D\frac{\mathrm{d}\rho}{\mathrm{d}x}\mathrm{d}S\mathrm{d}t \qquad (9.3.21)$$

以上各式中的 η 为黏滞系数，κ 为热传导系数，D 为扩散系数，它们都由气体的性质和状态所决定；$\mathrm{d}S$ 为二气层接触面上的面积元；$\mathrm{d}t$ 为输运的时间；$\mathrm{d}u/\mathrm{d}x$ 为分子定向运动的速度梯度，$\mathrm{d}T/\mathrm{d}x$ 为温度梯度，$\mathrm{d}\rho/\mathrm{d}x$ 为密度梯度，它们分别描写了流速、温度、密度这些宏观量分布的不均匀性；$\mathrm{d}P$、$\mathrm{d}Q$、$\mathrm{d}M$ 分别为在时间 $\mathrm{d}t$ 内穿过面积 $\mathrm{d}S$ 所输运的动量、热量和质量。

由式(9.3.19)、式(9.3.20)、式(9.3.21)可看到输运过程宏观规律的共性：

第一，被迁移的量都与某种梯度成正比，可见内迁移现象是由气体宏观性质的不均匀性造成的。

第二，各式中都有负号。负号表明被迁移的量的迁移方向与相应物理量的梯度方向(正负)相反，这意味着迁移的结果要使气体的宏观性质由不均匀趋向均匀。

输运过程的统计解释　微观上看，输运过程是大量气体分子热运动导致的效应。热运动使气体各部分的分子相互掺合、相互碰撞。掺合要引起微观量的迁移，碰撞一方面要阻碍掺合，但更重要的是使参与掺合的分子"同化"。所谓"同化"就是参与掺合的分子与所到处的分子相互作用，从而使参与掺合的分子获得了所到处的分子的共同特点(当然，参与掺合的分子和所到处的分子的共同特点因受到参与掺合的分子的作用也是要改变的，故"同化"是相互的)。分子掺合与碰撞的结果就改变了气体物理量在各部分的统计分布，即引起了宏观量的迁移，这就是输运过程的统计解释。

由于分子的热运动，不同流速处的分子便相互掺合，并通过碰撞而获得碰撞处分子的平均流速。宏观上看，流速大的体积元的定向动量减少了，而流速小的体积元的定向动量增加了，相当于定向运动动量从流速大的体积元输运到流速小的体积元，此即黏滞现象的微观本质。

由于分子的热运动，不同温度处的分子便相互掺合，并通过碰撞而获得碰撞处分子热运动的平均能量，导致分子热运动能量的迁移，在宏观上看就是热量的输运，此即热传导的微观本质。

由于分子的热运动，不同密度处的分子便相互掺合，并通过碰撞使得外来分子在碰撞处“留住”，导致分子数的迁移，在宏观上看就是质量的输运，此即扩散现象的微观本质。

由分子动理论可得到三个输运系数和微观量的关系

$$\begin{cases}\eta=\dfrac{1}{3}\rho\bar{v}\bar{\lambda}\\ \kappa=\dfrac{1}{3}\rho c_V\bar{v}\bar{\lambda}\\ D=\dfrac{1}{3}\bar{v}\bar{\lambda}\end{cases}\tag{9.3.22}$$

注意：上式中的 c_V 是气体单位质量的定体比热，与常用的摩尔定体比热数值上不同。

三个输运系数的共同点：

(1) 都与分子热运动平均速率$\bar{v}$成正比。$\bar{v}$越大，分子的热运动越剧烈，掺合得越快，显然掺合促进输运。

(2) 都与分子平均自由程 $\bar{\lambda}$ 成正比。$\bar{\lambda}$ 越大，分子碰撞的频繁程度越低，显然越有利于输运(碰撞是阻碍输运的)。

9.4 典型例题(共 7 例)

例 1 一氧气瓶的容积是 $V=32$ L，其中氧气的压强是 $p=130$ atm。规定瓶内的氧气压强降到 $p'=10$ atm 时就得充气，以免混入其他气体而需洗瓶。今有一玻璃室，每天需用 $p_0=1$ atm 的氧气 $V_0=400$ L，问一瓶氧气能用几天。

解 设氧气瓶中氧气初态的摩尔数为 ν，末态的摩尔数为 ν'，每天用掉的氧气的摩尔数为 ν_0，相应的氧气压强为 $p_0=1$ atm、体积为 $V_0=400$ L。

由题意得，在整个使用氧气的过程中温度 T 是不变的，所以有

$$\nu=\frac{pV}{RT},\quad \nu'=\frac{p'V}{RT},\quad \nu_0=\frac{p_0V_0}{RT}$$

可见，每天用掉的氧气的摩尔数 ν_0 是常量，而能用的氧气的总摩尔数为 $\nu-\nu'$，所以一瓶氧气能用的天数为

$$\frac{\nu-\nu'}{\nu_0}=\frac{(p-p')V}{p_0V_0}=\frac{(130-10)\times 32}{1.0\times 400}=9.6(\text{天})$$

故一瓶氧气能用 9.6 天。

例 2 试就下列几种情况求气体分子数占总分子数的比率：

(1) 气体分子速率在区间 $v_p\sim 1.01v_p$ 内；

(2) 气体分子速度分量 v_x 在区间 $v_p \sim 1.01v_p$ 内；

(3) 气体分子速度分量 v_x、v_y、v_z 分别都在区间 $v_p \sim 1.01v_p$ 内。

解 (1) 速率 v 在 $v_p \sim 1.01v_p$ 区间内的气体分子数占总分子数的比率为：

$$\frac{\Delta N}{N} = \int_{v_p}^{1.01v_p} f(v)\mathrm{d}v = \int_{v_p}^{v_p+\Delta v} f(v)\mathrm{d}v$$

式中，$f(v)$是麦克斯韦速率分布函数式(9.3.7)，$\Delta v = 0.01v_p$。显然，Δv 足够小，以至于 $f(v)$在积分区间内变化很小、近似常量，上式中的积分可近似为

$$\int_{v_p}^{v_p+\Delta v} f(v)\mathrm{d}v \approx f(v_p)\Delta v$$

代入 $v_p = \sqrt{\frac{2kT}{m}}$，$\Delta v = 0.01v_p$，得

$$\frac{\Delta N}{N} \approx \frac{0.04}{\mathrm{e}\sqrt{\pi}} \approx 8.30 \times 10^{-3}$$

(2) v_x 在 $v_p \sim 1.01v_p$ 区间内的气体分子数占总分子数的比率为

$$\frac{\Delta N(v_x)}{N} = \int_{v_p}^{1.01v_p} g(v_x)\mathrm{d}v_x = \int_{v_p}^{v_p+\Delta v_x} g(v_x)\mathrm{d}v_x$$

式中，$\Delta v_x = 0.01v_p$，$g(v_x)$是麦克斯韦速度分量分布函数(见 9.5.2 小节)

$$g(v_x) = \sqrt{\frac{m}{2\pi kT}}\mathrm{e}^{-mv_x^2/2kT}$$

同(1)，由于 Δv_x 足够小，有

$$\int_{v_p}^{v_p+\Delta v_x} g(v_x)\mathrm{d}v_x \approx g(v_p)\Delta v_x$$

代入 $v_p = \sqrt{\frac{2kT}{m}}$，$\Delta v_x = 0.01v_p$，得

$$\frac{\Delta N(v_x)}{N} \approx \frac{0.01}{\mathrm{e}\sqrt{\pi}} \approx 2.08 \times 10^{-3}$$

(3) 麦克斯韦速度分布函数(见 9.5.2 小节)

$$F(\boldsymbol{v}) = g(v_x)g(v_y)g(v_z)$$

v_x、v_y、v_z 分别都在区间 $v_p \sim 1.01v_p$ 内的气体分子数占总分子数的比率为

$$\frac{\Delta N(\boldsymbol{v})}{N} = \int_{v_p}^{1.01v_p}\mathrm{d}v_x \int_{v_p}^{1.01v_p}\mathrm{d}v_y \int_{v_p}^{1.01v_p}\mathrm{d}v_z F(\boldsymbol{v})$$

式中，对 $\mathrm{d}v_x$、$\mathrm{d}v_y$、$\mathrm{d}v_z$ 的积分区间分别为 $v_p \sim v_p + \Delta v_x$、$v_p \sim v_p + \Delta v_y$、$v_p \sim v_p + \Delta v_z$。其中，$\Delta v_x = \Delta v_y = \Delta v_z = 0.01v_p$。同样，由于 Δv_x、Δv_y、Δv_z 足够小，有

$$\frac{\Delta N(\boldsymbol{v})}{N} \approx F(\boldsymbol{v})\Delta v_x \Delta v_y \Delta v_z$$

$$= \left(\frac{0.01}{\mathrm{e}\sqrt{\pi}}\right)^3 \approx 8.94 \times 10^{-9}$$

讨论 本题的关键计算是对 $f(v)$、$g(v_x)$、$F(\boldsymbol{v})$的定积分，一般情况下无解析解，这是此类问题计算的难点。但本题中的积分区间长度很小，被积函数在积分区间内变化很小、近似常量，积分可近似为被积函数和积分区间的乘积而轻易求得，这是本题计算的要点。

例 3 N 个假想的气体分子,其速率分布如图 9.4.1 所示(当 $v>2v_0$ 时,粒子数为零)。

(1) 由 N 和 v_0 求 b;

(2) 求速率在 $1.5v_0\sim2.0v_0$ 之间的分子数;

(3) 求分子的平均速率。

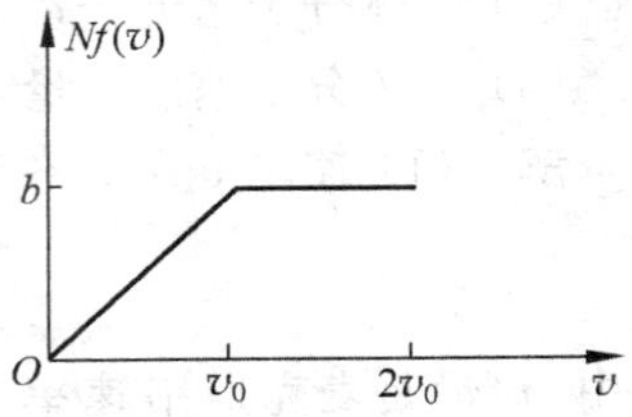

图 9.4.1

解 图 9.4.1 中折线的解析表达式为

$$Nf(v)=bv/v_0\quad(0\leqslant v\leqslant v_0)$$

$$Nf(v)=b\quad(v_0\leqslant v\leqslant 2v_0)$$

$$Nf(v)=0\quad(2v_0<v\leqslant\infty)$$

(1) 由归一化条件得

$$1=\int_0^\infty f(v)\mathrm{d}v=\int_0^{v_0}\frac{b}{Nv_0}v\mathrm{d}v+\int_{v_0}^{2v_0}\frac{b}{N}\mathrm{d}v=\frac{3bv_0}{2N}$$

所以

$$b=\frac{2N}{3v_0}$$

(2) 速率在 $1.5v_0\sim2.0v_0$ 之间的分子数为

$$\Delta N=\int_{1.5v_0}^{2.0v_0}Nf(v)\mathrm{d}v=\int_{1.5v_0}^{2.0v_0}b\mathrm{d}v=0.5bv_0=\frac{N}{3}$$

(3) 分子的平均速率为

$$\bar{v}=\frac{1}{N}\int_0^\infty vNf(v)\mathrm{d}v=\int_0^\infty vf(v)\mathrm{d}v$$

$$=\int_0^{v_0}v\frac{bv}{Nv_0}\mathrm{d}v+\int_{v_0}^{2v_0}v\frac{b}{N}\mathrm{d}v=\frac{11}{6N}bv_0^2=\frac{11}{9}v_0$$

例 4 一容器的体积为 V,内贮氧气,温度为 T,容器壁上开有一面积为 Δs 的小孔,氧气自小孔逸出,求容器内氧气压强减为原压强的 $\frac{1}{\mathrm{e}}$ 所需的时间 τ(设凡到达小孔的分子均自小孔逸出,气体的温度保持不变)。

分析 严格地说,这是个非平衡态的问题。但是,由于小孔足够小,气体逸出的流量很小,容器内的气体可认为始终处在平衡态。按 9.5.5 小节的推导,对平衡态理想气体,在器壁上取一个面积为 Δs 的面元,$\mathrm{d}t$ 时间内撞到该面元的分子数为

$$\frac{1}{4}n\bar{v}\Delta s\mathrm{d}t$$

这个结果在题设条件下仍然成立,而且依题意,这也是 $\mathrm{d}t$ 时间内从小孔逸出的分子数。

解 设 t 时刻容器内的分子数为 $N(t)$。则 $\mathrm{d}t$ 时间内从面积为 Δs 的小孔逸出的分子数(即容器内减少的分子数)为

$$-\mathrm{d}N=\frac{1}{4}n\bar{v}\Delta s\mathrm{d}t$$

式中,$n=\dfrac{N}{V}$是容器中氧气的数密度。所以

$$\mathrm{d}n=\frac{\mathrm{d}N}{V}=-\frac{1}{4}n\bar{v}\alpha\mathrm{d}t,\quad\alpha=\frac{\Delta s}{V}$$

$$\frac{\mathrm{d}n}{n}=-\frac{1}{4}\bar{v}\alpha\mathrm{d}t$$

上式等号两边分别积分，得

$$\int_{n_0}^{n}\frac{\mathrm{d}n}{n}=-\frac{1}{4}\bar{v}\alpha\int_0^t\mathrm{d}t$$

$$\ln\frac{n}{n_0}=-\frac{\bar{v}\alpha t}{4},\quad \frac{n}{n_0}=\mathrm{e}^{-\bar{v}\alpha t/4}$$

由理想气体状态方程(9.2.1)$p=nkT$，有

$$\frac{p}{p_0}=\frac{n}{n_0}=\mathrm{e}^{-\bar{v}\alpha t/4}$$

依题意，$t=0$ 时容器内氧气压强为 p_0，$t=\tau$ 时压强为 $p=p_0/\mathrm{e}$，代入上式得

$$\frac{1}{\mathrm{e}}=\mathrm{e}^{-\bar{v}\alpha\tau/4},\quad \tau=\frac{4}{\bar{v}\alpha}=\frac{4V}{\bar{v}\Delta s}$$

再代入$\bar{v}=\sqrt{\frac{8kT}{\pi m}}$，得

$$\tau=\frac{2V}{\Delta s}\sqrt{\frac{\pi m}{2kT}}$$

例 5　如图 9.4.2 所示，一长 $l=2$ m、截面积 $\Delta S=10^{-4}$ m^2 的管子里贮有标准状态下的 CO_2 气，一半 CO_2 分子中的C原子是放射性同位素^{14}C。已知 CO_2 分子的有效直径 $d=4.6\times10^{-10}$ m，由^{14}C 组成的 CO_2 的质量为 $m=46\times1.66\times10^{-27}$ kg。在开始时，放射性分子数密度沿着管子均匀地减小，左端最大，右端为零。而非放射性分子数密度沿着管子均匀地增大，左端为零，右端最大。求开始时：

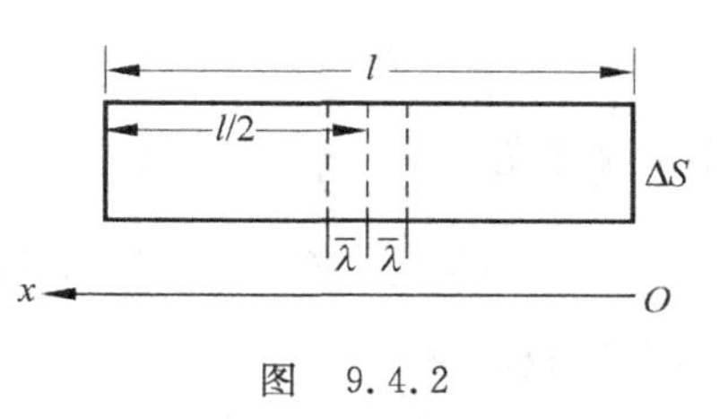

图　9.4.2

(1) 放射性气体的密度梯度是多少？

(2) 单位时间放射性气体通过管子横截面扩散的质量$\frac{\mathrm{d}M}{\mathrm{d}t}$是多少？

解　标准状态下的压强为 $p=1.013\times10^5$ Pa，温度为 $T=273.15$ K，已知由^{14}C 组成的 CO_2 的质量为 $m=46\times1.66\times10^{-27}$ kg。

(1) 两种 CO_2 的总分子数密度为 $n_0=p/kT$，两种 CO_2 的分子数密度之和为总分子数密度。所以开始时，放射性气体在管子左端的分子数密度 $n_\mathrm{L}=n_0$，放射性气体在管子左端的密度为

$$\rho_\mathrm{L}=n_\mathrm{L}m=n_0m=\frac{pm}{kT}$$

开始时，放射性气体的密度梯度为

$$\frac{\mathrm{d}\rho}{\mathrm{d}x}=\frac{\rho_\mathrm{L}-\rho_\mathrm{R}}{l}=\frac{\rho_\mathrm{L}}{l}=\frac{pm}{kTl}=\frac{1.013\times10^5\times46\times1.66\times10^{-27}}{1.38\times10^{-23}\times273.15\times2}\approx1.03\ (\mathrm{kg/m^4})$$

式中，$\rho_\mathrm{R}=0$ 是开始时放射性气体分子在右端的数密度。

(2) 放射性气体的平均速率

$$\bar{v}=\sqrt{\frac{8kT}{\pi m}}=\sqrt{\frac{8\times1.38\times10^{-23}\times273.15}{\pi\times46\times1.66\times10^{-27}}}\approx3.55\times10^2\,(\mathrm{m/s})$$

由式(9.3.16)，放射性气体的平均自由程

$$\bar{\lambda}=\frac{kT}{\sqrt{2}\pi d^2 p}=\frac{1.38\times10^{-23}\times273.15}{\sqrt{2}\pi\times(4.6\times10^{-10})^2\times1.013\times10^5}\approx3.96\times10^{-8}(\mathrm{m})$$

由式(9.3.22)，放射性气体的扩散系数

$$D=\frac{\bar{v}\bar{\lambda}}{3}\approx\frac{3.55\times10^2\times3.96\times10^{-8}}{3}\approx4.69\times10^{-6}(\mathrm{m^2/s})$$

由质量输运公式(9.3.21)，给出开始时单位时间放射性气体通过管子横截面扩散的质量为

$$\frac{\mathrm{d}M}{\mathrm{d}t}=\left|D\frac{\mathrm{d}\rho}{\mathrm{d}x}\Delta S\right|\approx4.69\times10^{-6}\times1.03\times10^{-4}\approx4.83\times10^{-10}(\mathrm{kg/s})$$

由于开始时放射性气体的密度梯度 $\mathrm{d}\rho/\mathrm{d}x$ 与横截面所在的位置无关，所以这里的 $\mathrm{d}M/\mathrm{d}t$ 也和横截面所在的位置无关。

例 6 灯泡的真空度为 1.0×10^{-5} mmHg，设气体分子的有效直径 $d=3.0\times10^{-10}$ m，摩尔质量为 $M=28$ g/mol，有人计算了在 $T=300$ K(处在室温)时单位体积中的分子数 n，平均自由程 $\bar{\lambda}$，平均碰撞频率 $\bar{z}$，结果分别为 $3.21\times10^{17}\ \mathrm{m^{-3}}$、7.79 m 和 61 $\mathrm{s^{-1}}$。试检验此计算结果是否正确？

解 气体的压强换算成国际单位为

$$p=1.0\times10^{-5}\ \mathrm{mmHg}\cdot\frac{1.013\times10^5\ \mathrm{Pa}}{760\ \mathrm{mmHg}}\approx1.33\times10^{-3}\ \mathrm{Pa}$$

分子数密度

$$n=\frac{p}{kT}\approx\frac{1.33\times10^{-3}}{1.38\times10^{-23}\times300}\ \mathrm{m}\approx3.21\times10^{17}\ \mathrm{m^{-3}}$$

平均自由程

$$\bar{\lambda}=\frac{1}{\sqrt{2}\pi d^2 n}\approx\frac{1}{\sqrt{2}\pi\times3^2\times10^{-20}\times3.21\times10^{17}}\ \mathrm{m}\approx7.79\ \mathrm{m}$$

平均碰撞频率

$$\bar{z}=\frac{\bar{v}}{\bar{\lambda}}=\frac{\sqrt{\frac{8RT}{\pi M}}}{\bar{\lambda}}\approx\frac{\sqrt{\frac{8\times8.31\times300}{\pi\times28\times10^{-3}}}}{7.79}\mathrm{s^{-1}}\approx61\ \mathrm{s^{-1}}$$

从以上计算看，似乎题给的结果都是对的。但是我们应该注意到，以上计算出的平均自由程 $\bar{\lambda}\approx8$ m，这比一般灯泡的尺寸大很多，此时真正的 $\bar{\lambda}$ 应该是与灯泡尺寸相当的量。而题目并没给出灯泡的尺寸，因此 $\bar{\lambda}$ 和 $\bar{z}$ 都无法估算，只能确认分子数密度 n 的结果是正确的。

说明 这是一道有技术背景的题目。按式(9.3.22)，在温度一定的情况下，气体的导热系数 $\kappa\propto\rho\bar{\lambda}\propto n\bar{\lambda}$，又因为 $\bar{\lambda}\propto1/n$，所以 κ 与数密度 n 无关。那么热水瓶、杜瓦瓶里的真空夹层为什么能很好地隔热呢？原来，它们的真空夹层里分子数密度足够低，像这道题一样，于是 $\bar{\lambda}\propto1/n$ 不再成立，而 $\bar{\lambda}$ 基本上可以看作是常量(夹层的厚度)，于是气体的导热系数 $\kappa\propto n\bar{\lambda}\propto n$，只要真空度足够高，$n$ 就足够小，气体的导热系数也就足够小，真空夹层也就能起到隔热的作用了。

例 7 对气体系统，下面四种陈述，哪种陈述是正确的？

A. 由 $pV=\nu RT$ 知，在等温条件下，逐渐增大压强，当 $p\to\infty$ 时，$V\to0$

B. 由 $pV=\nu RT$ 知，在不减小压强的条件下，逐渐降低温度，当 $T\to 0$ 时，$V\to 0$

C. 由 $pV=\nu RT$ 知，在等温条件下，逐渐让体积膨胀，当 $V\to\infty$时，$p\to 0$

D. 由 $E=\nu\frac{i}{2}RT$ 知，$T\to 0$ 时，$E\to 0$

解 选项 A：从数学上看似乎是对的，但是对真实的气体系统，当 $p\to\infty$时，$V\to 0$ 是不可能的，因为分子都有体积。换言之，$p\to\infty$时，理想气体模型因不考虑分子体积和分子间的作用力而不再适用，其状态方程 $pV=\nu RT$ 和相关的推论当然也就不成立了。

选项 B：从数学上看似乎也是对的，但是对真实的气体系统，当 $T\to 0$ 时，$V\to 0$ 是不可能的，因为分子都有体积。其实当 $T\to 0$ 时，系统早已不再是气体了，因而只适用于理想气体的状态方程 $pV=\nu RT$ 和相关的推论也就不成立了。

对选项 C 来说，在等温条件下，当 $V\to\infty$时，分子数密度更小，理想气体模型更准确，从其状态方程 $pV=\nu RT$ 导出的结论当然也是对的了。

对选项 D 来说，当 $T\to 0$ 时，分子热运动动能趋于 0，被理想气体模型所忽略的分子间相互作用能开始扮演重要角色，理想气体的内能公式 $E=\nu\frac{i}{2}RT$ 及相关的推论也因此不适用了。

综上所述，只有选项 C 是正确的。

启示 此题告诫我们，运用公式一定要注意它成立的条件。不注意条件地乱用公式，就是所谓的“套公式”，是必须坚决否定的。

9.5 对某些问题的进一步说明与讨论

9.5.1 对内能的进一步讨论

振动自由度和平均振动能量 实验表明，当温度较高时，对多数常见气体，按 9.3.4 小节中的理论计算自由度后，由式(9.3.11)得到的内能与实验结果明显不符。

问题出在哪里呢？原来，在 9.3.4 小节中将分子看作刚体是有问题的——同一分子内各个原子间的距离在热运动中是不断变化的。这种距离在平衡位置附近反复变化的运动其实就是振动，而且是简谐振动(因为是微振动)。也就是说，将分子视为刚性而对分子自由度进行分析计算时，漏掉了振动自由度 s。

按能量均分定理，振动对应的平均动能应为$\frac{1}{2}skT$。而且，由于振动时各原子间距发生变化，各原子间相互作用势能也会变化，这种变化就是振动势能。按简谐振动的理论，简谐振子的平均振动势能与平均振动动能相等(参看 6.2.2 小节)，而平均振动能量为两者之和。所以，每个振动自由度对应大小为 kT 的振动能量，这也就是将分子看作刚体时漏掉的能量。于是，按能量均分定理，考虑了振动能量后，一个分子的平均能量为

$$\bar{\varepsilon}=\frac{1}{2}(t+r+2s)kT \tag{9.5.1}$$

由于有振动势能，一个振动自由度对分子平均能量的贡献是一个平动或转动自由度对分子平均能量贡献的两倍。

但是振动自由度如何计算呢？

确定一个原子位置需要用 3 个独立坐标，因此一个由 N 个原子组成的分子的总自由度应为 $3N$。我们可以像在 9.3.4 小节中所做的那样，先把分子当成刚体，求出其平动自由度 t 和转动自由度 r。剩下的$(3N-t-r)$个自由度，描写的就是偏离刚体的运动，即是使各原子间距离发生变化的运动（组成刚体的各质点间距离是不变的），也就是振动。因此，振动自由度

$$s = 3N - t - r \tag{9.5.2}$$

问题似乎就这样解决了，可是新的问题又来了：为什么在常温下把分子视为刚体的理论能与实验符合得较好呢？难道在常温下，分子成了刚体了？答案是：的确如此。这涉及量子力学的效应，是前述经典物理无法解释的。

振动自由度的冻结和解冻 按量子力学的理论，一个频率为 ν 的简谐振子，其能量是量子化的，只能取值$\left(n+\frac{1}{2}\right)h\nu$，式中 n 是整数，$h=6.63\times10^{-34}\ \mathrm{J\cdot s}$，称普朗克常量。因此，这个简谐振子和外界交换的能量只能以 $h\nu$ 为单位进行，最少是 $h\nu$。从物理上看，分子间频繁的碰撞，导致各自由度频繁地交换能量进而导致动能在各自由度平均分配。但是，在低温下，热运动的能量较低，碰撞时能量低于 $h\nu$ 的话，将不足以激发这个简谐振子，无法与之交换能量，人们形象地称对应于这个简谐振子的振动自由度被“冻结”了，在式(9.5.1)和式(9.5.2)中应将其贡献扣除。

同一个分子的各个振动自由度对应的频率一般都不相同，因此对应的“冻结温度”也不相同。当温度低于最低的“冻结温度”时，所有振动自由度都冻结了，分子就像刚体一样。大多数情况下，在常温时所有振动自由度都冻结了，分子可以看成刚体，9.3.4 小节中的理论反而与实验符合得较好。

当温度不断升高时，各振动自由度将依次“解冻”，对分子能量的相应贡献也必须考虑。对空气分子而言，500℃时，可以认为其振动自由度已经解冻了。

9.5.2 麦克斯韦速度分布律

麦克斯韦速度分布律是理想气体处在平衡态时分子按速度 $\boldsymbol{v}$ 的分布规律。在大学物理学课程内，它是理想气体处在平衡态时的最基本的统计规律，其他的统计规律都可由它导出。

速度分量分布函数和速度分布函数 显然，分子速度的 x、y、z 分量 v_x、v_y、v_z 都应该在区间$(-\infty,+\infty)$内连续分布，因此适合用连续分布函数和概率密度来描写。

分子速度的 x 分量在 $v_x\sim v_x+\mathrm{d}v_x$ 区间内而 v_y、v_z 取任意值的概率可表示为

$$\mathrm{d}w_x = g_x(v_x)\mathrm{d}v_x$$

$g_x(v_x)$就定义为速度分量 v_x 的分布函数。同理，可定义 v_y、v_z 的分布函数 $g_y(v_y)$、$g_z(v_z)$。

平衡态下无外场时，x、y、z 三个方向应该是等价的，速度三个分量的分布规律也应该相同。也就是说，$g_x(v_x)$、$g_y(v_y)$、$g_z(v_z)$是变量不同（分别为 v_x、v_y、v_z）的同一函数。因此可去掉函数下标，统一写成 $g(v_x)$、$g(v_y)$、$g(v_z)$。也因此，分子速度的 σ 分量处在区间 $v_\sigma\sim v_\sigma+\mathrm{d}v_\sigma$ 的概率可表示为

$$\mathrm{d}w_\sigma = g(v_\sigma)\mathrm{d}v_\sigma, \quad \sigma = x, y, z \tag{9.5.3}$$

今后,为表述方便,对任意矢量 $\boldsymbol{A}$,引入记号 d^3A 表示 $\mathrm{d}A_x\mathrm{d}A_y\mathrm{d}A_z$、记号 $\boldsymbol{A}\sim\boldsymbol{A}+\mathrm{d}\boldsymbol{A}$ 表示区间

$$\begin{cases} A_x \sim A_x + \mathrm{d}A_x \\ A_y \sim A_y + \mathrm{d}A_y \\ A_z \sim A_z + \mathrm{d}A_z \end{cases}$$

式(9.5.3)给出的三个概率 $\mathrm{d}w_x$、$\mathrm{d}w_y$、$\mathrm{d}w_z$ 是彼此独立的,按照独立概率相乘的概率原理,分子速度在 $\boldsymbol{v}\sim\boldsymbol{v}+\mathrm{d}\boldsymbol{v}$ 区间内的概率为

$$\mathrm{d}w_v = g(v_x)g(v_y)g(v_z)\mathrm{d}^3v = F(\boldsymbol{v})\mathrm{d}^3v \tag{9.5.4}$$

式中,速度分布函数

$$F(\boldsymbol{v}) = g(v_x)g(v_y)g(v_z) \tag{9.5.5}$$

麦克斯韦速度分布律 平衡态下,$F(\boldsymbol{v})$与 $\boldsymbol{v}$ 的方向无关,仅是 $\boldsymbol{v}$ 的大小的函数,不妨记为 $\Phi(v^2)$。式(9.5.5)可写作

$$\Phi(v^2) = g(v_x)g(v_y)g(v_z)$$

上式等号两边分别对 v_x、v_y 求偏导数,令 $\eta=v^2$,得

$$2v_x\frac{\mathrm{d}\Phi(\eta)}{\mathrm{d}\eta} = g(v_y)g(v_z)\frac{\mathrm{d}g(v_x)}{\mathrm{d}v_x} \tag{①}$$

$$2v_y\frac{\mathrm{d}\Phi(\eta)}{\mathrm{d}\eta} = g(v_x)g(v_z)\frac{\mathrm{d}g(v_y)}{\mathrm{d}v_y} \tag{②}$$

式①、式②等号两边分别相除,得

$$\frac{v_x}{v_y} = \frac{g(v_y)\mathrm{d}g(v_x)/\mathrm{d}v_x}{g(v_x)\mathrm{d}g(v_y)/\mathrm{d}v_y}$$

即

$$\frac{\mathrm{d}g(v_x)/\mathrm{d}v_x}{v_xg(v_x)} = \frac{\mathrm{d}g(v_y)/\mathrm{d}v_y}{v_yg(v_y)}$$

注意上式是不论 v_x、v_y 为何值都成立的恒等式。但上式等号两边分别是独立变量 v_x、v_y 的函数,不可能恒等,除非皆等于一常量(记为 β),即

$$\frac{\mathrm{d}g(v_x)/\mathrm{d}v_x}{v_xg(v_x)} = \frac{\mathrm{d}g(v_y)/\mathrm{d}v_y}{v_yg(v_y)} = \beta$$

解此微分方程得

$$g(v_x) = A\mathrm{e}^{\beta v_x^2/2}$$

式中,A 为积分常量。另一常量 β 必须小于 0,否则由 $g(v_x)$算出的分子平均动能将是无限大,这在物理上是不可能的。

根据归一化条件

$$\int_{-\infty}^{+\infty}g(v_x)\mathrm{d}v_x = 1$$

和定积分公式

$$\int_{-\infty}^{+\infty}\mathrm{e}^{-ax^2}\mathrm{d}x = \sqrt{\frac{\pi}{a}}, \quad \int_{-\infty}^{+\infty}x^2\mathrm{e}^{-ax^2}\mathrm{d}x = \frac{1}{2a}\sqrt{\frac{\pi}{a}}$$

可得

$$A=\sqrt{\frac{-\beta}{2\pi}},\quad \overline{v_x^2}=A\int_{-\infty}^{+\infty}v_x^2\mathrm{e}^{\beta v_x^2/2}\mathrm{d}v_x=-\frac{1}{\beta}$$

根据理想气体压强公式(9.3.1)有

$$p=\frac{1}{3}nm\,\overline{v^2}=nm\,\overline{v_x^2},\quad (\overline{v_x^2}=\overline{v_y^2}=\overline{v_z^2})$$

上式再与状态方程 $p=nkT$ 比较，得

$$\overline{v_x^2}=\frac{kT}{m}$$

故

$$\beta=-\frac{m}{kT},\quad A=\sqrt{\frac{m}{2\pi kT}}$$

代入 $g(v_x)=A\mathrm{e}^{\beta v_x^2/2}$，得

$$g(v_x)=\sqrt{\frac{m}{2\pi kT}}\mathrm{e}^{-mv_x^2/2kT}\tag{9.5.6}$$

同理，$g(v_y)$和 $g(v_z)$应具有式(9.5.6)类推的形式，因此式(9.5.5)的具体形式为

$$F(\boldsymbol{v})=\left(\frac{m}{2\pi kT}\right)^{3/2}\mathrm{e}^{-mv^2/2kT}\tag{9.5.7}$$

即此麦克斯韦速度分布律。

由式(9.5.7)看出，$\frac{1}{2}mv^2$ 越小则 $F(\boldsymbol{v})$越大，这表明分子优先占据低能态。

9.5.3 由麦克斯韦速度分布律推导麦克斯韦速率分布律

速度空间 建立一个直角坐标系，其三个坐标轴的变量分别是质点(分子)速度的三个分量 v_x、v_y、v_z 而不是 x、y、z，如图 9.5.1 所示。这三个坐标轴张开的空间就称为“速度空间”。速度空间中的一个点对应于确定的 v_x、v_y、v_z 值，也就是说，一个确定的速度矢量$\boldsymbol{v}$。

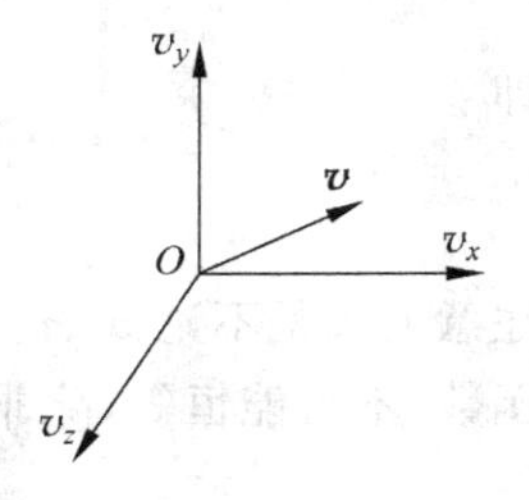

图 9.5.1

使用速度空间来图像化地表示质点(分子)的速度，有时会带来直观上的方便，例如下面推导分子速率分布函数并讨论其极大值位置的情形。

区间 $v_x\sim v_x+\mathrm{d}v_x$ 对应着速度空间中两个平行于 v_yOv_z 平面的无限大平面所夹的空间，如图 9.5.2(a)所示。区间 $v_y\sim v_y+\mathrm{d}v_y$、$v_z\sim v_z+\mathrm{d}v_z$ 的情况以此类推。

区间 $\boldsymbol{v}\sim\boldsymbol{v}+\mathrm{d}\boldsymbol{v}$ 即区间

$$\begin{cases}v_x\sim v_x+\mathrm{d}v_x\\ v_y\sim v_y+\mathrm{d}v_y\\ v_z\sim v_z+\mathrm{d}v_z\end{cases}$$

对应着速度空间中的一个无限小的立方体，如图 9.5.2(b)所示。

按式(9.5.4)，麦克斯韦速度分布函数 $F(\boldsymbol{v})$可以理解为速度空间中，速度 $\boldsymbol{v}$ 处的概率密度。

麦克斯韦速率分布律 速率区间 $v\sim v+\mathrm{d}v$ 在速度空间中对应着半径为 v，厚度为 $\mathrm{d}v$ 的球壳，如图 9.5.3 所示。这球壳的体积为 $\mathrm{d}V=4\pi v^2\mathrm{d}v$。由于 $F(\boldsymbol{v})$只和$\boldsymbol{v}$ 的大小有关，所以在整个球壳内各点的概率密度都相等，分子速度落在这球壳(即速率在 $v\sim v+\mathrm{d}v$)的概率

就等于概率密度乘以球壳体积，为

$$\mathrm{d}w = F(\boldsymbol{v})\mathrm{d}V = \left(\frac{m}{2\pi kT}\right)^{3/2} \mathrm{e}^{-mv^2/2kT} \cdot 4\pi v^2 \mathrm{d}v$$

上式与式(9.3.3)比较，就得到麦克斯韦速率分布函数式(9.3.7)：

$$f(v) = 4\pi \left(\frac{m}{2\pi kT}\right)^{3/2} v^2 \mathrm{e}^{-mv^2/2kT}$$

$f(v)$的最大值在最概然速率 v_p 处，$F(\boldsymbol{v})$的最大值在 $v=0$ 处，二者最大值的位置不同。这是为什么呢？借助速度空间可以较容易地理解这个结果：$F(\boldsymbol{v})$为分子在速度空间中 $\boldsymbol{v}$ 附近的单位体积中的概率，而 $f(v)$为分子在速度空间中半径为 v 的单位厚度的球壳中的概率；$f(v)$等于 $F(\boldsymbol{v})$与单位厚度球壳的体积的乘积，虽 $F(\boldsymbol{v})$随 v 的增大而减小，但单位厚度球壳的体积却随 v 的增大而增大，故二者的乘积 $f(v)$的最大值就不在 $v=0$ 处而在 v_p 处了。

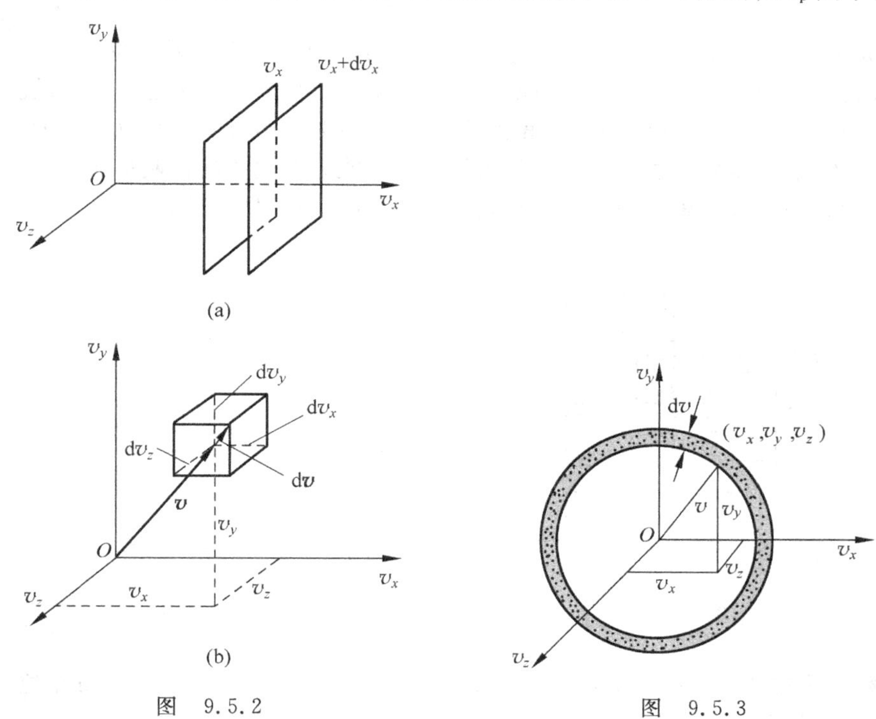

图 9.5.2　　　　图 9.5.3

9.5.4 玻耳兹曼分布律

玻耳兹曼分布律是有外力场时理想气体处在平衡态下的分布规律。

分子按位置的分布规律 无外力场时，在平衡态的情况下，分子按位置的分布是均匀的。但在有外力场时，平衡态下分子按位置的分布便不均匀了。例如，由于重力场的作用，平衡态下大气中不同高度的压强是不同的。

如图 9.5.4 所示，气体处在平衡态时，由于分子的热运动，尽管在体积元 $\Delta s\mathrm{d}z$ 中有分子的进进出出，但从统计的观点看 $\Delta s\mathrm{d}z$ 内的分子数是不变的。即从宏观上看，$\Delta s\mathrm{d}z$ 内的气体是静止的，故气层下表面受到向上的压力 $p\Delta s$ 应等于气层上表面受到的向下的压力$(p+\mathrm{d}p)\Delta s$ 与气层受到的重力 G 之和，即

$$p\Delta s = (p + \mathrm{d}p)\Delta s + G = (p + \mathrm{d}p)\Delta s + n\,mg\Delta s\mathrm{d}z$$

故 $\mathrm{d}p = -nmg\mathrm{d}z$，代入 $n = p/kT$，得

$$\mathrm{d}p = -\frac{p\,mg}{kT}\mathrm{d}z,\quad \frac{\mathrm{d}p}{p} = -\frac{mg}{kT}\mathrm{d}z$$

$$\int_{p_0}^{p}\frac{\mathrm{d}p}{p} = \int_0^z -\frac{mg}{kT}\mathrm{d}z$$

考虑到在高度 z 不太大时 g 为常量，平衡态下 T 也为常量，完成对上式的积分并结合状态方程 $p = nkT$ 整理后得

$$p = p_0\mathrm{e}^{-mgz/kT},\quad n = n_0\mathrm{e}^{-mgz/kT} \tag{9.5.8}$$

式中，p_0 是 $z=0$ 处的气体压强，n_0 是 $z=0$ 处的分子数密度。

式(9.5.8)可以继续改写成：

$$n = n_0\mathrm{e}^{-\varepsilon_p/kT} \tag{9.5.9}$$

式中，$\varepsilon_p = mgz$ 为一个分子在重力场中的势能，n_0 是 $\varepsilon_p = 0$ 处的分子数密度。

至此，式(9.5.9)不过是式(9.5.8)换一种写法而已，物理上没变化。不过，统计物理可以证明，对任意的保守的稳恒外力场，虽然式(9.5.8)一般已不成立，但式(9.5.9)仍然成立，所以式(9.5.9)是气体分子数密度按分子在外场中势能分布规律的普遍形式。

如图 9.5.5 所示，n 随 ε_p 增加而指数衰减，分子优先占据低能态。

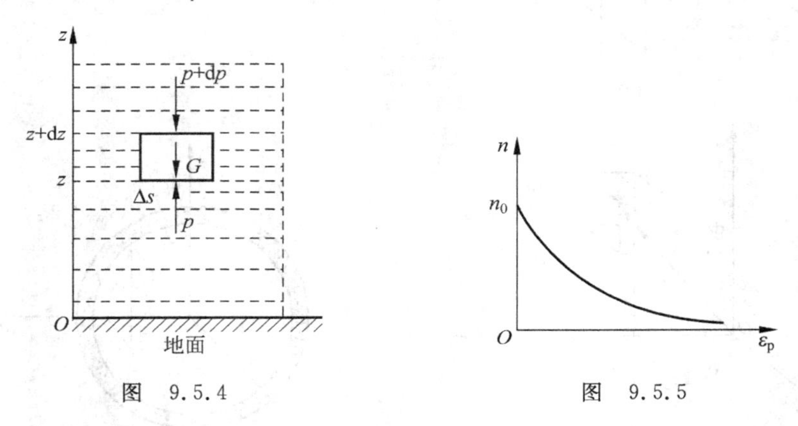

图 9.5.4　　　　图 9.5.5

玻耳兹曼分布律　令外力场中(x,y,z)处的分子数密度为 $n(\boldsymbol{r})$，则分布在位置空间体积元 $\boldsymbol{r}\sim\boldsymbol{r}+\mathrm{d}\boldsymbol{r}$ 中的分子数为 $n\mathrm{d}^3r$。

前文推导麦克斯韦速度分布律时用到了空间各向同性的条件，因此，逻辑上麦克斯韦速度分布律不能用于有外场的情况。但是，和分子间碰撞的平均冲力相比，一般的外场对分子的作用力还是显得太弱，因此在这么一个无限小的体积元内，外场对分子的作用力的冲量要远远小于分子间碰撞力的冲量，其对分子速度分布的实际影响可以忽略。所以在这个体积元内麦克斯韦速度分布律式(9.5.7)仍然成立。因此，在上述的 $n\mathrm{d}^3r$ 个分子中，速度分布 $\boldsymbol{v}\sim\boldsymbol{v}+\mathrm{d}\boldsymbol{v}$ 中的分子数为

$$\mathrm{d}N = n\mathrm{d}^3r\cdot F(\boldsymbol{v})\mathrm{d}^3v$$

将式(9.5.9)和式(9.5.7)代入上式，得

$$\mathrm{d}N = n_0\left(\frac{m}{2\pi kT}\right)^{3/2}\mathrm{e}^{-\varepsilon/kT}\mathrm{d}^3v\mathrm{d}^3r \tag{9.5.10}$$

此式称作玻耳兹曼分布律，$\mathrm{e}^{-\varepsilon/kT}$ 称为玻耳兹曼因子，$\mathrm{d}N$ 是空间位置在 $\boldsymbol{r}\sim\boldsymbol{r}+\mathrm{d}\boldsymbol{r}$、速度在

$\boldsymbol{v}\sim\boldsymbol{v}+\mathrm{d}\boldsymbol{v}$ 的分子数。式中 $\varepsilon=\varepsilon_p+\varepsilon_k$，为一个分子在外力场中的势能与其平动动能之和。式中可见，ε 越小 $\mathrm{d}N$ 越大，分子优先占据低能态。

9.5.5　单位时间内碰到器壁上的分子数

先看分布在 $\boldsymbol{v}\sim\boldsymbol{v}+\mathrm{d}\boldsymbol{v}$ 内的分子在 $\mathrm{d}t$ 时间内与面积为 $\mathrm{d}A$ 的器壁面元碰撞的数目。

以 $\boldsymbol{v}$ 为轴线作一底面积为 $\mathrm{d}A$、高为 $v_x\mathrm{d}t$ 的斜柱体，如图 9.5.6 所示。该斜柱体在位置空间中的体积为 $v_x\mathrm{d}t\mathrm{d}A$。这是一个宏观小体积，但微观上还是足够大，能包含大量分子。尽管分子在这个体积中进进出出，不过从统计上看，因为统计涨落可以忽略，在平衡态的情况下其中的分子数 $nv_x\mathrm{d}t\mathrm{d}A$ 应是不变的。尽管这些分子中每一个分子的速度都是在频繁地改变着，但从统计上看，在平衡态的情况下，速度分布在 $\boldsymbol{v}\sim\boldsymbol{v}+\mathrm{d}\boldsymbol{v}$ 中的分子数是不变的，这个分子数应为 $nv_x\mathrm{d}t\mathrm{d}AF(\boldsymbol{v})\mathrm{d}^3v$，而这就是速度分布在 $\boldsymbol{v}\sim\boldsymbol{v}+\mathrm{d}\boldsymbol{v}$ 内的分子在 $\mathrm{d}t$ 时间里与面积为 $\mathrm{d}A$ 的器壁面元碰撞的数目。

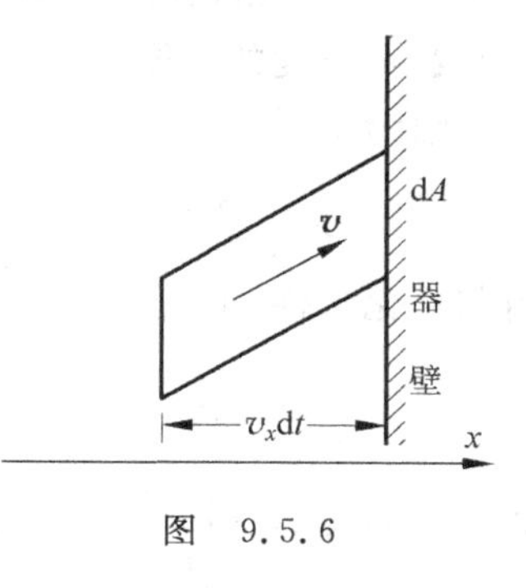

图　9.5.6

这种取斜柱体的统计方法，在研究分子运动的统计规律时经常要用到。

速度分布在 $\boldsymbol{v}\sim\boldsymbol{v}+\mathrm{d}\boldsymbol{v}$ 内的分子单位时间碰到单位面积器壁上的分子数为

$$nv_xF(\boldsymbol{v})\mathrm{d}^3v=nv_xg(v_x)g(v_y)g(v_z)\mathrm{d}v_x\mathrm{d}v_y\mathrm{d}v_z$$

与垂直于 x 方向的器壁相碰的分子必须满足 $v_x\geqslant0$，而 v_y、v_z 是任意的，故具有各种速度的分子单位时间碰到单位面积器壁上的分子数为

$$n\int_0^{+\infty}v_xg(v_x)\mathrm{d}v_x\int_{-\infty}^{+\infty}g(v_y)\mathrm{d}v_y\int_{-\infty}^{+\infty}g(v_z)\mathrm{d}v_z$$

由归一化条件知

$$\int_{-\infty}^{+\infty}g(v_y)\mathrm{d}v_y=\int_{-\infty}^{+\infty}g(v_z)\mathrm{d}v_z=1$$

直接计算也可得到以上结果，故单位时间碰到单位面积器壁上的分子数（简称“分子碰壁数”）为

$$\Gamma=n\int_0^{+\infty}v_xg(v_x)\mathrm{d}v_x=n\sqrt{\frac{kT}{2\pi m}}=\frac{1}{4}n\bar{v}\tag{9.5.11}$$

若在大的容器上开一小洞，由于气流不大，故容器内的气体可近似认为是处在平衡态，则单位时间从小洞单位截面上流出的分子数为 $\frac{1}{4}n\bar{v}$。利用这个结果可进一步计算漏气的速率和一段时间内漏气的数量。

这里需要指出的是，麦克斯韦速度分布律的一个重要特征是分子速度方向分布为各向同性。可以证明（从略），正是各向同性的速度分布特征，给出了分子碰壁数 $\Gamma=\frac{1}{4}n\bar{v}$ 的结果。至于分子速率分布函数 $f(v)$ 的具体形式如何，对此结果并无影响。

9.5.6　用麦克斯韦速度分布律求压强

一般大学物理教材上求气体的压强时，要把气体分子按速度的不同分成若干组，即把原本连续的分子速度分布离散化，这是出于教学上的考虑。物理上其实是多此一举，直接从麦

克斯韦速度分布律也可推导出气体的压强公式。

如图 9.5.7 所示，一个速度为 $\boldsymbol{v}$ 的分子与器壁相碰时施于器壁的冲量为 $2mv_x$。在前面曾指出，分布在 $\boldsymbol{v}\sim\boldsymbol{v}+\mathrm{d}\boldsymbol{v}$ 内的分子单位时间碰到单位面积器壁上的分子数为 $nv_xF(\boldsymbol{v})\mathrm{d}^3v$。这些分子施于器壁的冲量为

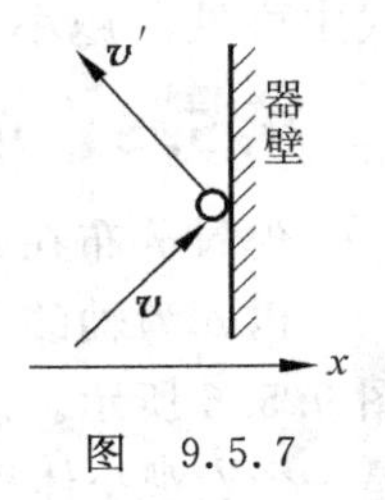

图 9.5.7

$$2mnv_x^2F(\boldsymbol{v})\mathrm{d}^3v = 2mnv_x^2g(v_x)g(v_y)g(v_z)\mathrm{d}^3v$$

具有各种速度的分子单位时间施于单位面积器壁上的总冲量即压强，所以压强为

$$p = 2mn\int_0^{+\infty}v_x^2g(v_x)\mathrm{d}v_x\int_{-\infty}^{+\infty}g(v_y)\mathrm{d}v_y\int_{-\infty}^{+\infty}g(v_z)\mathrm{d}v_z$$

由归一化条件，上式成为

$$p = 2mn\int_0^{+\infty}v_x^2g(v_x)\mathrm{d}v_x = 2mn\sqrt{\frac{m}{2\pi kT}}\int_0^{+\infty}v_x^2\mathrm{e}^{-mv_x^2/2kT}\mathrm{d}v_x$$

使用定积分公式 $\int_0^{+\infty}x^2\mathrm{e}^{-ax^2}\mathrm{d}x = \frac{1}{4}\sqrt{\frac{\pi}{a^3}}$，由上式得到

$$p = nkT$$

此即理想气体的状态方程。将式(9.3.2) $\bar{\varepsilon}_\mathrm{t}=\frac{3}{2}kT$ 代入上式得

$$p = \frac{2}{3}n\bar{\varepsilon}_\mathrm{t}$$

此式即为理想气体的压强公式，式中 $\bar{\varepsilon}_\mathrm{t}$ 为气体分子的平均平动动能。

这里需要指出的是，可以证明(从略)，压强公式 $p=\frac{2}{3}n\bar{\varepsilon}_\mathrm{t}$ 仅仅是由麦克斯韦速度分布律的分子速度方向各向同性的特征所决定，至于分子速率分布函数 $f(v)$ 的具体形式如何，对此结果并无影响。

9.5.7 分子按动能的分布律

这里要特别指出的是，在本小节中，分子均被看作质点，所以分子的速率和动能实际上指的就是分子质心的速率和动能。

定义分子动能分布在 $\varepsilon_\mathrm{k}\sim\varepsilon_\mathrm{k}+\mathrm{d}\varepsilon_\mathrm{k}$ 区间的概率为

$$\mathrm{d}w = f_\mathrm{k}(\varepsilon_\mathrm{k})\mathrm{d}\varepsilon_\mathrm{k}$$

则 $f_\mathrm{k}(\varepsilon_\mathrm{k})$ 称为动能分布函数。

由速率分布律的定义式(9.3.3)，分子速率在 $v\sim v+\mathrm{d}v$ 区间的概率为

$$\mathrm{d}w' = f(v)\mathrm{d}v$$

速率和动能是一一对应的关系

$$v = \sqrt{\frac{2\varepsilon_\mathrm{k}}{m}},\quad \mathrm{d}v = \frac{\mathrm{d}\varepsilon_\mathrm{k}}{\sqrt{2m\varepsilon_\mathrm{k}}} \tag{9.5.12}$$

式(9.5.12)的后一式由前一式等号两边分别取微分而得到。

当满足式(9.5.12)时，速率区间 $v\sim v+\mathrm{d}v$ 与动能区间 $\varepsilon_\mathrm{k}\sim\varepsilon_\mathrm{k}+\mathrm{d}\varepsilon_\mathrm{k}$ 在物理上是一回事，只不过一个用速率，另一个用动能表示而已。因此，

$$\mathrm{d}w = \mathrm{d}w',\quad 即\quad f_\mathrm{k}(\varepsilon_\mathrm{k})\mathrm{d}\varepsilon_\mathrm{k} = f(v)\mathrm{d}v$$

所以

$$f_{\mathrm{k}}(\varepsilon_{\mathrm{k}}) = f(v)\frac{\mathrm{d}v}{\mathrm{d}\varepsilon_{\mathrm{k}}} \tag{9.5.13}$$

若 $f(v)$ 满足麦克斯韦速率分布律式(9.3.7)，则以式(9.5.12)和式(9.3.7)代入上式，得

$$f_{\mathrm{k}}(\varepsilon_{\mathrm{k}}) = \frac{2\pi}{(\pi kT)^{3/2}}\mathrm{e}^{-\varepsilon_{\mathrm{k}}/kT}\sqrt{\varepsilon_{\mathrm{k}}} \tag{9.5.14}$$

此即麦克斯韦速率分布律相应的动能分布律。

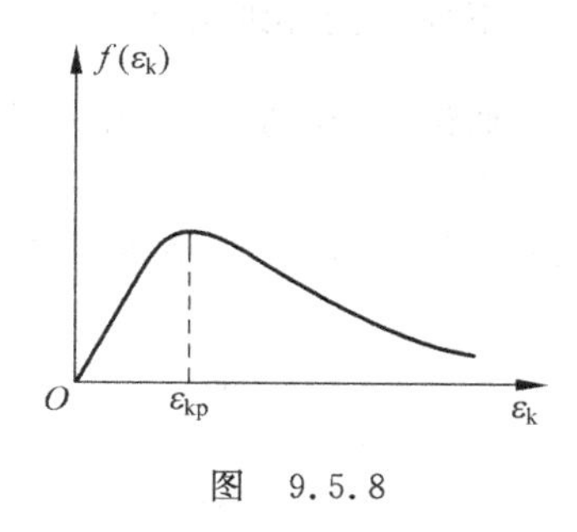

图 9.5.8

图 9.5.8 为式(9.5.14)的函数曲线示意图。图中可见，$f_{\mathrm{k}}(\varepsilon_{\mathrm{k}})$ 在 $\varepsilon_{\mathrm{k}}=\varepsilon_{\mathrm{kp}}$ 处有一峰值，可以求得

$$\varepsilon_{\mathrm{kp}} = \frac{kT}{2} \tag{9.5.15}$$

$\varepsilon_{\mathrm{kp}}$ 称为最概然动能，它满足下式

$$\left.\frac{\mathrm{d}f_{\mathrm{k}}(\varepsilon_{\mathrm{k}})}{\mathrm{d}\varepsilon_{\mathrm{k}}}\right|_{\varepsilon_{\mathrm{k}}=\varepsilon_{\mathrm{kp}}} = 0 \tag{9.5.16}$$

最概然动能 $\varepsilon_{\mathrm{kp}}$ 的物理意义是：每个分子的动能分布在 $\varepsilon_{\mathrm{kp}}$ 附近的单位动能间隔内的概率最大。

不难求出，最概然动能 $\varepsilon_{\mathrm{kp}}$ 对应的速率为

$$v_{\mathrm{kp}} = \sqrt{\frac{kT}{m}}$$

而最概然速率为

$$v_{\mathrm{p}} = \sqrt{\frac{2kT}{m}} > v_{\mathrm{kp}}$$

显然，最概然动能对应的速率 v_{kp} 不等于最概然速率 v_{p}。这是初学者常感困惑的一个问题。

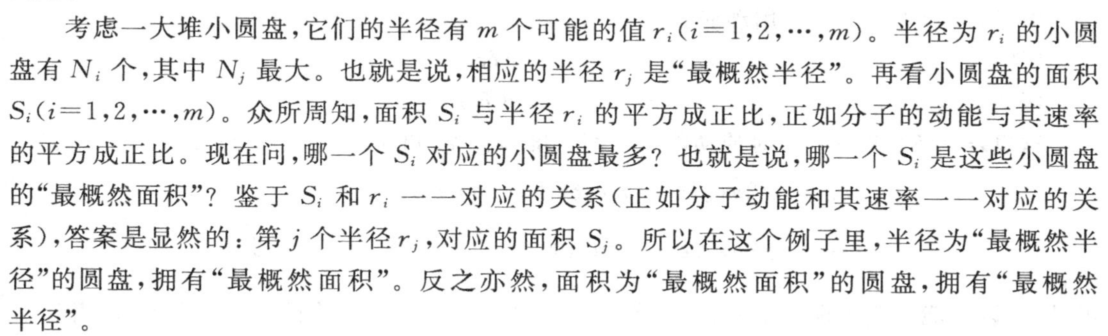

考虑一大堆小圆盘，它们的半径有 m 个可能的值 $r_i(i=1,2,\cdots,m)$。半径为 r_i 的小圆盘有 N_i 个，其中 N_j 最大。也就是说，相应的半径 r_j 是“最概然半径”。再看小圆盘的面积 $S_i(i=1,2,\cdots,m)$。众所周知，面积 S_i 与半径 r_i 的平方成正比，正如分子的动能与其速率的平方成正比。现在问，哪一个 S_i 对应的小圆盘最多？也就是说，哪一个 S_i 是这些小圆盘的“最概然面积”？鉴于 S_i 和 r_i 一一对应的关系(正如分子动能和其速率一一对应的关系)，答案是显然的：第 j 个半径 r_j，对应的面积 S_j。所以在这个例子里，半径为“最概然半径”的圆盘，拥有“最概然面积”。反之亦然，面积为“最概然面积”的圆盘，拥有“最概然半径”。

但是，为什么动能是“最概然动能”的分子，其速率不是“最概然速率”呢？

单从数学角度，解释是简单的。v_{kp} 和 v_{p} 分别由 $\mathrm{d}f_{\mathrm{k}}(\varepsilon_{\mathrm{k}})/\mathrm{d}\varepsilon_{\mathrm{k}}=0$ 和 $\mathrm{d}f(v)/\mathrm{d}v=0$ 决定，只有 $\frac{\mathrm{d}v}{\mathrm{d}\varepsilon_{\mathrm{k}}}$ 为常量，v_{kp} 和 v_{p} 才能相等。而由式(9.5.12)知，$\frac{\mathrm{d}v}{\mathrm{d}\varepsilon_{\mathrm{k}}}$ 并非常量，所以 v_{kp} 和 v_{p} 不可能相等。

不过，对于这么重要的问题，单从数学角度理解是不够的，物理上最好有一个解释。

问题的关键在于连续分布的特点。圆盘的例子中，半径、面积都是离散分布的，“最概然半径”、“最概然面积”名副其实，符合字面上最概然的定义。而在分子的例子里，由于速率和

动能都是连续分布的，分子严格处在任何速率（包括 v_p 和 v_{kp}）和动能（包括 ε_{kp}）处的概率都是 0，不能说哪个速率和哪个动能是“最概然”的。所谓“最概然速率”和“最概然动能所对应的速率”分别特指速率的概率密度函数 $f(v)$ 取极大值处的速率 v_p 和动能的概率密度函数 $f_k(\varepsilon_k)$ 取极大值处的动能 ε_{kp} 所对应的速率 v_{kp} 而已。两个例子里的“最概然”的含义不同，结论不同是可以理解的。

下面我们详细解剖一个例子以获得对这个问题透彻的理解。

假设分子质量 $m=46.5\times10^{-27}$ kg（氮分子），温度 $T=1680$ K，于是 $v_p=\sqrt{\dfrac{2kT}{m}}\approx1000$ m/s，$v_{kp}=\sqrt{\dfrac{kT}{m}}\approx500\sqrt{2}$ m/s，则有

$$f(v_p)=4\pi\left(\frac{m}{2\pi kT}\right)^{3/2}v_p^2\mathrm{e}^{-mv_p^2/2kT}\approx\frac{0.83}{v_p}\approx8.3\times10^{-4}\ \mathrm{s/m}$$

$$f(v_{kp})=4\pi\left(\frac{m}{2\pi kT}\right)^{3/2}v_{kp}^2\mathrm{e}^{-mv_{kp}^2/2kT}\approx\frac{0.68}{v_p}\approx6.8\times10^{-4}\ \mathrm{s/m}$$

定义两个长度足够小的区间：

区间 1： $v=v_p\sim v_p+1$ m/s

区间 2： $v=v_{kp}\sim v_{kp}+1$ m/s

两区间长度都相等，为 $\delta v=1$ m/s，所以分子速率处在区间 1、2 的概率分别为

$$w_1=f(v_p)\delta v\approx8.3\times10^{-4}$$

$$w_2=f(v_{kp})\delta v\approx6.8\times10^{-4}$$

将 w_1、w_2 分别除以区间 1、2 的长度（都为 δv）就得到了 $f(v)$-v 图（以速率为横坐标）上的概率密度 $f(v_p)$、$f(v_{kp})$，毫无悬念，按这种算法，$v=v_p$ 处概率密度最大，这是我们熟悉的情形。

但是，区间 1、2 也可以用动能表示：

区间 1： $\varepsilon_k=\varepsilon_p\sim\varepsilon_p+\delta\varepsilon_1$

区间 2： $\varepsilon_k=\varepsilon_{kp}\sim\varepsilon_{kp}+\delta\varepsilon_2$

这里，$\varepsilon_p=kT$ 是 $v=v_p$ 时的动能。区间长度 $\delta\varepsilon_1$、$\delta\varepsilon_2$ 可由式(9.5.12)算出

$$\delta\varepsilon_1=\sqrt{2m\varepsilon_p}\,\delta v=mv_p\delta v\approx4.65\times10^{-23}\ \mathrm{J}$$

$$\delta\varepsilon_2=\sqrt{2m\varepsilon_{kp}}\,\delta v=mv_{kp}\delta v=\frac{\delta\varepsilon_1}{\sqrt{2}}\approx3.29\times10^{-23}\ \mathrm{J}$$

可见，在以动能为横坐标的 $f_k(\varepsilon_k)$-ε_k 图（图 9.5.8）里，区间 1、2 的长度是不等的，后者比前者小，是其$\dfrac{1}{\sqrt{2}}$倍。原来等长的各小区间现在不等长了，数学上可以认为是对横坐标变量进行非线性变换（$v\to\varepsilon_k$）的结果。

以动能为横坐标时，所定义的区间 1、2 处的概率密度 G_1、G_2 等于 w_1、w_2 分别除以区间 1、2 的长度 $\delta\varepsilon_1$、$\delta\varepsilon_2$：

$$G_1\approx1.8\times10^{19}\ \mathrm{J^{-1}},\quad G_2\approx2.1\times10^{19}\ \mathrm{J^{-1}}$$

实际上，G_1、G_2 分别是 $f_k(\varepsilon_p)$、$f_k(\varepsilon_{kp})$。

我们可以看到，虽然分子状态处在区间 2 的概率比区间 1 的小，但在新横坐标变量下按

新的长度单位 J，区间 2 的长度比区间 1 的长度小得更多。结果，新变量下的概率密度反而是区间 2 的大。

这里我们看到了概率密度和概率的差别。在对横坐标进行非线性变换时，原来等长的小区间在新单位下不再等长，导致极大值的位置发生偏移。至于具体的新位置，我们已经通过式(9.5.16)得到，就在 $\varepsilon_k=\varepsilon_{kp}$ 即前述区间 2 处。

这里还有一个容易误解的问题，将 $v=\sqrt{\frac{2\varepsilon_k}{m}}$ 代入 $f(v)$ 中得到

$$f(v)=\tilde{f}(\varepsilon_k)=8\pi\frac{\sqrt{m}\varepsilon_k}{(2\pi kT)^{3/2}}e^{-\varepsilon_k/kT}$$

$\tilde{f}(\varepsilon_k)$ 也是 ε_k 的函数，容易被误解为 $f_k(\varepsilon_k)$。其实，前者的物理意义是分子动能分布在 ε_k 附近的单位速率间隔内的概率（仔细推敲一下，为什么？），而后者的物理意义是分子的动能分布在 ε_k 附近的单位动能间隔内的概率。一个是单位速率间隔，一个是单位动能间隔，两者并不相同。

9.5.8 麦克斯韦速度分布律是研究理想气体各种规律的出发点

气体分子动理论这一章的内容是比较零散的，但这一章中理想气体处在平衡态时，有关分子平动的一切统计规律都可由麦克斯韦速度分布律式(9.5.7)导出。抓住了这一点就在很大程度上克服了本章的零散性。

由麦克斯韦速度分布律可以导出麦克斯韦速率分布律；

由麦克斯韦速率分布律可以导出最概然速率 v_p，平均速率 $\bar{v}$，方均根速率 $\sqrt{\overline{v^2}}$；

由 $\sqrt{\overline{v^2}}=\sqrt{\frac{3kT}{m}}$ 可以导出 $\frac{m\overline{v^2}}{2}=\frac{3}{2}kT$，此即温度的统计解释；

由麦克斯韦速度分布律可以导出理想气体的状态方程 $p=nkT$；

由 $\bar{\varepsilon}_t=\frac{m\overline{v^2}}{2}=\frac{3}{2}kT$ 和 $p=nkT$ 可以导出 $p=\frac{2}{3}n\bar{\varepsilon}_t$，此即压强公式。

上述线索可用图 9.5.9 表示。

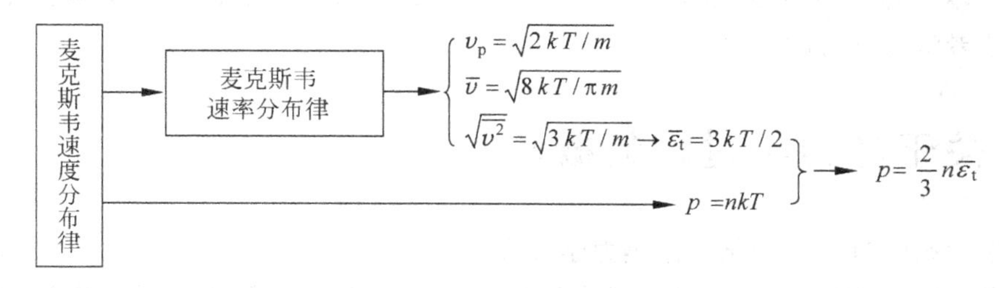

图 9.5.9

热力学基础

热力学是从宏观角度研究物质热性质的学科。它不关心系统的微观状态，只用少数几个能直接感受和可观测的宏观状态量诸如温度、压强、体积、浓度等描述和确定系统所处的状态和性质。

从热力学第零、第一、第二、第三定律等实验定律出发，经过严密的逻辑推理形成了基本的热力学理论。热力学基本定律是自然界的普遍规律，因此热力学理论有着极大的普适性和可靠性。

内能和熵是热力学的核心概念，在纯粹的热力学理论体系中，这些概念是从热力学的基本实验通过比较抽象的方式引入的。但是，在目前学时大幅度减少的情况下，为了减轻学习负担，在本书基本部分中，我们还是按照一些《大学物理学》教材的典型做法，从分子动理论而非热力学的角度比较直观地引入这两个概念的。而在专题部分中，我们则在纯热力学理论的体系内，对如何引入内能和熵的概念作了介绍，以体现热力学研究方法的特点，并满足感兴趣的读者深入学习的需要。

10.1 关于热力学过程的概念

热力学状态随时间的变化叫作热力学过程。

在大学物理学的热力学中，除个别情况外，我们仅限于研究平衡态的热力学理论，它要求热力学过程的始、末态皆为平衡态，但中间状态可以是非平衡态。系统处在非平衡态时可以有宏观的机械运动(例如气体系统内各部分之间的相对流动)，而系统处在平衡态时各部分之间无相对的宏观机械运动。故系统的始、末态为平衡态时，无须考虑其机械运动的变化。

系统处在非平衡态时各部分的状态参量不均匀，一般很难用状态参量把系统状态表达出来，而处在平衡态时各部分的表征强度的状态参量(称为强度量，如温度 T、压强 p 等)均匀，很容易用状态参量把系统状态表达出来。

始、末态是过程的重要标志，当热力学过程的始、末态为平衡态时，对热力学过程的研究就大大简化了。

10.1.1　准静态过程

系统所经历的中间状态都无限接近于平衡态的过程，叫作准静态过程(或平衡过程)。

如何实现准静态过程呢？我们知道，外界对系统传热或做功总是要打破平衡态的，所以要使系统所经历的中间状态都无限接近于平衡态，那外界传热或做功就必须无限缓慢。

准静态过程与一般的热力学过程有一个差别：在准静态过程中，外界传热或做功一旦停止，系统的状态便立刻停止变化；在一般的热力学过程中，外界传热或做功一旦停止，由于系统内部的相互作用，它的状态仍是要变化的。

实际的传热或做功过程都不是无限缓慢的，故准静态过程是传热或做功比较缓慢的实际过程理想化的抽象。所谓比较缓慢是与"弛豫时间"相比而言的：系统从非平衡态变到可以认为已经足够好地接近平衡态时所需的时间称为"弛豫时间"，当实际的过程所经历的时间远大于"弛豫时间"时就可把它视为比较缓慢了。

在准静态过程中，不仅始、末态为平衡态，而且中间状态也可视为平衡态。过程中每一个状态，系统各部分的温度和压强都是均匀的(只有无限小的差异)。对气体来说，准静态过程中的任意一个状态都可用状态图(例如 p-V 图)上相应的一点 a 来表示，因此整个过程便可用状态图上的一条曲线来表示，如图 10.1.1 所示。对于始、末态为平衡态的非准静态过程，虽然其始、末态可用状态图上的两点来表示，但其中间过程是无法用状态图上的曲线来表示的。

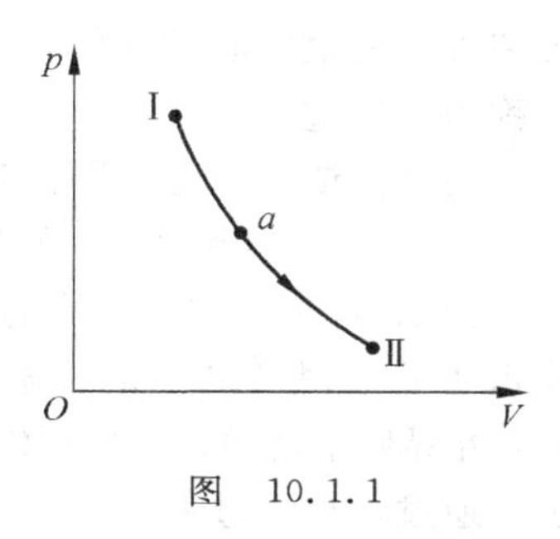

图　10.1.1

气体的准静态过程可以用 p-V 图上的一条曲线表示，从数学的角度看，可写作

$$\varphi(p,V)=0$$

这叫作气体准静态过程的过程方程。过程曲线和过程方程互相等价，都唯一地定义了一个准静态过程。

气体的过程方程 $\varphi(p,V)=0$ 与气体的状态方程 $f(p,V,T)=0$ 不同：其一是，状态方程对任意的平衡态都成立，而过程方程仅对相应的准静态过程所经历的那些状态成立；其二是，一般地说在状态方程中有两个独立的状态参量，而在过程方程中只有一个状态参量是独立的。

还可以换一个角度看：一般地说，描写一个平衡态需要三个状态参量。这三个参量可以同时满足三个互相独立而不矛盾的方程，状态方程是其一，过程方程是其二。这两方程既不矛盾，也互相独立，也就是说，不可能从一个推导出另一个。这在数学上完全合理。而且，即使有这两个方程的约束，这三个参量中还有一个是独立的。这在物理上意味着：系统状态一定处在过程曲线上某一点，但具体哪一点未定，由别的条件决定。

10.1.2　准静态过程中系统对外界做的功

在准静态过程中，当系统的体积发生变化时，系统将对外界做功

$$đA=p\mathrm{d}V,\quad A=\int_{V_1}^{V_2}p\mathrm{d}V \tag{10.1.1}$$

式中,p为系统本身的压强,V_1、V_2分别为系统始、末态的体积(关于符号đ的意义,请见10.2.1小节式(10.2.3)的说明)。当过程曲线给定时,相当于给定了压强作为体积的函数$p(V)$,通过式(10.1.1)就可求出A。

功A既与(V_1,V_2)有关又与$p(V)$有关。(V_1,V_2)由过程的始、末态决定,$p(V)$由过程决定。显然功A与过程有关,所以它是过程量。

在p-V图中,功A还有明确的几何意义。其绝对值为p-V图中过程曲线下的面积,而đA的正负则由dV的正负决定。以图10.1.2为例,从状态Ⅰ到状态Ⅱ的准静态过程中,系统对外界做的功的大小为图中画斜线部分的面积,而且是正功。因为在整个过程中$dV>0$。

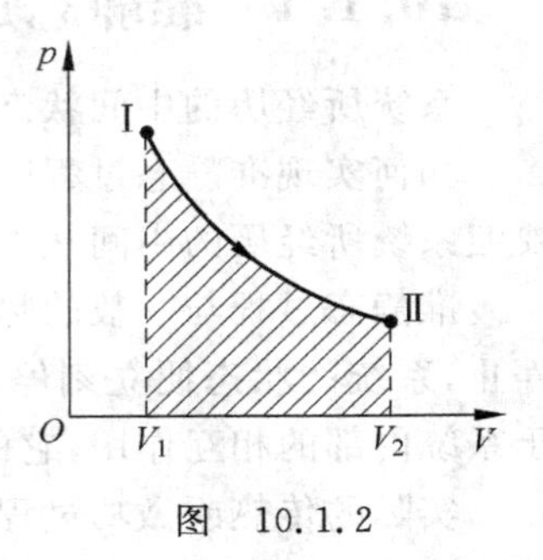

图 10.1.2

10.1.3 可逆过程

一个系统,由某一状态出发,经过某一过程达到另一状态,如果存在另一过程,它能使系统和外界完全复原,则原来的过程称为可逆过程。简单地说:其后果可以完全被消除的过程称为可逆过程。

初学者要注意,这个概念不能"望文生义",单从字面上理解。从字面上,只要系统本身复原了就算可逆了,但热力学中的"可逆"是专用术语,要求不但系统,而且整个外界,都必须复原。

例如,理想气体无摩擦的准静态等温膨胀过程,它的后果是:热源放出热量Q,气体的体积从V_1膨胀到V_2,对外做了功A,如图10.1.3(a)所示。让此过程反向进行时,它的后果是:外界做了功A,气体的体积从V_2压缩到V_1,气体对热源放出热量Q,如图10.1.3(b)所示。逆过程把原过程的后果完全消除了,故此原过程为可逆过程。上述可逆过程及其逆过程在p-V图上的过程曲线如图10.1.3(c)所示。

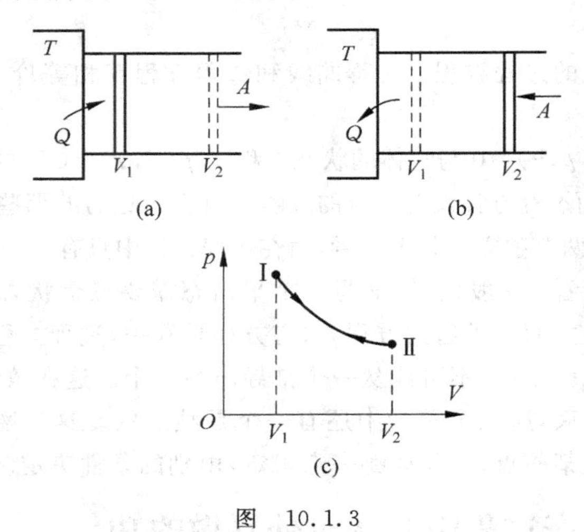

图 10.1.3

可以证明,所有无耗散的准静态过程都是可逆过程。在大学物理学课程范围内,导致耗散的典型物理机理有:有限温差热传导、扩散、摩擦力(包括内摩擦)做功。电流通过电阻发热可以理解为一种内摩擦。

可逆过程的实现条件比准静态过程的更苛刻，除“准静态”还必须加上“无耗散”这个条件。

可逆过程是理想的，而一切实际的热力学过程都是不可逆的，可逆过程和平衡态一样，都是理论上的简化模型，这对热力学理论的建立是十分重要的。

10.1.4　不可逆过程

一个系统，由某一状态出发，经过某一过程达到另一状态，如果用任何方法都不可能使系统和外界完全复原，则这个过程称为不可逆过程。简单地说，其后果不可能完全被消除的过程称为不可逆过程。

例如理想气体的绝热自由膨胀过程，当始、末态为平衡态时它产生的唯一后果是：气体的体积从 V_1 膨胀到 V_2，如图 10.1.4(a)所示。能否使系统恢复原态呢？当然可以，把气体从 V_2 等温压缩回 V_1 就行了。但却产生了如下的后果：外界对气体做了功 A，气体对外界放了热 Q，如图 10.1.4(b)所示。能否设法把这两个后果完全消除呢？热力学第二定律的开尔文表述已作了否定的回答，故此过程为不可逆过程。

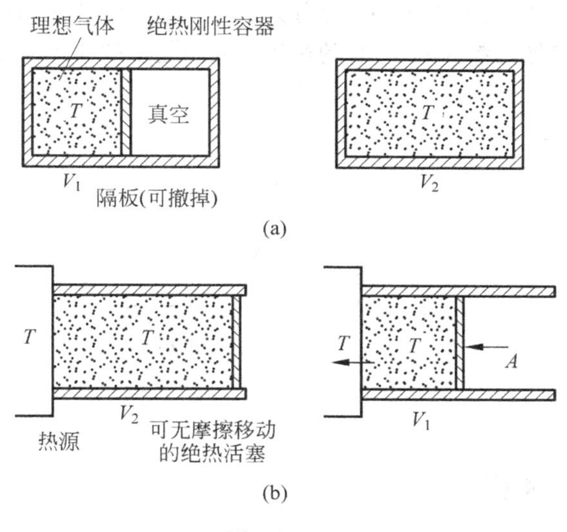

图　10.1.4

从这个例子可以看出：所谓不可逆过程，并非系统不能恢复原态(只要有外界的干预一般是可以使系统恢复原态的)，而是说当系统恢复原态时外界不能恢复原态。

过程的不可逆性的另一种说法是过程的方向性，在孤立系统中这两种说法是完全等同的。孤立系统是没有外界干预的，孤立系统中发生的过程都是自动进行的，它只能对系统自身产生某种后果。由于过程是不可逆的，故这种后果是不可能自动消除的。就是说孤立系统中的过程只能自动地朝某一方向进行，而不能自动地朝相反的方向进行。这就是过程的方向性。孤立系统中发生的过程总是由非平衡态趋向平衡态，而平衡态决不会趋向非平衡态，这就是方向性的体现。

对于非孤立系统，由于有外界的干预，总是可以使系统恢复原态(为平衡态)的。这里似乎再谈方向性便无意义了，只有不可逆性才有意义，但若把进行干预的那部分外界也划归系统的话，那么这个扩大了的系统就是孤立系统了。在这个意义上说，过程的不可逆性和过程的方向性仍然是等同的。

10.1.5 循环过程

系统经历一系列的变化又回到初始状态的过程，叫作循环过程。

循环过程在日常生活中是大量存在的，例如：把一个铁球从室温加热烧红，然后再冷却回到室温；把冰熔解为水，然后再凝结成冰；使气体从某一状态开始膨胀，然后再压回原态；……这些都是循环过程。常见的汽油机、柴油机、蒸汽轮机、喷气发动机等各种热机和制冷机的工作原理也是以循环过程为基础的。

准静态循环过程可用状态图上的一条闭合曲线来表示，如图10.1.5所示。非准静态循环过程无法用状态图上的闭合曲线来表示。

准静态循环过程中系统对外做的功，其大小等于p-V图上闭合的过程曲线围起来的面积(想想看，为什么)。所以图10.1.5所示的循环过程，系统对外做的净功不为零。热力学第二定律告诉我们，对于系统对外做功的循环来说，与系统进行热交换的高温热源和低温热源都不能少于一个。而图10.1.6(a)和(b)分别表示的是绝热准静态循环过程和等温准静态循环过程，它们对外净做功都为零(闭合的过程曲线围起来的面积为零)，不受这规则约束。

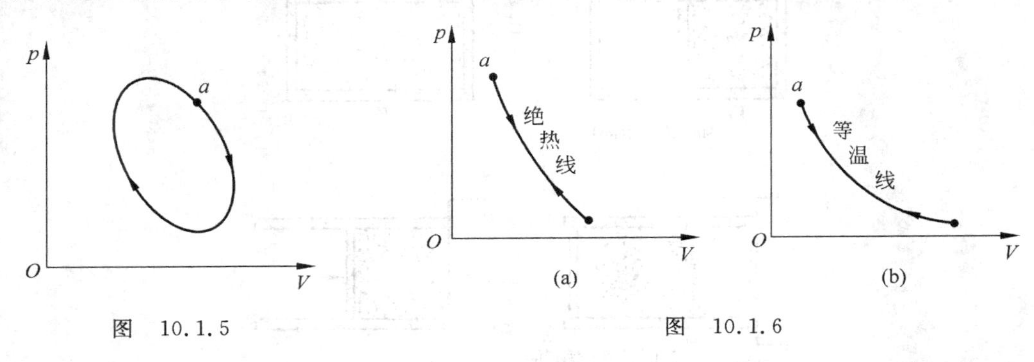

图 10.1.5　　图 10.1.6

10.1.6 绝热过程

系统与外界无热量交换时所经历的过程，叫作绝热过程。绝热过程中，系统可以通过做功来和外界进行能量交换，所以一般不是孤立系统。

绝热过程可分为准静态绝热过程和非准静态绝热过程。后者的一个典型例子是气体向真空的绝热自由膨胀。

没有耗散过程的准静态绝热过程是可逆的绝热过程。

10.1.7 等值过程

过程中某热力学量保持不变的过程就是等值过程。一般可分为准静态等值过程和非准静态等值过程，其中无耗散的准静态等值过程是可逆过程。下面简要列出《大学物理》中典型的三种等值过程及其特点。

等体过程　系统的体积不变时所经历的过程为等体过程。

等体过程中外界对系统不能做体积功，但可以通过传热等与系统交换能量。

理想气体的准静态等体过程在 p-V 图上的过程曲线是一条平行于 p 轴的线段，其上各点的压强不同，因而温度也不同。

作为准静态过程，系统可以只和一个热源接触，只要热交换的速度足够慢(例如在热源和系统之间、隔以导热性很低的导热层)，使得系统温度缓慢变化，以至于可以认为系统总是处在平衡态就可以了。但作为可逆过程，系统必须依次和无限多个温度相差无限小的热源接触，以确保过程中没有有限温差热传导。两者的差别是由于：准静态过程只对系统的变化有要求，而可逆过程在此之外还必须对外界的变化有要求。

等压过程　系统压强不变时所经历的过程为等压过程。

"等压"指系统本身的压强不变。当外界施于系统的压强不变而系统本身的压强变化时仍不是等压过程。例如，当一个物体在空气中快速膨胀时，虽然外界施于物体的压强恒为一个大气压，但物体本身的压强是变的，故此时物体的膨胀过程不是等压过程。

理想气体的准静态等压过程在 p-V 图上的过程曲线是一条平行于 V 轴的线段，其上各点的体积不同因而温度也不同。

和前面分析等体过程相类似，作为准静态等压过程，系统也可以只和一个热源接触，只要传热的速度足够缓慢。但作为可逆过程，系统必须依次和无限多个温度相差无限小的热源接触。

等温过程　系统温度不变时所经历的过程为等温过程。

"等温"指系统本身的温度不变。当外界的温度不变而系统的温度变化时仍不是等温过程。例如，与恒温热源相接触的气缸快速膨胀，虽然恒温热源的温度是不变的，但气缸内气体的温度是变化的，故此时气缸的膨胀过程不是等温过程。

在 p-V 图上，理想气体的准静态等温过程的过程曲线是一段双曲线($p\propto 1/V$)。理想气体准静态等温过程中，虽然温度不变，但系统会从外界吸热或放热，视气体体积膨胀或收缩而定。内能不变是理想气体等温过程一大特征，因此，过程中吸收的热量全部转变为对外界做的功(这并不违反热力学第二定律，为什么?)。但是这个结论只对理想气体成立，非理想气体如范德瓦尔斯气体，内能与体积有关，等温过程中内能会有变化。

10.2　热力学过程中的能量转化关系——热力学第一定律

10.2.1　热力学第一定律

热力学第一定律本质上就是热力学中的能量守恒定律。根据能量守恒定律，对一个热学系统应该有如下关系：

$$\text{外界传入的能量} = \text{系统能量的增加}$$

力学中我们知道，外界传入能量的方式就只有对系统做功 A'，而系统的能量是势能和动能之和 E_m。

力学的核心理论是严格的。但是，从严格的力学观点看，当我们讨论宏观问题时谈到的力学能量 E_m，由于忽视了物质的微观结构，一般是不全面的，它与全部的能量值的差，就是系统的内能 E——由热学引入的一个概念。

此外，实验证明，不对系统做功，单是对系统传热，也能改变系统的能量。因此，传热也是传入能量的一种热学途径。定义热量 Q 为通过温差(包括无限小温差)传给系统的能量。这样,根据以上说明的能量守恒关系,应该有

$$A' + Q = \Delta E_{\mathrm{m}} + \Delta E \tag{10.2.1}$$

这就是普遍的热力学第一定律。

热力学第一定律的另一种表述是:“不可能制造出第一类永动机”。第一类永动机是这样一种机器:它不消耗任何能量,但可以源源不断地对外做功的发动机。

E_{m} 实际上就是我们讨论一般宏观力学问题时指的机械能。在大学物理学热学部分基本要求的范围内,一般这部分能量不发生变化,于是式(10.2.1)可改写成为热力学第一定律的常见形式

$$Q = A + \Delta E \tag{10.2.2}$$

式中 $A = -A'$,是系统对外做的功。上式可解读为:系统吸收的热量等于系统对外做的功加上系统内能的增加。

应该指出,使用式(10.2.2)时,要求系统的始、末态是平衡态,以确保 $\Delta E_{\mathrm{m}} = 0$。

如果始、末两态相差无限小,即过程为无限小的元过程时,式(10.2.2)变为

$$đQ = đA + \mathrm{d}E \tag{10.2.3}$$

式(10.2.3)称作热力学第一定律的微分形式。

对于式(10.2.3),应该指出,由于内能是态函数,所以式(10.2.3)中 $\mathrm{d}E$ 代表的是内能的无限小的增量,是个全微分。但是,热量和功都与过程有关,是个过程量,不是态函数,所以 $đQ$ 和 $đA$ 不是态函数的无限小的增量,它们只表示系统在无限小的过程中的无限小的吸热量和无限小的做功值。因此,一般要求写成 $đQ$、$đA$ 以示它们与全微分 $\mathrm{d}E$ 的区别。

10.2.2 内能

从物理学基本原理的角度,热学系统可以看作是一个质点(粒子)数极多的质点组,系统的总能量为总动能和总势能之和。

按力学柯尼希定理(见4.5.1小节),总动能是质心动能和相对质心运动的动能之和。后者是前面分子动理论里的热运动动能,而前者就是一般讨论宏观力学问题时所谈的“动能”。可见,人们在谈论一个宏观力学的具体问题时,所说的“总动能”其实是不全面的,少算了热运动动能。至于少算了一部分动能后,宏观力学中为什么还能使用与功能有关的定理、公式,则另有原因,这里不予讨论。

总势能的计算也有类似的问题,由于忽略了物质的微观结构,分子间、原子间的相互作用势能也被忽略了。这些被忽略了的势能加上热运动动能就是内能。可以说,内能就是系统总能量中由于忽略物质微观结构而少算的那部分能量。系统总能量为内能和系统宏观机械运动的能量之和。

从微观上看,内能包括系统内每个分子热运动的各种能量(包括平动、转动、振动的动能与分于内原子间的振动势能)和分子间的相互作用势能,以及原子内部的各种能量。当有电磁场与系统相互作用时,内能还应包括相应的电磁形式的能量。不过在《大学物理》所讨论的热力学过程中,一般不会涉及原子内部能量的变化。

内能是状态的单值函数 内能是态函数,即系统状态的单值函数,系统的每一个确定的平衡态,必然有一个确定的内能值。但是,反过来,系统具有确定的内能值却不一定表明系

统有确定的平衡态，也就是说同一个内能值可以对应着许多不同的平衡态。例如，理想气体内能是气体温度的函数，其等温线上各点对应的是不同的状态，但内能都相同。

特别提醒　物理学里，内能是状态的函数，一般情况下，内能是温度与体积的函数，例如范德瓦尔斯气体的内能。理想气体的内能只和温度有关，仅是特殊情况。但是，大学物理学中由于数学上的困难，绝大多数情况都是采用数学上最简单的理想气体做例子。这样，初学者容易误以为任何时候内能都只和温度有关，产生任何时候温度越高内能就一定越大的错觉。的确，温度越高，单个分子热运动的平均能量越大，但分子间的互作用势能还和体积有关，把单个分子的热运动平均能量和分子间相互作用势能综合起来考虑，未必温度越高内能就越大。

10.2.3　功

系统对外界做功，本质上是一个力学问题，一般情况下应该使用力学的方法来分析研究。但是，热学里最常见的准静态过程的功，有其特有的特点，也有专门的分析，其计算方法在10.1.2小节已有说明，此处不再重复。

10.2.4　热量

内能的变化 ΔE 与过程无关，功 A 与过程有关，根据式(10.2.2)，热量 Q 必须与过程有关，与功一样热量也是过程量。注意，由于热量是过程量，不是态函数，所以不能说某个物体含有多少热量(但可以说含有多少内能)。

10.2.5　热力学第一定律的应用

热力学第一定律用于实际问题的分析、计算，一般涉及三个物理量：系统内能的变化 ΔE、系统对外界做的功 A、系统从外界吸收的热量 Q。

ΔE 的计算　问题的关键是内能函数。但是，一般情况下内能函数由分子动理论、统计物理求出或直接给出，而不是热力学这部分的任务。在热力学的这部分，ΔE 的计算往往比较简单：由于内能是状态的单值函数，直接把初、末态的状态参量代入已知的内能函数中就得到初、末态的内能 E_1、E_2，进而就得到了内能增量 $\Delta E=E_2-E_1$。

关于理想气体内能函数的提醒　出现在《大学物理学》教材中的理想气体内能公式有几种：

$$E=E(T) \tag{10.2.4}$$

$$\mathrm{d}E=\nu C_{V,\mathrm{m}}\mathrm{d}T,\quad C_{V,\mathrm{m}}=\frac{1}{\nu}\frac{\mathrm{d}E}{\mathrm{d}T} \tag{10.2.5}$$

$$E=\nu\int C_{V,\mathrm{m}}\mathrm{d}T \tag{10.2.6}$$

$$\Delta E=\nu C_{V,\mathrm{m}}\Delta T,\quad C_{V,\mathrm{m}}=\frac{i}{2}R \tag{10.2.7}$$

其中，式(10.2.4)是严格的，式(10.2.5)、式(10.2.6)是式(10.2.4)的直接推论，也是严格的。式(10.2.7)只在 $C_{V,\mathrm{m}}$ 是常量时才成立，不过大学物理学中大多数时候都是采用这个式子。

功和热量的计算　功 A 的计算前文已多次讨论。而热量 Q 一般视情况不同可由 ΔE

和 A 通过热力学第一定律式(10.2.2)或式(10.2.3)间接计算。

对理想气体准静态等值过程的应用

(1) 准静态等体过程

准静态等体过程方程为

$$\frac{p}{T}=\text{常量}$$

准静态等体过程在 p-V 图上的过程曲线如图 10.2.1 所示，这是一条平行于 p 轴的线段。

理想气体准静态等体过程中的能量转化情况是

$$A=0,\quad Q=\Delta E=\nu C_{V,\mathrm{m}}\Delta T$$

即系统吸收的热量全部用于增加系统内能。

(2) 准静态等压过程

准静态等压过程方程为

$$p=\text{常量}$$

等压过程在 p-V 图上的过程曲线如图 10.2.2 所示，这是一条平行于 V 轴的线段。

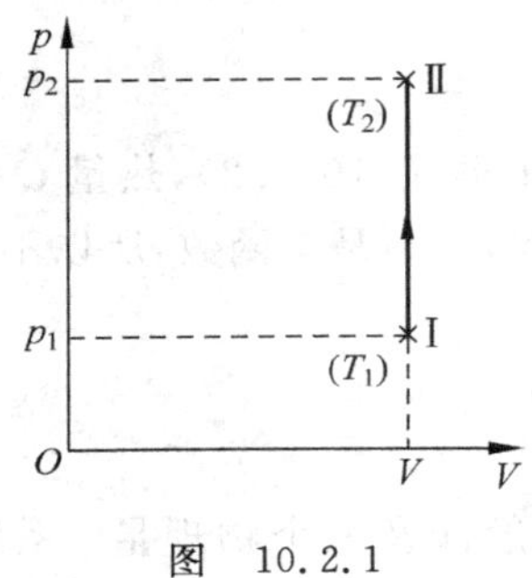

图 10.2.1

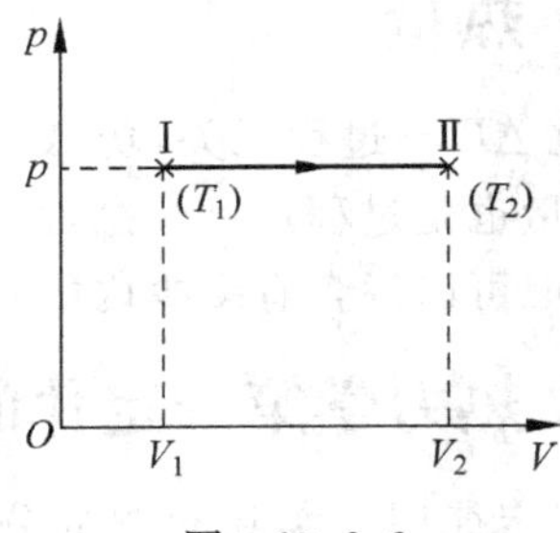

图 10.2.2

理想气体等压过程中的能量转化情况是

$$A=p\Delta V=\nu R\Delta T$$

$$Q=\Delta E+A=\nu(C_{V,\mathrm{m}}+R)\Delta T$$

等压过程中 Q 还可以用定压摩尔热容量 $C_{p,\mathrm{m}}$ 来表示

$$Q=\nu C_{p,\mathrm{m}}\Delta T$$

比较上述两个表示式，可以得到理想气体 $C_{p,\mathrm{m}}$ 与 $C_{V,\mathrm{m}}$ 的关系为

$$C_{p,\mathrm{m}}=C_{V,\mathrm{m}}+R$$

此式叫作迈耶公式。它仅对理想气体成立，不能把此关系用到其他物质上。

(3) 准静态等温过程

准静态等温过程方程为

$$pV=\text{常量}$$

理想气体等温过程在 p-V 图上的过程曲线如图 10.2.3 所示，它是一段双曲线。

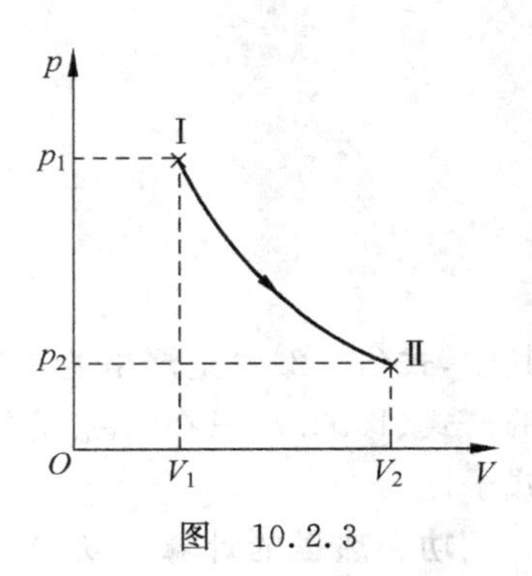

图 10.2.3

理想气体等温过程的能量转化情况是

$$\Delta E=0,\quad Q=A=\int_{V_1}^{V_2}p\mathrm{d}V=\nu RT\ln\frac{V_2}{V_1}$$

即系统吸收的热量全部用来对外做功了。

理想气体定体、定压摩尔热容量的典型值

表 10.2.1 中 $\gamma=C_{p,\mathrm{m}}/C_{V,\mathrm{m}}$，称比热容比。

表　10.2.1

分子类型	$C_{V,\mathrm{m}}/R$	$C_{p,\mathrm{m}}/R$	γ
单原子分子	3/2	5/2	5/3
刚性双原子分子	5/2	7/2	1.4
刚性多原子分子	3	4	4/3

对绝热过程的应用

绝热过程的一个重要特点是：外界对系统做的功等于系统内能的增量(始、末态为平衡态)。

在大学物理学的热力学部分，常见的绝热过程为绝热自由膨胀过程和准静态绝热过程。

(1) 绝热自由膨胀过程

在绝热自由膨胀过程中，外界对系统不做功，故系统内能不变。对理想气体来说，始、末态的温度不变。

对真实气体、液体和固体来说，内能不仅与温度有关而且还与体积有关，故在绝热自由膨胀过程中系统始、末态的温度可能改变。

(2) 理想气体的准静态绝热过程

理想气体准静态绝热过程的方程为

$$pV^{\gamma}=\text{常量}\tag{10.2.8}$$

p-V 图上，等温线的斜率为

$$\left(\frac{\mathrm{d}p}{\mathrm{d}V}\right)_T=-\frac{p}{V}$$

绝热线的斜率为

$$\left(\frac{\mathrm{d}p}{\mathrm{d}V}\right)_{Q=0}=-\gamma\frac{p}{V}$$

显然，对图 10.2.4 上的同一点 a，因为比热容比 $\gamma>1$，故绝热线比等温线陡。

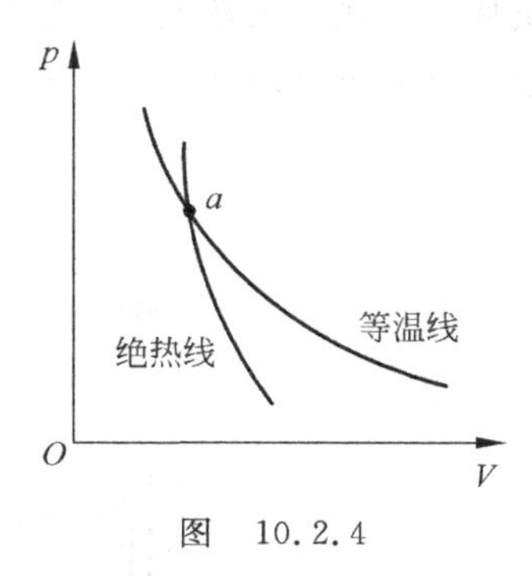

图　10.2.4

在理想气体的准静态绝热过程中，由于绝热过程的特殊性，用热力学第一定律计算系统对外界做的功比直接使用式(10.1.1)简单：

$$A=-\Delta E=-\nu C_{V,\mathrm{m}}\Delta T$$

对循环过程的应用、卡诺循环

循环过程的一个重要特征为 $\Delta E=0$。循环过程的能量转化情况为 $Q=A$(A 为系统对外界做的功的代数和，Q 为系统从外界吸的热的代数和)。

在图 10.2.5(a)所示的准静态循环过程中，系统对外界净做功 A 为正值，系统从外界净吸热 Q 亦为正值，此为正循环。Q 和 A 都等于循环曲线所包围的面积。

在图 10.2.5(b)所示的准静态循环过程中，系统对外界净做功 A 为负值，系统从外界净吸热 Q 亦为负值，此为逆循环。$|Q|$ 和 $|A|$ 都等于循环曲线所包围的面积。

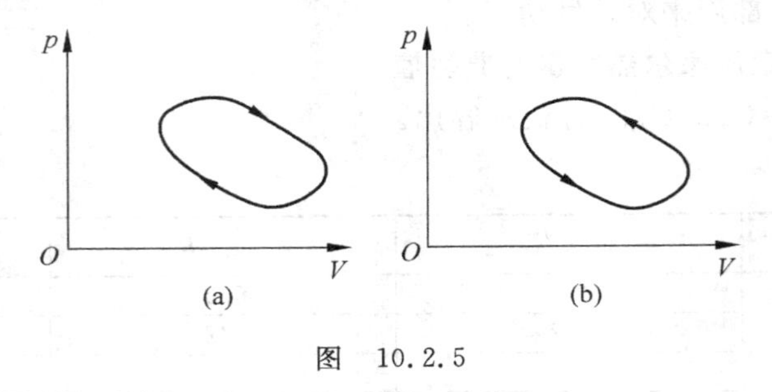

图 10.2.5

10.2.6 热机的效率和制冷机的制冷系数

和实际使用的发动机如汽油机、柴油机等不完全相同，热力学中的热机和制冷机都是靠工作物质(简称“工质”)的循环过程进行工作的，是实际热力发动机的一种理论简化。

热机的效率

典型热机的工作原理如图 10.2.6 所示。在热机进行一个循环的工作过程中，按热力学第二定律，工质必须在某些阶段吸热 Q_1(正值)、某些阶段放热 Q_2(也是正值)，作为循环过程的共同特征，正如前文所述，循环过程中净吸收的总热量 $Q=Q_1-Q_2$ 必全部转化为系统对外界做的总功 A，事情似乎很简单。但从工程技术的角度，这样的分析是远远不够的。虽然物理上看，Q_1 和 Q_2 似乎是平等对称的，但两者的出现在技术上是完全不同的，通俗地说，前者是要“付费”的，后者只是“废热”而已。技术上感兴趣的是，要“付费”的热量 Q_1 中，有多少转化成了功 A，因此，引入效率的概念。定义热机的效率为

$$\eta=\frac{A}{Q_1}=1-\frac{Q_2}{Q_1} \tag{10.2.9}$$

制冷机的制冷系数

典型制冷机的工作原理如图 10.2.7 所示。在制冷循环中，外界对工质做净功 $A_{外}$，工质从低温热源吸热 Q_2(正值)，向高温热源放热 Q_1(也是正值)。人类使用制冷机的目的，是要通过外界做功 $A_{外}=Q_1-Q_2$ 而从低温热源吸热 Q_2，故定义制冷机的制冷系数为

$$w=\frac{Q_2}{A_{外}}=\frac{Q_2}{Q_1-Q_2} \tag{10.2.10}$$

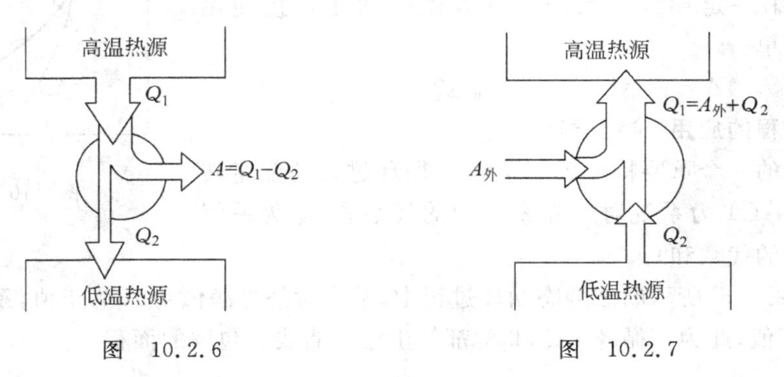

图 10.2.6　　图 10.2.7

10.2.7 卡诺循环

卡诺循环是只与两个恒温热源传递热量而进行工作的准静态循环，是卡诺在研究提高热机效率时提出的一种理想循环。它体现了实际热机和制冷机有吸热、放热两个阶段和循环工作这些最本质的东西。

使用热力学第二定律可以证明“卡诺定理”。由于这个定理，卡诺循环无论在实用上还是理论上都有巨大的价值。

理想气体(可逆)卡诺循环的效率

卡诺正循环便是卡诺热机，如图 10.2.8 所示。卡诺正循环由两条等温线 ab、cd 和两条绝热线 bc、da 组成，从温度为 T_1 的高温热源(以下简称为高温热源 T_1)吸热 Q_1，对温度为 T_2 的低温热源(以下简称为低温热源 T_2)放热 Q_2。

为了计算循环效率，按前文的一般原则，人们应该先确定两等温线 ab、cd 的过程方程，然后通过计算 ab、cd 过程中系统对外界做的功而得到 Q_1、Q_2，进而按式(10.2.9)得到 η。不同工质的等温线的过程方程应该不同，从这个角度看，循环效率应该与工质有关。为简单起见，我们只计算理想气体卡诺热机的效率。结果是

$$\eta = 1 - \frac{Q_2}{Q_1} = 1 - \frac{T_2}{T_1} \tag{10.2.11}$$

可见，高温热源温度越高、低温热源的温度越低，则热机的效率越高，或者说从高温热源所吸的热量的利用价值越大。

应该说明的是，式(10.2.11)与理想气体的种类、压强、体积无关，只与温度 T_1 和 T_2 有关。而这里的 T_1 和 T_2 指的既是理想气体温标(证明中应用了理想气体状态方程)，同时又是热力学温标(关于理想气体温标和热力学温标的一致性，见 10.5.3 小节)。

理想气体卡诺制冷机的制冷系数

卡诺逆循环便是卡诺制冷机，如图 10.2.9 所示。卡诺逆循环也由两条等温线 ab、cd 和两条绝热线 bc、da 组成，但从低温热源 T_2 吸热 Q_2，对高温热源 T_1 放热 Q_1。

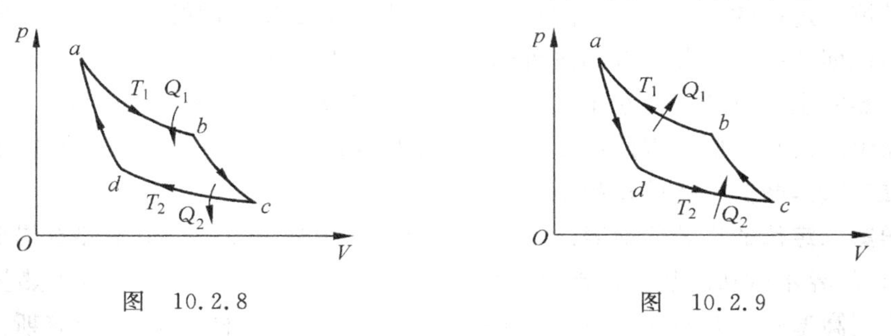

图 10.2.8　　图 10.2.9

同样地，我们只计算理想气体卡诺逆循环的制冷系数。结果为

$$w = \frac{T_2}{T_1 - T_2} \tag{10.2.12}$$

可见，低温热源的温度 T_2 越高、高温热源的温度 T_1 越低，则制冷系数越大。但通常低温热源的温度 T_2 是由实际要求决定的，所以要提高制冷系数需尽可能地选择温度较低的物体作高温热源。

10.3 热力学过程中方向性的规律——热力学第二定律

10.3.1 热力学第二定律

热力学第二定律的开尔文表述 热机循环工作时要对低温热源 T_2 放热 Q_2，故使热机的效率 $\eta=1-\frac{Q_2}{Q_1}<1$。Q_2 是一种非常可惜的浪费，能否设法避免这种浪费呢？即能否去掉低温热源 T_2 而制造出如图 10.3.1 所示的热机呢？这种热机的效率是百分之百，这当然是个很吸引人的设想。但经过无数努力后，制造这种热机的尝试都失败了。

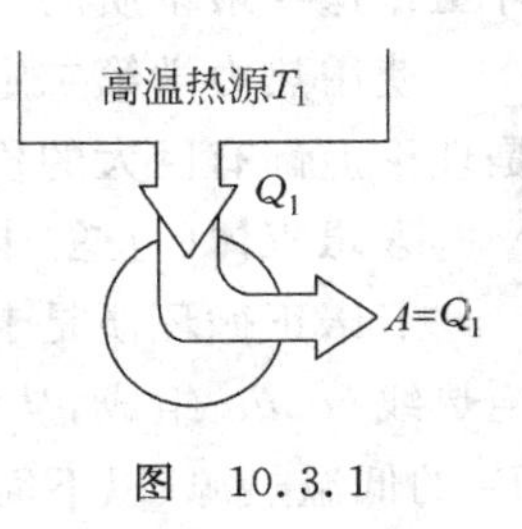

图 10.3.1

效率为百分之百的热机并不违反热力学第一定律，但总造不出来，看起来这好像是技术方面的问题，但物理学家却对此作出了一个勇敢的结论：这不是技术问题，而是物理世界的本质规律，并称其为热力学第二定律。

开尔文把热力学第二定律表述为：不可能从单一热源吸热使之完全变为有用功而不产生其他影响。

这里的"有用功"是指在循环过程中系统对外界所做的净功。

理解开尔文表述的关键是对其中的"其他影响"这几个字的理解。所谓"其他影响"是指热源和被做功的物体之外的变化。热源要放热，被做功物体的能量要增加，它们的变化是不言而喻的，不属于"其他影响"之列。

在无"其他影响"的情况下，从单一热源吸热使之完全变为有用功是不可能的，但在有"其他影响"的情况下，从单一热源吸热使之完全变为有用功则是可能的。例如，理想气体等温可逆膨胀时，便把从热源吸取的热完全变成了有用功，但却产生了体积膨胀这个"其他影响"。

热力学第二定律的开尔文表述的另一种说法是：第二类永动机是不可能造成的。所谓第二类永动机即效率为百分之百的热机（如图 10.3.1 所示）。

把吸的热完全变成功必然引起"其他影响"，但把功完全变成热是可以不引起"其他影响"的，摩擦生热便是一例。因此可以说，开尔文表述表明了热和功在相互转化中的地位是不相同的，或者说，摩擦生热的过程是不可逆的。

热力学第二定律的克劳修斯表述 外界对制冷机做功可以把从低温热源提取的热量传到高温热源，外界不做功时热量只能自动地从高温热源传到低温热源。由于热量自动地从低温热源传到高温热源并不违反热力学第一定律，所以根据这种事实，克劳修斯把热力学第二定律表述为：

不可能把热量从低温物体传到高温物体而不产生其他影响。

这里的关键仍是理解"其他影响"这几个字。所谓"其他影响"是指高温物体和低温物体之外的变化。高温物体要吸热、低温物体要放热，它们的变化是不言而喻的。

在无"其他影响"情况下把热量从低温物体传向高温物体是不可能的，但在有"其他影响"时把热量从低温物体传到高温物体却是可能的，制冷机便是例子，它在传递热量的同时引起了外界做功这个“其他影响”。

热力学第二定律的克劳修斯表述告诉我们，热量能够自动地从高温物体传到低温物体，但不能自动地从低温物体传到高温物体。因此可以说，克劳修斯表述表明了自动传热的方向性。

热力学第二定律的实质 从表面上看热力学第二定律的两种表述是很不相同的，但可以证明二者是完全等效的(其证明见10.5节)。这就提出了一个问题：热力学第二定律的实质是什么呢？用热力学第二定律的两种表述可以证明，实际的热力学过程都是不可逆的，而且任何一种不可逆过程都可作为热力学第二定律的表述，故热力学第二定律的实质为：凡牵涉到热现象的实际过程都是不可逆的。

热力学第一定律和第二定律的比较 热力学第一定律即能量守恒定律，由于能量守恒定律是各种运动普遍遵守的规律，故热力学第一定律反映了热运动与其他运动共同的一面。热力学第二定律是热运动特有的规律——过程所具有的方向性，它反映了热运动与其他运动不同的一面。纯粹的力学过程或电磁学过程，是没有方向性的，或者说是可逆的。热力学第一定律反映了热、功在相互转化时共同的一面；热力学第二定律则反映了热、功在相互转化时不同的一面。热力学第二定律是独立于热力学第一定律的，二者都有自己的实验根据。

10.3.2 卡诺定理

由热力学第二定律可以证明卡诺定理：

(1) 在相同的高温热源(温度为T_1)与相同的低温热源(温度为T_2)之间工作的一切可逆机，不论工质是什么，效率η都相等。由于理想气体卡诺循环的效率已知为$1-\frac{T_2}{T_1}$，所以上述可逆热机的效率为$\eta=1-\frac{T_2}{T_1}$。

(2) 在相同的高温热源和相同的低温热源之间工作的一切不可逆机的效率η'都小于可逆机的效率η，即$\eta'<\eta=1-\frac{T_2}{T_1}$。

卡诺定理在实用上是重要的，它指出了热机效率的极限和提高热机效率的途径——增大高低温热源的温度差。卡诺定理在理论上也是重要的，它是用纯热力学方法建立“熵”的概念和“熵增原理”的关键。

说明 只从热力学第一定律的角度看，正如10.2.7小节中提到的，循环的效率应该与工质的热学性质有关。但基于热力学第二定律的卡诺定理对卡诺循环却给出了相反的结论。这意味着，工质的热力学性质不能是任意的，必须受热力学第二定律的约束。例如，液体的饱和蒸汽压和温度的关系必须服从“克拉珀龙方程”。否则，利用这种液体的蒸发—凝结特性可以制造不符合卡诺定理、不服从热力学第二定律的热机(见10.5.7小节)。一般情况下，和蒸气压的例子类似，热力学第二定律对物质的热力学性质提供了很强的约束。

但是，初学者也不可矫枉过正，将卡诺定理的结论过度延伸。一般情况下，循环(不是可逆卡诺循环)的效率还是与工质有关的。例如，与汽油机对应的奥拓循环的循环效率$\eta=1-r^{1-\gamma}$(r是压缩比)，明显与比热容比γ(因此与工质)有关。

10.3.3 熵和熵增加原理

我们总是希望用数学式子来表达自然规律，以便于人们掌握和利用。历史上，通过卡诺定理，克劳修斯用纯热力学方法引入了“熵”这个物理量，从而解决了热力学第二定律的数学表述问题。这就使热力学第二定律由定性的描述走向了定量的表达，从而大大地增加了热力学第二定律的威力。克劳修斯引入的熵比较抽象，用统计物理方法也可引入熵的概念，但要直观得多。为了节约学时，现在大学物理学中经常采用后一种方法。统计物理中，系统处在某一宏观状态的熵定义为

$$S = k\ln\Omega, \quad k = 1.38\times10^{-23}\ \mathrm{J/K} \tag{10.3.1}$$

式中，k 为玻耳兹曼常量，Ω 称为热力学概率，是该宏观状态所包含的微观状态数。

热力学概率 Ω 用宏观状态参量描述的状态叫作宏观状态，用微观状态参量描述的状态叫作微观状态。从微观上看，对一个系统的状态的宏观描述是非常不完善的，系统的一个宏观状态实际上对应于非常多的微观状态，而这些微观状态是粗略的宏观描述不能加以区别的。

例如，一个容器内由同种分子组成的理想气体，在 p、V、T 给定的情况下处在确定的宏观状态。但是，按经典物理，为了完备地描述容器内分子的运动状态（即微观状态）必须给出每一个分子的位置和速度。因此，在容器内任意交换一对分子的位置和速度，都是新的微观状态。这样得到的新微观状态在宏观上无法和原来的微观状态区分，它们都对应于同一宏观状态。可以想象，由于容器内的分子数极多，这样得到的新微观状态的数目多得难以形容。

熵是状态的单值函数 从统计物理的角度，这个问题不难理解。对一个给定的宏观状态，其包含的微观状态数当然是一定的，所以熵也一定。也就是说，一个给定的宏观状态必然对应一个确定的熵。这个性质，在具体计算熵时经常用到。

克劳修斯不等式和熵增加原理 可以证明，对任意的元过程，有克劳修斯不等式

$$\mathrm{d}S \geqslant \frac{\text{đ}Q}{T} \tag{10.3.2}$$

式中 $\text{đ}Q$ 为系统在元过程中从外界所吸收的热量，T 为该元过程中外界热源的温度（不是系统的温度），式中“＝”号仅对可逆过程成立。对从状态(1)到状态(2)的任意过程，上式成为

$$\Delta S \geqslant \int_{(1)}^{(2)} \frac{\text{đ}Q}{T} \tag{10.3.3}$$

同样，式中“＝”号也仅对可逆过程成立。

对于孤立系统或绝热系统必然有 $\text{đ}Q=0$，因此由式(10.3.3)必有 $\Delta S\geqslant0$，这就是著名的熵增加原理：孤立系统中发生的一切过程熵必然增加。

孤立系统中发生的过程（一定不可逆）必然朝着使系统的熵增加的方向进行，这就是过程的方向性，也可以说这是热力学第二定律的数学表达。

注意 系统的“熵增”仅仅对不可逆绝热（孤立系统必然绝热）过程才是必然的，而对别的过程则未必。由式(10.3.2)和式(10.3.3)可知：对可逆放热过程（$\text{đ}Q<0$）有 $\Delta S<0$，即熵减；对可逆绝热过程（$\text{đ}Q=0$）有 $\Delta S=0$，即熵不变；对可逆吸热过程（$\text{đ}Q>0$）有 $\Delta S>0$，即熵增；对不可逆吸热过程或绝热过程有 $\Delta S>0$，即熵增；对不可逆放热过程有 $\Delta S>$负

数，这时熵增，熵不变，或熵减都有可能。可见，一般来说无论是可逆过程还是不可逆过程，系统的熵都不是必然要增加的。

10.3.4 克劳修斯等式和熵的计算

对任意可逆过程，式(10.3.3)成为克劳修斯等式

$$\Delta S = S_2 - S_1 = \int_{(1)}^{(2)} \frac{đQ}{T} \tag{10.3.4}$$

任意选定一个以状态1、2为初、末态的可逆过程，完成上式中的积分，就可以求出状态1、2的熵差 ΔS。

说明 单从数学上看，上式的积分结果似乎与选定的可逆过程有关。但由于熵是状态的单值函数，实际结果一定和过程无关，只要是可逆的、以状态1、2为初、末态的就行。这就像通过计算保守力做的功计算位置1、2的势能差一样，算出的势能差与采用的做功路径无关，只要这路径是从位置1到位置2的。

式(10.3.4)提供了一个途径，只要已知物质的一些热学性质，如状态方程、内能函数，就可以求出该物质的熵函数。

热力学第一、二定律综合的数学表示式 熵的概念是由热力学第二定律引出的，对可逆元过程来说，由克劳修斯等式(10.3.4)应有

$$\mathrm{d}S = \frac{đQ}{T} \rightarrow đQ = T\mathrm{d}S \quad (\text{可逆})$$

上式中的 $đQ$ 就是可逆元过程中系统吸收的热量，把它代入到元过程的热力学第一定律表示式(10.2.3)，得到

$$T\mathrm{d}S = \mathrm{d}E + đA \quad (\text{可逆过程}) \tag{10.3.5}$$

式(10.3.5)就是对可逆无限小过程热力学第一、二定律综合的数学表示式。

理想气体的熵函数 将式(10.3.5)应用于 ν 摩尔理想气体，有

$$\mathrm{d}S = \nu \frac{C_{V,\mathrm{m}}}{T}\mathrm{d}T + \nu R \frac{\mathrm{d}V}{V} \tag{10.3.6}$$

对摩尔等体热容 $C_{V,\mathrm{m}}$ = 常量的理想气体，将式(10.3.6)等号两边分别积分，可得状态为 (p, V, T) 的 ν 摩尔理想气体的熵函数为

$$\begin{cases} S = \nu C_{V,\mathrm{m}} \ln \dfrac{T}{T_0} + \nu R \ln \dfrac{V}{V_0} + S_0 \\ S = \nu C_{p,\mathrm{m}} \ln \dfrac{T}{T_0} - \nu R \ln \dfrac{p}{p_0} + S_0 \\ S = \nu C_{V,\mathrm{m}} \ln \dfrac{p}{p_0} + \nu C_{p,\mathrm{m}} \ln \dfrac{V}{V_0} + S_0 \end{cases} \tag{10.3.7}$$

式中 S_0 是状态为 (p_0, V_0, T_0) 时的熵。

从式(10.3.7)可看到，理想气体的熵是状态参量 (p, V, T) 的函数，这个具体结果印证了熵是状态的单值函数的一般结论。

求任意系统不可逆过程的熵变 对任意不可逆过程，根据式(10.3.3)，这时式(10.3.4)不成立，应代之以不等式

$$\Delta S > \int_{(1)}^{(2)} \frac{đQ}{T}$$

式中的积分是沿不可逆过程进行的。显然，利用这个不等式不能求出熵变 ΔS。

不过，因为熵变与过程无关，仅由始、末态所决定，故图 10.3.2 中的不可逆过程 L 的熵变 ΔS 和具有相同始、末态 1、2 的任意可逆过程 L' 的熵变 $\Delta S'$ 相同。所以，求 ΔS 时，可设想一个连接状态 1、2 的可逆过程 L'，通过式(10.3.4)求出其熵变 $\Delta S'$ 即可。注意：此时式(10.3.4)中的积分路径是沿 L' 而非 L 的。

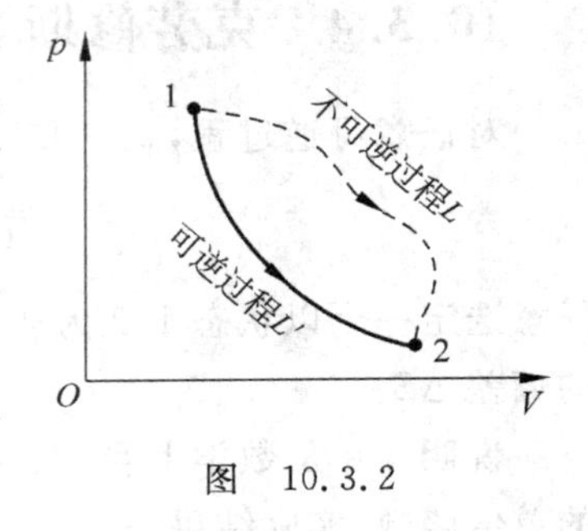

图 10.3.2

在已知熵函数（如理想气体）的情形下求熵变是个简单的事情，直接把始、末态的状态参量代入熵函数中求熵变就行了。

10.4 典型例题（共 6 例）

例 1 一理想气体系统经历图 10.4.1 所示的各过程，试讨论过程 $a—d$ 和过程 $c—d$ 吸的热是正的还是负的？

解 在过程 $a—d$、$b—d$、$c—d$ 中系统温度的升高 T_2-T_1 相同，而理想气体的内能仅是温度的函数，故系统内能的增加 ΔE 相同。系统对外界做的功的大小等于 p-V 图上过程曲线下的面积，比较图中三个过程的过程曲线下的面积，不难得出这三个过程中系统对外界做的功的大小 $|A_{a-d}|>|A_{b-d}|>|A_{c-d}|$。显然，这三个过程是压缩过程，系统对外界做的功都是负的，所以

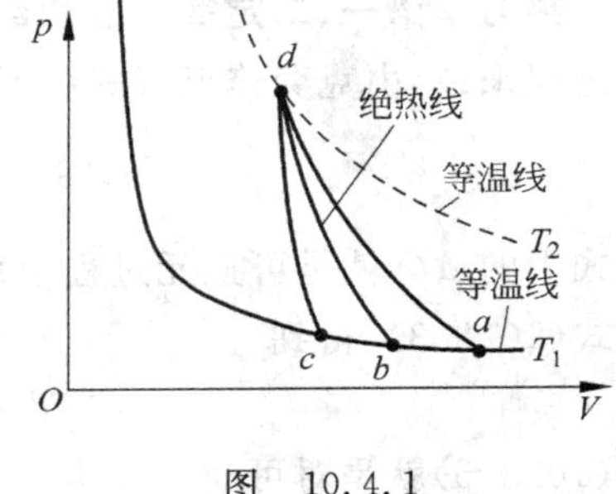

图 10.4.1

$$A_{a-d} < A_{b-d} < A_{c-d}$$

由热力学第一定律知系统吸的热为

$$Q = \Delta E + A$$

由于 ΔE 相同，故

$$Q_{a-d} < Q_{b-d} < Q_{c-d}$$

$b—d$ 是绝热过程，吸热 $Q_{b-d}=0$，故

$$Q_{a-d} < 0 \text{（即过程放热），}$$

$$Q_{c-d} > 0 \text{（即过程吸热）。}$$

通过该题的讨论，我们看到，在 p-V 图上有两条重要的曲线可以作为我们分析问题的依据：一条是绝热线，其上进行的过程中 $Q=0$；另一条是理想气体的等温线，其上进行的过程中 $\Delta E=0$。此外，p-V 图上过程曲线下的面积在数值上等于膨胀过程中系统对外做的功或压缩过程中外界对系统做的功，这一点也常常成为我们分析过程的重要依据。

例 2 设 1 mol 固体的状态方程可写作

$$v = v_0 + aT + bp$$

内能可表示为

$$E = cT - apT$$

其中 a、b、c 和 v_0 均是常量。试求摩尔热容量 $C_{p,\mathrm{m}}$ 和 $C_{V,\mathrm{m}}$。

解　由定压摩尔热容量的定义知，对 1 mol 物质，有

$$C_{p,\mathrm{m}} = \left(\frac{đQ}{\mathrm{d}T}\right)_p$$

在 p 不变的条件下，分别对状态方程和内能函数取微分，得

$$\mathrm{d}v = a\mathrm{d}T$$

$$\mathrm{d}E = c\mathrm{d}T - ap\mathrm{d}T$$

由热力学第一定律有

$$đQ = \mathrm{d}E + p\mathrm{d}v = (c - ap)\mathrm{d}T + pa\mathrm{d}T = c\mathrm{d}T$$

所以

$$C_{p,\mathrm{m}} = \left(\frac{đQ}{\mathrm{d}T}\right)_p = c$$

同理，在 v 不变的条件下，分别对状态方程和内能函数取微分，得

$$\mathrm{d}v = 0$$

$$\mathrm{d}E = c\mathrm{d}T - ap\mathrm{d}T - aT\mathrm{d}p$$

由热力学第一定律有

$$đQ = \mathrm{d}E + p\mathrm{d}v = \mathrm{d}E = c\mathrm{d}T - ap\mathrm{d}T - aT\mathrm{d}p$$

从状态方程得

$$p = \frac{v - v_0 - aT}{b}$$

在 v 不变的条件下，有

$$\mathrm{d}p = -\frac{a}{b}\mathrm{d}T$$

所以

$$C_{V,\mathrm{m}} = \left(\frac{đQ}{\mathrm{d}T}\right)_v = c - ap + \frac{a^2}{b}T$$

例 3　图 10.4.2 为一摩尔单原子理想气体所经历的循环过程，其中 AB 为等温线。已知 $V_A = 3.00\ \mathrm{L}$，$V_B = 6.00\ \mathrm{L}$，求该循环的效率。

解　设等温过程 AB 的温度为 T，状态 C 的温度为 T_C。在等温膨胀过程 AB 中系统吸的热为

$$Q_1' = RT\ln\frac{V_B}{V_A}$$

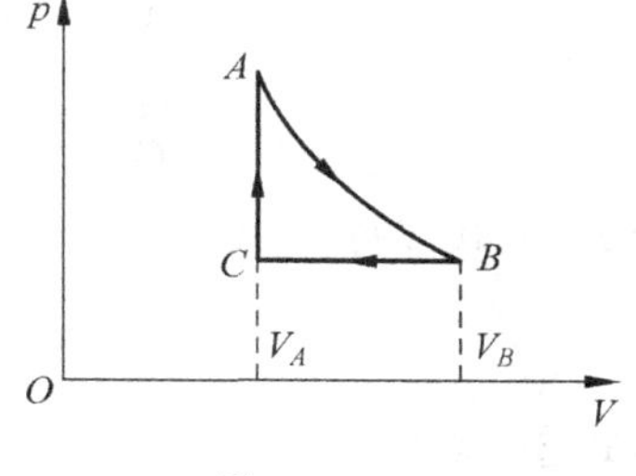

图　10.4.2

在等体升温过程 CA 中系统吸的热为

$$Q_1'' = C_{V,\mathrm{m}}(T - T_\mathrm{C})$$

所以，在过程 AB 和 CA 中吸的总热为

$$Q_1 = Q_1' + Q_1'' = RT\ln\frac{V_B}{V_A} + C_{V,\mathrm{m}}(T - T_\mathrm{C})$$

在等压压缩过程 BC 中系统放的热为

$$Q_2 = C_{p,\mathrm{m}}(T - T_\mathrm{C})$$

这个循环过程的效率为

$$\eta = 1 - \frac{Q_2}{Q_1} = 1 - \frac{C_{p,\mathrm{m}}(T - T_C)}{RT\ln\frac{V_B}{V_A} + C_{V,\mathrm{m}}(T - T_C)}$$

代入 $C_{p,\mathrm{m}} = C_{V,\mathrm{m}} + R$，并整理，得

$$\eta = 1 - \frac{(C_{V,\mathrm{m}} + R)\left(1 - \frac{T_C}{T}\right)}{R\ln\frac{V_B}{V_A} + C_{V,\mathrm{m}}\left(1 - \frac{T_C}{T}\right)}$$

因为 BC 为等压过程，故有

$$\frac{T_C}{T} = \frac{V_A}{V_B} = \frac{3.00}{6.00} = 0.5$$

因为是单原子理想气体，$C_{V,\mathrm{m}} = 1.5R$，所以

$$\eta = 1 - \frac{R(1.5 + 1)(1 - 0.5)}{R\ln 2 + 1.5R(1 - 0.5)} \approx 0.134 = 13.4\%$$

例 4 一理想气体进行卡诺循环，热源温度为 100℃，冷却器温度为 0℃时，做净功 800 J。在冷却器温度和对冷却器放热量都不变的情况下，提高热源温度，使净功增为 1600 J，则

(1) 热源的温度应为多少？

(2) 效率增大到多少？设这两个循环都工作于相同的两条绝热线之间。

解 图 10.4.3 中的 $T_2 = 273.15$ K 为冷却器的绝对温度，$T_1 = 373.15$ K 为已知的热源的绝对温度，T_1' 为待求的热源的绝对温度。

(1) 设 A 为卡诺循环 $abcda$ 中做的净功，Q_1 和 Q_2 分别为这个循环中吸的热和放的热，则

$$A = Q_1 - Q_2 \quad ①$$

$$\frac{Q_1}{Q_2} = \frac{T_1}{T_2} \quad ②$$

图 10.4.3

设 A' 为卡诺循环 $a'b'cda'$ 中做的净功，Q_1' 为这个循环中吸的热，则

$$A' = Q_1' - Q_2 \quad ③$$

$$\frac{Q_1'}{Q_2} = \frac{T_1'}{T_2} \quad ④$$

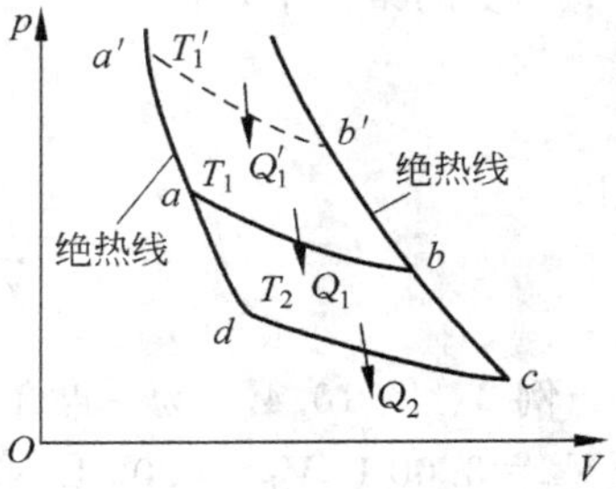

由式①、式②得

$$Q_2 = \frac{T_2}{T_1 - T_2}A \quad ⑤$$

由式③、式④得

$$Q_2 = \frac{T_2}{T_1' - T_2}A' \quad ⑥$$

比较式⑤、式⑥，经整理得

$$T_1' = T_2 + (T_1 - T_2)\frac{A'}{A} = 273.15 + (373.15 - 273.15)\frac{1600}{800}\ \mathrm{K} = 473.15\ \mathrm{K}$$

(2) 当热源的温度提高到 $T_1'=473.15$ K 时，则效率增大到

$$\eta = 1-\frac{T_2}{T_1'} = 1-\frac{273.15}{473.15} \approx 42.3\%$$

例 5　已知 1 mol 的范德瓦尔斯气体的内能函数为 $E=cT-\frac{a}{V}$，状态方程为 $\left(p+\frac{a}{V^2}\right)(V-b)=RT$，式中 a、b、c 皆为常量，V 是摩尔体积。试求 1 mol 范德瓦尔斯气体的熵函数 $S(T,V)$。

解　设想 1 mol 的范德瓦尔斯气体经任意可逆过程由状态(T_0,V_0)变到状态(T,V)，其熵增为

$$S-S_0 = \int_{(T_0,V_0)}^{(T,V)} \frac{đQ}{T} = \int_{(T_0,V_0)}^{(T,V)} \frac{dE+pdV}{T}$$

从内能函数得

$$dE = cdT + \frac{a}{V^2}dV$$

由状态方程得

$$p = \frac{RT}{V-b} - \frac{a}{V^2}$$

所以

$$\frac{dE+pdV}{T} = c\frac{dT}{T} + \frac{R}{V-b}dV$$

故

$$S-S_0 = \int_{T_0}^{T} c\frac{dT}{T} + \int_{V_0}^{V} \frac{R}{V-b}dV$$

完成积分，得

$$S(T,V) = S_0 + c\ln\frac{T}{T_0} + R\ln\frac{V-b}{V_0-b}$$

上式中 S_0 为状态(T_0,V_0)的熵，在没有预先给定的情况下，S_0 是可以任意选取的。

例 6　如图 10.4.4 所示，一刚性绝热容器中用一个可以无摩擦移动的不漏气的导热隔板将容器分为Ⅰ、Ⅱ两个部分，Ⅰ、Ⅱ中各盛有 1 mol 的 He 和 O_2。开始时 He 的温度为 $T_1=300$ K，O_2 的温度为 $T_2=600$ K，He 和 O_2 的压强皆为 1 atm。设 O_2 分子可视为刚性，求整个系统达到平衡时 He 和 O_2 各自的熵变。

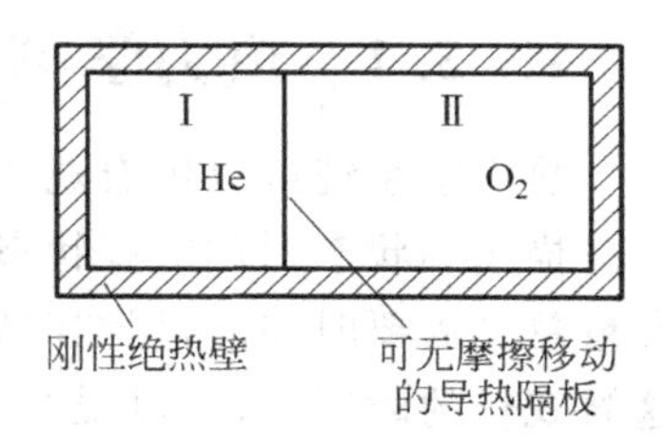

图　10.4.4

解　和内能一样，熵是状态的单值函数，所以要求熵变，首先要求出系统的末态。

把 He 和 O_2 作为一个系统来考虑，那么整个过程中系统既未对外传热(容器壁绝热)，又未对外做功(容器壁为刚性)，所以系统的总内能是不变的，即

$$C_{V,m1}(T'-T_1) + C_{V,m2}(T'-T_2) = 0$$

式中，T'是末态的温度，$C_{V,m1}=1.5R$、$C_{V,m2}=2.5R$ 分别是 He(单原子分子理想气体)和 O_2(刚性双原子分子理想气体)的定体摩尔热容量。由上式可解得

$$T' = \frac{C_{V,\mathrm{m1}}T_1 + C_{V,\mathrm{m2}}T_2}{C_{V,\mathrm{m1}} + C_{V,\mathrm{m2}}} = \frac{1.5 \times 300 + 2.5 \times 600}{1.5 + 2.5}\ \mathrm{K} = 487.5\ \mathrm{K}$$

为了确定系统的末态，还需要给出Ⅰ、Ⅱ两部分的体积或压强。我们选择压强。因为末态时Ⅰ、Ⅱ两部分的压强必须相等，只要一个变量就可以了，这样也许可以简单些。

设开始时Ⅰ、Ⅱ两部分的体积分别为V_1、V_2，终止时Ⅰ、Ⅱ两部分的体积为V_1'、V_2'，则应有

$$V_1 + V_2 = V_1' + V_2' \qquad ①$$

设初、末态压强分别为p、p'，由理想气体状态方程有

$$V_1 = \frac{RT_1}{p},\quad V_2 = \frac{RT_2}{p},\quad V_1' = \frac{RT'}{p'} = V_2' \qquad ②$$

联立式①、式②解得

$$p' = \frac{2T'}{T_1 + T_2}p = \frac{2 \times 487.5}{300 + 600} \times 1\ \mathrm{atm} \approx 1.08\ \mathrm{atm}$$

末态的状态参量确定后，He和O_2各自的熵增可以利用前面给出的理想气体熵增加的公式(10.3.7)来求得。

He的定压摩尔热容$C_{p,\mathrm{m1}} = C_{V,\mathrm{m1}} + R = 2.5R$，熵增为

$$\Delta S_1 = C_{p,\mathrm{m1}}\ln\frac{T'}{T_1} - R\ln\frac{p'}{p} = 2.5R\ln\frac{487.5}{300} - R\ln\frac{1.08}{1} \approx 9.45\ \mathrm{J/K}$$

O_2的定压摩尔热容$C_{p,\mathrm{m2}} = C_{V,\mathrm{m2}} + R = 3.5R$，熵增为

$$\Delta S_2 = C_{p,\mathrm{m2}}\ln\frac{T'}{T_2} - R\ln\frac{p'}{p} = 3.5R\ln\frac{487.5}{600} - R\ln\frac{1.08}{1} \approx -6.68\ \mathrm{J/K}$$

整个系统的熵增为

$$\Delta S = \Delta S_1 + \Delta S_2 \approx 2.77\ \mathrm{J/K}$$

通过以上计算我们看到，He的熵增加而O_2的熵减少，系统总的熵增加了。由于整个系统进行的是绝热不可逆过程，所以上面结果和熵增加原理是完全一致的。

10.5 对某些问题的进一步说明与讨论

10.5.1 热力学第二定律的统计解释

热力学系统可以用宏观状态参量来描述，也可以用微观状态参量来描述。用宏观状态参量描述的状态叫作宏观状态，用微观状态参量描述的状态叫作微观状态。测定宏观状态参量总是需要时间的，用的时间再短也仅是宏观意义上的短，若从微观上看则是很长的。在这微观长的时间内，可以说系统已经历了各式各样的微观状态。显然，一个宏观状态包含着大量的各式各样的微观状态，而宏观状态所具有的各种物理量都是该宏观状态所包含的各式各样的微观状态的状态参量的各种统计平均值。

不同的宏观状态所包含的微观状态数是不同的。以气体的自由膨胀为例，如图10.5.1所示，用隔板将容器分成体积相等的A、B两半，设想只有a、b、c、d四个分子。抽掉隔板前，四个分子全部分布在A侧，打开隔板后，四个分子可以分布在A、B两侧，分布的情况如下面的表10.5.1。

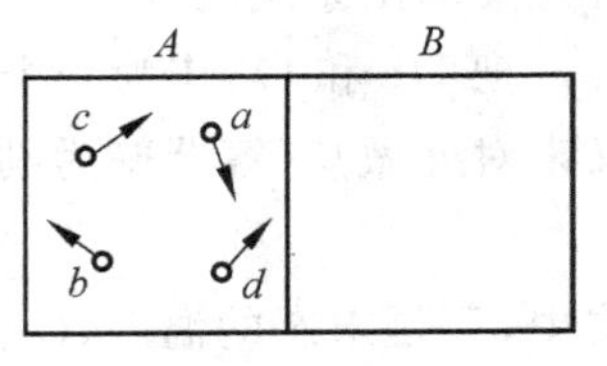

图 10.5.1

表 10.5.1

宏观状态	A	4个分子	0	1个分子				3个分子				2个分子					
	B	0	4个分子	3个分子				1个分子				2个分子					
微观状态	A	$a\,b\,c\,d$		a	b	c	d	$b\,c\,d$	$a\,c\,d$	$a\,b\,d$	$a\,b\,c$	$a\,b$	$a\,c$	$a\,d$	$b\,c$	$b\,d$	$c\,d$
	B		$a\,b\,c\,d$	$b\,c\,d$	$a\,c\,d$	$a\,b\,d$	$a\,b\,c$	a	b	c	d	$c\,d$	$b\,d$	$b\,c$	$a\,d$	$a\,c$	$a\,b$
同一宏观状态下的微观状态数		1	1	4				4				6					

从微观上看 a、b、c、d 四个分子是可以区分的，故表 10.5.1 中每一种具体的分布为一个微观状态，共有 $2^4=16$ 个微观状态，每个微观状态出现的概率都是相同的，皆为 $1/2^4$。从宏观上看，四个分子是不可区分的，故 A 侧或 B 侧分布的分子数目相同的微观状态为同一个宏观状态，共有 6 个宏观状态。显然每一个宏观状态所包含的微观状态数一般是不同的，故每一个宏观状态出现的概率一般是不同的。

同理，对 N 个分子来说，共有 2^N 个微观状态。N 个分子都出现在 A 侧这种宏观状态只包含 1 个微观状态，即这种宏观状态出现的概率仅为 $1/2^N$。而 A、B 两侧出现的分子数相同的这种宏观状态所包含的微观状态数最多，即这种宏观状态出现的概率最大。

宏观上的实验表明，气体只能自由膨胀，不能自由收缩，即自由膨胀的过程是不可逆的，或者说自由膨胀的过程是有方向性的。气体自由膨胀过程的统计解释为：系统只能自发地从概率小的宏观状态向概率大的宏观状态进行，或者说系统只能自发地从包含微观状态数少的宏观状态向包含微观状态数多的宏观状态进行。

热传导过程的方向性和摩擦生热过程的不可逆性的统计解释，与气体的自由膨胀过程的统计解释是相同的。

总之，热力学第二定律的统计解释可概括为：一个孤立系统，其内部发生的过程，总是由概率小的宏现状态向概率大的宏观状态进行，或者由包含微观状态数少的宏观状态向包含微观状态数多的宏观状态进行。

孤立系统内发生的过程熵必增。显然，宏观状态的熵必与其包含的微观状态数有密切的关系。由统计理论得二者的关系为

$$S = k\ln\Omega \tag{10.5.1}$$

这就是熵的统计解释。式中 Ω 为宏观状态所包含的微观状态数，也叫作宏观状态的热力学概率，k 为玻耳兹曼常量。

宏观状态所包含的微观状态数 Ω 越大其无序性就越大，宏观状态的熵 S 也越大。显然，熵是热运动无序性的量度。

10.5.2 从宏观上看功和热的差异

焦耳的热功当量实验表明，吸热引起的效应总能够用某些做功的方法来代替，这是功和热相同的一面。但做功引起的效应并不总能够用传热的方法来代替。例如：推动一个物体

做功可以使它的速度增大，压缩气体做功可以使它的体积减小等，这些效应是无法用传热的方法来代替的。这表明功和热的确是不同的。

功是能量转化的普遍量度，它是被转化或被传递的能量；而热量仅是被传递的内能的量度，它是被传递的内能。做功必有宏观位移，即做功必有有序运动的变化相伴随（做功和被做功的物体中，至少有一方要发生有序运动的变化）；而传热总是与无序运动的变化相伴随（放热和吸热的物体都是无序运动发生变化）。

10.5.3 热力学温标及其与理想气体温标的一致性

经验温标逻辑上依赖于所选的测温物质的具体热学性质（个性）。但是，温度是热运动的标志，这样一个重要的物理量的大小的定义如果不能摆脱具体测温物质的个性的话，总是不够科学的。

利用卡诺定理中关于可逆热机的效率只与高低温热源的温度有关而与热机的工作物质无关的这个结论，可以用可逆热机作为温度计而引进一种温标，叫作热力学温标，这样温度测量就彻底摆脱了测温物质的特性。下面可以证明，热力学温标与理想气体温标在数值上是完全相同的。这个结论有重要意义：在理论上它使温度这个量彻底摆脱了测温物质的个性，在实践上它给出了测量温度的具体方法：用理想气体作温度计（而用可逆热机作温度计是不现实的）。

热力学温标的定义

如图 10.5.2 所示：

(1) 定义参考热源在热力学温标下的温度为 T_0'，且为正值。

(2) 为确定某热源 H 在热力学温标下的温度 T'，令一可逆卡诺热机工作在 H 与参考热源之间并从 H 吸热 $Q>0$。若这热机向参考热源放热 Q_0，则定义

$$T' = \frac{Q}{Q_0}T_0' \qquad (10.5.2)$$

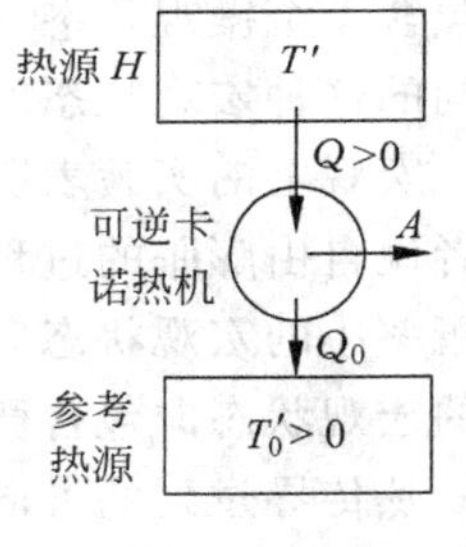

图 10.5.2

说明

(1) 因为是可逆循环，$Q>0$ 一定可以实现，正循环不行就逆循环；

(2) 按热力学第二定律，一定有 $Q_0>0$（注意 $Q_0>0$ 指的是热机放热），否则就是从两个热源都吸热而对外做正功，违反热力学第二定律，所以一定有 $T'>0$。

为了方便起见，国际度量衡会议规定水的三相点处的热力学温标 T_{tr}' 和理想气体温标 T_{tr} 相同。这样，可以证明任一状态的热力学温标和理想气体温标必相等，即

$$T' = T$$

证明 考虑一个温度的数值为 T（理想气体温标）的热源 H。让一可逆热机从其吸热 $Q>0$，并向参考热源放热 Q_0。参考热源的温度的数值为 T_0（理想气体温标）或 T_0'（热力学温标）。如前所述，我们可以让 $T_0'=T_0$（例如在水的三相点）。按卡诺定理，有

$$\frac{Q}{Q_0} = \frac{T}{T_0}$$

代入式(10.5.2)，考虑到 $T_0'=T_0$ 的设定，热源 H 在热力学温标下的温度数值为

$$T' = \frac{Q}{Q_0}T_0' = \frac{T}{T_0}T_0' = \frac{T}{T_0}T_0 = T$$

即热源 H 的热力学温标的数值等于其理想气体温标的数值，而热源 H 是可以任选的，所以两种温标的一致性是普遍成立的。

10.5.4 热力学第二定律的开尔文表述和克劳修斯表述等价性的证明

用反证法可以证明开尔文表述和克劳修斯表述是等价的。

假设开尔文表述不成立，即假设有第二类永动机，则可实现如图 10.5.3 所示的过程：第二类永动机从高温热源 T_1 吸的热量全部用于对外做功，再用此第二类永动机对外做的功去带动一制冷机，其做的功刚好等于制冷机工作所需的功，则第二类永动机要从高温热源 T_1 吸热 $Q'=A$，制冷机要从低温热源 T_2 吸热 Q_2，对高温热源要放热 $Q_1=Q_2+A=Q_2+Q'$。

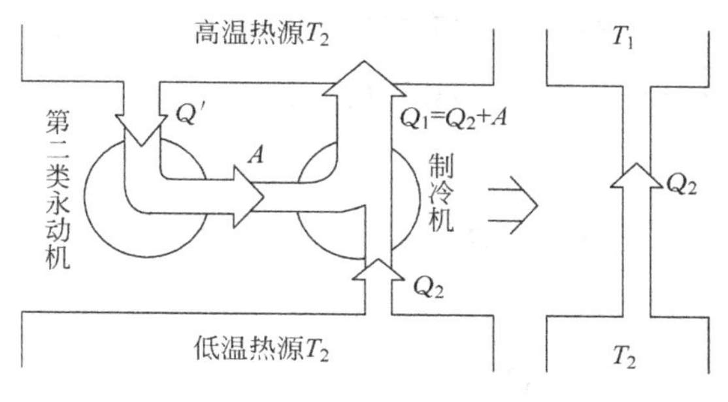

图 10.5.3

以上两部机器联合动作的总效果是，从低温热源 T_2 放出了热量 Q_2，高温热源 T_1 吸收了热量 $Q_1-Q'=Q_2$。这相当于热量 Q_2 从低温热源 T_2 传到了高温热源 T_1 而没有产生其他影响（如图 10.5.3 中的右图所示），也就是说热量可以自动地从低温热源传到高温热源，这就否定了克劳修斯的表述。

反之，假设克劳修斯表述不成立，则可实现图 10.5.4 所示的过程：热量 Q_2 自动地从低温热源 T_2 传到高温热源 T_1。让热机从高温热源 T_1 吸热 Q_1，对低温热源恰好放热 Q_2，则热机对外做功为 $A=Q_1-Q_2$。

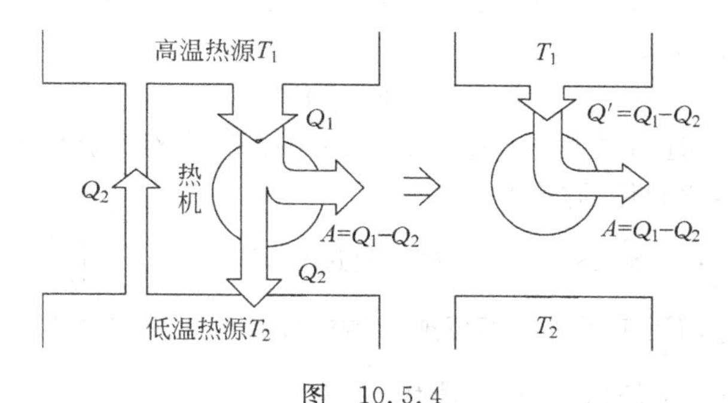

图 10.5.4

这个过程的总效果是，高温热源 T_1 放出了热量 Q_1-Q_2，热机对外做了功 $A=Q_1-Q_2$。这相当于从高温热源 T_1 吸的热全部变成了功（如图 10.5.4 中的右图所示），即从单一热源吸的热全部变成了有用功而未产生其他影响，这就否定了开尔文表述。

显然，若否定了开尔文表述必然就否定了克劳修斯表述，若否定了克劳修斯表述必然就否定了开尔文表述。这就用反证法证明了开尔文表述和克劳修斯表述是等价的。

10.5.5 多个热源的热机能否只吸热不放热

热力学第二定律的开尔文表述否定了单一热源热机的存在，那么如果不是单一热源而是多个热源的热机，是否能做到只吸热不放热而对外做功呢？对这个问题的回答是否定的。如图10.5.5所示，假设存在着这样一个热机，它共有n个热源，在热机的循环工作中从温度为T_i的热源吸热Q_i，$i=1,2,\cdots,n$。全部热源和热机合起来可以看作一个孤立系统。在热机的一个循环中，热机回到原来的状态，其熵增变为$\Delta S_0=0$，因为熵是状态的单值函数。第i个热源的熵增为$-\dfrac{Q_i}{T_i}$，所以，整个孤立系统的总熵变为

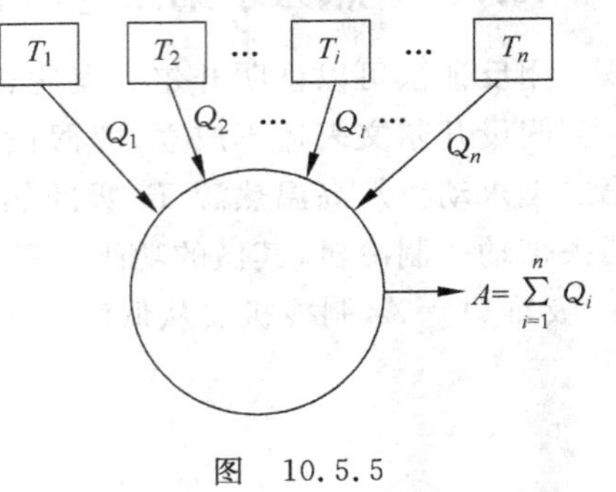

图 10.5.5

$$\Delta S=\Delta S_0-\sum\frac{Q_i}{T_i}=-\sum\frac{Q_i}{T_i}$$

孤立系统熵增加，故

$$-\sum\frac{Q_i}{T_i}\geqslant 0,\quad \sum\frac{Q_i}{T_i}\leqslant 0$$

但是如果热机从所有热源都是吸热的，也就是说所有Q_i都是正值，即$Q_i>0,i=1,2,\cdots,n$，上式不可能成立，这样就违反了熵增加原理。因此，这种情况不可能出现。

10.5.6 等体过程中对克劳修斯等式和不等式的分析

先说明一下，不可逆等体升温过程是可以通过做功的方法来实现的，例如摩擦做功和通电做功，但这里不考虑这种情况，限定是靠吸热来实现升温、靠放热来实现降温的。至于可逆等体过程，无论是升温还是降温，都只能通过吸热、放热来实现。

在不可逆等体过程和可逆等体过程中，系统内能的增加E_2-E_1都是等于系统从外界吸的热Q(放热时Q为负)，即

$$Q=E_2-E_1$$

因系统的不可逆等体过程与可逆等体过程的始、末态是分别对应相同的，故E_2-E_1也是相同的，当然系统与外界之间传的热Q也相同。

对不可逆过程有$S_2-S_1>\int_{(1)}^{(2)}\frac{đQ}{T}$，对可逆过程有$S_2-S_1=\int_{(1)}^{(2)}\frac{đQ'}{T}$，$Q'$指可逆过程中系统吸收的热量。将它们用于系统的不可逆等体过程和可逆等体过程：因二过程的始、末态是对应相同的，故S_2-S_1是相同的，于是有$\int_{(1)}^{(2)}\frac{đQ'}{T}>\int_{(1)}^{(2)}\frac{đQ}{T}$。

在不可逆等体过程和可逆等体过程中，系统从外界总吸热相同，即$\int_{(1)}^{(2)}đQ'=\int_{(1)}^{(2)}đQ$，但前面却给出$\int_{(1)}^{(2)}\frac{đQ'}{T}>\int_{(1)}^{(2)}\frac{đQ}{T}$，这是为什么？要回答这个问题必须先明确，这个不等式中的T是外界热源的温度。下面分吸热和放热两种情况来讨论。

在可逆等体吸热过程中，每一步外界热源的温度与系统的温度都相等(只可能有无限小的温差)；在不可逆等体吸热过程中，每一步外界热源的温度都比系统的温度高(否则不能保证系统吸热)。显然，可逆等体吸热过程中每一步外界热源的温度都比不可逆等体吸热过程中每一步外界热源的温度低。又因 $đQ'$ 和 $đQ$ 都是正的，且可取 $đQ' = đQ$，故必有 $\int_{(1)}^{(2)} \frac{đQ'}{T} > \int_{(1)}^{(2)} \frac{đQ}{T}$。

在可逆等体放热过程中，每一步外界热源的温度与系统的温度都相等；在不可逆等体放热进程中，每一步外界热源的温度都比系统的温度低。显然，可逆等体放热过程中每一步外界热源的温度都比不可逆等体放热过程中每一步外界热源的温度高。又因 $đQ'$ 和 $đQ$ 都是负的，且可取 $đQ' = đQ$，故还是必有 $\int_{(1)}^{(2)} \frac{đQ'}{T} > \int_{(1)}^{(2)} \frac{đQ}{T}$。

10.5.7　热力学第二定律对物性的约束、克拉珀龙方程

液体的饱和蒸气压和温度有关。在等温条件下，当一种液体内部的压强和它的饱和蒸气压相等时，若液体从外界吸热就会沸腾。沸点随压强而变，例如，压强小于 1 atm 时，水的沸点低于 100℃、压强大于 1 atm 时，水的沸点高于 100℃。

记某种液体的饱和蒸气压为 $p(T)$。如图 10.5.6 所示，设想 1 mol 的该物质在温度为 T 的高温热源和温度为 $T+\mathrm{d}T(\mathrm{d}T<0)$ 的低温热源间作微小的可逆卡诺循环。在温度 T 和对应的饱和蒸气压 $p(T)$ 下，液体经准静态等温等压过程全部汽化为饱和蒸气，在 p-V 图上由过程曲线 AB 表示。然后再经过一准静态绝热膨胀过程 BC，使温度由 T 减小到 $T+\mathrm{d}T(\mathrm{d}T<0)$，相应的饱和蒸气压由 p 减小到 $p+\mathrm{d}p(\mathrm{d}p<0)$。此后使饱和蒸气经过等温等压过程凝结为液体，这在 p-V 图上由过程曲线 CD 表示。最后，再经过一个准静态绝热压缩过程 DA 回到温度为 T、压强为 p 的初始状态。

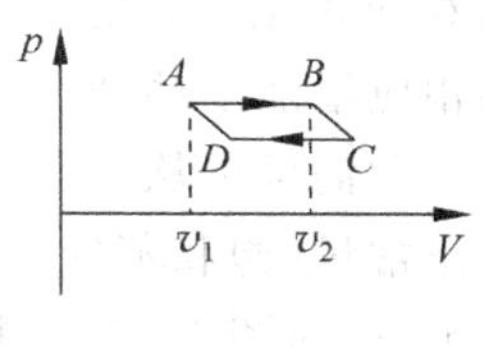

图　10.5.6

设 1 mol 液体的汽化热为 L，则在这一微小的可逆卡诺循环中，由高温热源吸取的热量为 $Q_1=L$。如图 10.5.6 所示，设液体的摩尔体积为 v_1，饱和蒸气的摩尔体积为 v_2，则在汽化过程 AB 中所增加的体积为 v_2-v_1，即 p-V 图中 AB 的长度(体积的增加)为 v_2-v_1。因为 $|\mathrm{d}T|$ 极其微小，CD 与 AB 的长度差别也极其微小，四边形 $ABCD$ 的面积就可看作是 AB 的长度 v_2-v_1 乘以 $|\mathrm{d}p|$。循环过程中对外界所做的功 A，就是 p-V 图中四边形 $ABCD$ 的面积，考虑到 $\mathrm{d}p<0$，有

$$A = -(v_2 - v_1)\mathrm{d}p$$

循环的效率为

$$\eta = \frac{A}{Q_1} = \frac{-(v_2 - v_1)\mathrm{d}p}{L} \qquad ①$$

根据卡诺定理

$$\eta = 1 - \frac{T + \mathrm{d}T}{T} = \frac{-\mathrm{d}T}{T}$$

因而得到

$$\frac{(v_2 - v_1)\mathrm{d}p}{L} = \frac{\mathrm{d}T}{T}$$

即

$$\frac{\mathrm{d}p}{\mathrm{d}T}=\frac{L}{T(v_2-v_1)} \tag{10.5.3}$$

式(10.5.3)就是饱和蒸气压对温度的变化率的关系式，称为克拉珀龙方程，它是热力学第二定律的直接推论，式中各个物理量都是可以直接测量的。因此，该方程的成立，可以用实验来验证，从而可以验证热力学第二定律的正确性。

多数情况下，在不大的温区内，汽化热 L 可以近似看作常量、饱和蒸气的摩尔体积远大于液体的摩尔体积，即 $L\approx$ 常量，$v_2-v_1\approx v_2$；而且通常可将饱和蒸气看作理想气体，即 $v_2=\frac{RT}{p}$。于是式(10.5.3)成为

$$\frac{\mathrm{d}p}{\mathrm{d}T}\approx\frac{L}{Tv_2}=\frac{Lp}{RT^2}\rightarrow\frac{\mathrm{d}p}{p}\approx-\frac{L}{R}\mathrm{d}\left(\frac{1}{T}\right)$$

令温度为 T_0 时，饱和蒸气压为 p_0，解以上微分方程，得

$$p\approx(p_0\mathrm{e}^{L/RT_0})\mathrm{e}^{-L/RT} \tag{10.5.4}$$

式(10.5.4)就是在不大的温区内液体饱和蒸气压随温度变化的近似关系。以水为例，由于汽化热 L 很大，所以水蒸气的饱和蒸气压 p 随温度 T 的升降而迅速升降：0℃(273 K)时约为 0.006 atm，50℃(323 K)时约为 0.12 atm。在此，温度 T 的增加不足 20%，而饱和蒸气压却相应增加了约 20 倍，由此可见，饱和蒸气压随温度变化的迅速。

我们可以从一个特殊的角度解读式(10.5.4)。为简单起见，仍考虑汽化热 L 可以近似看作常量、饱和蒸气的摩尔体积远大于液体的摩尔体积，而且饱和蒸气可以看作理想气体的情况，此时图 10.5.6 中的卡诺微循环的效率(式①)可简化为

$$\eta=\frac{A}{Q_1}=\frac{-v_2\mathrm{d}p}{L}=-\frac{RT}{Lp}\cdot\frac{\mathrm{d}p}{\mathrm{d}T}\mathrm{d}T \tag{②}$$

$$\eta=-RT\alpha\mathrm{d}T,\quad \alpha=\frac{1}{L}\cdot\frac{\mathrm{d}p}{p\,\mathrm{d}T} \tag{③}$$

式③表明，卡诺微循环的效率 η 和 α 有关，而 α 可以认为是该液体与汽化热及饱和蒸气压对温度的相对变化率有关的一种性质(物性)，不同液体的 α 应该是不同的。但前面的推导告诉我们，尽管不同液体的 α 可以不同，但饱和蒸气压必须满足式(10.5.4)。否则，使用这种液体及其饱和蒸气作为工质的卡诺热机，效率就不满足卡诺定理。换言之，物性必须受热力学第二定律的约束，否则将会出现违反热力学第二定律的热机。

10.5.8 内能和热量在热力学中的定义

在热力学第一定律中有功、内能、热量这三个物理量，其中功的概念早在力学中就有定义，它并非热学中特有的物理量，而内能和热量则是热学所特有的概念，需要在热学中加以定义。

我们知道热学包括统计物理(分子动理论是其初级理论)和热力学两种研究方法，从基本理论体系来说，两者是彼此独立的(当然二者也相辅相成)。在分子动理论中，我们已经给出了内能和热量的概念。在那里内能就是系统内分子、原子热运动的动能与它们间相互作用的势能之和，热量就是通过热运动传递的能量。在纯粹热力学的体系中，像内能和热量这样重要的基本物理量，当然不能简单地借用分子动理论(初级的统计物理)中的概念，而是需要给予独立定义的，这正是我们在本小节所要阐明的问题。

内能在热力学中的定义和度量　我们改变系统的热力学状态可以有多种途径，其中包括仅靠绝热做功来实现状态的改变。实验表明，在绝热过程中让系统从平衡态1过渡到平衡态2，外界对系统做功的方式可以不同，但是绝热做功的数值却是相同的，它只由系统的始、末状态决定。譬如，图10.5.7所示的情形：以绝热容器内的水和叶轮及电阻三者之和为系统，让该系统由状态1变到状态2(如温度从 T_1 变到 T_2)，我们可以通过转动叶轮做机械功 $A_{绝热\,\mathrm{I}}$ 来完成，也可以通过接通电流做电流功 $A_{绝热\,\mathrm{II}}$ 来完成，实验表明必有如下结果

$$A_{绝热\,\mathrm{I}} = A_{绝热\,\mathrm{II}}$$

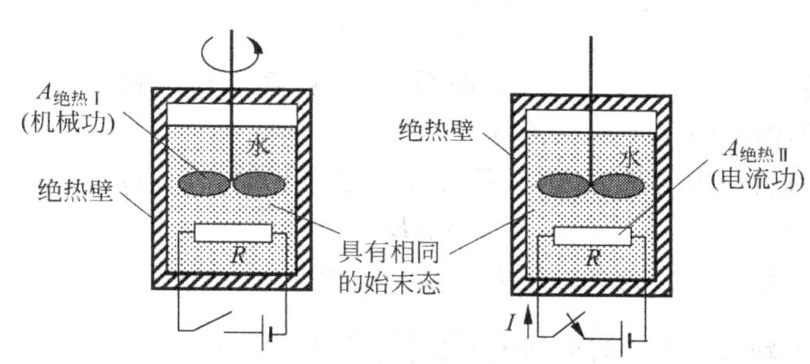

图　10.5.7

正如在力学中系统内保守力做功与路径无关，从而定义了系统的势能 E_p 一样，在热力学中由绝热过程的功与过程无关，可以定义一个状态量“内能”E。如果系统状态1和状态2的内能分别为 E_1 和 E_2，从状态1到状态2外界对系统做的绝热功为 $A^{外}_{绝热1\to2}$，则由绝热做功的实验结果可以定义内能的增量满足如下关系

$$\Delta E = E_2 - E_1 = A^{外}_{绝热1\to2} \tag{10.5.5}$$

上式既给出了内能的定义，又给出了内能的度量(通过绝热功)。需要指明的是，式(10.5.5)只是两个平衡态之间内能差的定义式，该式并不能把任意平衡态的内能完全确定，在内能函数中还包含了一个任意的相加常量 E_0，E_0 等于某一选定的参考态(p_0，V_0，T_0)的内能，其值可以任意选择，这不会影响两个确定状态之间的内能差，而在实际过程中我们所关心的也只是状态间的内能差。所以内能中相加常量选取的不同，并不会对热力学过程的分析和计算产生影响。

热力学中也可给出理想气体内能只与温度有关的结论　我们在分子动理论中已经给出理想气体内能只与温度有关的结论。在热力学中也可以独立地给出这样的结论，下面从实验和理论两方面来加以说明。

实验方面，让理想气体作绝热自由膨胀(即向真空中的膨胀)，实验表明膨胀前后理想气体的温度不变。由于膨胀中气体既不对外做功，也不与外界进行热交换，所以膨胀前后气体内能应该不变。这说明理想气体内能与体积无关，只由温度来决定，即 $E=E(T)$。

理论方面，应用热力学理论可以证明(由于证明中用到的知识超出了大学物理范围，所以证明从略)，存在如下普遍的热力学关系式

$$\left(\frac{\partial E}{\partial V}\right)_T = T\left(\frac{\partial p}{\partial T}\right)_V - p$$

对于理想气体，将状态方程 $pV=\nu RT$ 代入上式，得到

$$\left(\frac{\partial E}{\partial V}\right)_T = T\cdot\frac{\nu R}{V} - p = 0$$

上式表明，在温度不变时理想气体的内能不因体积改变而改变，这就是说理想气体内能只是温度的函数，即 $E=E(T)$。

热量在热力学中的定义和度量 我们已经有了内能的定义，由此可以进一步通过内能的变化来定义热量。除做功以外，传热也可以改变系统的状态。通过温度差传递的能量叫热量，我们用 Q 来表示它。

考虑一个只传热不做功的过程使系统由状态 1 变到状态 2，设状态 1、2 的内能分别为 E_1 和 E_2，则定义该过程中外界向系统传的热量为

$$Q=(E_2-E_1)_{\text{不做功}} \tag{10.5.6}$$

式(10.5.6)表明 $Q>0$ 时系统吸热，$Q<0$ 时系统放热，该式既是对热量的定义，又给出了对热量的度量(通过不做功情况下的内能改变)。

有了功、内能和热量的定义和度量，就可以通过实验给出三者的关系为

$$Q=\Delta E+A$$

这正是既有做功、又有传热情况下的热力学第一定律。

10.5.9 在纯热力学理论中熵概念的导出

前面我们已经指出过，统计物理和热力学是研究热现象的两种彼此独立的方法，像熵这样重要的物理概念，热力学理论应该对它有独立的定义，而不需要借助于分子动理论。下面我们就从热力学自身的理论中，导出熵的概念和它的度量，从而可以进一步了解热力学的研究方法。

由热力学导出克劳修斯等式 如图 10.5.8 所示，对于一个任意的可逆循环，我们可以把它看成是由大量小卡诺循环所构成。这些小卡诺循环相加的结果，使可逆循环过程曲线所围区域中的那些绝热过程，因相邻小卡诺循环相加、进行方向一正一反而相互抵消，最后只保留了围绕着原可逆循环曲线的一系列小锯齿状过程曲线所构成的循环，如图 10.5.9 所示。当小卡诺循环趋于无限小、循环数目趋于无限大时，小锯齿状过程曲线构成的循环就与原可逆循环没有差异了。

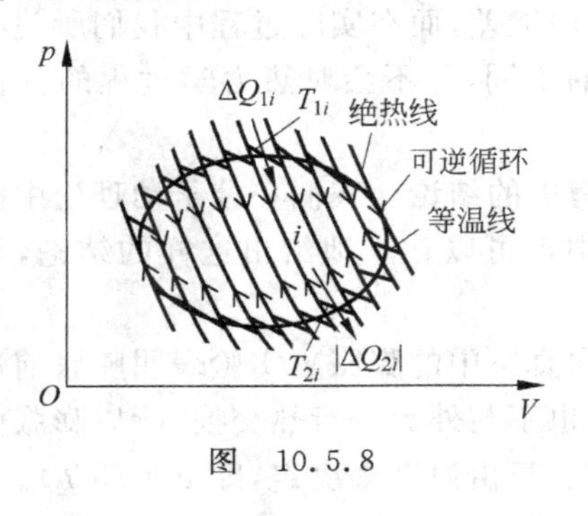

图 10.5.8

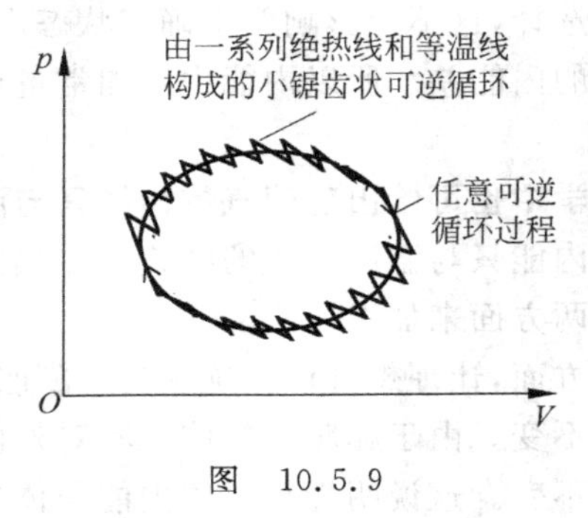

图 10.5.9

在图 10.5.8 中，对于第 i 个小卡诺循环，我们假设它的高温热源温度为 T_{1i}、系统吸热为 ΔQ_{1i}，低温热源温度为 T_{2i}、系统放热为 $|\Delta Q_{2i}|$。T_{1i} 和 T_{2i} 选取为第 i 个小卡诺循环的两条绝热线所分割出的可逆循环曲线上的两小段过程各自的中值温度。

由热机效率的定义，第 i 个小卡诺循环的效率为

$$\eta_i=1-\frac{|\Delta Q_{2i}|}{\Delta Q_{1i}}=1+\frac{\Delta Q_{2i}}{\Delta Q_{1i}} \tag{①}$$

由卡诺定理，第 i 个小卡诺循环的效率为

$$\eta_i = 1 - \frac{T_{2i}}{T_{1i}} \qquad ②$$

比较式①、式②，对第 i 个小卡诺循环有

$$\frac{\Delta Q_{1i}}{T_{1i}} + \frac{\Delta Q_{2i}}{T_{2i}} = 0 \qquad ③$$

设该任意可逆循环共分为 n 个小卡诺循环，则由式③，对整个循环有

$$\sum_{i=1}^{n}\left(\frac{\Delta Q_{1i}}{T_{1i}} + \frac{\Delta Q_{2i}}{T_{2i}}\right) = 0$$

令 $n \to \infty$、$\Delta Q_i \to \text{đ}Q$，则求和过渡到对可逆循环的积分，于是有

$$\oint_{\text{可逆}} \frac{\text{đ}Q}{T} = 0 \qquad (10.5.7)$$

式(10.5.7)称为克劳修斯等式，其中的$\frac{\text{đ}Q}{T}$称为“热温比”。克劳修斯等式表明，对于任意可逆循环过程，其热温比的总和为零。

热力学中对熵的定义和度量　如图 10.5.10 所示，1 和 2 为两个平衡态，R_a 和 R_b 为使系统由平衡态 1 过渡到平衡态 2 的两个不同的可逆过程。令 R_b 的逆向过程为 R_b'，则$(R_a + R_b')$构成一个可逆循环过程。将式(10.5.7)应用于$(R_a + R_b')$的循环过程，有

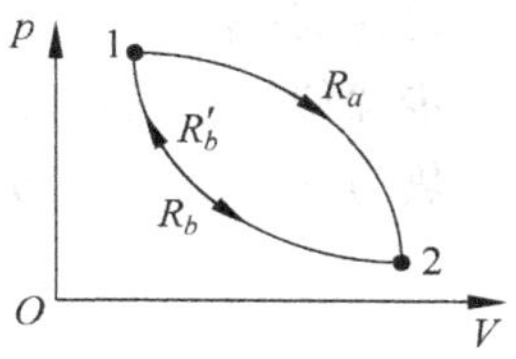

$$\oint_{(R_a+R_b')} \frac{\text{đ}Q}{T} = \int_{R_a\,(1)}^{(2)} \frac{\text{đ}Q}{T} + \int_{R_b'\,(2)}^{(1)} \frac{\text{đ}Q}{T} = 0$$

图　10.5.10

上式可改写成

$$\int_{R_a\,(1)}^{(2)} \frac{\text{đ}Q}{T} = \int_{R_b\,(1)}^{(2)} \frac{\text{đ}Q}{T} = \int_{R\,(1)}^{(2)} \frac{\text{đ}Q}{T} \qquad (R\text{ 为连接 1、2 状态的任意可逆过程})$$

这表明必然存在一个与过程无关的状态量，我们称其为“熵”，用 S 表示。于是有

$$\int_{R\,(1)}^{(2)} \frac{\text{đ}Q}{T} = S_2 - S_1 = \Delta S \qquad (10.5.8)$$

式(10.5.8)就是熵的增量 ΔS 的定义式，也是熵的增量的度量。它表明任意两个平衡态间的熵差等于连接此两平衡态的任意可逆过程的热温比的总和。

这里我们看到式(10.5.8)并不能把任意平衡态的熵完全确定，在熵函数中还包含了一个任意的相加常量 S_0，S_0 等于某一选定的参考态(p_0, V_0, T_0)的熵，其值可以任意选择，这不会影响两个确定平衡状态之间的熵差 ΔS，而在实际过程中我们所关心的也只是状态间的熵差。所以平衡态的熵中相加常量选取的不同，并不会影响热力学过程的分析和计算。

最后我们提醒注意一个规律性的事实，这就是基本的物理规律通常都会引出基本概念。例如在热力学中，热力学第零定律引出了温度的概念，卡诺定理给出了热力学温标的定义及其度量；热力学第一定律定义了内能、热量，并给出了它们的度量；热力学第二定律给出了熵的定义和它的度量等，其实这种规律性在物理学的各领域中比比皆是。这里我们充分看到了基本规律和基本概念之间的紧密联系。

10.5.10　热力学第三定律

热力学第三定律的一种陈述是：在绝对零度时，任何物体的熵都变为零。

热力学第三定律又称能斯脱定理，是量子统计学的一个定理，在热力学中不能被理论证明，只能作为实验定律给出。

从热力学第三定律可以证明，当温度趋于绝对零度时，物体的定体、定压比热都趋于零。初学者可能有疑问：理想气体的定体摩尔比热不是常量吗？原来，理想气体只是一个简化模型，热力学第三定律的这个结论告诉我们，理想气体模型在温度接近绝对零度时不可能成立。事实上，分子之间总有一些相互作用，常温时，热运动动能比较大，当它远大于分子间相互作用能时，就可以看作理想气体。但是，当温度趋于绝对零度时，分子热运动动能也趋于零，这时分子相互作用能等原来可以忽略的物理因素开始起主导作用，理想气体模型完全不适用了。

在使用克劳修斯等式(10.3.4)计算熵时，实际上只能算出初、末态的熵差，要计算熵的话，会有一个积分常量无法决定，例如式(10.3.7)中的 S_0。在绝大多数问题里，人们感兴趣的是熵差，这个积分常量的大小并不碍事，但理论上毕竟是一个遗憾。现在，热力学第三定律解决了这个问题，从而消除了熵常量取值的任意性。

类似于热力学第二定律，热力学第三定律也有几种不同的表述。其中除以上常见的表述外，另一种常见的表述称作“绝对零度不能达到原理”，其表述是：任何系统都不可能通过有限步骤使自身温度降低到绝对零度。

热力学第三定律的不同表述彼此都是等价的，这里对此不再做进一步讨论。

参 考 文 献

[1] 张三慧.大学物理学.力学、热学[M].3版.北京：清华大学出版社，2008.
[2] 赵凯华，罗蔚茵.新概念物理教程.力学[M].2版.北京：高等教育出版社，2004.
[3] 牟绪程.波动与光学(上册)[M].北京：清华大学出版社，1988.
[4] 刘佑昌.狭义相对论及其佯谬[M].北京：清华大学出版社，2011.
[5] 胡盘新，钟季康.当代大学物理教程(简明版)[M].北京：高等教育出版社，2017.
[6] 贺宣庆，崔砚生.科里奥利力在流体测量中的应用[J].物理与工程，2005(5)：30-35，55.
[7] 李栋，崔砚生.物体在稳定平衡位置附近的微小振动不一定都是简谐振动[J].物理与工程，2006(1)：59-61.